车工初级技能

（第二版）

何建民　主编

金盾出版社

内 容 提 要

本书是按照《车工国家职业技能标准(2009年修订)》中对初级车工的基本要求和工作要求编写的。主要内容包括车工基础知识、车床和车削基础知识、轴类工件和端面的车削及切断加工、套类工件的车削、圆锥面的车削、车床上加工螺纹、车床上加工成形面和特种工件、难车削工件的认识。

这次修订增加了车床上切断加工技术,并增添了第八章"难车削工件的认识",这使读者在掌握初级车工的基础上,进一步拓宽知识面,引导读者了解一些新工艺、新技能,为下步学习中级车工技术做准备。

本书可作为车工专业初级技工的培训教材,也可作为初级车工的自学用书。

图书在版编目(CIP)数据

车工初级技能/何建民主编. —2版. —北京:金盾出版社,2018.1
ISBN 978-7-5186-1345-8

Ⅰ.①车… Ⅱ.①何… Ⅲ.①车工—技术培训—教材 Ⅳ.①TG51
中国版本图书馆CIP数据核字(2017)第157475号

金盾出版社出版、总发行
北京太平路5号(地铁万寿路站往南)
邮政编码:100036 电话:68214039 83219215
传真:68276683 网址:www.jdcbs.cn
封面印刷:双峰印刷装订有限公司
正文印刷:双峰印刷装订有限公司
装订:双峰印刷装订有限公司
各地新华书店经销
开本:705×1000 1/16 印张:17.25 字数:418千字
2018年1月第2版第5次印刷
印数:19 001~23 000册 定价:55.00元

第二版前言

车床在各类金属切削加工机床中的数量最多，在机械加工中，车床的应用最为普遍。车工工艺及技能是金属切削加工的基础，掌握了车工技术，有助于钳工、刨工等工种的操作。我们组织编写《车工初级技能》的目的，正是希望读者在掌握一门技术的同时，也为今后的开拓和发展打下良好的基础。

本书是根据《车工国家职业技能标准(2009 年修订)》对初级车工的技能要求和职业培训的实际需要，在吸收大量现场熟练操作经验基础上进行编写的。本书的特点是以操作技能为核心，吸取了“一体化”培训的新理念，力求突出系统性、针对性、典型性和实用性，不仅适合企业职工技能鉴定培训和车工初学者自学使用，亦可供农村劳动力转移上岗者阅读。这次修订还考虑到机械修配和专业化生产的不同特点，书中内容力求全面和具有代表性，以便使读者根据各自的情况参考使用。本书在各章节中不同程度地穿插了“老师傅谈经验”“帮你长知识”和“小窍门”的栏目，意在从正面和侧面给读者以启发和提示，这在某种程度上会起到画龙点睛的作用，并将优化阅读效果。本书在各章中增加了一些习题，供读者检验学习成果。

我们相信，读者在学习本书的基础上，辅以必要的实习操作，在车工的岗位上会有一个良好的开端和发展。

除主编外，参加本书编写的人员还有寇立平、何婧。

由于作者的水平有限，书中疏漏和不足之处在所难免，恳请读者提出宝贵意见。

主　编

目　录

第一章　车工基础知识

第一节　车工识图入门

车工几乎每天都要和机械图样(简称图样)打交道,可以说图样就是车工的语言。图样中说明了被加工工件的形状、尺寸和加工精度,以及所使用材质等方面的内容,车工在车削工件的时候,就是依照图样中所表达的各项要求来进行的。一个车工如果看不懂图样,将很难在车床上加工工件,或者往往造成废品,所以,车工必须奠定好识读图样的基础,由浅入深,由简单到复杂,从中掌握识图的技巧和规律。

一、图样的认识

表达物体的画法有多种形式。图 1-1 所示是起重机钩的立体图,图 1-2 所示是将起重机钩拆开后的立体图。立体图的立体感很强,所表现的机械结构叫人一看就懂,在表达物体的实际形象和直观上有着突出的优越性;但车工在工作时,不会以它来作为切削加工的唯一依据。这是因为立体图不易度量物体的大小,也反映不出物体的整体形状,尤其不容易表达出物体内部的结构情况。

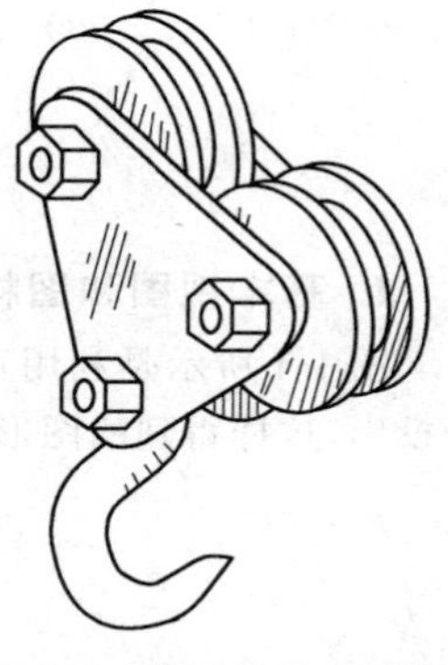

图 1-1　起重机钩立体图

车削加工中所使用的图样是采用正投影方法绘制出来的,

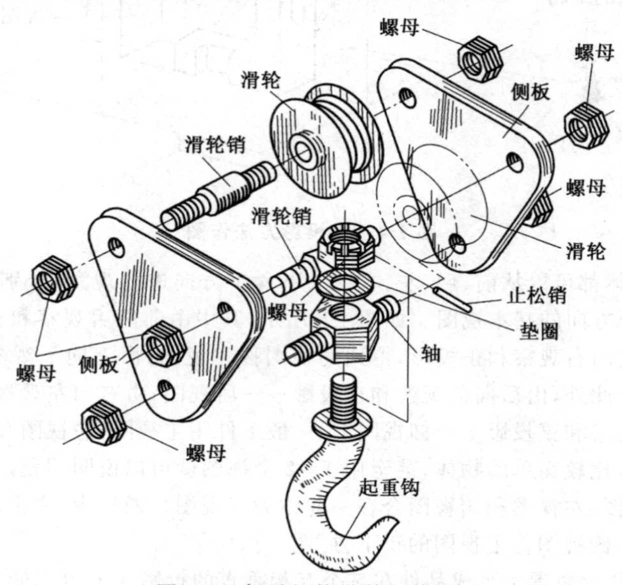

图 1-2　起重机钩散件立体图

即用垂直于投影面的光线对物体向平面进行投影，如图 1-3 所示。它的投影射线互相平行，且都与投影面垂直。在一张图样上，通过分别采用一至几个方向的正投影图，可以正确地表达出物体的完整形状和大小。

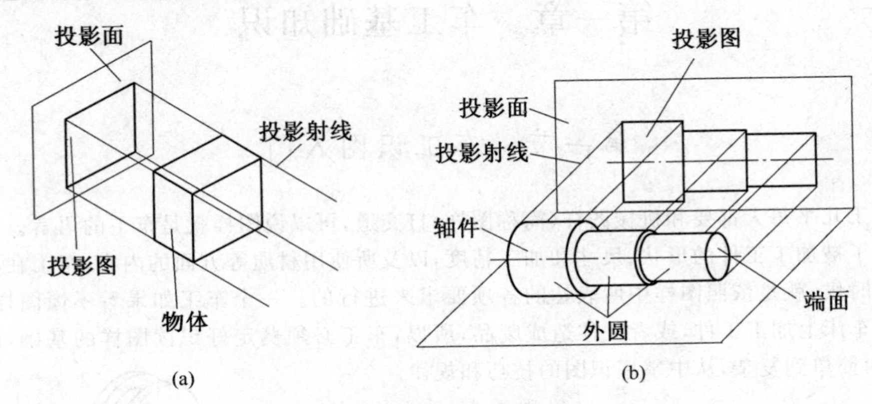

图 1-3 正投影法表现物体

(a)正方形正投影 (b)轴件正投影

1. 基本视图和图样中三视图的形成

图 1-4 所示是利用正投影方法作图，从人→物体→投影面间，按垂直投影面的方向进行投影，这样得到的图形称为视图。

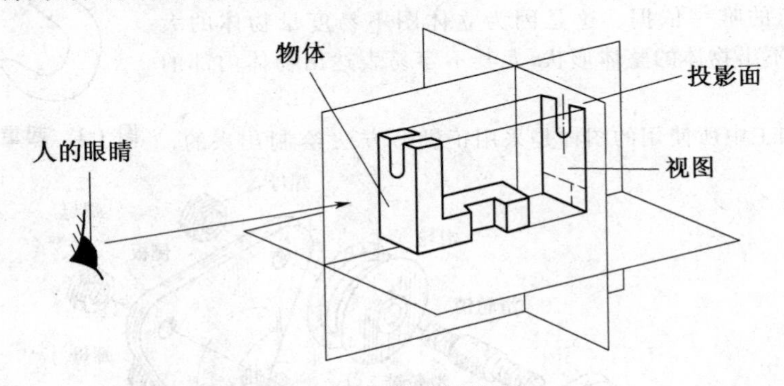

图 1-4 正投影方法作图

任何一个物体都可以从前、后、左、右、上、下六个方向进行观察，分别向六个投影面正投影，就得到六个方向的基本视图。如图 1-5 所示，其中由前向后观察和正投影，得到的视图称主视图；由左向右观察和正投影，得到的视图称左视图；由上向下观察和正投影，得到的视图称俯视图(此外，由后向前观察和正投影——后视图；由右向左观察和正投影——右视图；由下向上观察和正投影——仰视图)。一般工件用主视图、左视图和俯视图这三个视图就能表达清楚，比较简单的物体，甚至用 1～2 个视图就可以说明问题。

常用的主视图、左视图和俯视图合在一起称为三视图。图样中，主视图不动，左视图在主视图的正右方，俯视图在主视图的正下方[图 1-5(b)]。

图 1-6 所示是六角螺母半成品件在三个互相垂直的投影面上得到的三个视图，从投影

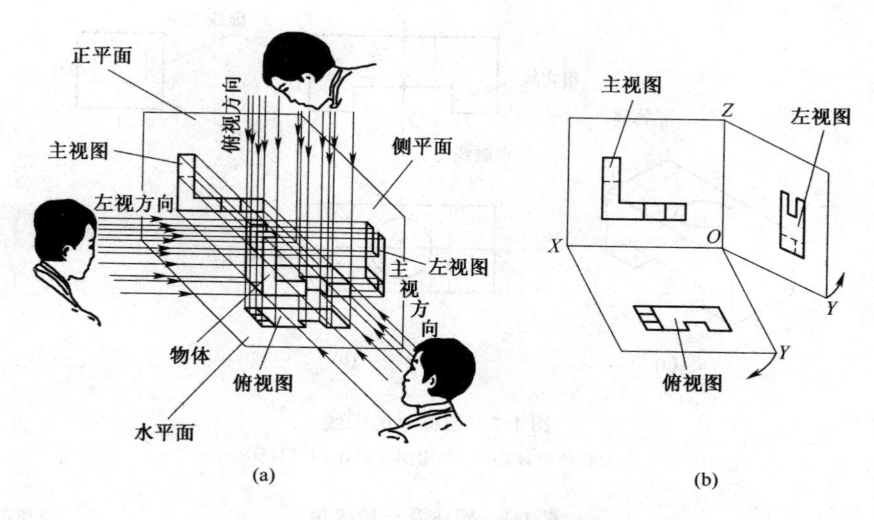

图 1-5 图样中三视图的形成

(a)三视图投影方法 (b)三视图位置

图中可看出三视图之间的“三等”尺寸关系:主视图和俯视图长相等,主视图和左视图高相等,左视图和俯视图宽相等。

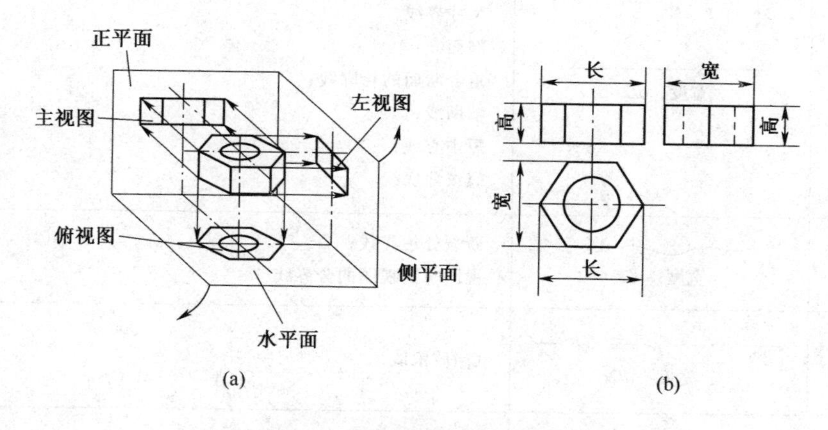

图 1-6 三视图及其尺寸关系

(a)物体(六角螺母半成品件)三视图 (b)三视图尺寸关系

2. 图样中的图线

图样中的视图是用图线画成的,图线的线型和尺寸都要符合国家标准的规定,如可见部分的轮廓线用粗实线画出(图 1-7),不可见部分用虚线画出,轴线和对称中心线用细点画线画出等,详见表1-1。

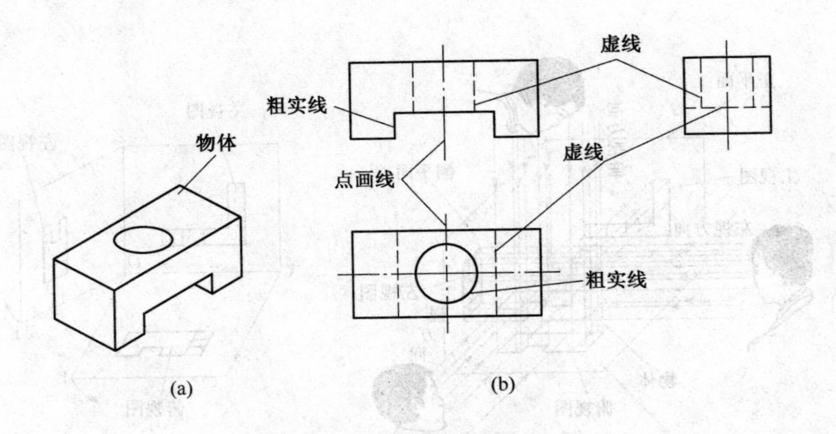

图 1-7　图样中的图线

(a)物体立体图　(b)用图线画出的三视图

表 1-1　图线及一般应用　　(mm)

图线名称	图线型式、图线宽度	一般应用
粗实线	宽度：$d=0.25\sim2$	可见轮廓线； 可见棱边线
细实线	宽度：$d/2$	尺寸线； 尺寸界线； 剖面线； 重合断面的轮廓线； 辅助线； 短中心线； 螺纹牙底线
波浪线	宽度：$d/2$	断裂处边界线； 视图与剖视图的分界线
双折线	宽度：$d/2$	(同波浪线)
细虚线	2～6　1 宽度：$d/2$	不可见轮廓线； 不可见棱边线
细点画线	15～20　3 宽度：$d/2$	轴线； 对称中心线； 分度圆(线)

续表 1-1

图线名称	图线型式、图线宽度	一　般　应　用
粗点画线	宽度：d	限定范围表示线
细双点画线	15~20　5 宽度：$d/2$	可动零件的极限位置的轮廓线； 相邻辅助零件的轮廓线

3. 剖视图

由于工件的形状多种多样，当使用虚线表达它们的内部结构和看不见部分的情况时，各种线条就会重叠和交叉，尤其是结构复杂的机件，在图样上会出现错综杂乱，造成图样不清晰，给读图带来困难。为了解决这个问题，常采用剖视图的方法。

在工件要表达的结构部位处，用剖切面假想将其剖开，当移去被切去的部分后，其余的部分在投影面上的投影，即是剖视图，如图 1-8(a)所示。图 1-8(b)所示是这个机件在投影面上所得到的剖视图。

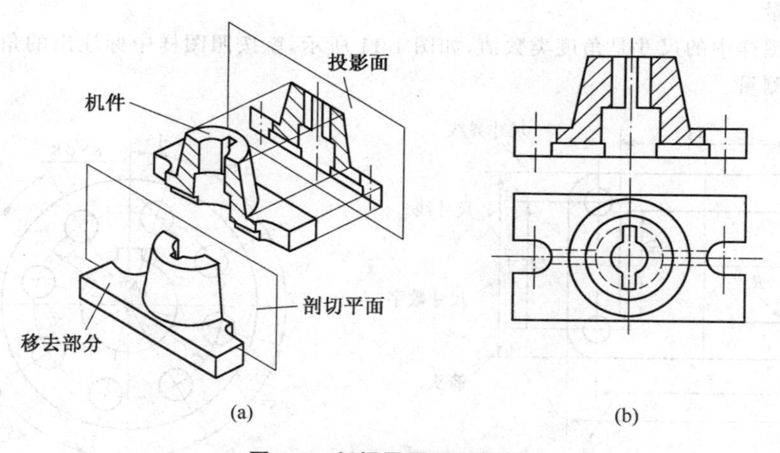

图 1-8　剖视图原理和投影
(a)剖视图原理　(b)机件剖视图

剖视图上，在工件被切到的断面处要画出剖面线，剖面线与水平线一般交成 45°。金属材料的剖面线用细实线表示。

4. 断面图

假想用剖切面将物体的某处切断，仅画出该剖切面与物体接触部分的图形称断面图，如图 1-9(a)所示。剖视图则是除了画出被切到处的断面形状外，还需画出剖切面后面的投影，如图 1-9(b)所示。

5. 图样中的尺寸和符号

(1)图样中的尺寸标注　图样中的尺寸是指机件的实际大小。每一个尺寸的标注由尺寸线、尺寸界线、箭头和尺寸数字组成，如图 1-10 所示。尺寸界线表示尺寸起始和终止

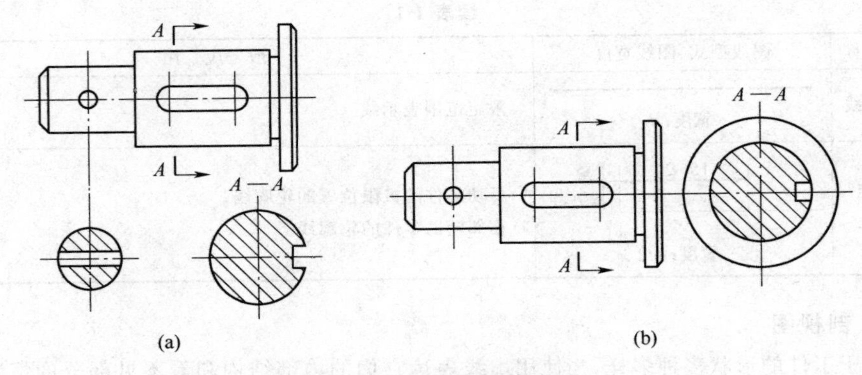

图 1-9　断面图和剖视图

(a)断面图　(b)剖视图

的界限,尺寸线和箭头标明度量尺寸的范围。

图样中的机件可以被缩小或放大某倍数,但标注出的尺寸与图形大小或图形比例无关。就是说,不管图样中画出的机件图形有多大或多小,一律按照标注出的尺寸数值进行加工和测量。

如果图样中的尺寸是角度类数值,如图 1-11 所示,就按照图样中标注出的角度数值进行加工和测量。

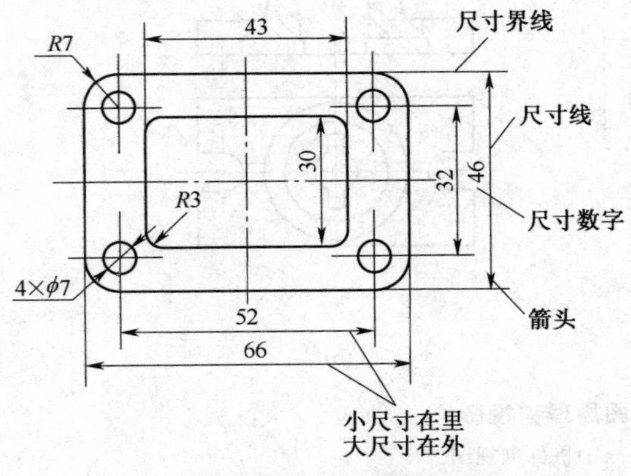

图 1-10　图样中的尺寸标注

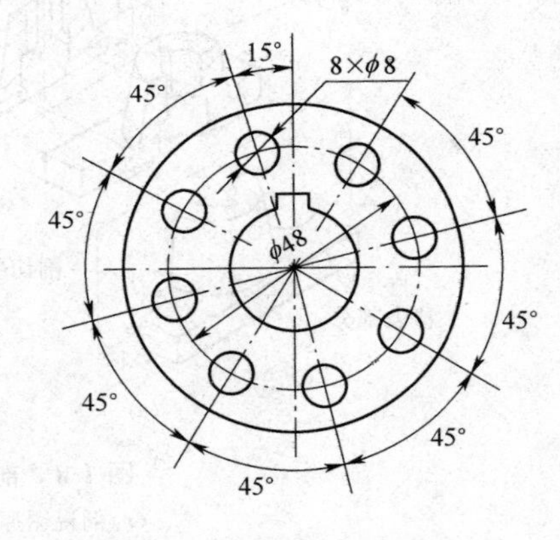

图 1-11　图样中的角度标注

(2)尺寸中的单位和符号　图样中的长度、宽度和高度是线性尺寸,以“mm”(毫米)为单位,但图样中在尺寸数字的后面不写“mm”。

当尺寸数字的前面标出直径符号“ϕ”,如 ϕ108(图1-12),则表示机件该处呈圆形或圆柱形,其圆直径为 108mm。

当尺寸数字的前面标出半径符号“R”,如 R7(图1-10),则表示机件该处呈圆弧形,其圆弧半径为 7mm。

当图样上标注出锥度符号“◁”,如◁1:50(图 1-13),则表示机件的锥度为 1∶50,即在锥形处,每 50mm 长度,大端直径和小端直径相差 1mm。

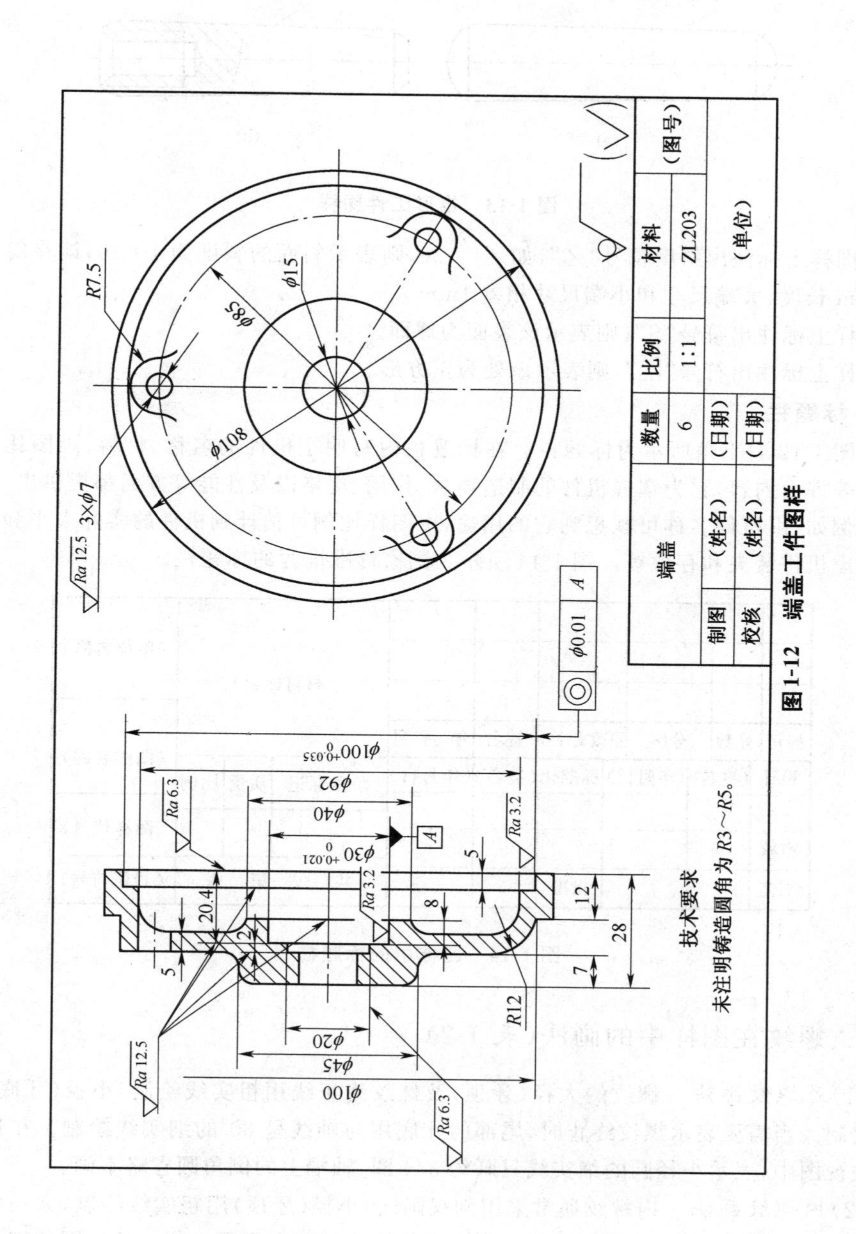

图1-12　端盖工件图样

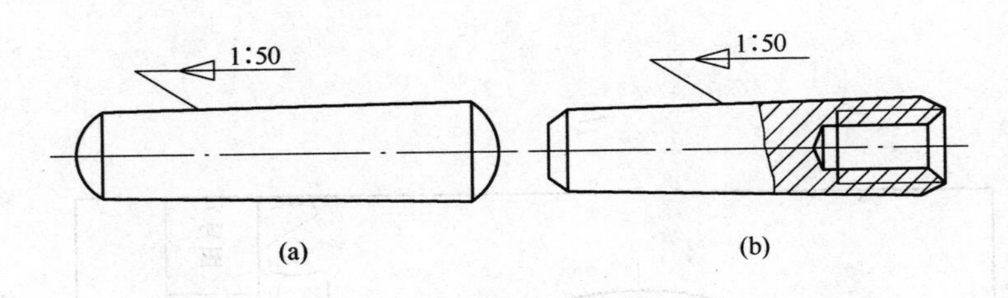

图 1-13　锥形工件图样

当图样上标注出斜度符号“∠”，如∠1∶30，则表示斜面的斜度为 1∶30，即在斜面处，每 30mm 长度，大端尺寸和小端尺寸相差 1mm。

图样上标注出符号“S”，则表示该表面为球面。

图样上标注出符号“□”，则表示该处为正方形。

6. 标题栏

如图 1-12 右下角所示为标题栏。在标题栏内写明了机件的名称、材料、画图比例、机件数量等方面内容，它为掌握机件的制造要求、作用、规格以及性能等方面都提供出一定的线索。例如，由机件名称可联想到它的用途，由图样比例可估计到机件的实际大小和质量，以便考虑机件装夹和存放等。图 1-14 所示为国家标准推荐的标题栏。

						（材料标记）			（单位名称）
标记	处数	分区	更改文件号	签名	年、月、日				（图样名称）
设计	（签名）	（年月日）	标准化	（签名）	（年月日）	阶段标记	质量	比例	
									（图样代号）
审核									
工艺			批准			共　张　第　张			（投影符号）

图 1-14　图样中的标题栏

二、螺纹在图样中的画法（表 1-2）

（1）*外螺纹画法*　螺纹的大径（牙顶）及螺纹终止线用粗实线绘制，小径（牙底）用细实线绘制。当需要表示螺纹终止时，尾部的牙底用与轴线呈 30°的细实线绘制。在投影为圆的左视图中，表示小径圆的细实线只画约 3/4 圈，轴端上的倒角圆省略不画。

（2）*内螺纹画法*　内螺纹通常采用剖视画法，小径（牙顶）用粗实线绘制，大径（牙底）用细实线绘制，螺纹终止线用粗实线绘制。在投影为圆的左视图上表示牙底圆的细实线只画约 3/4 圈。当螺孔不穿通时，应将钻孔深度与螺孔深度分别画出。不可见螺纹的所有图线都画成细虚线。

表 1-2 螺纹在图样中的画法

螺纹工件	
外螺纹工件	
内螺纹工件	

外螺纹画法

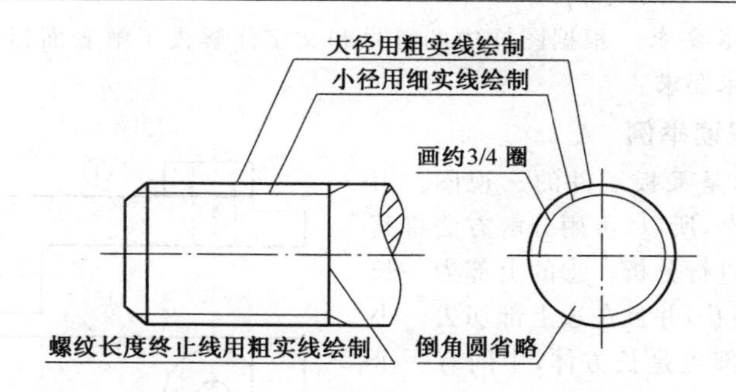

内螺纹画法

内螺纹画法	
剖视图	
非剖视图	

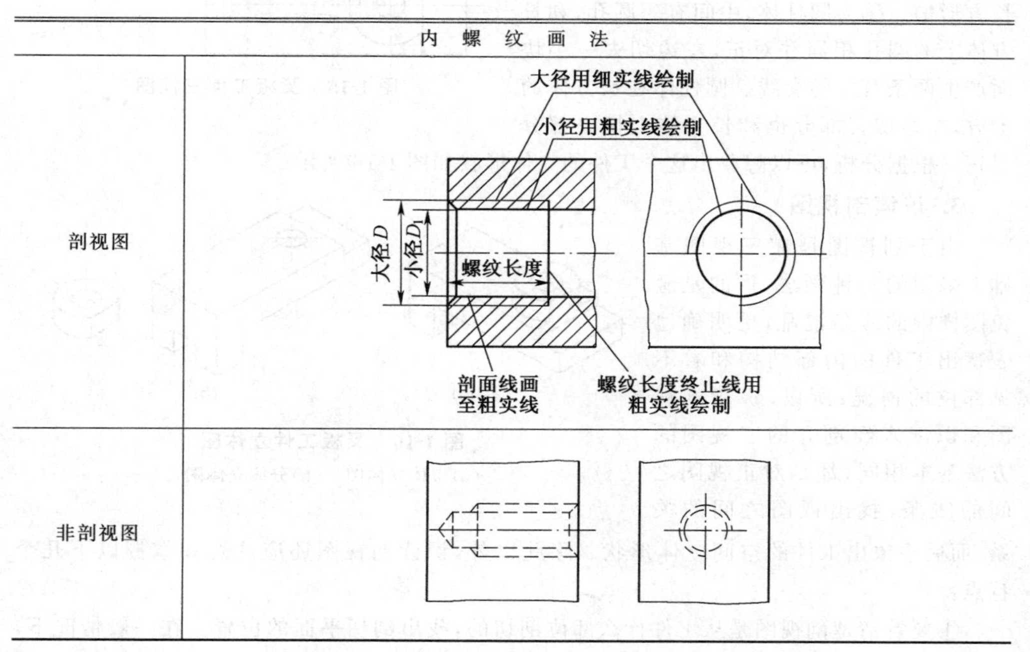

三、零件图识读

1. 一般零件图识读方法和步骤

零件图就是用于加工和检验被加工工件的图样。识读零件图时要依次看清图中所表达的各项内容，可按照以下方法和步骤进行：

(1)首先看标题栏　了解工件的名称、材料、比例和加工数量等方面内容。

(2)分析图形　先看这张图有几个视图，是否采用剖视和断面等表示方法；然后找出哪个是主视图，从主视图看起，对正视图之间的线条，找出各视图之间的关系。如果图样比较复杂，就先看大轮廓，再看细节，并对照各个投影。经过这样认真的分析，对图样逐渐形成一个比较清楚的整体形象。

(3)分析尺寸要求　分析整体尺寸和各部分尺寸，了解长、宽、高以及各加工部位的基准(就是依据)，搞清楚哪几个是主要尺寸，哪几个是主要加工面，进一步确定先加工哪个面或部位，后加工哪个面或部位。

(4)分析技术要求　根据图样中的符号和文字注解去了解表面粗糙度、几何公差以及其他方面的技术要求。

2. 零件图识读举例

图 1-15 所示是叉板工件的三视图。由于该工件较为复杂，所以，可用分解方法将其分为①②两部分进行分析。①的上部为一长方体，左边有一圆孔，并且左边上部切去一小块。长方体右下部也是长方体，中间有一个长方形槽。②为圆柱体，中间有一圆孔，和长方体上的圆孔相同并对正，左边切去一小块而产生两条直立的交线。圆柱体在长方体的上方，左边切去部分也和长方体上切去部分对正。根据分析，可以想象出这个工件的立体形状如图 1-16 所示。

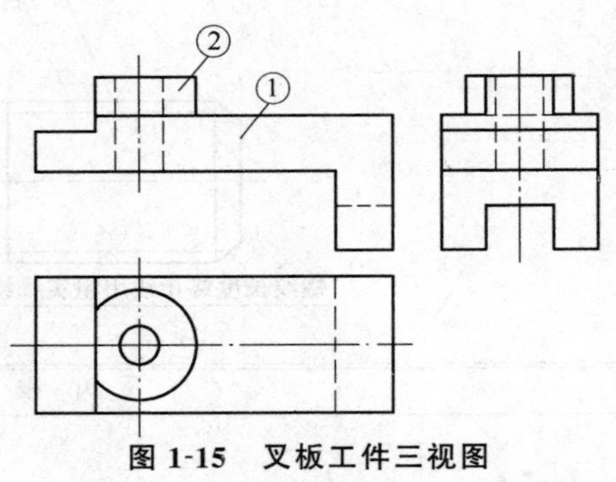

图 1-15　叉板工件三视图

3. 识读剖视图

由于剖视图是在三视图基础上采用的一种画法，目的是避免图样中的线条混乱，更明确地表达出工件的内部结构和看不见部位的情况；所以，识读剖视图和识读未经剖开的三视图的方法基本相同，都是对正视图之间的线条，找出视图之间的关系，而后想象出工件的空间立体形状。除此以外，识读剖视图还应注意和掌握以下几个特点：

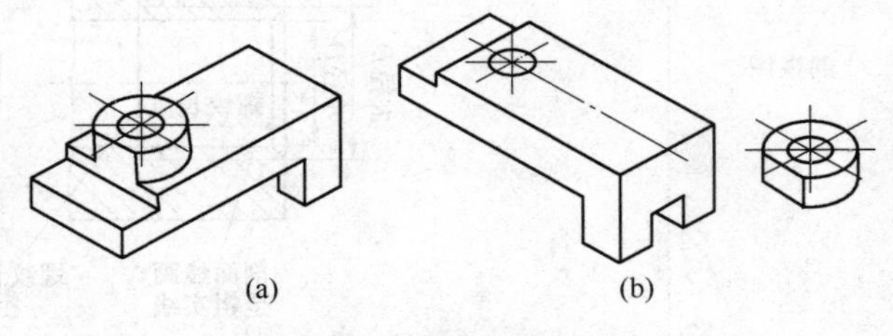

图 1-16　叉板工件立体图

(a)整体立体图　(b)分体立体图

①要看清楚剖视图是从工件什么部位剖切的，找出剖切平面的位置。在一般情况下，

剖切平面的位置用符号 A—A(或 B—B 等)表示。如图 1-17 所示的左视图上标注符号 A—A,表示剖视 A—A 是由主视图的 A—A 位置剖切后而得到的图。

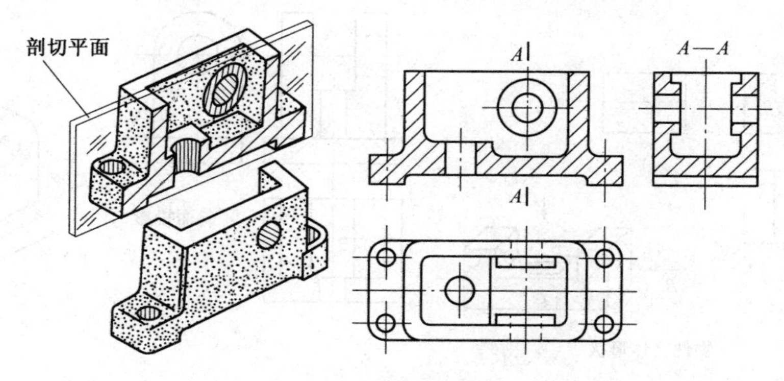

图 1-17 识读剖视图

②图样中,画有剖面线的部位是剖切时的剖切平面与工件相交所形成的断面。也就是说,画有剖面线的部位是工件的实体部分,而没有画剖面线的部位一般情况下都是空的。根据剖视图这一特点,在对视图做投影分析和线条分析时,就可以知道工件的内部结构和形状。

③由于剖视图是在工件的实体处用剖切平面剖开的,所以,在图样中画有剖面线的部分离观察者最近,其后面才是工件其他部分的投影。利用这种特点,可以帮助分析图样和想象图样的立体形状。

四、识读图样的辅助技巧

识读图样过程中,还可以结合以下几个辅助技巧。

(1)读图样时应想象出工件的立体形状 读图样时,结合每一个线条位置、形状和特征以及线条之间的关系,把工件想象成一个立体的形状。

读图样要先从主视图开始,看着主视图,就像自己站在工件立体形状的前边,由前向后看,如图 1-18 所示的 A 向,去想象工件上的线、面、槽和孔等;看左视图时,就像站在工件左边,由左向右看,如图 1-18 所示的 B 向;看俯视图时好像站在工件的上方,由上向下看,如图 1-18 所示的 C 向。按照投影关系,结合每个视图的特点,边看边想象,把各部分弄通看懂。

(2)利用图线帮助读图 表 1-1 中介绍了各种图线的意义和应用,读图时可以利用图样中的图线去帮助判断物体的形状。图 1-19 所示是一个支承体工件,图样中的实线均为物体可看得到的轮廓线,每一封闭线框代表一个平面或斜面或一个孔的投影。相邻两个封闭线框一般表示两个面(平面或斜面),并且这两个面有前后或上下、左右之分。图中的虚线为看不见轮廓线的投影。

(3)利用三角板或分规帮助读图 根据正投影图中主视图和俯视图的长相等、主视图和左视图高相等、左视图和俯视图宽相等的“三等”尺寸对应关系,利用三角板、直尺或分度圆规去测量和对照它们之间线条的长度和位置,以帮助了解每一个线条在图样中所代表的意义。

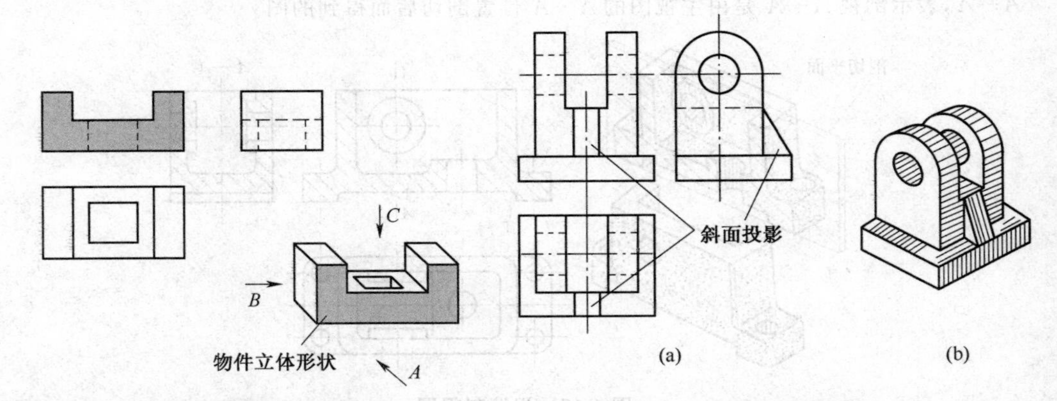

图 1-18 按照三视图想象工件立体形状

图 1-19 支承体工件
(a)三视图 (b)立体图

(4)不要孤立地识读图样中的某一个图 视图往往是按照几个方向或部位的投影画出的,视图数目的多少或在图样中采用哪种视图是由工件结构和加工情况所确定的。一个视图只能表达工件的一个方向或一种含义,而不能反映这个工件的整体情况;因此,不管图样上有几个视图,都应该逐个仔细识读,并把几个视图联系在一起进行综合分析,这样读图才能准确。不要只看一个或两个图就以为看懂了,结果很容易造成读图错误。

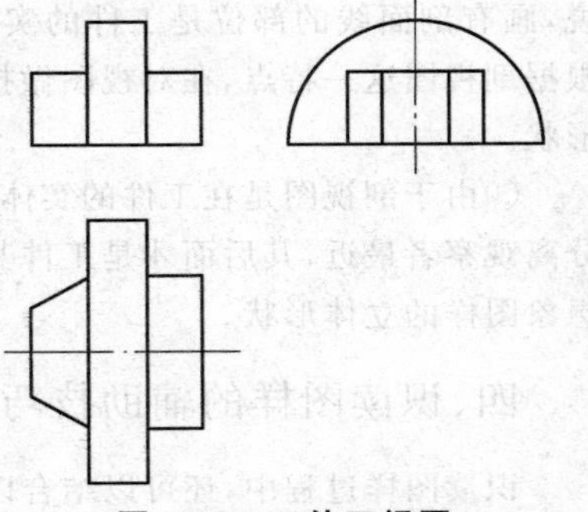

图 1-20 工件三视图

图 1-20 所示是工件的正投影三视图,如果单看主视图,可以想象出如图 1-21 所示三种形状的工件。若将左视图和俯视图结合在一起识读,就可以知道图 1-20 所示的是图 1-21(a)所示的工件形状Ⅰ。

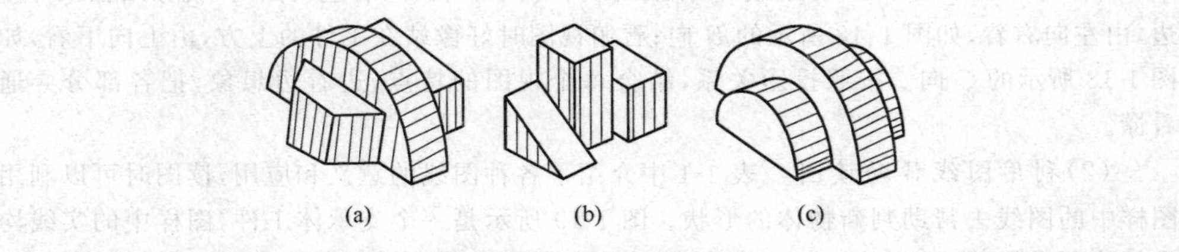

图 1-21 不同形状的工件
(a)工件形状Ⅰ (b)工件形状Ⅱ (c)工件形状Ⅲ

(5)利用图样中的符号帮助读图 在前面已谈到图样中符号的标注方法,在识读图样时,可利用这些符号去分析判断机件的形状和特征。如看见符号“ϕ”,可知机件表面一定是圆形;看见符号“□”,可知机件表面一定是正方形;看见符号“∠”,可知机件表面是个斜面。

第二节　极限制与配合、几何公差和表面粗糙度概念

在图样上，除了标注图形、公称尺寸和一些符号外，还要标注出尺寸公差、几何公差和表面粗糙度等有关要求，它同样是车工学习的重要内容。

一、极限制与配合

极限制就是经标准化的公差与偏差制度，配合是指公称尺寸相同的孔与轴之间的结合关系。

1. 尺寸、偏差和公差

在现代化生产中，要求组成机器的零件具有“互换性”。所谓互换性就是一个轴可以配合任何不经过挑选的孔，或者一个孔可以配合任何不经过挑选的轴。

实际加工中，不能要求做得绝对准确，总要有一定的加工误差，但加工误差只要不超出所允许的范围，就能满足互换性要求。工件加工中对尺寸所允许的变动范围就是“公差”的概念。

下面介绍几个公差的有关术语。

(1)公称尺寸　在图样中给定的尺寸中，主体尺寸就是公称尺寸。例如 $55^{+0.02}_{-0.05}$mm，主体尺寸 55mm 就是公称尺寸。

(2)实际尺寸　工件加工后，用量具测量得到的尺寸称实际尺寸。

(3)极限尺寸　极限尺寸是以公称尺寸为基数来确定的，它给实际尺寸规定最大不能超过多少，即上极限尺寸；最小不能小于多少，即下极限尺寸。以这两个界限值对加工尺寸进行限定。

例如 $55^{+0.02}_{-0.05}$mm，其上极限尺寸为 55.02mm，下极限尺寸为 54.95mm。在加工中，无论实际尺寸做成多少，只要在这两个极限尺寸的区域内就是合格品；否则就不合格。

极限尺寸可用示意图来表示，如图 1-22 所示。

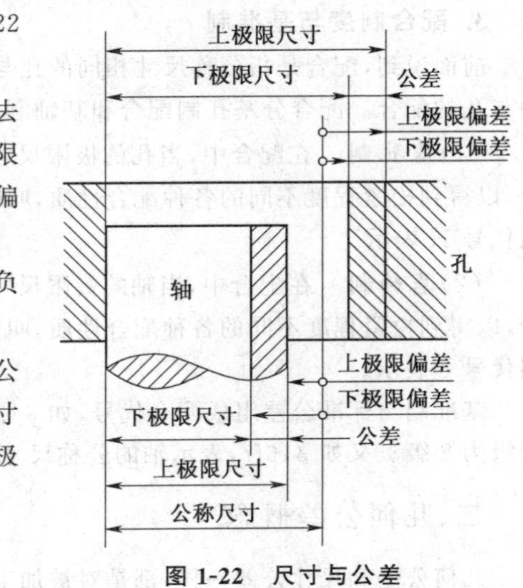

图 1-22　尺寸与公差

(4)极限偏差　图样中，上极限尺寸减去公称尺寸所得的代数差称上极限偏差，下极限尺寸减去公称尺寸所得的代数差称下极限偏差；上极限偏差、下极限偏差统称为极限偏差。

上极限偏差和下极限偏差可以是正数或负数，也可以是 0。

(5)尺寸公差　尺寸公差就是常说的公差，是指尺寸的允许变动量，它等于上极限尺寸减下极限尺寸之差，也等于上极限偏差与下极限偏差之差。用计算式表示为：

公差＝|上极限尺寸－下极限尺寸|

＝|上极限偏差－下极限偏差|

如图 1-23 所示的圆柱销工件的公差为：

$$50-49.975=0.025(\text{mm})$$

或

$$0-(-0.025)=0.025(\text{mm})$$

公差是绝对值，没有正负，这是它与偏差的根本区别。

(6)实际偏差　实际偏差指工件加工后得到的实际尺寸减去公称尺寸的代数差，用计算式表示为：

$$\text{实际偏差}=\text{实际尺寸}-\text{公称尺寸}$$

图 1-23 所示圆柱销工件的公称尺寸为 50mm，它加工后的实际尺寸如果为 ϕ49.988mm，那么它的实际偏差为：

$$\text{实际偏差}=49.988-50=-0.012(\text{mm})$$

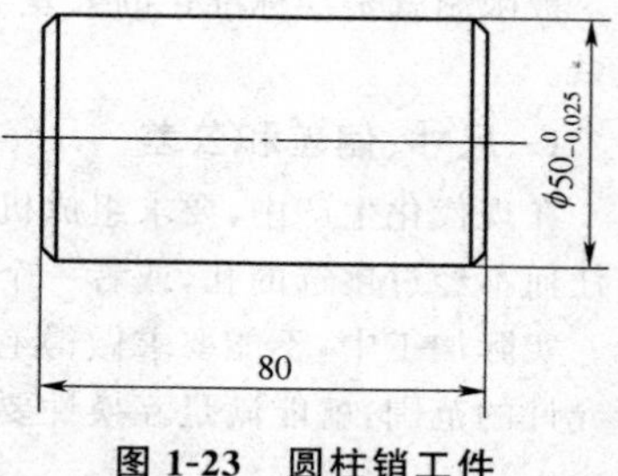

图 1-23　圆柱销工件

2. 标准公差

标准公差是指极限与配合国家标准表格中所列出的任意一个公差，用符号 IT 表示。它反映了被加工工件精密程度的高低。凡是在国家标准中没有列出的公差数值，都不叫标准公差。

标准公差分为 18 个公差等级，即 IT1，IT2，IT3 至 IT18。从 IT1 到 IT18 公差数值逐渐增大，精度等级依次降低，即 IT01 精度最高，公差数值最小；IT18 精度最低，公差值最大。车削可以达到 IT7～IT11 标准公差等级。

一般机器的重要配合为 IT8～IT10，一般机器的多数配合为 IT11～IT13；原材料尺寸为 IT8～IT14；非配合尺寸为 IT12～IT18。

在图样中没有注明公差范围的尺寸属于相对次要的尺寸，是为了和其他重要尺寸相区别，但它并不等于没有公差限制。对于图样中未注公差尺寸的公差数值规定了较大的范围，即 IT12～IT18 级，共 7 个等级。

3. 配合制度与基准制

前面说到，配合是指公称尺寸相同的孔与轴之间的结合关系，在极限制中，规定有多种轴与孔的配合。配合分基孔制配合和基轴制配合。

(1)基孔制　在配合中，当孔的极限尺寸为一定(基准件)，而与不同极限尺寸的轴配合，以得到松紧程度不同的各种配合性质，叫作基孔制。这种配合制度中的孔称为基准孔，用代号 H 表示。

(2)基轴制　在配合中，当轴的极限尺寸为一定(基准件)，而与不同极限尺寸的孔配合，以得到松紧程度不同的各种配合性质，叫作基轴制。这种配合制度中的轴称为基准轴，用代号 h 表示。

基准制与标准公差组成配合代号，如 ϕ12H8，表示孔的公称尺寸为 ϕ12mm，孔公差的等级为 8 级。又如 ϕ16f7，表示轴的公称尺寸为 ϕ16mm，轴的公差等级为 7 级。

二、几何公差概念

几何公差和尺寸公差一样，都是对被加工工件提出的技术要求，在图样中，也给出了它们所允许的最大变动量，如果工件实际形状或位置等的加工误差没有超过这个最大变动量，即为合格；若超出这个范围，就是不合格。

(1)*几何公差项目名称和代号*　形状公差规定有直线度、平面度、圆度、圆柱度、线轮廓度和面轮廓度，方向公差规定有平行度、垂直度、倾斜度、线轮廓度、面轮廓度，位置公差规定有位置度、同心度、同轴度、对称度、线轮廓度、面轮廓度，跳动公差规定有圆跳动、全跳动。车工常用到的几何公差有圆度、圆柱度、同轴度和圆跳动等。几何公差的项目和代表符号见表 1-3。

表 1-3　几何公差项目名称和代表符号

分类	项目	符　号	分类	项目	符　号
形状公差	直线度	⏤	位置公差	位置度	⌖
	平面度	⏥		同心度(用于中心点)	◎
	圆度	○		同轴度(用于轴线)	◎
	圆柱度	⌭		对称度	⌯
方向公差	平行度	//		线轮廓度	⌒
	垂直度	⊥		面轮廓度	⌓
	倾斜度	∠	跳动公差	圆跳动	↗
	线轮廓度	⌒		全跳动	⌰
	面轮廓度	⌓			

(2)*几何公差在图样中基本标注方法*　几何公差在图样中采用框格法标注，就是在长方形方框内将几何公差各种项目的符号和要求标注出来，作为加工和测量的依据。

几何公差框格是用细实线在图样上画出的长方形格子。大框格内根据有关要求又分隔成两个或多个小框格，如图 1-24 所示，大框格内从左边第一个小框格开始，依次向右填写以下内容：

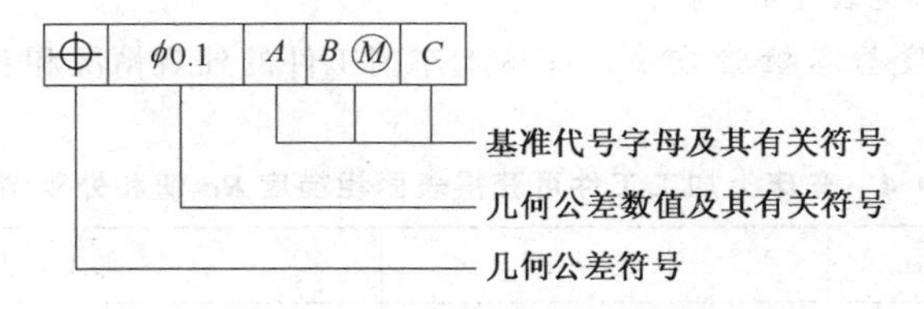

图 1-24　几何公差标注方法

第一格——几何公差符号(表 1-3)，表示所要求的几何公差具体项目。

第二格——几何公差数值及其有关符号，即加工误差所允许的最大变动量。

第三格和后面各格——基准(依据)代号字母及其有关符号。

例如,图 1-12 中标注出的同轴度◎位置公差,表示加工 $\phi100^{+0.035}_{0}$ mm 孔时,要以 $\phi30^{+0.021}_{0}$ mm 孔的轴线为基准,其同轴度公差为 $\phi0.01$mm。

三、表面粗糙度概念

表面粗糙度就是工件车削后的粗糙程度,它同样是加工表面的重要度量指标之一。

经车削加工后的工件表面,由于与车刀和切屑进行摩擦、切削中产生振动以及材料的塑性变形等因素的影响,总会在被加工表面留下加工痕迹和几何形状误差,图 1-25 所示是被加工表面经放大后的部分情况。

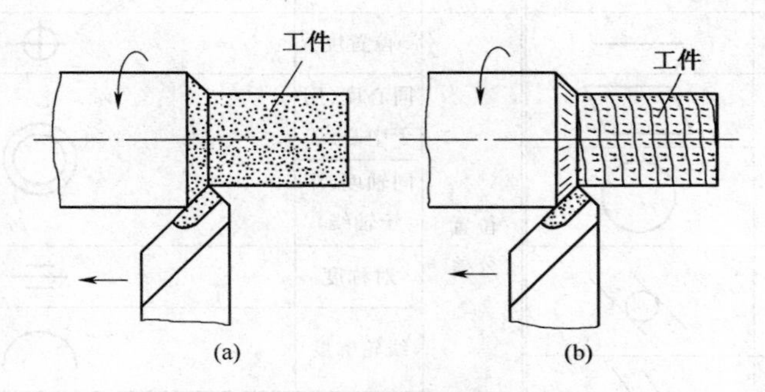

图 1-25 放大后的表面粗糙情况

(a)表面粗糙 (b)表面拉毛

图样中的表面粗糙度要求是根据工件的使用情况和配合性质确定的,加工出的表面粗糙度值过大或有时被加工表面粗糙度值过小(表面过于光洁),都属于不合乎要求,所以必须按照图样中的要求去加工。

(1)*表面粗糙度符号和代表意义* 表面粗糙度符号有以下几种形式:

$\sqrt{}$ ——表示允许任何工艺去获得的表面粗糙度。

$\bar{\sqrt{}}$ ——表示该表面粗糙度需通过去除材料(如车削、铣削、钻孔等)的方法获得。

$\circ\!\!\sqrt{}$ ——表示该表面粗糙度通过锻造、铸造或轧制一类不去除材料的方法直接形成毛坯获得。

在国家标准中,推荐优先选用轮廓算术平均偏差 *Ra* 作为评定参数。车床上加工时常见表面粗糙度 *Ra* 值见表 1-4 左栏。

(2)*表面粗糙度基本检验方法* 车床上车削工件的外观情况和获得方法,可参考表 1-4。

表 1-4 车床上加工工件可获得表面粗糙度 *Ra* 值和外观情况

表面粗糙度 *Ra* 值/μm	外 观 情 况	加工获得方法
100,50,25,12.5	表面外观明显可见刀痕	粗车
	可见刀痕	
	微见刀痕	

续表 1-4

表面粗糙度 Ra 值/μm	外 观 情 况	加工获得方法
12.5,6.3	可见加工痕迹	半精车
6.3,3.2	微见加工痕迹	
3.2,1.6	看不见加工痕迹	精车

检验被加工表面的表面粗糙度一般采用样板比较法。这种检测方法使用一组表面粗糙度的标准样板,如图 1-26 所示。检测前,标准样板都要经过鉴定并标注出粗糙度的级别和 Ra 数值。

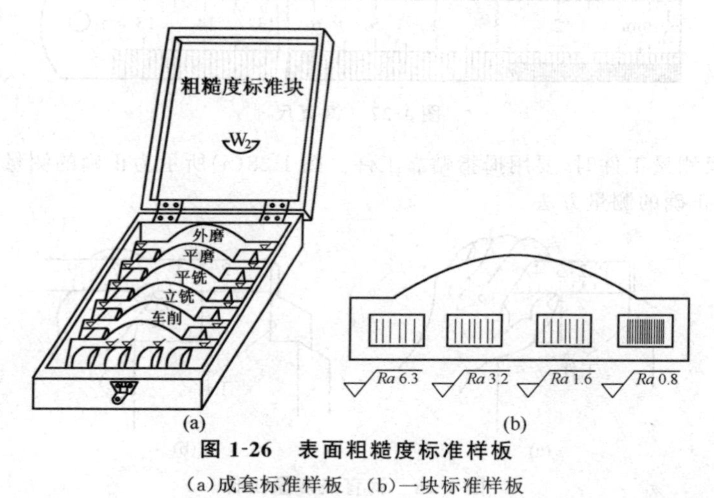

图 1-26　表面粗糙度标准样板

(a)成套标准样板　(b)一块标准样板

检测的时候,把被测量的工件和样板放在一起,用目测的方法或借助放大镜观察比较,来判断工件的表面粗糙度相当于样板的哪一个数值。

第三节　车工常用量具

车工常用量具有钢直尺、卡钳、游标卡尺、千分尺、百分表和万能角度尺等。

一、长度计量单位和换算

长度计量单位有公制和英制两种。我国采用的是公制单位,它以“米”为主单位(基本单位),属十进位制,其换算关系见表 1-5。

表 1-5　米制单位换算表

单位名称	符　号	换算关系
米	m	1m=10dm
分米	dm	1dm=10cm
厘米	cm	1cm=10mm
毫米	mm	1mm=1 000μm
微米	μm	$1\mu m=\frac{1}{1\ 000}mm$

英制单位和米制单位的换算关系为：

1in(英寸)＝25.4mm，1mm＝0.039 4in(英寸)

二、常用量具和使用

1. 钢直尺及其使用

钢直尺(图 1-27)可直接用来测量工件的长度和其他尺寸，它的测量精度较低，为 0.5mm。

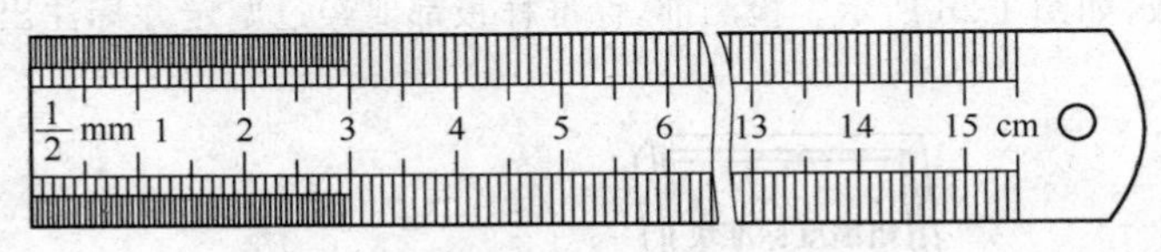

图 1-27　钢直尺

用钢直尺测量工件时，要用拇指贴靠工件。图 1-28(a)所示为正确的测量方法，图 1-28(b)所示为不正确的测量方法。

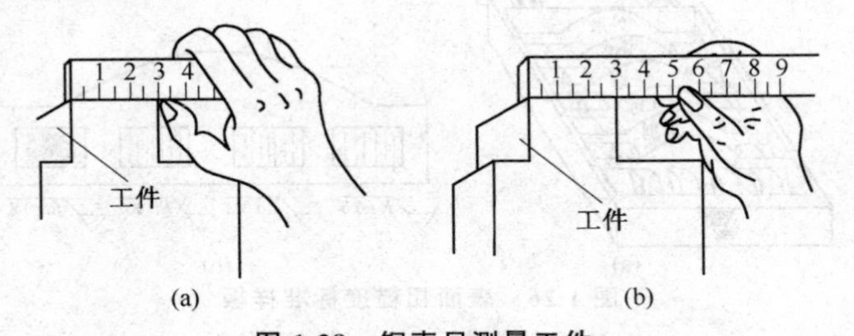

图 1-28　钢直尺测量工件

(a)正确　(b)不正确

图 1-29 所示是使用钢直尺测量圆柱形工件直径的情况。先将直尺的左端紧贴住被测工件的一边，并来回摆动另一端，所获得的最大读数值，就是所测直径的尺寸。

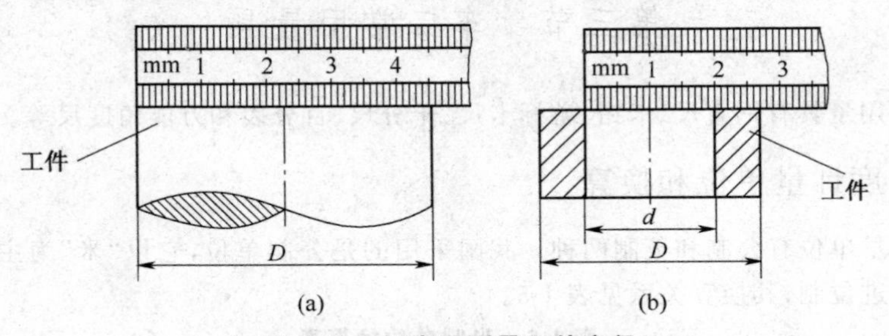

图 1-29　钢直尺测量工件直径

(a)测量外径　(b)测量内径

2. 卡钳及其使用

卡钳(图 1-30)是一种无刻度的比较性间接测量量具，适用于测量表面粗糙和精度较低的工件，并且在车床转动时也能进行测量。

卡钳根据用途不同，可分为外卡钳和内卡钳。

(1)*卡钳使用方法*　卡钳通常配合钢直尺测量工件。

用外卡钳测量轴件外径如图1-31(a)所示，中指挑起外卡钳，拇指与食指捏住卡钳上端的两边，依靠外卡钳的自重，从被测量圆柱工件的两侧轻轻滑过，滑过时手指要有轻微感觉(不要硬推下去)。测量时要将外卡钳放正，使两钳脚垂直于工件轴心线。

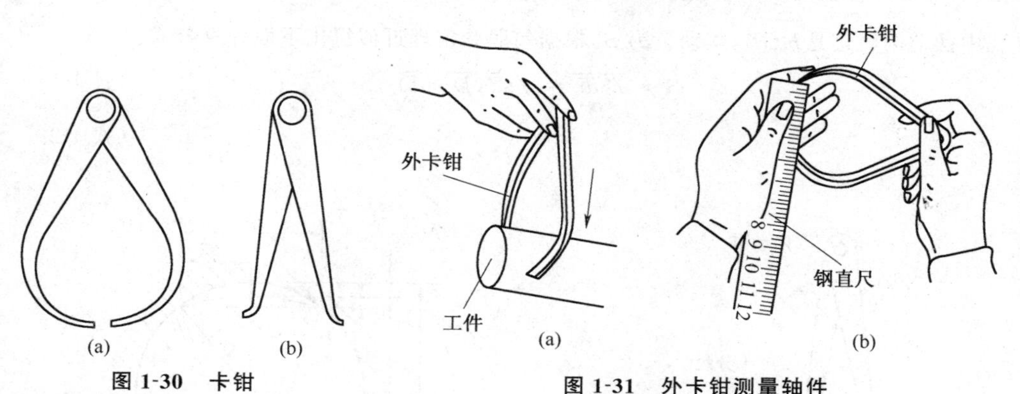

图 1-30 卡钳

(a)普通外卡钳 (b)普通内卡钳

图 1-31 外卡钳测量轴件

(a)外卡钳使用方法 (b)从钢直尺上读数

使用外卡钳测过轴径后，接着从钢直尺上量取尺寸数值，如图 1-31(b)所示。这时，外卡钳的一个钳脚与钢直尺的左端接触，另一个钳脚顺着钢直尺对准刻线。从钢直尺上读刻线读数时，应使视线与钳脚垂直，而不应倾斜，否则会影响读数的准确性。

测量工件孔径时使用内卡钳，它以下卡脚为支点，左右摆动上卡钳脚[图 1-32(a)]，然后从钢直尺上量出尺寸数值。量取数值时，将钢直尺左端垂直地靠在一个平面上[图 1-32(c)]，然后使内卡钳的一个卡脚与这个平面接触，再从另一个卡脚所对着的刻线，读出数值。精确测量时，常利用千分尺量取尺寸(图 1-33)。

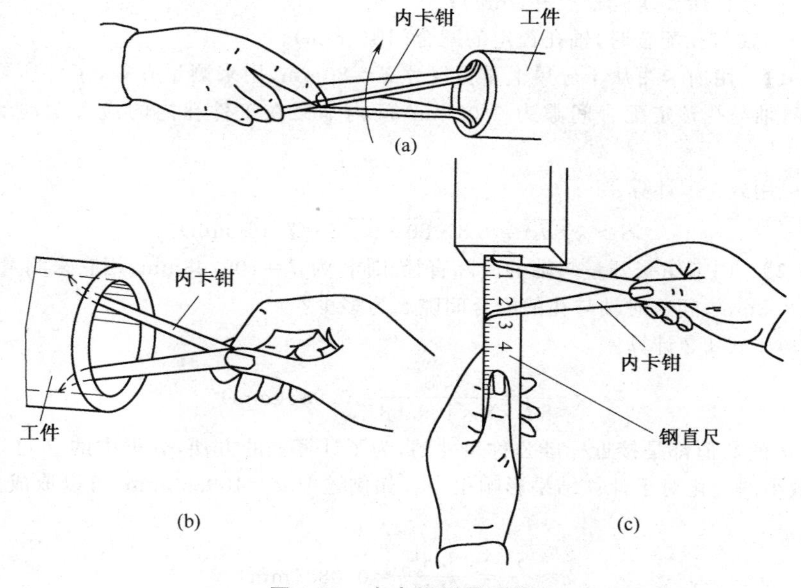

图 1-32 内卡钳测量孔径

(a)在孔口进行测量 (b)在孔内进行测量 (c)从钢直尺上读数

(2)内卡钳测量孔径摆动量的计算　采用图 1-32 所示的方法测量孔径时,如果内卡钳两卡脚张开尺寸是 d(图 1-34),卡钳的一个脚在孔中某点固定不动,另一个卡脚在孔中左右摆动,通过计算就可以知道内卡钳摆动量。当内卡钳一卡脚以 A 为定点不动,另一卡脚在孔中摆动的轨迹是 $\overset{\frown}{HGB}$,摆动量为 S,根据勾股弦定理近似得出下面计算公式:

$$S \approx \sqrt{8dc} = \sqrt{8d(D-d)} \qquad \text{(式 1-1)}$$

$$c \approx \frac{S^2}{8d} \qquad \text{(式 1-2)}$$

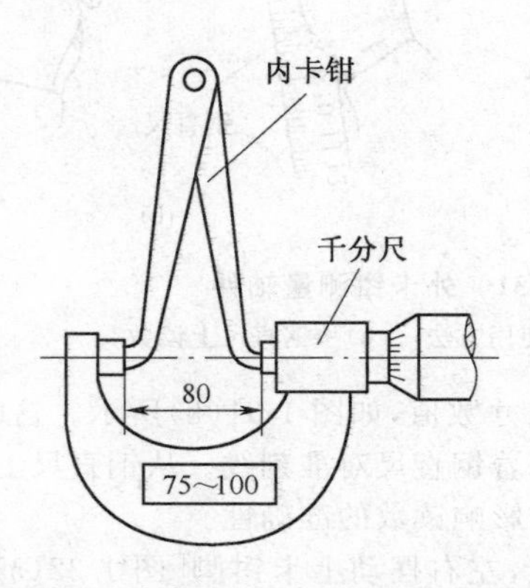

图 1-33　内卡钳从千分尺上量取尺寸

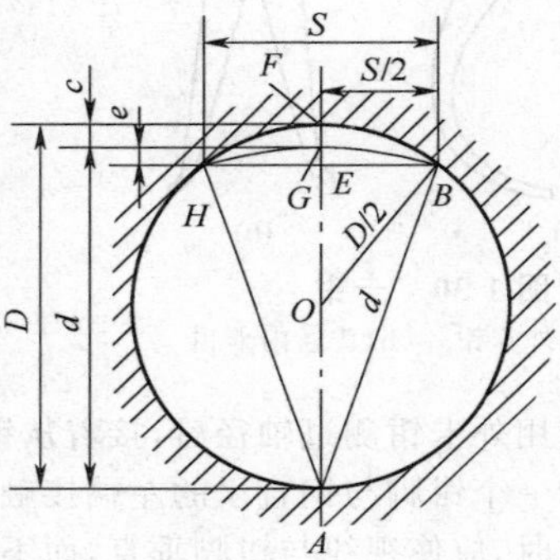

图 1-34　内卡钳摆动计算图

式中　d——内卡钳从千分尺上量得的尺寸(mm);

D——工件所要求孔径尺寸(mm);

c——轴与孔配合时,轴孔预定的配合间隙(mm)。

【例 1-1】　用内卡钳从千分尺上量得尺寸 $d=80\text{mm}$,用来测量孔径,工件所要求孔径 $D=80\text{mm}$,轴与孔预定配合间隙为 0.08mm,问内卡钳在工件孔内的最大摆动量应该是多少?

【解】　用式 1-1 计算:

$$S \approx \sqrt{8dc} = \sqrt{8 \times 80 \times 0.08} = 7.16(\text{mm})$$

【例 1-2】　内卡钳张开量与轴的实际直径相同,为 $d=109.68\text{mm}$;用它来测量孔径时,摆动量是 8.8mm,问这时轴与孔的配合间隙 c 为多少?

【解】　用式 1-2 计算:

$$c \approx \frac{S^2}{8d} = \frac{8.8^2}{8 \times 109.68} = 0.088(\text{mm})$$

一般 d 的数值都是接近标准公称尺寸的,为了计算上的方便,分母中的 d 可以取成整数,这样微小的变化对于计算结果影响很小。如例题中 $d=109.68\text{mm}$,可以取成 110mm,于是:

$$c \approx \frac{S^2}{8d} = \frac{8.8^2}{8 \times 110} = 0.088(\text{mm})$$

使用内卡钳测量孔径感知 0.01mm

粗车时，通常使用内卡钳测量孔径（或使用外卡钳测量外圆尺寸），这样可减少精密量具（游标卡尺等）的摩擦和磨损。

卡钳是靠两只脚尖在工件上滑过时产生摩擦阻力，凭经验判断而感知尺寸差别的。有经验的老师傅都能凭摩擦阻力的大小、卡钳通过时的松紧程度感知出 0.01mm 的差别。

随意选定一个尺寸，如 30mm。先把外径千分尺调整到 30mm，用内卡钳量取尺寸到自己满意为止（栏图 1-1），并记住卡钳脚滑过千分尺量面时的松紧程度；然后，将千分尺调到 30.01mm，不敲动卡钳，到千分尺量面上去比较与刚才量取 30mm 时的松紧程度；再把千分尺调到 30.02mm，去比较卡钳的松紧……一直调到卡钳脚接触不到千分尺量面为止。

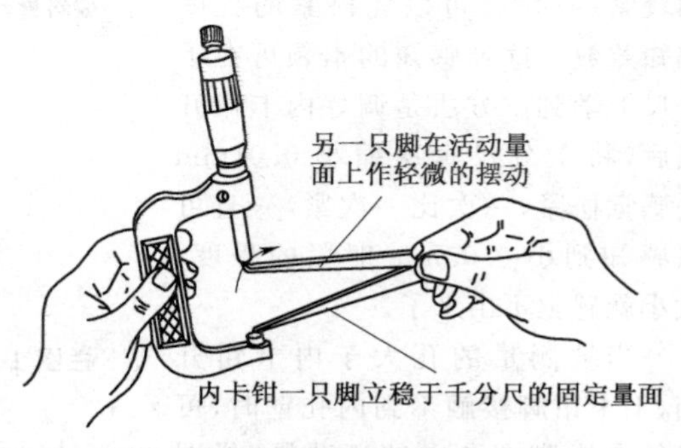

栏图 1-1　内卡钳在千分尺上对尺寸

如千分尺调到 30.03mm 时，卡钳脚接触不到量面了，则表面调整的内卡钳两脚尖开档为 30.02mm，而不是刚才所认为满意时的 30mm，也表明对卡钳松紧程度的感知能力是紧了 0.02mm。

内卡钳开档的正确尺寸是：当外径千分尺放大 0.01mm 时，卡钳脚碰不到测量面；当外径千分尺还原时，卡钳脚刚接触测量面，手指明显感觉卡钳脚与测量面有轻微的摩擦；而当外径千分尺缩小 0.01mm 时，卡钳脚与测量面的接触就感觉太紧了。这种练习需在不同尺寸组（如 25mm，50mm，75mm）多练几次，一直练到自己满意有把握地感觉“不接触”“刚接触”“太紧”这三种微小区别为止。

要注意：调整千分尺时，不能简单地松过来，紧过去。千分尺螺杆副有一定的间隙，它是在有测力 P 时对零位的。所以调整千分尺开档时，应给一个测力 P，如栏图 1-2 所示，再拧紧棘轮和固定尺寸。放大千分尺开档时，要超过放大量半圈左右再拧回来，这样调整的尺寸才能准确。

还应注意内卡钳脚尖与千分尺量面接触的部位，一般应在量面的中心，如栏图 1-3 所示；如果放偏了，会产生误差。经计算，当千分尺开档为 25～35mm，卡钳脚尖偏离 1mm 时，相差约 0.01mm。因此，使用卡钳做精密测量时，操作要细心。

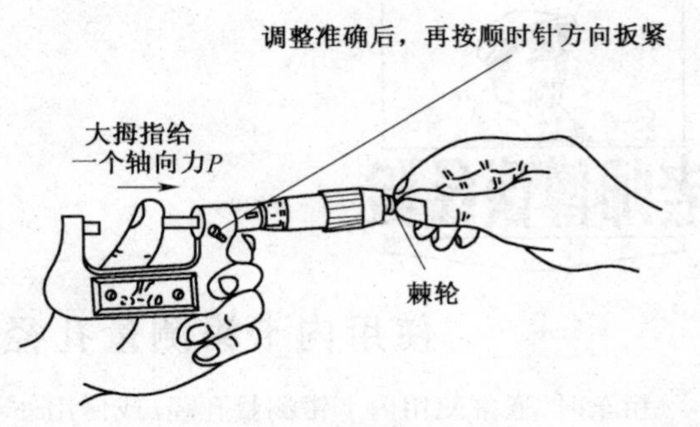

栏图 1-2 千分尺的调整

用调准尺寸的内卡钳测量孔，卡钳脚进入内孔的摩擦阻力、松紧程度和在千分尺量面上一样时，则孔的大小与千分尺开档一致。但多数情况下不会恰好如此。有时会感到紧一些，有时会接触不到。当测量孔感到较紧的时候，可以凭松紧的程度感知差数。这种感知的本领可在千分尺上学到。方法是调好内卡钳开档后，将千分尺每次缩小 0.01mm 去感觉松紧，一次比一次紧，一直可以感知到小 0.05mm 时紧的程度，太小就感觉不出来了。

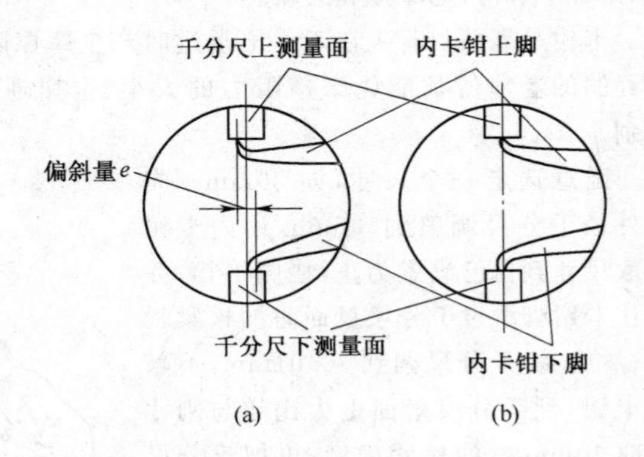

栏图 1-3 内卡钳脚尖与千分尺量面接触情况

(a)错误：内卡钳两脚尖偏斜

(b)正确：内卡钳两脚尖在千分尺量面中间取尺寸

当被测量的孔大于内卡钳开档，上卡钳脚接触不到内孔壁时，可以凭卡钳脚在孔内的摆动量（栏图 1-4）得知孔的实际尺寸，见栏表 1-1。例如，卡钳开档为 30mm，在孔内卡钳上脚摆动 2mm，查表得知实际间隙为 0.023mm，则孔尺寸是 ϕ30.023mm。也可以按孔的大小调好内卡钳的摆动量，如公称尺寸为 ϕ50mm 的孔，把内卡钳调至可在孔内摆动 2mm，然后用外径千分尺测得卡钳开档为 50.01mm，查表得知实际间隙为 0.014mm，则孔的实际尺寸为 50.024mm。

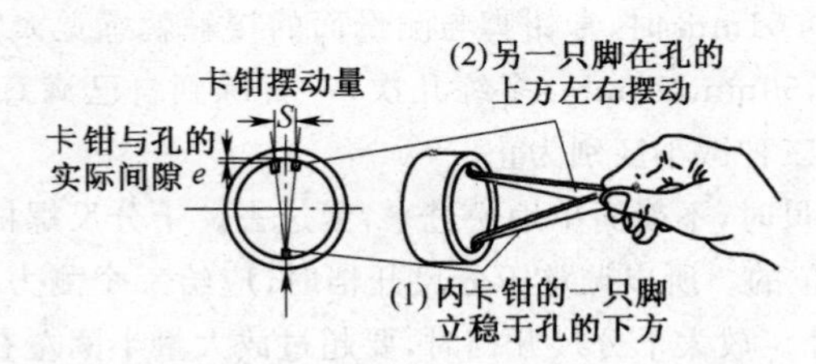

栏图 1-4 校准尺寸的内卡钳在被测孔内摆动情况

栏表 1-1　内卡钳摆动量和实际间隙量对照表　（mm）

工件孔径	实际间隙量	内卡钳摆动量 S											孔公差	
		1	2	3	4	5	6	7	8	9	10	11	7	8
＞10～12		0.011	0.046	0.103	0.184	0.287							+0.018	+0.027
＞12～15		0.009	0.038	0.085	0.150	0.234	0.338						+0.018	+0.027
＞15～18		0.008	0.035	0.069	0.122	0.191	0.275	0.374					+0.018	+0.027
＞18～30		0.006	0.023	0.051	0.089	0.139	0.200	0.272	0.356				+0.021	+0.033
＞30～50	e	0.003	0.014	0.030	0.054	0.083	0.120	0.163	0.214	0.270	0.333	0.403	+0.025	+0.039
＞50～80			0.008	0.019	0.033	0.051	0.073	0.100	0.130	0.165	0.203	0.246	+0.030	+0.046
＞80～120			0.005	0.012	0.021	0.033	0.047	0.064	0.083	0.106	0.130	0.158	+0.035	+0.054
＞120～180			0.004	0.008	0.014	0.022	0.031	0.043	0.056	0.070	0.087	0.105	+0.040	+0.063
＞180～250				0.005	0.010	0.015	0.021	0.029	0.038	0.048	0.059	0.071	+0.046	+0.072

3. 游标卡尺及其使用

游标卡尺(图 1-35)是一种测量精度较高的量具,用于测量工件的外径和内径尺寸(图 1-36),带深度尺的三用游标卡尺还可测量深度或高度尺寸,如图 1-37 所示。

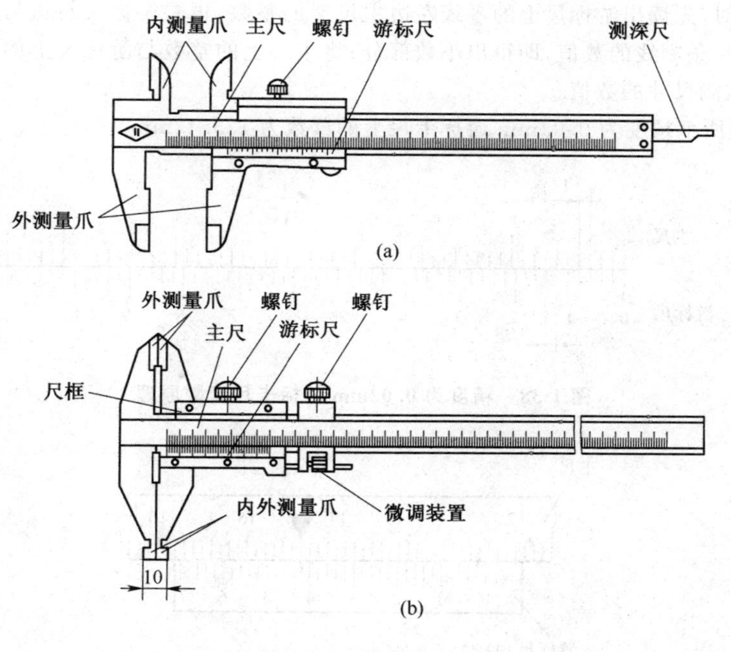

图 1-35　游标卡尺

(a)三用游标卡尺　(b)不带深度尺的游标卡尺

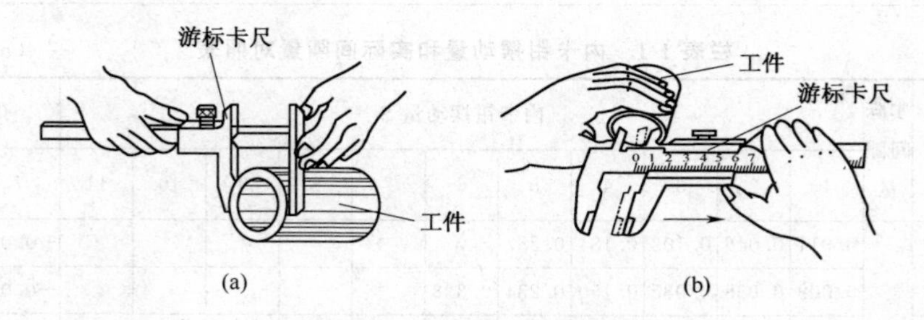

图 1-36　游标卡尺测量工件

(a)测量外径　(b)测量内径

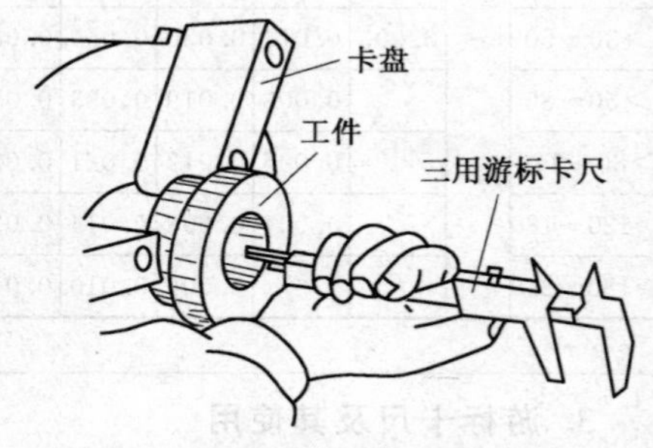

图 1-37　三用游标卡尺测量工件

(1)游标类量具的读数原理　游标卡尺上的刻度值就是它的测量精度。游标卡尺常用刻度值有 0.02mm，0.05mm 等。游标卡尺上各种刻度值的读数原理都相同，只是刻度精度有所区别。

①精度为 0.02mm 的刻度原理和读法。游标卡尺精度为 0.02mm 的刻度情况如图 1-38 所示。主尺上每小格 1mm，每大格 10mm；两卡爪合拢时，主尺上 49mm，刚好等于游标卡尺上的 50 格。因而，游标尺上每格＝49÷50＝0.98(mm)。主尺与游标尺每格相差1－0.98＝0.02(mm)。

读数值时，先读出游标尺上的零线左边主尺上的整数，再看游标尺右边与主尺上的刻线对齐的那一条刻线的数值，即得出小数部分；将主尺上的整数与游标尺上的小数加在一起，就得到被测尺寸的数值。

图 1-39 所示精度为 0.02mm 游标卡尺上的读数为 123.42mm。

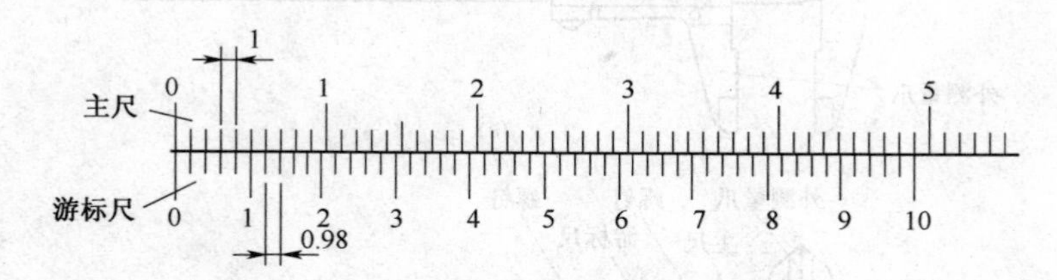

图 1-38　精度为 0.02mm 游标卡尺读数原理

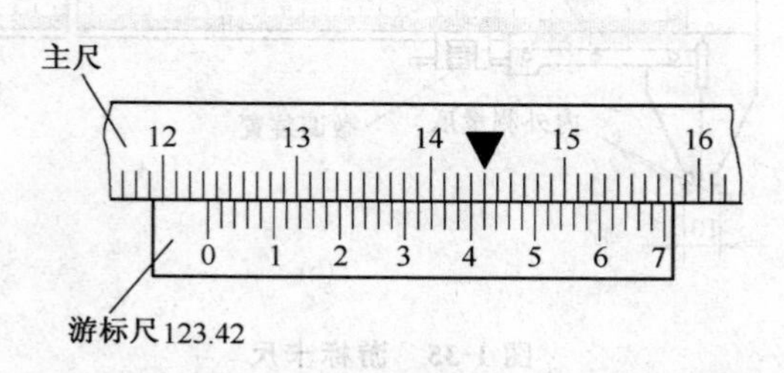

图 1-39　游标卡尺上的读数(精度为 0.02mm)

②精度为 0.05mm 的刻度原理和读法。精度为 0.05mm 的游标卡尺，当两卡爪合拢时，主尺上的 19mm，等于游标尺上的 20 格(图 1-40)，因而，游标尺上每格＝19÷20＝0.95(mm)，主尺与游标尺每格相差 1－0.95＝0.05(mm)。

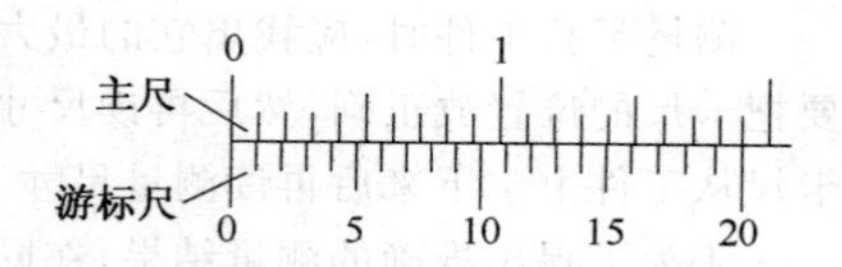

图 1-40　精度为 0.05mm 游标卡尺读数原理

图 1-41 中，游标尺零线右边的第 9 条线与主尺上的刻线对齐了，这时的读数为 9×0.05＝0.45(mm)。

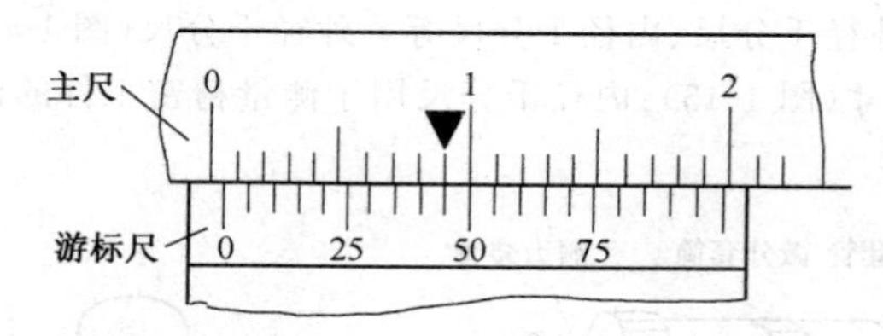

图 1-41　游标卡尺上的读数(精度为 0.05mm)

(2)正确使用游标卡尺　正确使用游标卡尺要做到以下几点。

①测量前，先用棉纱把卡尺和工件上被测量部位都擦干净，然后对量爪的准确度进行检查：当两个量爪合拢在一起时，主尺和游标尺上的两个零线应对正，两量爪应密合无缝隙。使用不合格的卡尺测量工件，会出现测量误差。

②测量时，轻轻接触工件表面(图 1-42)，手推力不要过大，量爪和工件的接触力量要适当，不能过松或过紧，并应适当摆动卡尺，使卡尺和工件接触好。

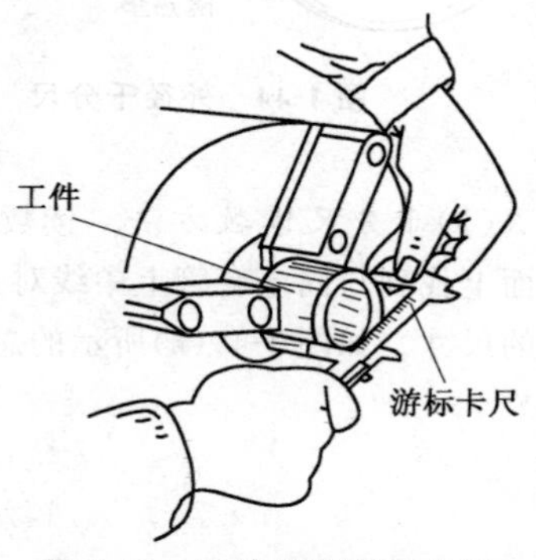

图 1-42　正确使用游标卡尺

③测量时，要注意卡尺与被测表面的相对位置，量爪不得歪斜，否则，会出现测量误差。如图 1-43(a)所示是量爪的正确测量位置，图 1-43(b)所示是不正确测量位置。

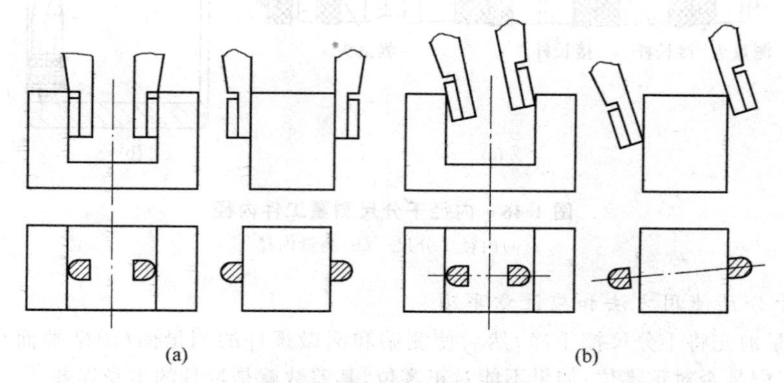

图 1-43　量爪的测量位置

(a)正确　(b)不正确

测量带孔工件时，应找出它的最大尺寸；测轴件或块形工件时，应找出它的最小尺寸。要把卡尺的位置放正确，然后再读尺寸；或者测量后量爪不动，将游标卡尺上的螺钉拧紧，卡尺从工件上拿下来后再读测量尺寸。

④为了得出准确的测量结果，在同一个工件上，应进行多次测量。

⑤看卡尺上的读数时，眼睛位置要正，偏视往往出现读数误差。

4. 千分尺及其使用

千分尺精度可达到 0.01mm。

千分尺主要包括外径千分尺、内径千分尺等。外径千分尺（图 1-44）用于测量精密工件的外径、长度和厚度尺寸（图 1-45）；内径千分尺用于测量精密工件的内径（图 1-46）和沟槽宽度尺寸。

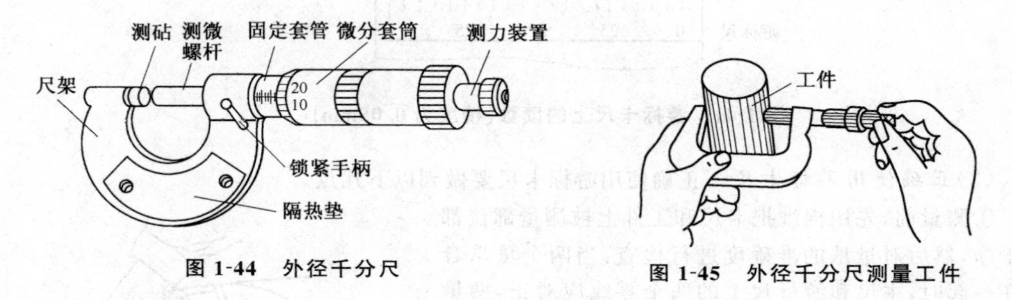

图 1-44 外径千分尺

图 1-45 外径千分尺测量工件

(1)千分尺读数方法 读数时，先找出固定套管上露出的刻线数，然后在微分套筒的锥面上找到与固定套管上中线对正的那一条刻线，最后，将两数值加在一起，即是被测量工件的尺寸。如图 1-47(a)所示的总尺寸为 9.35mm，图 1-47(b)所示的总尺寸为 14.68mm。

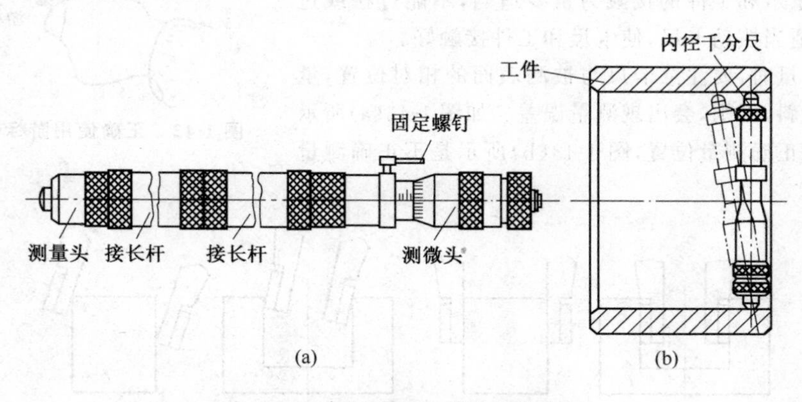

图 1-46 内径千分尺测量工件内径

(a)内径千分尺 (b)测量内径

(2)千分尺使用方法和应注意事项

①测量前先将千分尺擦干净，然后使测砧和测微螺杆的测量面（测砧端面）接触在一起，检查它们是否对正零位；如果不能对正零位，其差数就是量具的本身误差。

②测量时，转动测力装置和微分套筒，当测微螺杆和被测量面轻轻接触而内部发出棘

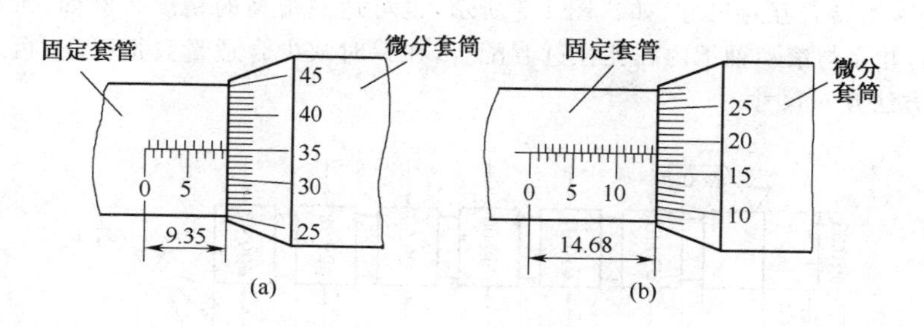

图 1-47　千分尺读数举例

(a)举例Ⅰ　(b)举例Ⅱ

轮“吱吱”响声为止，这时就可读出测量尺寸。

③测量时要把千分尺位置放正，量具上的测量面（测砧端面）要在被测量面上放平或放正。

④测量铜件和铝件时，它们的线膨胀系数较大，切削中遇热膨胀而使工件尺寸增加。所以，加工完毕要用切削液先浇凉后再进行测量，否则，测出的尺寸易出现误差。

⑤千分尺是一种精密量具，不宜测量粗糙毛坯面。

使用外卡钳测量孔径感知 0.01mm

外卡钳测量工件外圆尺寸，需在垂直平面内测量，靠自重滑过工件两侧母线，如栏图 1-5 所示。在外卡钳上感知 0.01mm 可按内卡钳测孔径时的方法在内径千分尺上练习，也可在等差多台阶试棒（栏图 1-6）上练习。先根据自己的经验在中间台阶上调外卡钳，然后逐个台阶去试。如果在减少 0.01mm 的台阶上，卡钳的一只脚贴着试棒，另一只脚从对面滑过时没有接触，感觉不到摩擦，则卡钳的开档与量的手法是正确的。

(2) 大拇指和食指扶着卡钳，但是不要用力

(1) 中指挑着卡钳

(3) 让卡钳依靠自重从工件两侧母线上滑下去

栏图 1-5　外卡钳测量轴件外径

在工件很光洁的圆柱面上，0.01mm 不足以支撑外卡钳的质量，特别是当外卡钳较重或用较大的外卡钳时，更应注意。因此，用外卡钳时还要通过摩擦阻滞力的大小和卡钳被阻的时间来判断尺寸，可多在等差多台阶试棒上反复练习，直到能正确感觉为止。

内外卡钳结合互对尺寸，如栏图 1-6 所示，也可达到很高的精度。例如，所车削尺寸为 65mm，并要与滚动轴承内孔孔径过渡配合，在一时缺少合适量具情况下，可采用栏图 1-7 所示方法互对尺寸。

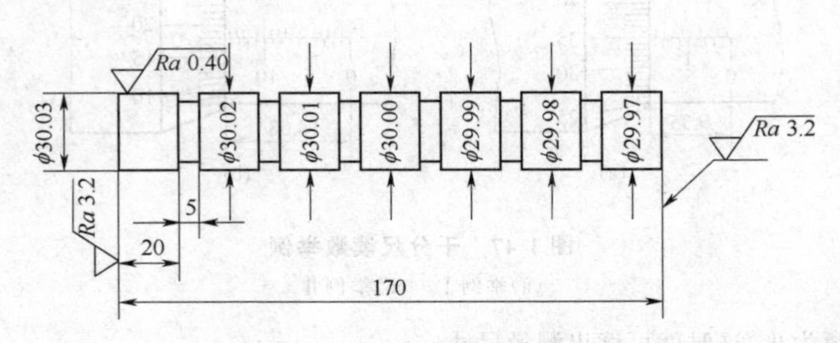

栏图 1-6　等差多台阶试棒

用卡钳感知 0.01mm 的尺寸精度虽然难度较高，影响它的准确度因素也很多，例如，卡钳脚尖要光滑、卡钳两脚尖要对正、卡钳的弹性要好、卡钳铆合的松紧要适度、卡钳的质量应适合等，但在测量时只要操作手法正确，运用得熟练，多多练习和细心体会，该项技术是不难掌握的。

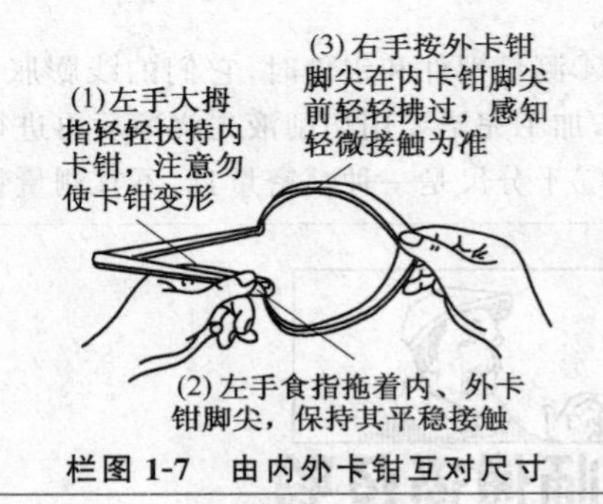

栏图 1-7　由内外卡钳互对尺寸

5. 游标万能角度尺及其使用

游标万能角度尺有两种形式，如图 1-48 所示，它们的分度值精度有 2′和 5′两种，其读法与游标卡尺相似。

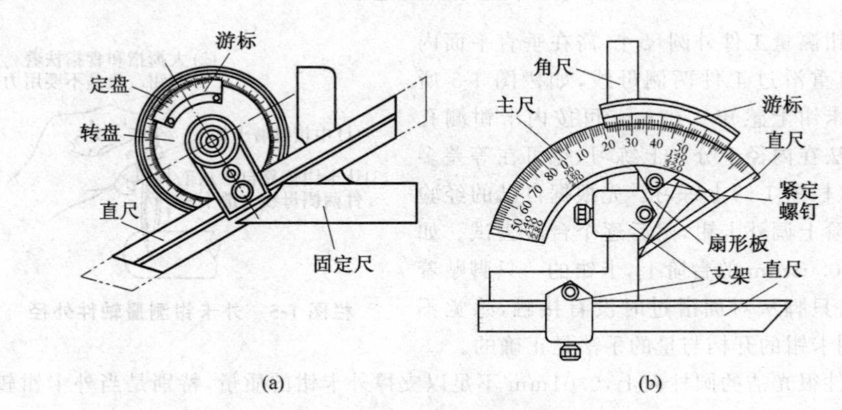

图 1-48　游标万能角度尺

(a)圆形游标万能角度尺　(b)扇形游标万能角度尺

(1)游标万能角度尺读数原理　图 1-49 所示是分度值精度为 2′的读数原理。主尺刻度每格为 1°，游标上的刻度是把主尺上的 29°（29 格）分成 30 格，这时，游标上每格为 29°/30＝60′×29/30＝58′。主尺上一格和游标上一格之间相差 1°－58′＝2′。

分度值精度为 5′的读数原理如图 1-50 所示。主尺刻度每格为 1°，游标上的刻度是把主尺上的 23°（23 格）分成 12 格，这时，游标上每格为 23°/12＝60′×23/12＝1°55′。主尺上两格与游标上一格之间相差 2°－1°55′＝5′。

（2）游标万能角度尺基本使用方法　圆形游标万能角度尺使用比较简单，它通过直尺和固定尺配合测量工件。

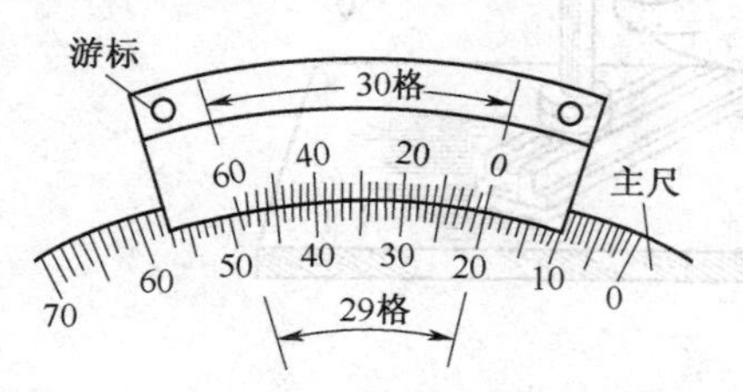

图 1-49　游标万能角度尺 2′刻度值读数原理

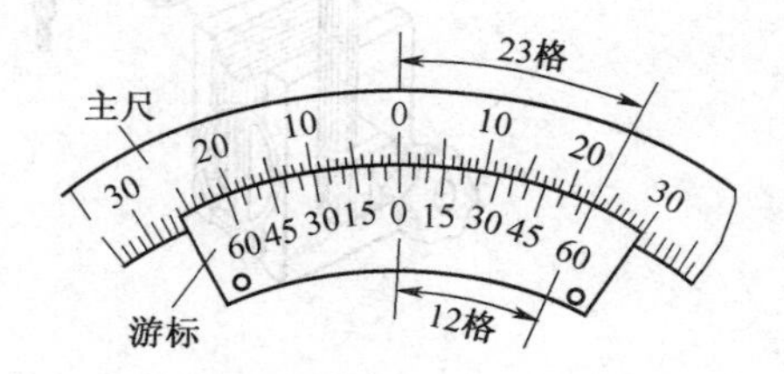

图 1-50　游标万能角度尺 5′刻度值读数原理

扇形游标万能角度尺由主尺、角尺、直尺、扇形板等组成，它通过几个组件之间的相互位置变换和不同组合，对工件的角度进行测量。

使用时，先从主尺上读出度（°）值，再从游标尺上读出（′）值。图 1-51 所示为 5′分度值游标万能角度尺，主尺上为 16°，游标尺上为 30′，两者加在一起为 16°30′。

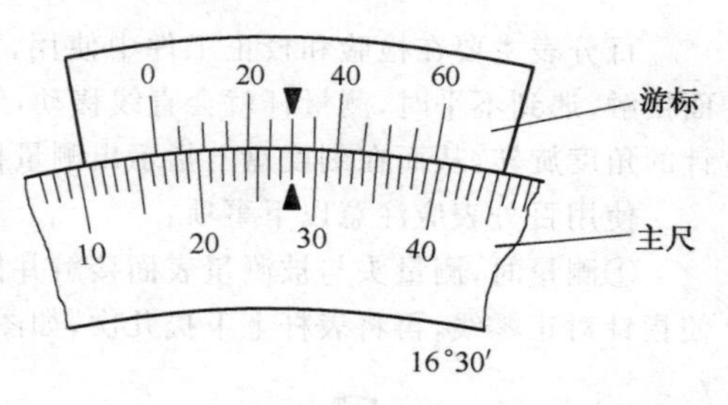

图 1-51　5′分度值万能角度尺上读数

6. 百分表和千分表

百分表和千分表是一种钟面式指示量具。百分表［图 1-52（a）］的刻度值为 0.01mm，千分表［图 1-52（b）］的刻度值为 0.001mm，0.002mm 等。车工使用最多的是百分表。

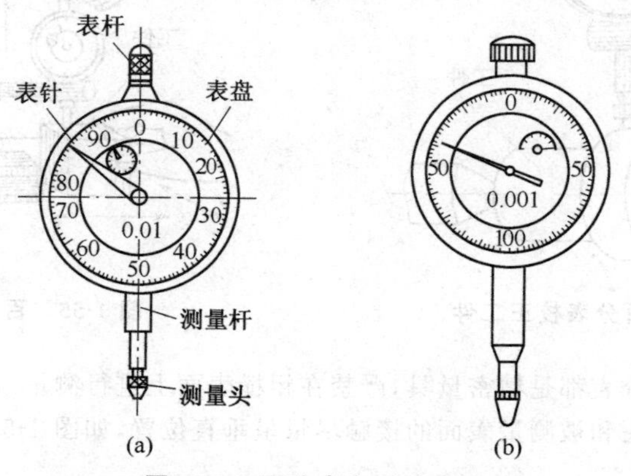

图 1-52　百分表和千分表

（a）百分表　（b）千分表

百分表使用中需要安装在表座上。图 1-53(a)所示是在磁性表座上的安装情况，图 1-53(b)所示是在普通表座上的安装情况。

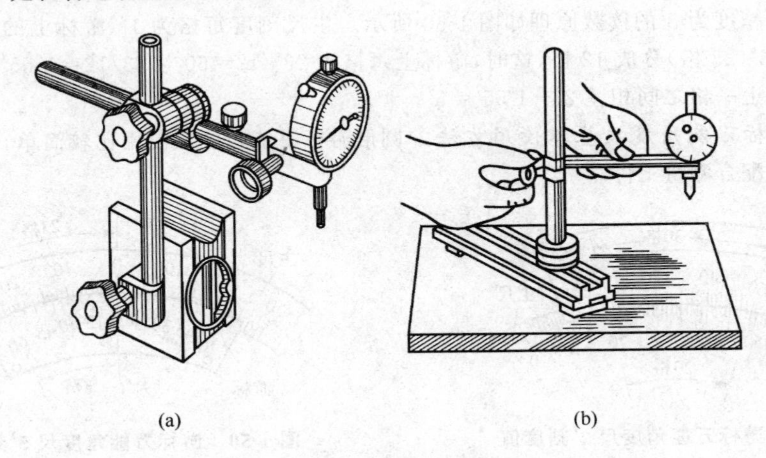

(a)　　(b)

图 1-53　百分表的安装

(a)安装在磁性表座上　(b)安装在普通表座上

百分表主要在检验和校正工件中使用，如图 1-54 所示。当测量头和被测量工件的表面接触，遇到不平时，测量杆就会直线移动，经表内齿轮齿条的传动和放大，变为表盘内指针的角度旋转，从而在刻度盘上指示出测量杆的移动量。

使用百分表应注意以下事项：

①测量时，测量头与被测量表面接触并使测量头向表内压缩 1～2mm，然后转动表盘，使指针对正零线，再将表杆上下提几次，如图 1-55 所示，待表针稳定后再进行测量。

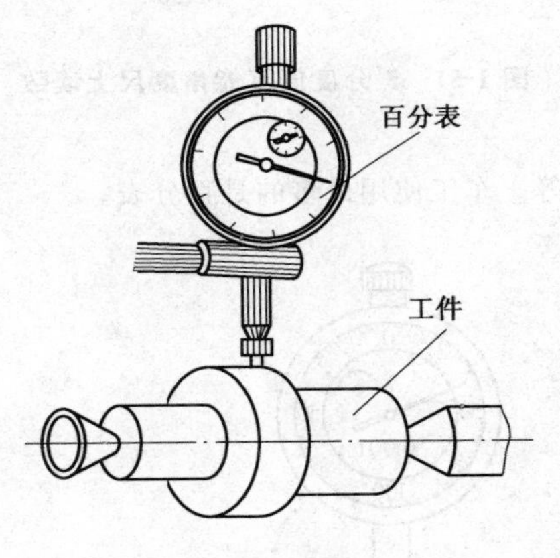

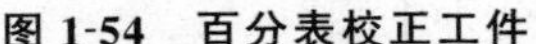

图 1-54　百分表校正工件

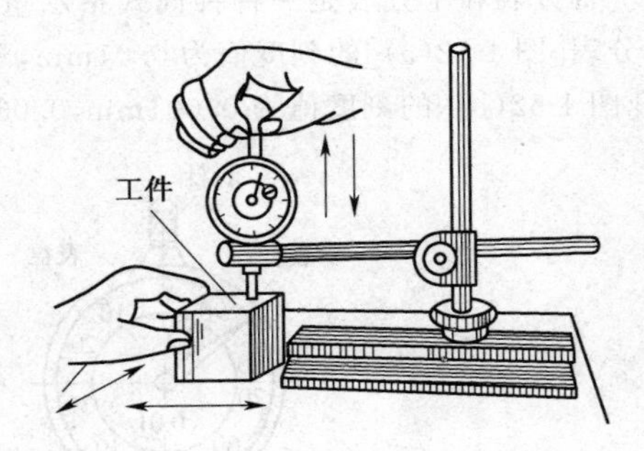

图 1-55　百分表的使用

②百分表和千分表都是精密量具，严禁在粗糙表面上进行测量。

③测量时测量头和被测量表面的接触尽量呈垂直位置，如图 1-56 所示，这样能减少误差，保证测量准确。

④测量杆上不要加油，油液进入表内会形成污垢，从而影响表的灵敏度。

⑤要轻拿稳放，尽量减少振动；要防止其他物体撞击测量杆。

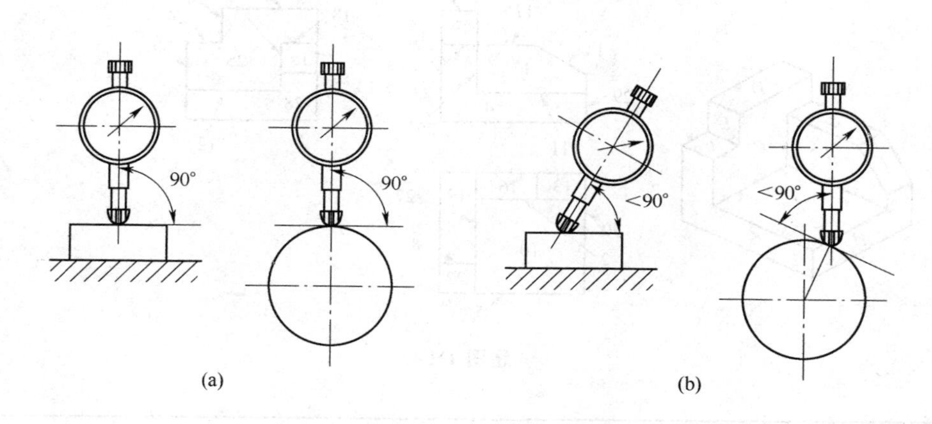

图 1-56　百分表测量头与工件接触位置

(a)正确　(b)不正确

复习思考题

1. 车工使用的图样是采用哪种方法绘制出来的？这种绘制方法是怎样去表现物体的？

2. 图样中常用图线有哪几种？说明常用图线的应用。

3. 断面图与剖视图有什么区别？

4. 怎样识读外螺纹工件和内螺纹工件的图样？

5. 怎样识读剖视图？

6. 什么是互换性？

7. 什么叫尺寸公差？举例说明。

8. 什么是基孔制和基轴制？它们怎样表示？

9. 车工常用几何公差项目和代号有哪几种？各代表什么意义？举例说明几何公差在图样中的表示方法。

10. 我国采用哪种长度计量单位？其换算关系是怎样的？

11. 叙述精度为 0.02mm 和 0.05mm 的游标卡尺的读数原理。怎样正确使用游标卡尺？

12. 游标万能角度尺读数原理是怎样的？怎样正确使用千分尺？

13. 使用百分表应注意哪些事项？

练　习　题

1.1　读图题

1. 请找“门牌号”。按照题图 1-1 所示立体图上的字母(表示一个平面)，你能找出它在三个视图上的号数(代表该平面在视图上的投影)吗？

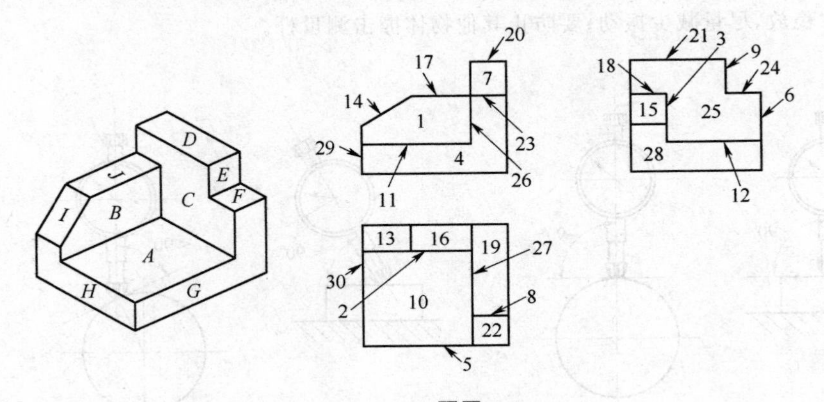

题图 1-1

X 家		A	B	C	D	E	F	G	H	I	J
门牌号	主视图										
	俯视图										
	左视图										

2. 已知三物体可见表面上 A 点和 B 点的一个投影 a' 和 b(题图 1-2)，请判断 A，B 两点在什么样的表面(圆柱面、圆球面、圆锥面……)上？根据已知投影 a' 和 b，求出未知投影 a 和 b'。

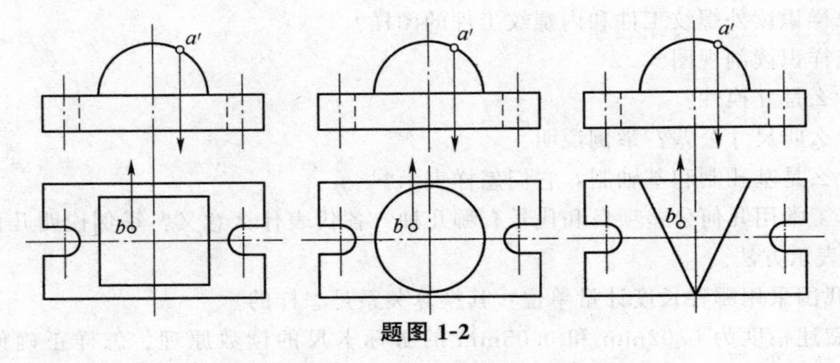

题图 1-2

3. 你能分辨下列六组图形(题图 1-3)哪个对哪个错吗？

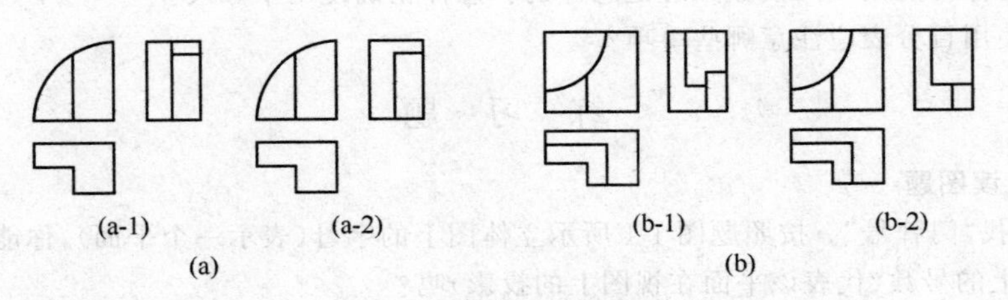

题图 1-3

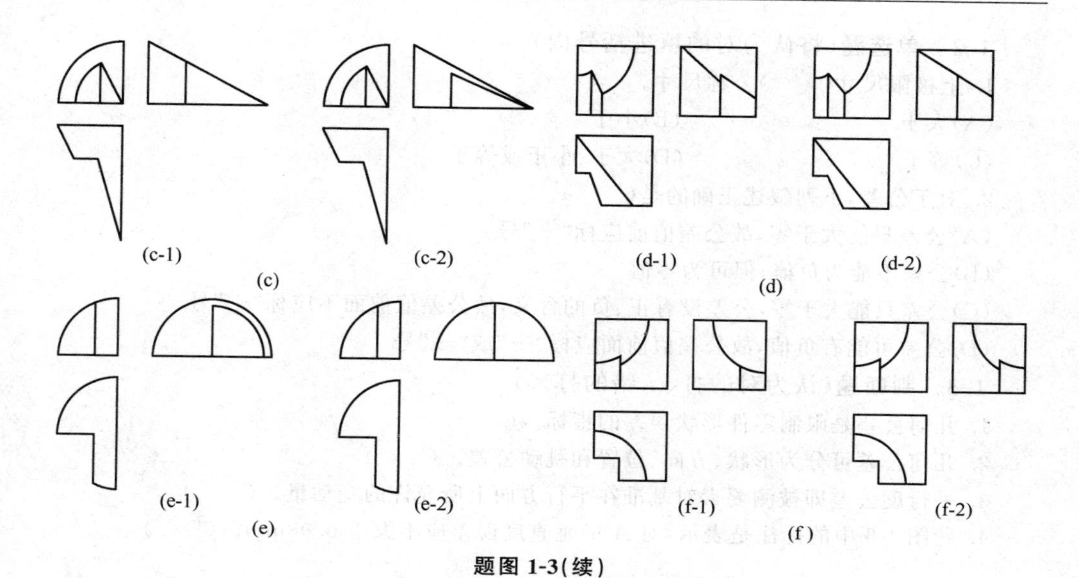

题图 1-3(续)

4. 仔细看一看这个零件的俯视图(题图 1-4),左视图对吗? 错在哪里?

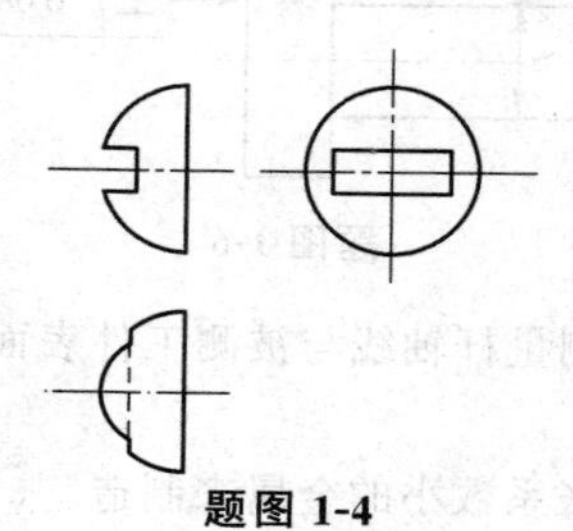

题图 1-4

5. 题图 1-5 的六个图,它们的前、后、左、右、俯、仰六个视图都相同,你能想象出它们的立体形状吗?(""表示有难度,选做,下同)。

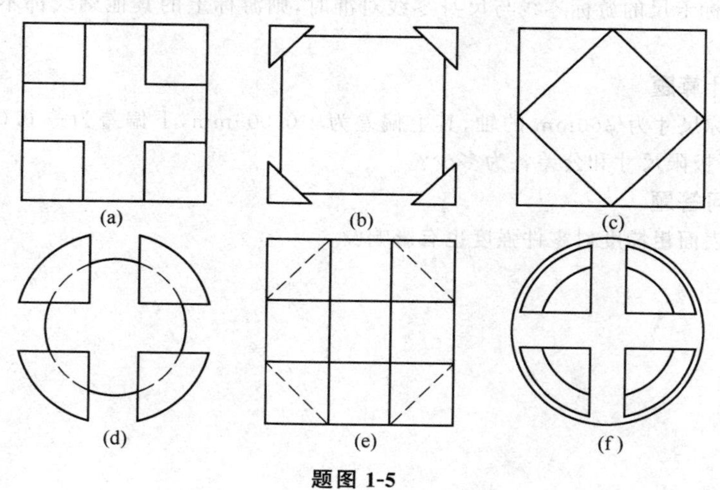

题图 1-5

1.2　单选题(将认为对的填进括号内)

1. 上极限尺寸(　　)公称尺寸。

(A)大于　　　　(B)小于

(C)等于　　　　(D)大于、小于或等于

2. 对于公差,下列叙述正确的是(　　)。

(A)公差只能大于零,故公差值前应标“+”号

(B)公差不能为负值,但可为零值

(C)公差只能大于零,公差没有正、负的含义,故公差值前面不应标“+”号

(D)公差可能有负值,故公差值前面应标“+”或“-”号

1.3　判断题(认为对的打√,错的打×)

1. 几何公差是限制零件形状误差的指标。(　　)

2. 几何公差可分为形状、方向、位置和跳动公差。(　　)

3. 平行度公差即被测要素对基准在平行方向上所允许的变动量。(　　)

4. 题图 1-6 中的标注是表示:对 A 的垂直度误差应不大于 0.08mm。(　　)

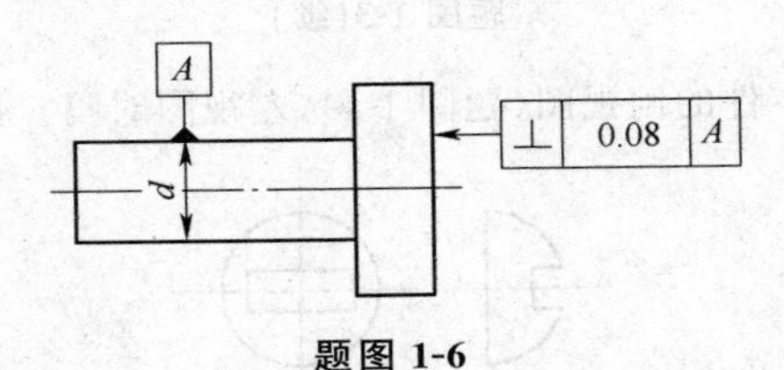

题图 1-6

5. 杠杆百分表和千分表的测量杆轴线与被测工件表面应不垂直,夹角越小,则测量误差就越大。(　　)

6. 精密量具应该选用热膨胀系数小的金属来制造。(　　)

7. 用内径百分表测量内孔时,必须摆动内径百分表,所得最大尺寸是孔的实际尺寸。(　　)

8. 当游标卡尺的游标零线与尺身零线对准时,则游标上的其他刻线都不与尺身刻线对准。(　　)

1.4　计算题

已知公称尺寸为 ϕ60mm 的轴,其上偏差为+0.009mm,下偏差为-0.021mm,其上极限尺寸、下极限尺寸和公差各为多少?

1.5　问答题

为什么表面粗糙度对零件强度也有影响?

第二章 车床和车削基本知识

车工的主要任务就是在车床上使用车刀，按照图样中的各项技术要求，将被加工工件切削成所需要的形状和尺寸。

车床上切削工件称为车削。车床上主要车削范围包括车外圆（轴类工件的外圆柱面）、盘类工件的端面、镗孔（套筒类工件的内圆柱面）、内外圆锥面、成形面和各种螺纹，还可以进行钻孔、滚花、绕弹簧和抛光等，如图 2-1 所示。

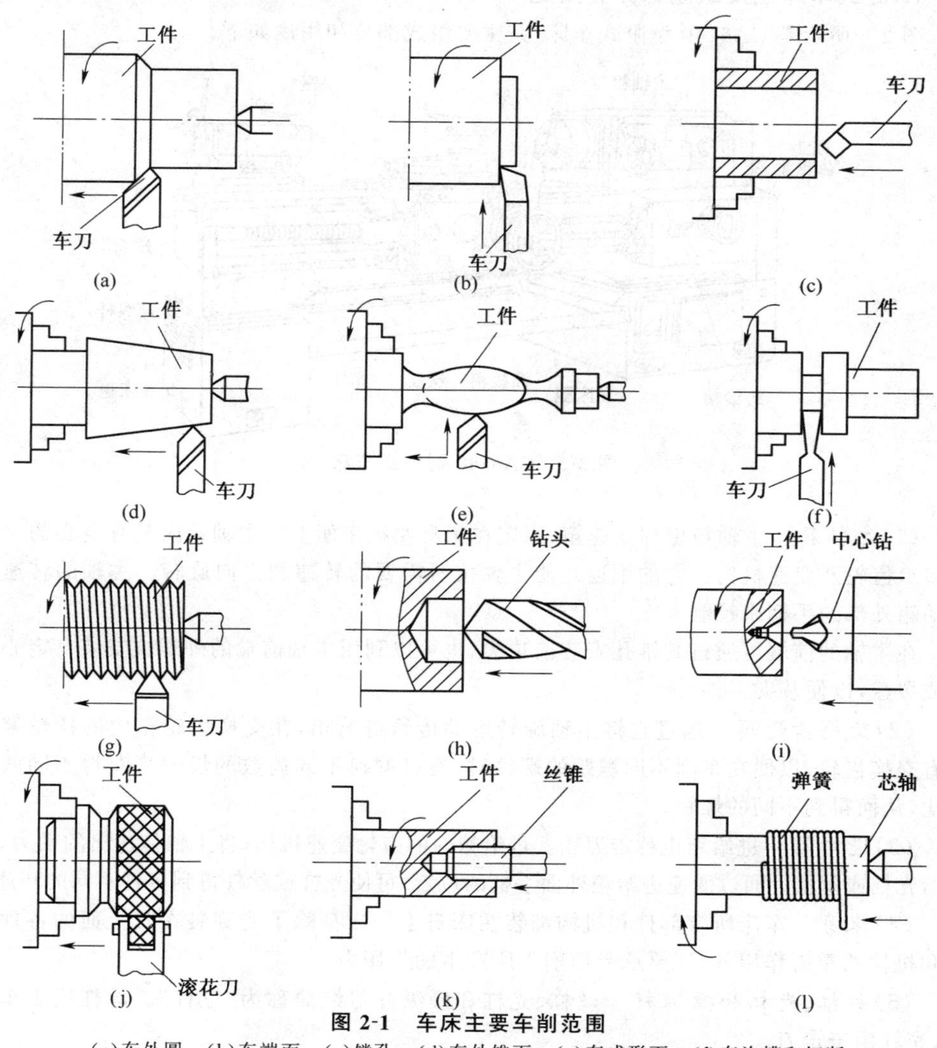

图 2-1 车床主要车削范围

(a)车外圆 (b)车端面 (c)镗孔 (d)车外锥面 (e)车成形面 (f)车沟槽和切断
(g)车螺纹 (h)钻孔 (i)钻中心孔 (j)滚花 (k)攻内螺纹 (l)绕弹簧

第一节 车床基本知识

在车床上，通过主轴带动工件旋转和刀具（车刀、钻头等）的直线移动进给，对工件进行加工。各种各样的车床很多，常见车床有卧式车床，其次是立式车床等。

一、卧式车床简介

卧式车床在车削加工中应用最为广泛，它的主轴水平放置，主轴箱在左边，刀架和溜板箱在中间，尾座在最右边，这样，装卸和测量工件都很方便，也便于观察切削情况。

1. 卧式车床主要组成部分和用途

图 2-2 所示是 CA6140 型卧式车床，其主要组成部分和用途如下：

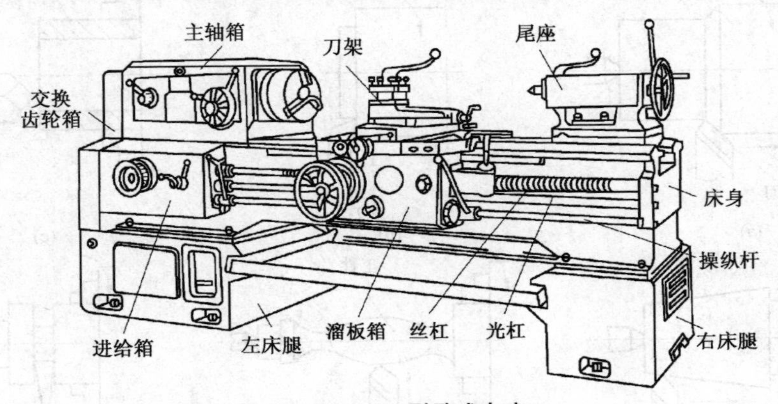

图 2-2 CA6140 型卧式车床

（1）主轴箱　主轴箱也称变速箱，固定在床身左端床面上。主轴箱内装有空心的主轴和多组齿轮及变速机构。它的用途是使主轴按所需要的转速和方向旋转。主轴的转速由主轴箱外部的手柄来控制。

在主轴的前端可通过其锥孔安装前顶尖，也可以利用主轴前端的外螺纹安装自定心卡盘或拨盘，以便装夹工件。

（2）交换齿轮箱　通过它将主轴旋转运动传给进给箱，在交换齿轮箱内的挂轮架上装有交换齿轮，以便在车削不同螺距的螺纹时，通过调换不同齿数的齿轮来获得不同的传动比，从而得到不同的螺距。

（3）进给箱　进给箱也称走刀箱。进给箱内的齿轮变速机构，将主轴传递出的动力，再传给光杠或丝杠。通过变速进给箱外面手柄的位置，可使光杠或丝杠得到多种不同的转速。

（4）床身　车床所有部件和机构都装在床身上。床身除了受到装在其上面的各种部件和机构的重力作用外，还要承受切削中所产生的作用力。

（5）丝杠、光杠和操纵杆　丝杠、光杠和操纵杆习惯简称为“三杠”。丝杠用于车螺纹，光杠用于走刀。

操纵杆是车床的控制机构，在溜板箱的左端和右端各装有一个手把，车工可以很方便地通过手把来控制车床主轴正、反转或停车。

(6)溜板箱 变换溜板箱外手柄的位置,可通过溜板箱内的传动机构,把光杠的转动转换成中滑板和刀架的自动纵向、横向运动,以及由丝杠通过溜板箱带动中滑板和刀架纵向运动车削螺纹。

(7)溜板、中滑板和小滑板 如图 2-3 所示。当溜板沿床身导轨纵向运动时,可带动车刀纵向进给;当中滑板沿溜板上部的燕尾导轨横向运动时,可带动刀架上的车刀横向进给;当小滑板转盘扳转一个角度后,刀架可做斜向运动,对长度较短的锥度工件进行车削。车削时,车刀安装在刀架上。

(8)尾座 如图 2-4 所示。尾座可以沿床身导轨纵向移动,尾座体能在底座上横向调整位置。

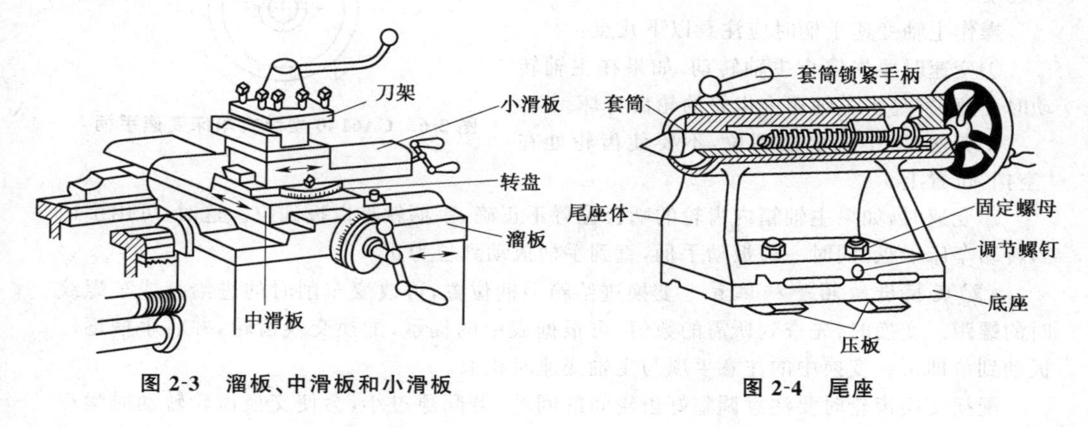

图 2-3 溜板、中滑板和小滑板　　图 2-4 尾座

尾座用来安装后顶尖以及钻头、铰刀等。

2. 卧式车床传动系统

如图 2-5 所示是 CA6140 型卧式车床传动系统框图。电动机输出的动力经 V 带轮传递给主轴箱;变换主轴箱外的手柄位置,可使箱内齿轮组组成不同的齿轮啮合,使主轴得到不同的转速;主轴通过自定心卡盘或其他夹具带动工件做旋转运动。

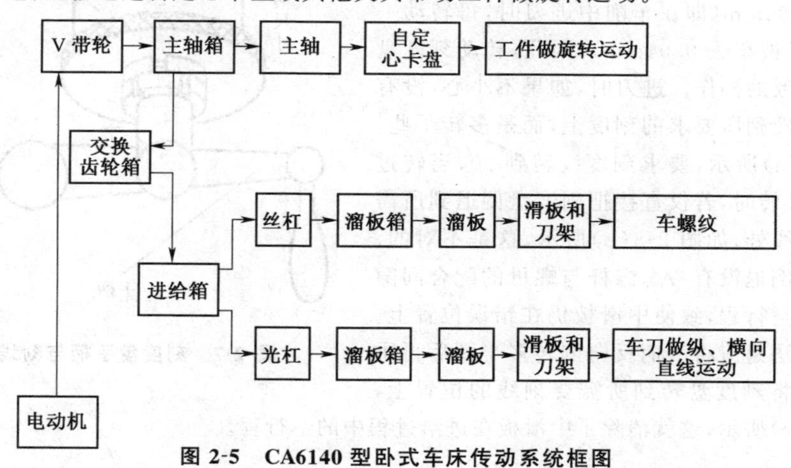

图 2-5 CA6140 型卧式车床传动系统框图

主轴的旋转运动通过交换齿轮箱、进给箱带动光杠或丝杠，带动溜板沿床身导轨做纵向直线进给运动；并且，通过溜板箱内齿轮带动中滑板小丝杠，使中滑板带动刀架做横向进给运动。

3. 卧式车床变换手柄位置时应注意事项

(1)变换主轴变速手柄位置 CA6140型卧式车床主轴变速手柄如图2-6所示。变速时，先找到所需的转速，将手柄甲转到需要的转速处，对准箭头，根据转速数字的颜色，将手柄乙拨到对应的颜色处，即可使车床主轴得到一定的旋转速度。

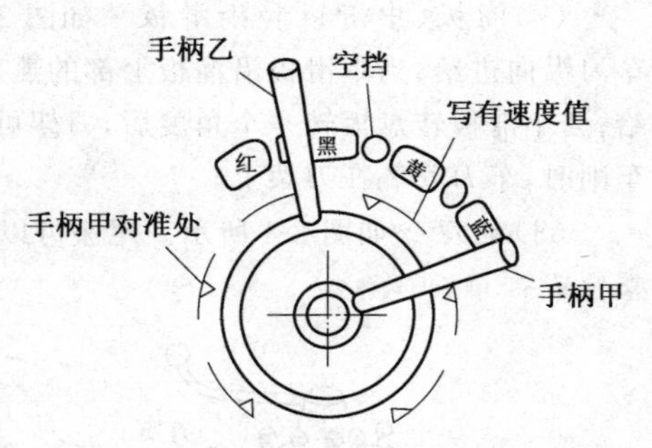

图2-6 CA6140型卧式车床变速手柄

操作主轴变速手柄时应注意以下几点：

①变速时要先停止主轴转动，如果在主轴转动时变速，容易将主轴箱内齿轮的轮齿打坏。

②变速时，手柄要扳到位，不要使齿轮处在"空挡"位置上。

③变速时，如果主轴箱内齿轮的啮合位置不正确，手柄就难以扳到位。这时，可用手适当转动车床卡盘，同时一边扳动手柄，直到手柄扳动到位为止。

(2)变换进给箱手柄位置 变换进给箱手柄位置，可改变车削时的进给量或车螺纹时的螺距。变换时，先查到所需的数值，再根据表中的提示，配换交换齿轮，并将手柄逐一扳动到位即可。变换中的注意事项与主轴变速时相似。

配换交换齿轮时要注意调整好齿轮间的间隙，若间隙过小，会使交换齿轮转动时噪声过大；间隙过大，会造成传动不稳定。

(3)操作刻度盘手柄 车削过程中，转动中滑板和小滑板手柄处的刻度盘，会带动刀架和车刀移动，中滑板的移动距离和正确性是通过手柄处刻度盘上的刻线来保证的。如图2-7所示的刻度盘每转动一格，带动车刀向前或向后移动0.02mm(即在车削中进刀时，每转动一格，轴直径被车去0.04mm)，因此，转动刻度盘是一项细致的操作。进刀时，如果不小心，没有使刻度盘转到所要求的刻度上，而是多转了些，如图2-8(a)所示，要求刻度线转到20，当转过了，需要反转时，若仅直接把刻度盘倒退到所需要的刻度线处，如图2-8(b)所示，这是不对的。因为这种倒退没有考虑螺杆与螺母的配合间隙而出现的空行程，致使中滑板仍在错误位置上。正确的方法是应将手柄反向倒转多半圈后再重新准确地将刻度盘转到所需要刻线的位置上，如图2-8(c)所示，这就消除了中滑板在进给过程中的空行程。

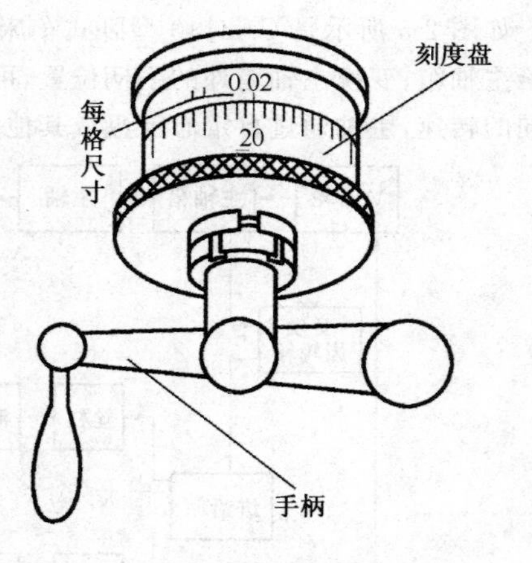

图2-7 刻度盘手柄与刻线

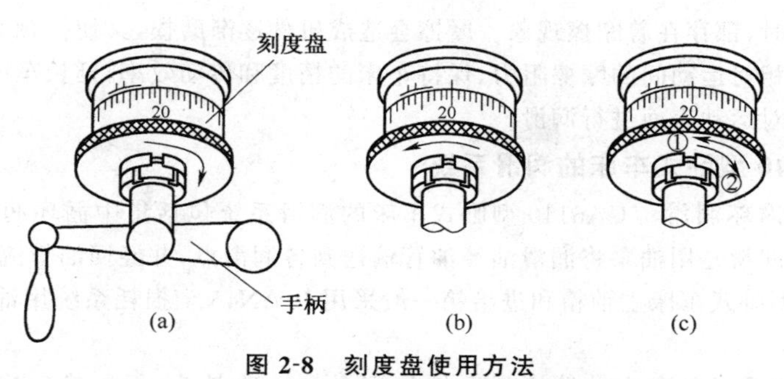

图 2-8　刻度盘使用方法

(a)刻度盘转过了头　(b)直接退回是错误的　(c)正确方法

二、车床型号主要表示方法

车床型号是车床的代号，看到它的型号就可知道该车床的种类和主要参数。

车床型号主要表示方法如下：

①金属切削机床(包括车床、铣床、刨床、磨床、镗床等)型号中的第一个字母是机床的类别代号，用汉语拼音字母表示，如车床型号中的第一个字母是“C”。

②除普通型号的车床外，具有通用性能时，则在类别代号后面再加通用特性代号。例如，高精度车床用“G”表示，精密车床用“M”表示，自动车床用“Z”表示，数控车床用“K”表示等。

③跟在字母后面的两个数字，分别是车床的组和系代号。如 CA6140 型车床，“6”表示落地及卧式车床组，“1”表示卧式车床系。

④排在组系后面的是主参数代号，用两位数字表示，它反映车床的主要技术规格，通常用主参数的 1/10 或 1/100 表示。如 CA6140 型号，最后两个数字“40”，表示最大车削直径的 1/10，即这台车床最大车削直径 D 为 400mm，如图 2-9 所示。

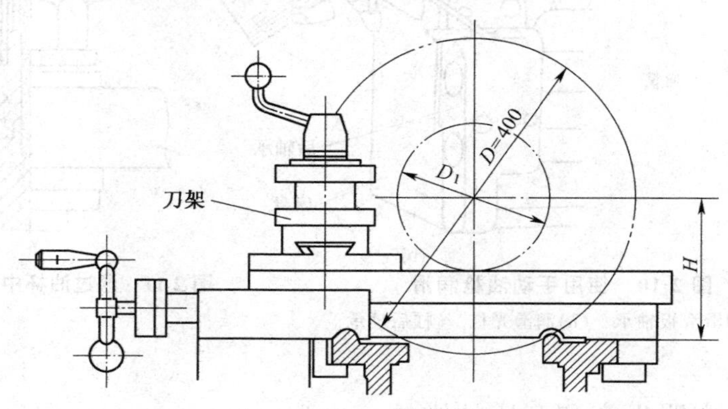

图 2-9　车床最大加工直径

三、车床的润滑

1. 润滑的作用

车床上的导轨与溜板底面、齿轮与齿轮、轴与孔、轴承滚珠(滚柱)与滚道以及其他接触表面相对运动时，都存在着摩擦现象。摩擦会造成机件逐渐磨损，又使接触面发热，甚至损坏。为了减少相对运动间的摩擦阻力，保持车床的精度和传动效率，延长车床使用寿命，最好的办法就是对运动表面进行润滑。

2. CA6140 型卧式车床的润滑系统

（1）集中循环润滑 CA6140 型卧式车床的润滑系统包括集中循环润滑和手工润滑等。集中循环润滑是用油泵将润滑油经油管输送到各润滑点，并经回油管流回油箱。

CA6140 型卧式车床主轴箱和进给箱一般采用 L-AN46 全损耗系统用油（相当于原 30 号机械油）。

CA6140 型卧式车床主轴箱润滑系统的润滑油一般是 50 天更换一次（按两班制计算），其他部位采用手工润滑方法。

（2）手工润滑 采用手工润滑方法的部位，应按照该车床说明书中的有关要求执行。例如，车床外露的床身导轨面及中滑板和小滑板的导轨面等，在工作前和工作后，都要用油壶直接浇油进行润滑。

车床尾座和中、小滑板处摇柄转动轴承处的弹子油孔以及光杠、丝杠的后轴承处，使用手动油枪插入弹子油孔，将润滑油压入，如图 2-10 所示。对于较慢速旋转的啮合部位和一些轴承处，一般通过润滑脂（黄油）杯进行润滑，如图 2-11 所示；转动油杯上的盖子，即可向配合部位旋进一部分润滑脂。对外露的地方还可直接将润滑脂涂于接合处。

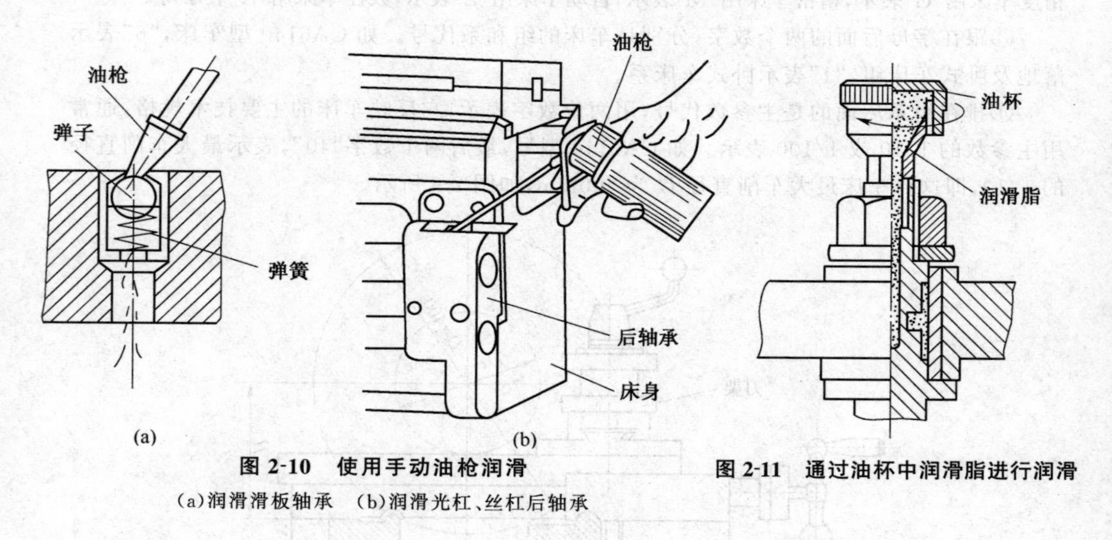

图 2-10 使用手动油枪润滑

（a）润滑滑板轴承 （b）润滑光杠、丝杠后轴承

图 2-11 通过油杯中润滑脂进行润滑

四、车工文明生产和车床的维护

1. 周密做好加工前的准备工作

每天上班后，应周密地做好加工前的准备工作，这直接关系到切削工作的顺利进行。加工前的准备工作包括检查车床、熟悉图样和工艺规程、检查工件毛坯、确定工件装夹方法以及准备车刀、工具和量具等。

(1)检查车床

①每天工作前,先检查车床各部手柄位置,并按规定对各部位加注润滑油。

②开动车床时,先以低速空运转 3min 左右,检查机械传动部位的运转情况,主轴变速箱和进给箱内有无异常噪声,溜板和中、小滑板的进给运动是否灵活可靠,以及润滑油泵工作情况是否正常等。

(2)熟悉图样和工艺规程 车工接到加工任务后,首先要熟悉所加工工件的图样,明确各投影面和线段间的关系,看清、核对有关尺寸,仔细了解尺寸公差、几何公差和表面粗糙度以及其他方面的技术要求,搞清楚被加工工件的工艺规程等。有疑问的地方,及时找有关技术人员问清后再进行加工。

(3)检查被加工工件的毛坯 根据图样要求检查毛坯的尺寸,大批量加工时,应按照加工余量的大小对毛坯进行简单的分级(做到对毛坯心中有数),然后按分类次序进行加工。对有残存铸砂、焊渣或毛刺的毛坯先进行清理,防止因对毛坯检查或清理不周而造成废品。对于上道工序转来的工件毛坯或半成品,应按照图样和工艺卡进行检查,看是否有遗漏加工和不对的地方,发现问题及时向有关人员反映,问题解决后才能进行加工。

(4)确定工件装夹方法 根据工件的形状、材料性质等方面情况选择和确定装夹工件的方法。对于细长弯曲的毛坯要调直后再装夹。较大的工件要预先测量好安装位置,注意防止因工件变形、松动脱落等装夹不当而造成废品或事故。

(5)准备车刀、工具和量具 开始加工前,要把车刀、工具和量具准备齐全,并把它们放在最方便的位置(但不能放在导轨面上),以减少辅助时间。为了保证加工尺寸的准确,应定期将所使用量具与检验员的量具进行核对。

2. 车床的维护

车工是车床的主人,车工要主动地维护好车床,需要做好以下工作:

①熟悉车床的结构和性能,正确使用车床,遵守车床的操作规程和安全生产制度。

②除每班按照车床润滑加油制度做好润滑工作外,还应遵照加油制度中的规定期限更换润滑油和切削液等,并清洗过滤器。

③保持车床清洁,导轨和台面等重要表面上的灰尘、切屑、油污应随时清理,要保护好车床上各加工表面,不使其被擦伤或划坏。

④应随时注意车床转动和滑动部分是否松动或有异物阻塞,各手柄、制动器、限位挡块是否灵活,是否起作用,油泵、电动机工作是否正常。

⑤在车床运转时不要变换速度和方向,必须停车后再扳动手柄变速。变速时应将变速手柄放在正确位置,不能放在两个速度的中间,以免打坏齿轮。

⑥装卸大的工件或大的工、夹、模具,可能碰撞床面或导轨面,应先垫好木板。

⑦发现车床有不正常情况,如声音异常、轴承或齿轮箱发热或振动等,应立即停车排除故障,不能勉强继续使用。

⑧车床运转 500h 左右,应进行一级保养,并对车床各部进行全面的检查和调整,对配合处和传动部位认真进行清洗。

帮你长知识

什么叫数字控制车床?

在机械加工中,经常会遇到诸如模具、曲面回转体或某些需要多次装卡、多次转换等形状复杂、精度高、难度大的各种工件。对以上几种工件的加工,如果仍然采用普通手动操纵车床,是很难达到质量和产量要求的。

为了解决这类工件的加工,虽然采用了仿形(靠模)车床,但这种车床,还需要配以相似形的样板(即靠板),因此显得麻烦,且生产率、加工质量都适应不了机械工业日益发展的需要。随着电子技术、计算技术、自动控制技术、精密测量和机床结构设计的发展,出现了一种综合应用技术,具有高自动化程度的新型车床,这就是人们所说的数字控制车床,或简称数控车床。

所谓数字控制就是把车床的工作台(或刀架)的运动坐标、方向、位移量,主轴的转向、转速和其他机能以数字和文字编码形式,预先按照工件图样中的要求记录在便于更换的控制介质上,如穿孔带、穿孔卡、磁带等。然后通过一个电子控制装置——“数控装置”,及伺服机构自动地控制车床的运动部分,如工作台、刀架的行程和轨迹,以及完成自动换刀、自动测量、自动润滑和冷却等辅助动作。

栏图 2-1 表示了数控车床的四个基本组成部分:控制介质、数控装置、伺服机构和车床。如果为了进一步提高车床的加工精度,就需要再加上一个测量装置(如栏图 2-1 中虚线表示的部分)来测量车床的实际位移量,使车床的实际位移量同给定的位移量完全相符合,清除车床传动链中的误差对加工精度的影响。

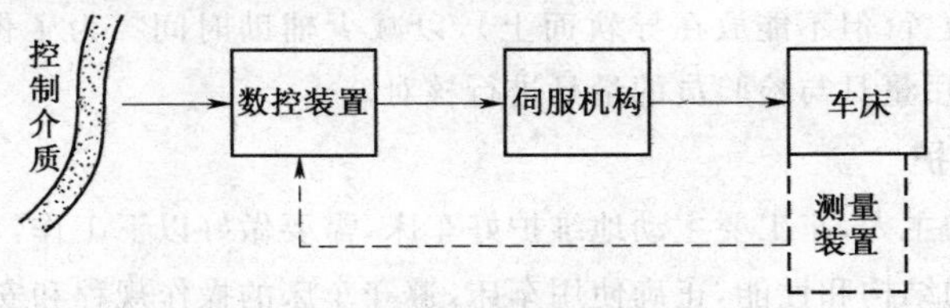

栏图 2-1 数控车床基本组成部分

栏图 2-2 所示是数控车床加工工件时,由工件图样到加工出工件所要经过的几个步骤。首先由工艺人员根据工件图所规定的尺寸、形状和其他要求,来编制适用于数控车床要求的工艺,即确定加工顺序、每一个工步内车床要移动的距离、主轴转速、进给速度等。这一套工作称为“程序设计”或者叫作“为数控车床编程序”。编完程序以后,将程序的内容以数字和文字符号(即所谓“代码”)的形式填写到程序单内,然后,再按照程序单上的数字和文字一一相对应地在纸带上穿孔,制作出穿孔纸带来。穿孔纸带上孔的不同排列方式,代表着不同的数字和文字,数控系统可以识别它。所以穿孔纸带就成了数控装置自己能阅读的工艺卡片,完全按照它的内容来工作。这样,车床就不是由人直接操作,而是通过穿孔纸带来操作了。除穿孔纸带以外,也可以采用穿孔卡片、磁带等来记录程序和控制车床。所以穿孔纸带、穿孔卡、磁带等统称为数控车床用的“程序载体”或“控制介质”。数控装置所要完成的任务,首先就是要阅读穿孔纸带,然后,根据穿孔纸带的要求,经过一番运算后不断地发出各种控制信号,使车床的拖动元件(如电动机)、控制元件(如继电器)按照一定的顺序和规律动作,带动车床加工出所需要的工件来。

数控车床的进给与普通车床有所不同。数控车床的进给要求起、停快而准确，变速的范围广泛，并且传动间隙小。普通车床上通常采用的那种交流电动机经过机械变速箱、离合器、制动器等机构的传动方法，满足不了这种要求。因此，就必须有一套专门的伺服传动机构来满足这种要求。伺服传动机构也有几种不同的形式，其中最简单的一种是步进电动机或叫脉冲马达。步进电动机的工作原理与一般的交流、直流电动机不同，它是得到一个电信号就转动一步，不断地得到电信号就不断地转动。如果步进电动机每步转动的角度是1°，那么给它360个电信号（或称脉冲）就准确地转动一周，如果不给信号，就自动地锁紧而不转动。所以这种电动机同时可以起到传动力矩、变换速度、分度和制动等几方面的作用。采用这种电动机来带动消除间隙的滚珠丝杆、螺母副，作为数控车床的传动机构是非常简单的。

如果在车床上装有测量装置，就可以检测出车床运动部分的实际位移量，并且可以用数字显示装置显示出来。若将所测得的实际位移量送到数控装置里去，同穿孔纸带上所给定的位移量进行比较后，再对车床进行控制，就可以使车床的加工精度提高。这一套机构通常称为“反馈测量装置”。

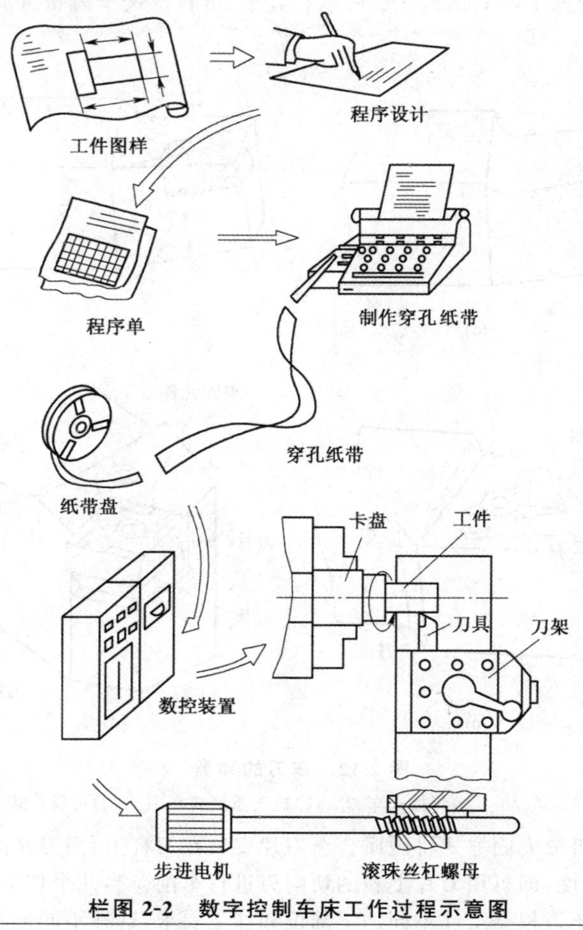

栏图 2-2　数字控制车床工作过程示意图

这样，前面所说的曲面回转体工件，可以用数控车床直接加工，不必由钳工划线。

数控车床经过多年的迅速发展，品种日益增多，按其控制刀具相对于工件移动的轨迹来分，有直线控制系统和连续控制系统等。直线控制系统除了控制点与点之间的准确定位外，还要保证运动轨迹是一条直线，而且运动过程中刀具可以切削工件，如栏图 2-3 所示。连续控制系统（或称轮廓数字控制系统）能够对两个或两个以上坐标方向的同时运动进行连续控制，运动轨道可以是直线和曲线，在运动过程中刀具切削工件。

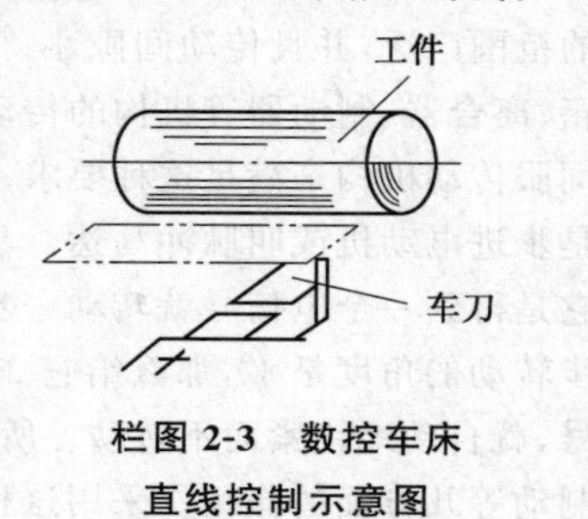

栏图 2-3 数控车床直线控制示意图

第二节 车刀及其合理使用

车刀是车工的主要刀具。车刀的结构形式很多，包括整体式车刀、焊接式车刀、机夹重磨式车刀和可转位式车刀等，如图 2-12 所示。其中，可转位式车刀是目前国内大力推广使用的车刀。

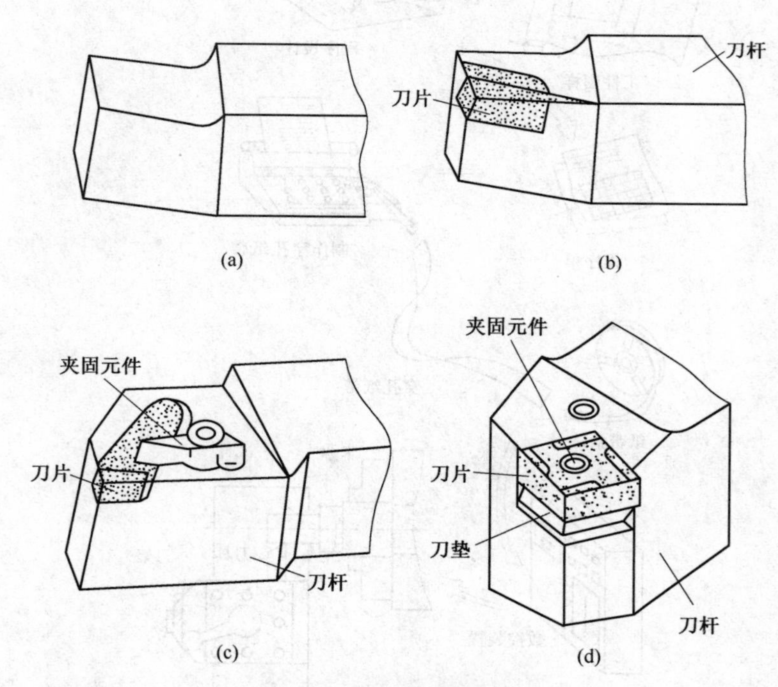

图 2-12 车刀的种类

(a)整体式车刀 (b)焊接式车刀 (c)机夹重磨式车刀 (d)可转位式车刀

可转位车刀用机械夹固方式将硬质合金刀片安装在刀杆上，当刀片的一个切削刃磨损后，只需转过一个角度，即可用刀片上新的切削刃进行车削。当几个切削刃都用钝后，可更换新的刀片。这种车刀根据工件不同加工部位和加工要求，选择不同形状和角度的刀片组成不同形式的车刀。硬质合金可转位刀片常用的有正三边形刀片、偏 8°三边形刀片、凸三边形刀片、正四边形刀片、正五边形刀片和圆形刀片等，如图 2-13 所示。

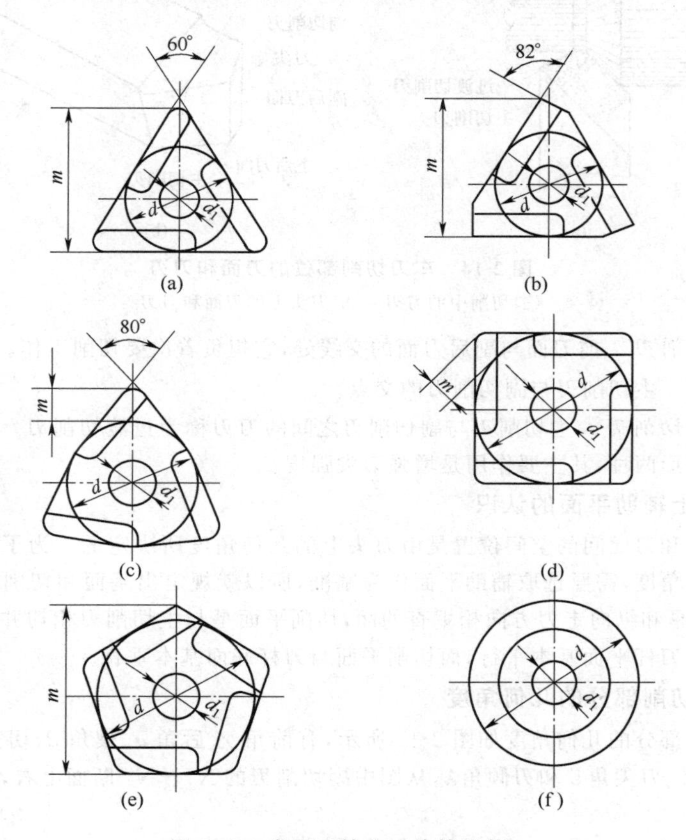

图 2-13　常用可转位刀片的形状

(a)正三边形刀片　(b)偏 8°三边形刀片　(c)凸三边形刀片
(d)正四边形刀片　(e)正五边形刀片　(f)圆形刀片

一、车刀刀头上的面、刃和几何角度

车刀的种类虽然很多，但它们都有着共同点，即都有刀面、刀刃和角度，抓住这个要点，对认识所有车刀有普遍的意义。

1. 刀头上的刀面和刀刃

在车刀刀头上，是由刀面和刀刃组成的几何体，图 2-14 所示是以外圆车刀为例，介绍其组成情况。

(1)*前刀面*　切屑流出时所经过的刀面。

(2)*主后刀面*　与工件上加工表面相对着的刀面。

(3)*副后刀面*　与工件上已加工表面相对着的刀面。

(4)*主切削刃*　前刀面与主后刀面的交线处，它担负着主要切削工作。

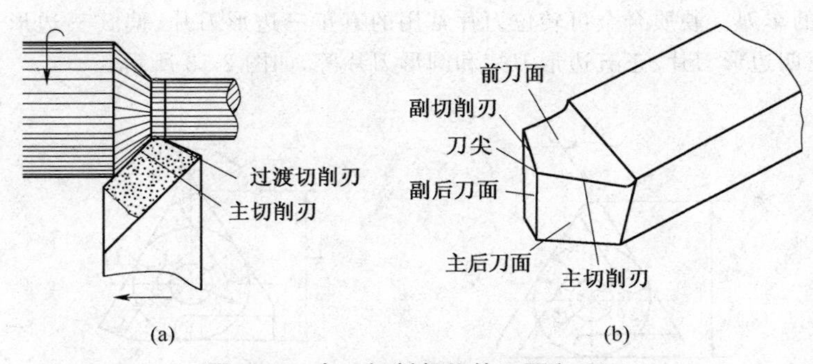

图 2-14 车刀切削部位的刀面和刀刃

(a)切削中的刀刃 (b)刀头上的刀面和刀刃

(5)*副切削刃* 前刀面与副后刀面的交线处,它担负着次要切削工作。

(6)*刀尖* 主切削刃与副切削刃的交点。

(7)*过渡切削刃* 主切削刃与副切削刃之间的刀刃称为过渡切削刃。过渡切削刃有直线形和圆弧形两种,其主要作用是增强刀尖强度。

2. 车刀上辅助平面的认识

车刀刀刃和刀面间的空间位置是由刀头上的几何角度所决定的。为了确定和测量车刀各表面上的角度,需要选取辅助平面作为基准,所以就规定出基面和切削平面。如图 2-15 所示,基面是和纵向走刀方向相垂直的面,切削平面是与主切削刃相切并垂直于基面的平面。基面与刀杆平面基本平行,而切削平面与刀杆底面基本垂直。

3. 车刀切削部分的几何角度

车刀切削部分的几何角度如图 2-16 所示,有前角 γ、后角 α、楔角 β、切削角 δ、主偏角 K_r、副偏角 K'_r、刀尖角 ε 和刃倾角 λ,从图中副切削刃的 N_1-N_1 断面上看,还有副前角 γ_1 和副后角 α_1。

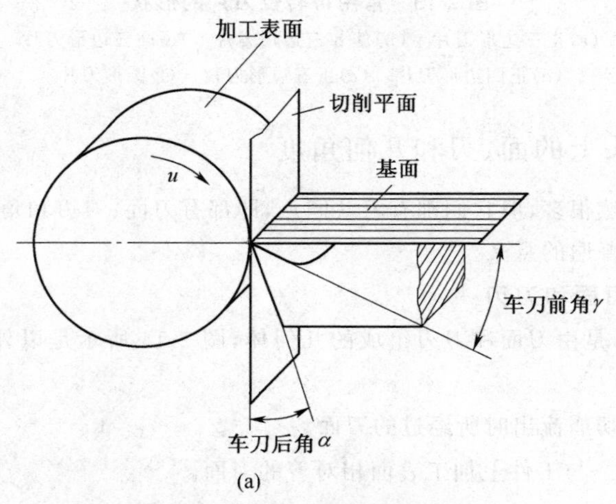

图 2-15 车刀上的辅助平面

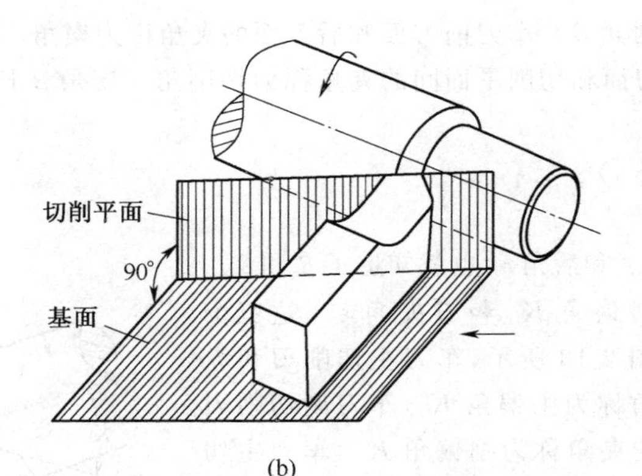

图 2-15　车刀上的辅助平面(续)

(a)参考平面的假设状态　(b)切削平面和基面

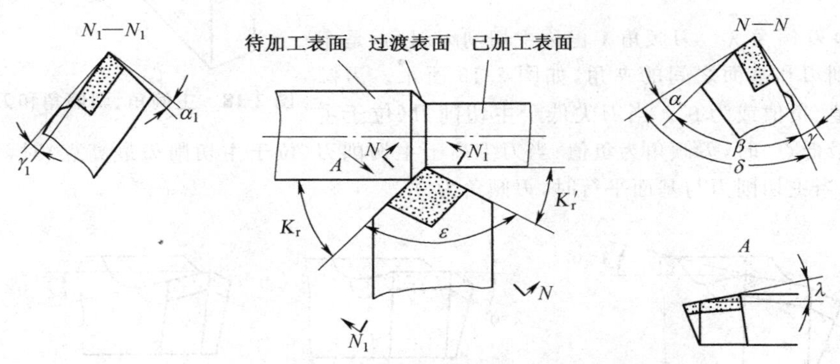

图 2-16　车刀切削部分的几何角度

(1)前角 γ　前刀面与基面之间的夹角,如图 2-17 所示。前角有正前角、负前角或 0°。当刀刃处比基面高时,为正前角;刀刃处比基面低时,为负前角;如果前刀面和基面在一个平面上或平行时,前角为 0°。

(2)后角 α　后刀面与切削平面之间的夹角,如图 2-17 所示。

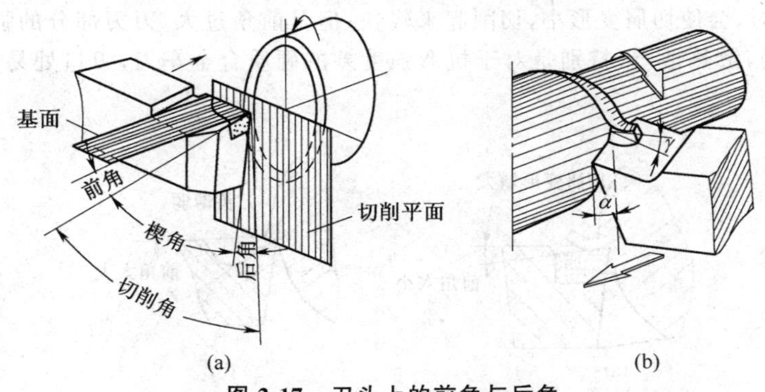

图 2-17　刀头上的前角与后角

(a)车端面时的前角和后角　(b)车外圆面时的前角和后角

(3)楔角 β 和切削角 δ　车刀前刀面和后刀面的夹角称为楔角,它能影响车刀切削部分的强度。车刀的前刀面和切削平面间的夹角称为切削角。楔角 β 和切削角 δ,可以通过 γ 和 α 直接算出来:

楔角 $\beta=90°-(\gamma+\alpha)$

切削角 $\delta=90°-\gamma$

所以,知道了前角 γ 和后角 α,也就知道了 β 和 δ。

(4)主偏角 K_r、副偏角 K_r' 和刀尖角 ε　这三个角从基面上量出。如图 2-18 所示,车刀主切削刃和纵向进给方向之间的夹角称为主偏角 K_r,车刀副切削刃和纵向进给方向之间的夹角称为副偏角 K_r',车刀主切削刃和副切削刃之间的夹角称为刀尖角 ε。

$K_r+K_r'+\varepsilon=180°$,刀尖角 ε 可以根据 K_r 和 K_r' 计算出来。

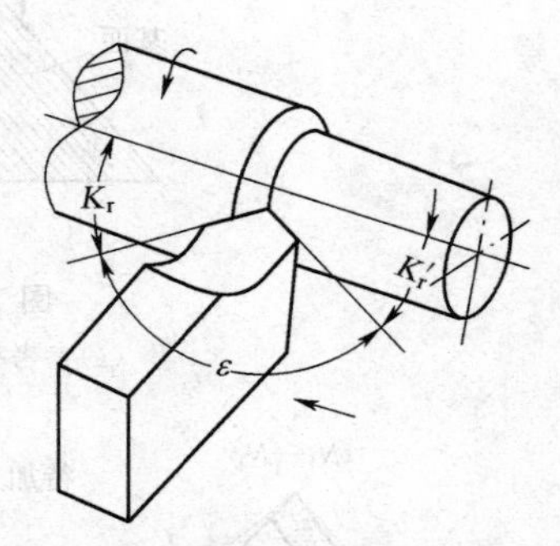

图 2-18　主偏角、副偏角和刀尖角

(5)刃倾角 λ　刃倾角 λ 也称主切削刃斜角,是车刀主切削刃和基面之间的夹角,如图 2-19 所示。刃倾角有正值、负值或为 0°。当刀尖低于主切削刃(位于主切削刃最低点)时,刃倾角为负值;当刀尖高于主切削刃(位于主切削刃最高点)时,刃倾角为正值;当主切削刃与基面平行时,刃倾角为 0°。

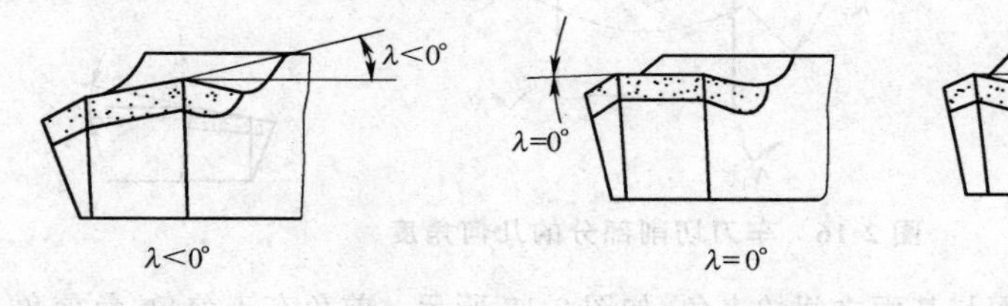

图 2-19　车刀刃倾角

4. 车刀几何角度的作用和选择

(1)前角的作用和选择　在任何一把车刀中,前角都是非常重要的。如图 2-20 所示,前角增大时,会使切屑变形小,切削起来轻快;但是前角过大,刀刃部分的强度降低,使刀头变得薄弱,散热性差,特别是对于抗弯强度差的硬质合金车刀,刃口处易产生崩刃或裂纹。

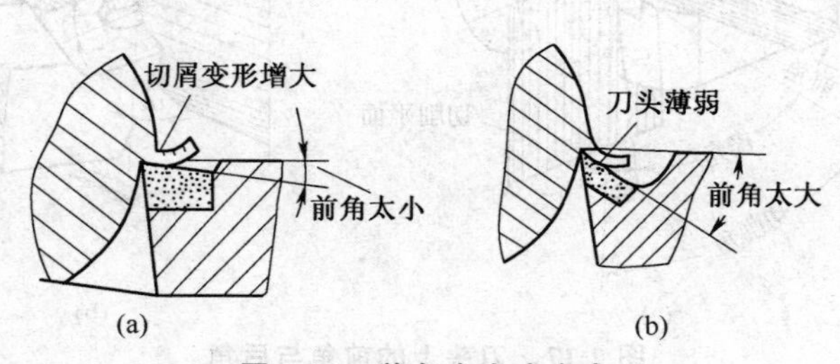

图 2-20　前角太小或太大

(a)前角太小　(b)前角太大

车削脆性材料如灰铸铁、脆性的青铜及黄铜时，切屑呈崩碎小块，为了保护刀尖，需选择较小的前角。如用硬质合金车刀，前角可选为0°～10°；高速钢车刀切削塑性材料，如普通钢材、铸钢及软的青铜时，刀刃不易崩缺，通常把前角加大到10°～15°。

按照上述推荐数值确定前角的角度时，对于粗加工、硬度和强度较高的材料以及在毛坯质量差的情况下，一般取下限。

(2)后角的作用和选择　合理的后角可以减少车刀后刀面与工件的摩擦。若后角太小，如图2-21(a)所示，车刀后刀面和工件表面摩擦增大，后角容易磨损，车刀不耐用；如果后角太大，如图2-21(b)所示，可以减少后刀面磨损，但刀头却变得薄弱，车刀刚度变坏，容易崩刃。

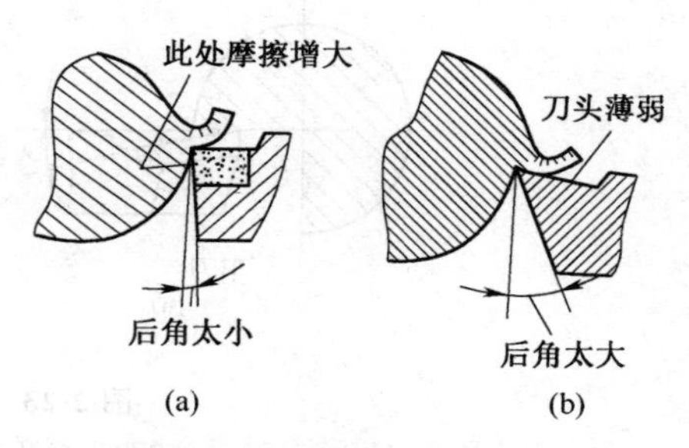

图2-21　后角太小或太大

(a)后角太小　(b)后角太大

精加工时，车刀磨损多在后刀面，后角可选大些，一般在8°～12°；粗加工时，需要刀头强度好，后角宜选小值，一般可选择6°～8°。

(3)主偏角的作用和选择　主偏角直接影响着刀尖部分的强度与散热，影响车刀寿命。当主偏角减小，会增加车刀对工件的顶力，如图2-22(a)所示，切削中容易产生振动；增大主偏角，就会减小顶工件的力，如图2-22(b)所示，使切削过程平稳和减少振动。

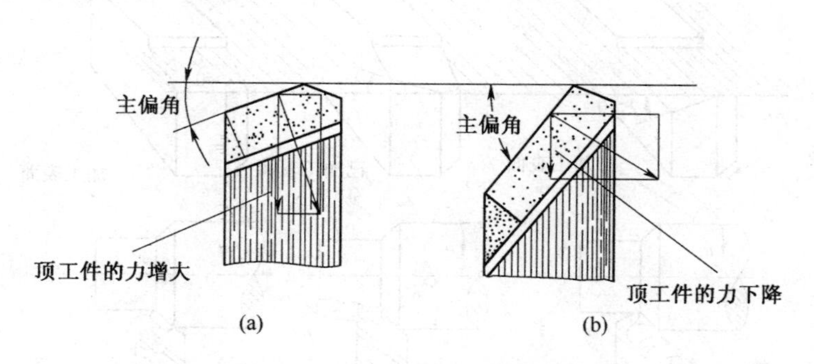

图2-22　主偏角对车削的影响

(a)减小主偏角　(b)增大主偏角

当工件刚度较好时，可采用较小的主偏角，以提高车刀耐用度。若车刀的刚度差，或工件较长时，必须采用较大的主偏角，以减小切削振动和增加切削平稳性，粗车时的主偏角可在75°～90°选取。

(4)副偏角的作用和选择　大的副偏角可减小副切削刃与加工表面之间的摩擦；减小副偏角，可使刀尖部分强度提高，同时还可以降低已加工表面的粗糙度。

当工件刚度较差时，应选取较大的副偏角；车削强度大和硬度高的材料时，应选择较小的副偏角。副偏角一般在5°～10°选择。

(5)刃倾角的作用和选择　刃倾角的作用主要是影响刀头强度和控制切屑的流出方向。

如图 2-23(a)所示是采用正的刃倾角，切削时刀尖先接触工件，刀尖承受弯曲压力，很容易打断刀尖或崩刃。图 2-23(b)所示是采用负的刃倾角，刀尖低了，可以承受大的冲击力，刀刃不易崩裂。

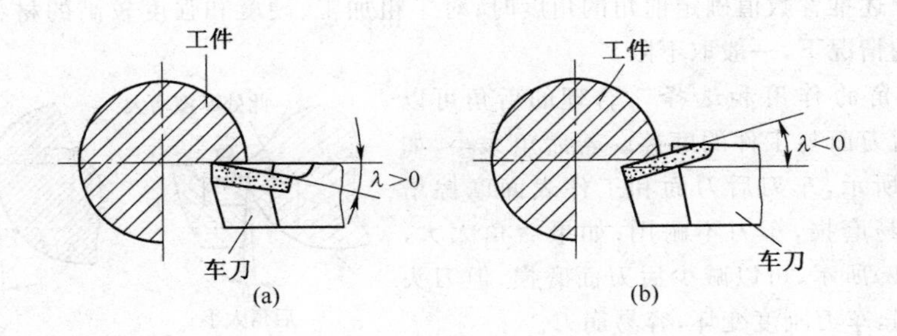

图 2-23 刃倾角切削状态

(a)刀尖先接触工件 (b)刀刃先接触工件

刃倾角还直接影响着切削中的切屑流出方向。刃倾角为正值时，切屑从待加工表面流出，如图 2-24(a)所示；刃倾角为负值时，切屑从已加工表面流出，如图 2-24(b)所示；刃倾角为 0°时，切屑从垂直于主切削刃方向流出，如图 2-24(c)所示。

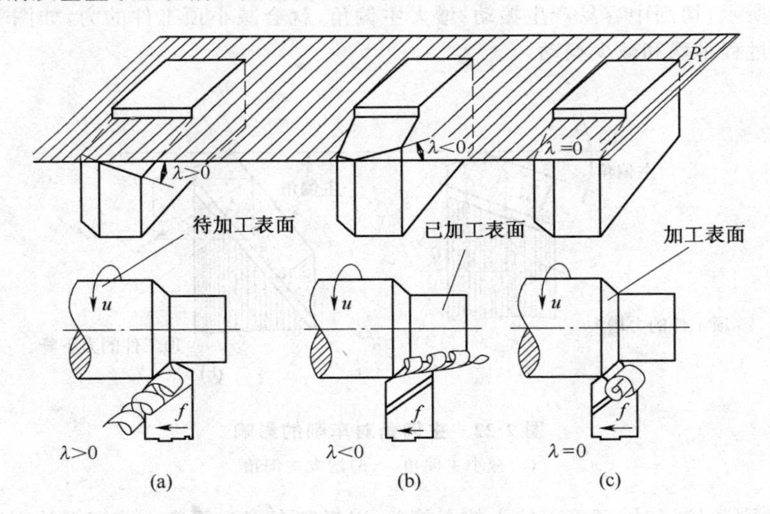

图 2-24 刃倾角与切屑流出方向

(a)刃倾角为正值 (b)刃倾角为负值 (c)刃倾角为零度

选择刃倾角的原则是：

①粗车和车削冲击性较大的工件时，为了增强刀头的强度，刃倾角取负值；

②精车工件时，为了防止切屑流出后划伤已加工表面，应取正值刃倾角；

③进行一般性车削时，可选择等于零度的刃倾角。

(6)刀尖圆弧半径的选择 精加工时，也常在刀尖处磨出一个小圆弧，如图 2-25 所示，这不仅增加了刀尖强度，还能使工件上的残留面积减少，从而降低了被切削表面的粗糙度。

车削较硬材料或容易引起车刀磨损的材料时，应选取较大的圆弧半径；反之，应选用较小的圆弧半径。刀尖圆弧半径一般选择在 0.5～2mm。

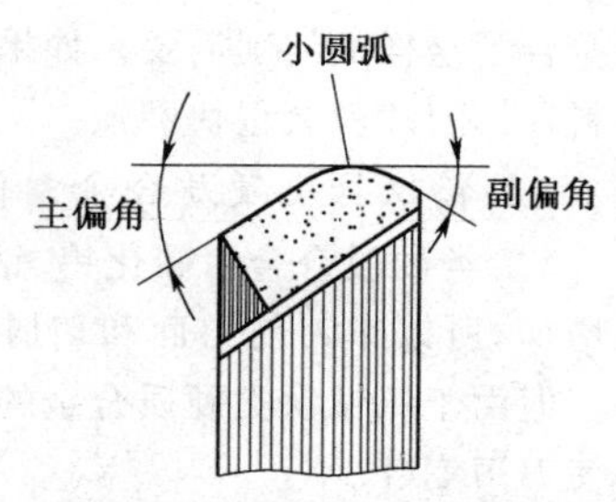

图 2-25　刀尖处磨出小圆弧

二、常用车刀材料

常用车刀材料有高速钢和硬质合金等。

1. 高速钢

高速钢就是在合金工具钢的成分中多增加一些钨、钼、铬、钒等元素，这样，车刀切削部分的强度就会提高，不会发脆，耐磨性也提高了。它在热处理后硬度可达 62～66HRC，在 500～650℃时仍能进行切削。

高速钢车刀常用来加工一些冲击性较大和不规则形状的工件；由于其刃磨方便，制造简单，尤其是一些成形和复杂刀具，多使用高速钢材料制造。

车刀采用的高速钢牌号有：W6Mo5Cr4V2，9W18Cr4V 和 W14Cr4VMn-RE 等。

2. 硬质合金

硬质合金很硬，而且能耐 850～1000℃的高温。使用硬质合金车刀比高速钢车刀的切削速度可提高 5～10 倍。硬质合金的缺点是韧性差、性较脆、怕冲击，其抗弯强度只相当于高速钢的 1/3 左右。

常用硬质合金的牌号见表 2-1，按其使用分为以下几种类型。

表 2-1　常用硬质合金牌号表

类　型	牌　号	类　别	
钨钴类	YG3	K 类	K01
	YG6X		K05
	YG6		K10
	YG8		K20
钨钛钴类	YT30	P 类	P01
	YT15		P10
	YT14		P20
	YT5		P30
钨钛钽(铌)钴类	YG6A(YA6)	M 类	
	YG8N		
	YW1		M10
	YW2		M20

（1）钨钴类硬质合金　代号为 YG，属 K 类。

钨钴类硬质合金由碳化钨和钴组成。硬质合金中钴含量越高，韧性越好，并且耐磨性好，因此它很适用于车削冲击性较大的铸铁材料的工件。

由于铸铁工件的切屑是崩碎成小颗粒落下的，对刀刃的冲击力很大，钨钴类硬质合金正符合了这样的切削需要。如果用钨钴类硬质合金车削韧性大的材料(普通钢材或不锈钢材料)时,刀片就会很快磨损。

(2)钨钛钴类硬质合金　代号为YT,属P类。

YT类硬质合金由碳化钨、钴和碳化钛组成。由于加入了碳化钛,可使硬质合金耐热性增加,所以车刀前刀面和切屑接触时,不容易磨损,这种硬质合金适用于切削钢材类工件。但由于钨钴钛类硬质合金的脆性较钨钴类硬质合金大,如果加工铸铁等脆性材料,容易使刀刃崩碎。

为什么在粗加工时常用YG8(车铸件)和YT5(车钢件)牌号的硬质合金,而在精加工时常选用YG3(车铸件)和YT30(车钢件),应用最多的是YG6(车铸件)和YT15(车钢件)的硬质合金呢?原来,YG8是含钴8%,含碳化钨92%的钨钴类硬质合金。YG后面的数字越大,含钴越多,含碳化钨就相对减少。含钴多的YG类硬质合金,不怕冲击振动,适用于粗加工刀具。YT类硬质合金也是如此,YT5含钴10%,含碳化钛5%,含碳化钨只有85%。T后面的数字越大,含碳化钛的比例就越高,含钴量就相对下降。如果YT类硬质合金含钴多而含碳化钨少,这样硬度较低,耐磨性和耐热性较差,但抗弯强度、导热性特别是冲击韧度较好,所以YT5适宜于粗加工。

(3)钨钛钽(铌)钴类硬质合金　代号为YW,属M类。

这类硬质合金的抗弯强度、冲击韧度、耐磨性和高温硬度等都有所提高,因此,它既适用于加工脆性材料,又适用于加工塑性材料。

钨钛钽钴类硬质合金常用牌号有YW1,YW2,主要用于加工高温合金、高锰钢、不锈钢及可锻铸铁、球墨铸铁、合金铸铁等难加工材料。YW1用于半精加工和精加工,YW2用于半精加工和粗加工。

3. 推广使用的车刀材料

陶瓷刀具已成为继高速钢和硬质合金之后应用最多的刀具材料。陶瓷刀具材料是以氧化铝(Al_2O_3)或氮化硅(Si_3N_4)为基体再添加少量金属,在高温下烧结而成。这种刀具材料主要具有以下特点:硬度高,常温下可达91～95HRA;有很高的耐磨性;耐高温性能好,在1 200℃高温下仍能进行切削;能在高的切削速度下进行车削,切削速度比硬质合金车刀高2～10倍;摩擦系数低,不易使切屑粘附在车刀上,故不易产生积屑瘤,有利于工件表面质量;具有良好的抗粘结性能和抗扩散能力,不易与金属产生粘结,可以减少切削过程中的粘结磨损。但陶瓷刀具材料最大的缺点是脆性大,抗弯强度低,冲击韧度差,易崩刃。

由于陶瓷刀具材料具有优异的物理化学性能和力学性能,所以对车削冷硬铸铁、高合金耐磨铸铁、高铬铸铁、淬火钢、高锰钢、高强度钢、热喷焊镀层等高硬度材料都有特殊功能。

保证陶瓷刀具成功地进行切削的关键在于合理的使用,所以,根据加工要求合理地选择车刀角度和切削用量,这对于工件车削质量和加工效率都起着决定性的作用。

三、车刀的刃磨

一把新车刀,经过在车床上切削工件会逐渐变钝,而无法使用;这时,需要卸下来在砂轮上刃磨,使它恢复锋利,然后继续使用。

刃磨车刀有手工刃磨和机械刃磨两种。手工刃磨车刀是车工必须掌握的基本技能，这种方法应用也最广泛。机械刃磨多在大批量磨刀时使用。

1. 砂轮的选择

手工刃磨车刀在砂轮机(图 2-26)上使用砂轮进行。砂轮种类必须根据刀具材料来决定。常用磨刀砂轮有两种，一种是氧化铝砂轮，一种是绿色碳化硅砂轮。刃磨高速钢车刀时，一般使用白刚玉(WA)类氧化铝砂轮，这种砂轮呈白色，磨粒相当锋利，不易磨钝。磨削硬质合金刀杆部分时，一般使用棕刚玉(A)类氧化铝砂轮，这种砂轮呈棕褐色，硬度高，韧性较好，能承受较大的磨削压力。刃磨硬质合金车刀时，一般使用绿碳化硅(GC)砂轮，这种砂轮呈绿色，硬而脆，刃口锋利。

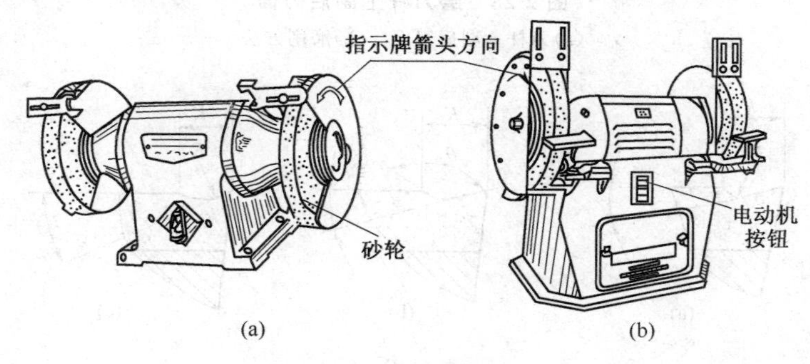

图 2-26 砂轮机

(a)台式 (b)立式

2. 手工刃磨车刀的方法和注意事项

(1)手工刃磨车刀的步骤 车刀的种类很多，下面以刃磨 90°硬质合金车刀为例，说明手工磨刀步骤。

①先磨去车刀上的焊渣和不平整处，然后磨刀杆上的主后刀面(图 2-27)和副后刀面(图 2-28)，同时磨出刀杆部分的后角，刀杆部分的后角应比刀片处的后角大 1°～2°。

②粗磨出刀片上的后角。

③需要磨出断屑槽(图 2-29)的车刀，按照图 2-30 所示方法进行刃磨。刃磨时，用力要适当，使车刀沿刀杆方向缓慢移动。

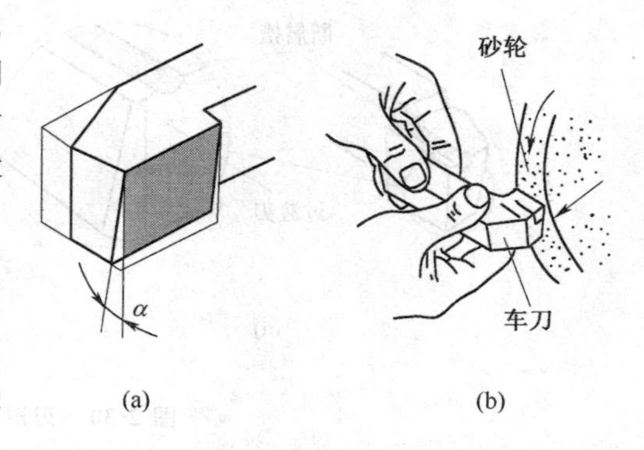

图 2-27 磨刀杆上主后刀面

(a)刀杆上主后刀面 (b)磨削方法

刃磨断屑槽的砂轮在交角处要有尖角或较小圆角；当砂轮上出现较大圆角时，要对砂轮进行修整。

刃磨车刀过程中，一般不需要磨车刀的前刀面，否则会降低车刀的使用性能。

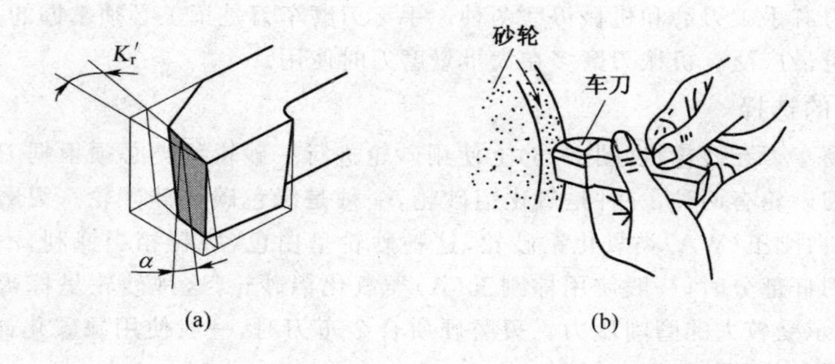

图 2-28　磨刀杆上副后刀面

(a)刀杆上副后刀面　(b)磨削方法

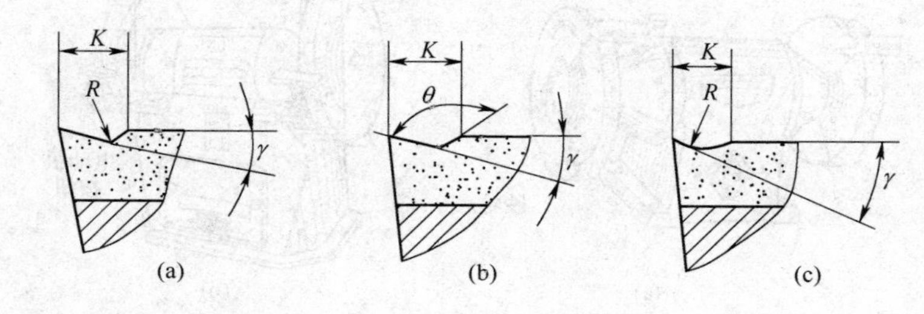

图 2-29　断屑槽形状

(a)直线圆弧形　(b)直线形　(c)圆弧形

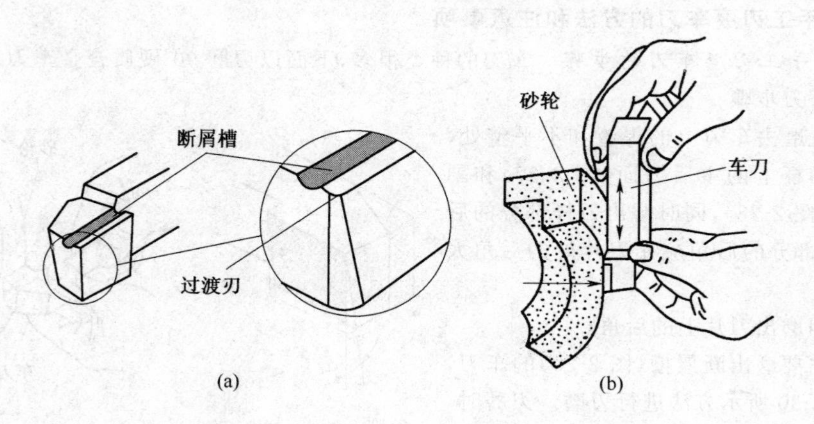

图 2-30　刃磨断屑槽

(a)刀头上断屑槽　(b)刃磨方法

④精磨车刀后角。

⑤需要磨过渡刃[图 2-30(a)]的车刀，将其磨出，如图 2-31 所示。

⑥按使用需要磨出刀尖圆弧半径。

(2)手工刃磨车刀应注意事项

①手工磨刀时，对旋转中的砂轮的压力要适当，不宜过大，不要按在一处长时间地磨，

应该不时地间断，这样可使刀具有较多的散热时间。

刃磨硬质合金车刀时，用力不要过猛，否则，会因摩擦力增大，温度急剧上升，造成冷热不均，局部出现高温，刀片容易产生裂纹。

②新焊接的硬质合金车刀或车刀磨损严重时，应先在粗砂轮上粗磨，然后再在细砂轮上精磨。

③刃磨硬质合金车刀时，不使用冷却液。切忌在刃磨过程中，为了降低温度而将干磨发热的车刀浸入冷水中；否则，因磨刀温度很高，遇到急冷，温差突变，收缩应力过大，刀片会产生裂纹。但在刃磨高速钢车刀时，可随时将其投入水中进行冷却。

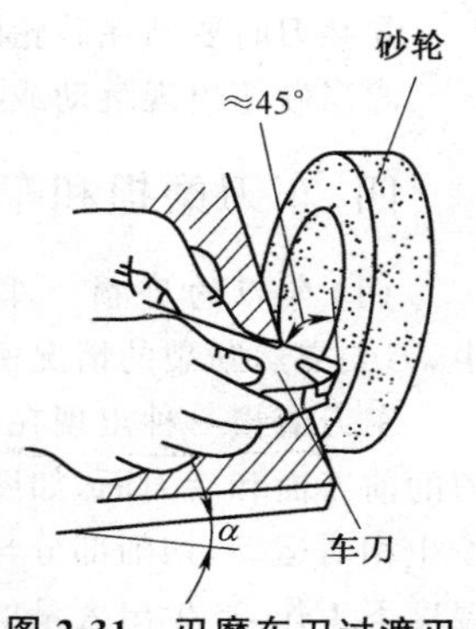

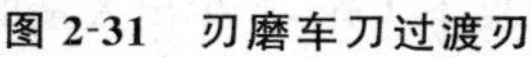
图 2-31　刃磨车刀过渡刃

硬质合金车刀的负刃刃磨法与作用

硬质合金车刀刃磨时，最容易产生裂纹。为防止裂纹的产生，可采用负刃刃磨法。所谓负刃刃磨法，就是在车刀刃磨开始时，先在主切削刃面或副切削刃面上磨出一条负刃带（栏图 2-4），以提高刀片强度、增强抗振性，这样可防止大量磨削热导向刀片。

硬质合金车刀刃磨时产生裂纹的原因有：砂轮振动、车刀冲击载荷、刃磨时产生热应力。硬质合金属于硬脆材料，所以在开始初磨时受到的冲击载荷容易产生振裂；热应力超过强度极限时，就会发生崩裂，而这种裂纹往往发生在最后。不用负刃刃磨法磨硬质合金车刀时，刀刃承受力小，会因应力集中使车刀产生裂纹；刀片受热面积小，温度瞬时升高，刀片、刀杆温差较大，由于热应力致使刀片产生裂纹；而用负刃刃磨法，可使刀片增加承受冲击载荷的能力和受热面积。

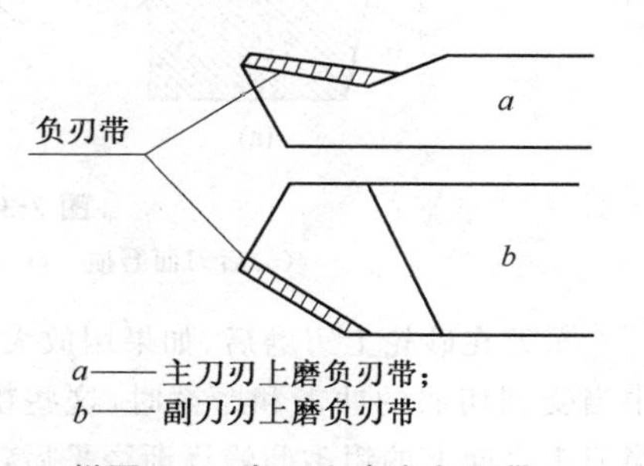

a——主刀刃上磨负刃带；
b——副刀刃上磨负刃带

栏图 2-4　车刀上磨出负刃带

磨出负刃带的尺寸大小和角度没有严格规定，应根据车刀刃磨余量和尺寸及形状而定。如磨负刃宽 15mm，其角度可为 45°；负刃宽 10mm 可为 30°；切断刀，若切刀宽 7mm，可在两侧磨出负刃 1mm。直到车刀精磨符合型面尺寸和精度要求后，再将负刃磨掉。

另外，刃磨大余量硬质合金车刀时，最好先用砂轮外圆磨掉余量，因为砂轮外圆速度大、磨削快，线接触产生热量少；最后在砂轮的端面进行精磨，保证车刀的形状和尺寸。

④砂轮的旋转方向必须和指示牌上旋转方向相符。

⑤磨刀时要站在砂轮的侧面或斜侧面，不可面对砂轮，防止砂轮碎裂后飞出伤人。

⑥当砂轮出现跳动或严重摆动时，应及时对砂轮进行修整。

四、车刀磨损和车刀耐用度知识

（1）*车刀的磨损* 车刀在车削工件中的磨损，不是突然就没有刀尖了（在切削过程中，刀尖突然断裂的情况例外），而是慢慢进行的。

车刀磨损一种出现在车刀前刀面，一种出现在车刀后刀面，还有一种是同时出现在车刀的前刀面和后刀面，如图 2-32 所示。车刀磨损的原因主要是在车削过程中，车刀和工件发生相对运动，切削部分与被切削工件之间产生强烈摩擦；同时，车刀在很大压力和很高的温度下工作，产生出大量的热，刀尖处局部可达 500～1 000℃的高温。这样，刀尖处一小部分的金属组织就会变软，也就加剧了切削部分的磨损。高速钢车刀大部分是因为这个原因而磨损的。

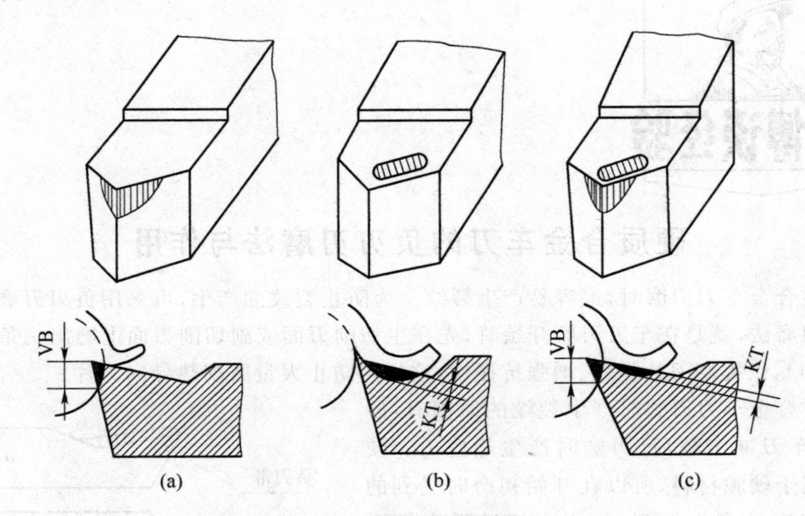

图 2-32 车刀的磨损形式

(a)后刀面磨损 (b)前刀面磨损 (c)前、后刀面同时磨损

车刀在砂轮上刃磨后，如果用放大镜来观察，可以发现有很多很尖而小的“凸峰”，车削中当受到切屑的冲击和摩擦时，这些粗糙的劣质凸峰会被磨平，这一阶段时间是很短的。当刀头表面上的粗劣凸峰逐渐磨平后，磨损情况较稳定。并且，车刀被磨损厚度和磨损速度一直比较均匀，这一正常磨损阶段的磨损时间是比较长的。

当车刀经过前阶段的磨损后，紧接下来的磨损速度会随之迅速加剧，这时如果仍然继续使用，切削温度会剧烈上升，使车刀完全磨损。

（2）*车刀耐用度和延长车刀耐用度的方法* 车刀在砂轮上刃磨后，从开始切削一直到磨钝为止的总切削时间称为刀具耐用度，也就是车刀两次重磨之间纯切削时间的总和。

为了减少车刀磨损，提高车刀耐用度，可采取以下措施。

①在车刀正常磨损阶段后期，而又未进入加剧磨损阶段时，使用油石（也称作磨石）鐾

刀可以降低车刀磨损速度，提高车刀耐用度。用油石鐾刀就是用油石研磨车刀的前刀面、主后刀面、副后刀面以及切削刃上的毛刺和微小的锯齿状缺口，使车刀刃口整齐和光洁。

②选择适宜的切削速度。切削速度太高时，不仅会加剧切削热的产生，同时由于切削热来不及散失而使车刀前刀面达到高温，这样就降低了车刀的使用性能和它的耐磨性。

③合理选择车刀角度。例如，用小前角的车刀切削时，被加工金属材料将发生剧烈的变形，切削力和切削热都要随着增加，因而降低了车刀刀具的耐磨性，加快了刀具的磨损速度，使车刀的耐用度随着降低。

车刀后角的大小，将直接影响到车刀后刀面与工件已加工面的接触长度；后角越小，接触长度就越长，那么车刀后刀面的磨损也就越厉害。

减小车刀主偏角，可增大刀尖角，刀尖强度增加，并使车刀散热条件得到改善，可提高车刀耐用度。

④充分使用切削液。使用高速钢车刀车削钢件时，充分使用切削液，降低切削热，并减少车刀与工件间的摩擦，可提高车刀耐用度。

第三节　车削过程和切削力

一、车削运动和切屑的形成

(1)切削运动　车床上使用车刀对工件进行切削，车刀和工件必然产生相对运动。如图 2-33 所示，车床主轴带动工件旋转，称为主运动，这是车床上最基本的运动；通过溜板箱，带动刀架上的车刀做自动纵向进给(车外圆时使用)或自动横向进给(车端面时使用)，称为进给运动。另外，还有手动纵向进给、手动横向进给、退刀、回程和快速移进等，都称为辅助运动。

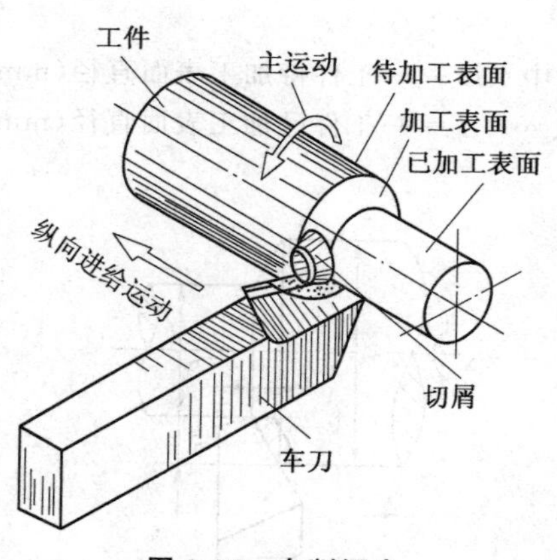

图 2-33　车削概念

(2)切屑的形成　在车床上加工工件，随着主运动和进给运动的合成运动，把金属切离下来，形成切屑。切屑被切下来是金属被挤压后产生变形的结果。如图 2-34 所示是刀具切入金属，金属受挤压后的变形情况。这时，如果金属继续受力，被切除部分就会发生塑性变形、滑移、挤裂、脱落而成为切屑。

由于工件材料和切削条件(包括切削用量、车刀角度等)不同，从工件上切下的切屑所形成的形状也不完全一样。图 2-35 所示为不同的切屑类型：图 2-35(a)为带状切屑，在切削碳素钢、合金钢、铜和铝合金等塑性较大的金属材料，使用较大前角的车刀、选用较高的切削速度时，都容易出现这类切屑；图 2-35(b)为节状切屑，在高速车削、大进给量切削钢材类工件时，易出现这类切屑；图 2-35(c)为崩碎切屑，在切削铸铁、黄铜一类脆性金属材料时，多产生这类切屑。

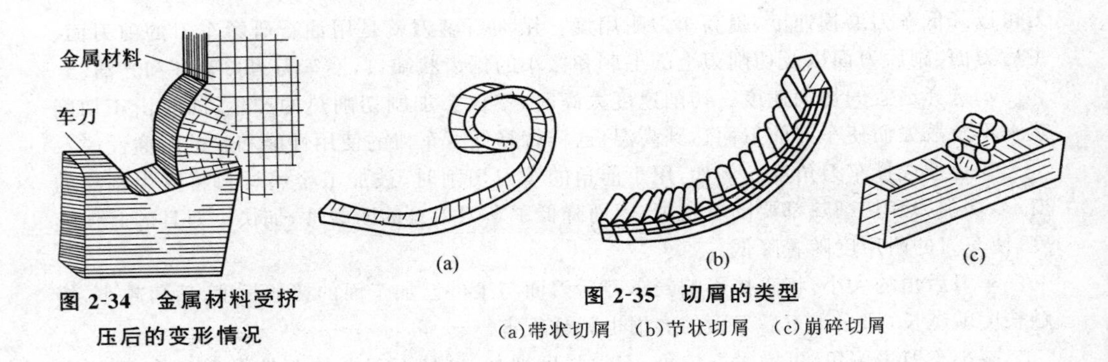

图 2-34 金属材料受挤压后的变形情况

图 2-35 切屑的类型

(a)带状切屑 (b)节状切屑 (c)崩碎切屑

二、切削用量及其选择原则

车削加工中，工件旋转运动和进给运动的数值用切削用量来表示，切削用量包括背吃刀量、切削速度和进给量，总称为切削用量三要素。

1. 切削用量和基本计算

(1)背吃刀量 a_p 如图 2-36 所示，工件上已加工表面与待加工表面的垂直距离即为背吃刀量，单位为 mm，用下面公式计算背吃刀量：

$$a_p=\frac{D-d}{2} \quad \text{(式 2-1)}$$

式中 D ——工件待加工表面直径(mm)；

d ——工件已加工表面直径(mm)。

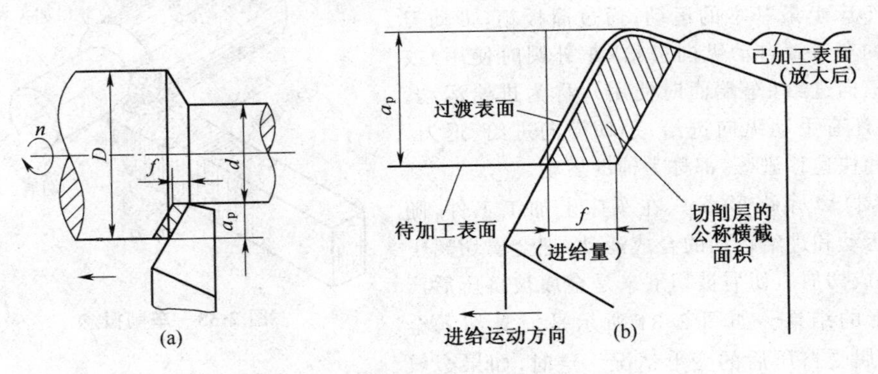

图 2-36 背吃刀量和切削层

(a)切削轴件情况 (b)切削层

(2)切削速度 u 在车床上，工件的旋转运动为主运动，主运动的线速度(图 2-37)就是切削速度，实际上它等于工件被车削表面上的某点相对车刀切削刃每分钟转过的圆周长度，单位为 m/min，即：

$$u=\frac{\pi Dn}{1\ 000} \text{或} u\approx\frac{Dn}{318} \quad \text{(式 2-2)}$$

式中　D ——工件待加工表面直径(mm)；

n ——车床主轴转速(r/min)。

切削速度与待加工表面直径、车床主轴转速有关，若已知切削速度，计算车床主轴转速 n 时，用下面公式：

$$n=\frac{1\ 000u}{\pi D}\text{或}n\approx\frac{318u}{D}\quad(\text{式 2-3})$$

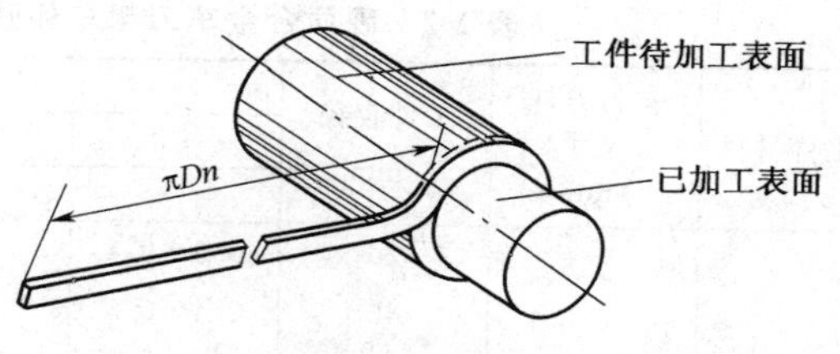

图 2-37　切削速度计算图

计算出的主轴转速若在车床转速牌上找不到，可按照选低不选高的原则选择相邻转速。

(3)进给量 f　进给量就是工件每转一转，车刀在进给方向上移动的距离(图 2-38)，单位为 mm/r。

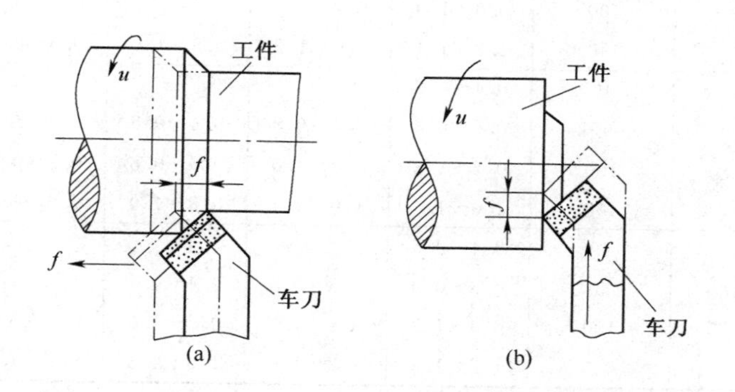

图 2-38　纵向进给量和横向进给量

(a)纵向进给量　(b)横向进给量

2. 切削用量的正确选择

合理地选择切削用量，对充分发挥车刀的切削性能和提高效率都有重要的意义。

车削时采用的切削用量，应在保证工件加工精度和车刀寿命的前提下，获得最高的生产效率。切削用量的选择次序是：先选择大的背吃刀量 a_p，再选择较大的进给量 f，最后选择切削速度 u。

(1)背吃刀量 a_p 的选择　背吃刀量一般是按工件毛坯的加工余量多少和工件表面粗糙度的要求来决定。

被车削工件表面要求属于粗糙表面，应尽可能使背吃刀量等于毛坯的全部余量；若限于车床的动力不足或工件的刚度不足，不可能一次切除时，则应酌量减少。

如果工件的表面粗糙度较低，则应分粗车和精车两次走刀完成。第一次走刀的背吃刀量可取加工余量的 2/3～3/4，半精车的背吃刀量可取 0.5～2mm；精车取 0.1～0.4mm。

(2)进给量 f 的选择　车削中，增大进给量，切削力会明显增大。

粗加工中，进给量的选取主要考虑刀杆强度、车刀种类、工件装夹情况和车床刚度等因素。使用硬质合金车刀粗车，可参考表 2-2 中的进给量。

表 2-2　硬质合金车刀粗车外圆及端面进给量参考数值

工件材料	车刀刀杆尺寸/mm	工件直径/mm	背吃刀量 a_p/mm				
			≤3	>3～5	>5～8	>8～12	>12
			进给量 f/mm·r^{-1}				
碳素结构钢、合金结构钢及耐热钢	16×25	20	0.3～0.4	—	—	—	—
		40	0.4～0.5	0.3～0.4	—	—	—
		60	0.5～0.7	0.4～0.6	0.3～0.5	—	—
		100	0.6～0.9	0.5～0.7	0.5～0.6	0.4～0.5	—
		140	0.8～1.2	0.7～1.0	0.6～0.8	0.5～0.6	—
	20×30 25×25	20	0.3～0.4	—	—	—	—
		40	0.4～0.5	0.3～0.4	—	—	—
		60	0.6～0.7	0.5～0.7	0.4～0.6	—	—
		100	0.8～1.0	0.7～0.9	0.5～0.7	0.4～0.7	—
		140	1.2～1.4	1.0～1.2	0.8～1.0	0.6～0.9	0.4～0.6
铸铁及铜合金	16×25	40	0.4～0.5	—	—	—	—
		60	0.6～0.8	0.5～0.8	0.4～0.6	—	—
		100	0.8～1.2	0.7～1.0	0.6～0.8	0.5～0.7	—
		400	1.0～1.4	1.0～1.2	0.8～1.0	0.6～0.8	—
	20×30 25×25	40	0.4～0.5	—	—	—	—
		60	0.6～0.9	0.5～0.8	0.4～0.7	—	—
		100	0.9～1.3	0.8～1.2	0.7～1.0	0.5～0.8	—
		400	1.2～1.8	1.2～1.6	1.0～1.3	0.9～1.1	0.7～0.9

(3)切削速度 u 的选择　背吃刀量和进给量选择好后，在保证车刀耐用度前提下，选择适宜的切削速度。

由于硬质合金车刀材料的切削温度高达 800～1 000℃，所以，它所选用的切削速度远远超过高速钢材料的车刀。但是，使用硬质合金做车刀的切削速度也不是越高越好。当切削速度增加时，切削温度也增加，加工时切削热来不及扩散，车刀前刀面的温度就会显著增高，使车刀耐用度降低。一般来说，切削速度提高 20%，车刀耐用度会降低 46%左右。所以，在很大程度上，切削速度决定着车刀的耐用度。

选择切削速度应考虑以下几个方面的情况：

①工件材料越硬和强度越高，切削速度就应取得小一些。

铸铁及其他脆性材料、不锈钢等材料适宜使用 YG 类硬质合金车刀，采用较低切削速度车削；而普通碳钢、合金钢等材料，适宜使用 YT 类硬质合金车刀，采用较高切削速度车削；有色金属材料则采用比钢高的切削速度车削。

②车削时，车床总有些或轻或重的振动现象，切削速度越高，进给量越大，则产生的振动就越大。车削表面粗糙度较大的工件，车床稍有振动，影响还不大，选择切削速度可略高些，但必须考虑车床动力和车刀的强度。如果车床动力不足，高的切削速度会导致突然停车(俗称闷车)而损坏车刀，在这种情况下应降低切削速度和进给量。

③粗加工、进行断续车削或加工大件、薄壁件、易变形工件，应选择较低的切削速度。

三、切削力的产生和影响

1. 切削力的产生

切削力包括主切削力、背向力和进给力。

以车削为例，如果车刀是平放在刀架上（没用螺钉夹紧），切削时，当车床主轴转动，工件就会使车刀向着垂直于地面方向被打落，这个将车刀打落在地的力称为主切削力 P_Z，如图 2-39 所示。

车刀在刀架上，如果刀架螺钉没将车刀夹紧，车床主轴转动进行切削时，工件则不会把车刀打落，而是迫使车刀向后退，这个推动车刀向后退的力称为背向力 P_Y。

上面所说的，仅仅是车床转动而没有进给运动的情况下，当开动车床并进给时，如果车刀没被夹紧或夹紧力不够，刀杆就会倾斜移动，可见车削中车刀还会受到一个和进给方向相反的作用力，这就是进给力。实际操作中，只要使车刀的侧边靠好刀架，并利用刀架上螺钉将车刀紧固，就可以抵消上述的三个力了。

车削情况下的切削力如图 2-40 所示。但由于车刀的角度不同，工件材料等加工条件不同，切削力也有所改变。

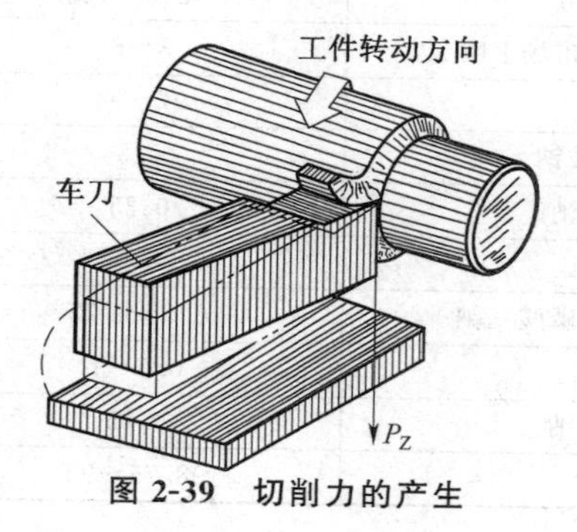

图 2-39　切削力的产生

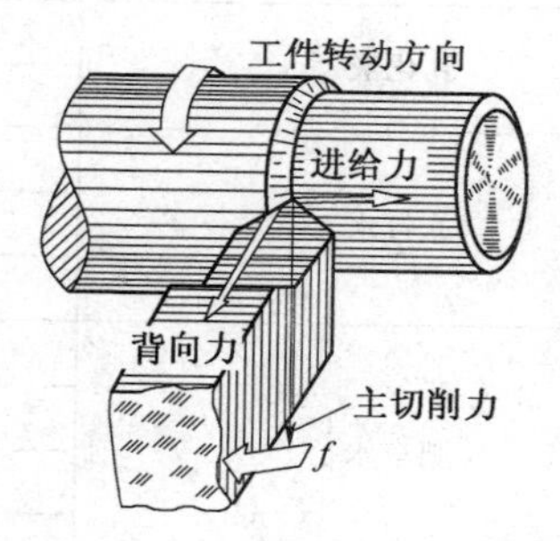

图 2-40　车削情况下的切削力

车刀刀杆一般为矩形截面，所以做成高度大于宽度，就是为了适应切削力的情况而考虑的。

2. 各种因素对切削力的影响

车削工件时，有时切削阻力很大，甚至使得车床产生剧烈的振动，而有时切削阻力很小，切削起来很平稳，这些是和很多因素有关系的。

（1）被加工工件材料的影响　工件材料不同，切削过程中所产生的切削抗力也就不同，工件材料越硬，强度越高时，切削力也越大，这主要是切削不同的材料，金属变形情况不同，变形越大的切削力也越大。

（2）切削用量的影响　背吃刀量和进给量的增加，都能使切削力增大。这是由于车刀上所承受的负荷增加，而且切削用量增大时，切屑变形也随之增加的缘故。

（3）车刀几何形状和角度的影响　前角 γ 增大改善了切屑变形，使切削力减小；相反则增大。主偏角在切削时也很重要，主偏角增大时，切削力可以下降，但同时轴向力增大，径向力却要减小。

另外，合理使用切削液，减少切屑与车刀、工件与车刀间的摩擦，可以减小切削力。

四、切削液及其合理使用

车削加工中，从车刀和被切削表面接触那时起，就开始产生摩擦力，随即出现切屑和工件分离以及切屑的扭曲变形。在这个短暂的过程中，会产生很高的切削热，而降低切削热的方法，除了改善车刀的几何角度与适当降低切削速度和进给量外，主要是使用切削液。

前面谈到，车削中合理地使用切削液可以延长车刀耐用度，提高切削用量和加工表面质量；同时，切削液还有着润滑作用，减小车刀与工件间摩擦。此外，切削液还具有一定的洗涤作用，有助于切削表面光洁，并且，在切削液中有一种防腐剂，对被加工表面还有保护作用。

1. 切削液的种类和使用

常用切削液有乳化液和油质切削液。

(1)水性乳化液　乳化液是将乳化质油(从市场上购买)用水稀释而成的。用94%～97%的水稀释后即成乳白色的乳化液。此外，水性乳化液还有苏打水和肥皂水等，见表2-3。

表2-3　常用切削液成分表　(%)

名　称	成　分	比　例
乳化液	乳化质油(直接从市场上购买)	3～6
	水	97～94
苏打水	无水碳酸钠	0.8
	亚硝酸钠	0.25
	水	98.95
肥皂水	无水碳酸钠或磷酸三钠	0.5～0.75
	肥皂	0.5～1
	亚硝酸钠	0.25
	水	98.75～98

(2)油质切削液　油质切削液主要是极压切削油和矿物油。常用的矿物油有L-AN全损耗系统用油(机械油)、轻柴油和煤油等。纯矿物油润滑效果较差，所以在实际使用中常在矿物油中加入极压添加剂(氯、硫、磷等)，配制成极压切削油(如硫化切削油等)，以提高使用效果。

2. 浇注切削液的方法

①车削中，产生的切削热主要分布在刀尖附近，此处的温度特别高。使用切削液时，注意浇注在温度特别高的地方，即切削液要喷注在车刀刀尖和工件接触点的地方，不应只喷在车刀或工件的任意部位上。

②切削脆性材料(如铸铁)时，产生的切削热要少得多；另外，为防止脆性材料所形成的碎细切屑和切削液混合粘接在一起而影响加工，所以，切削脆性材料一般不使用切削液。

③开始切削就立即供给，并且要充分。

④使用硬质合金车刀切削，一般不用切削液，以防止合金刀片产生裂纹和损坏。

⑤粗加工的目的是去掉毛坯上大部分多余金属，车削时产生的热量较多，所以，应使用冷却性能强的切削液，如乳化液、苏打水溶液、肥皂水溶液等；精加工时，为了降低工件表面

粗糙度，应选用润滑性能强的油质切削液，如硫化切削油、矿物油、混合油等；车削塑性变形大的工件，如硬铝等材料，可用煤油作切削液；用高速钢车刀加工不锈钢时，使用硫化切削油溶液。在车床上广泛使用的是乳化液，它适用于一般钢材、铸钢、铜、硅铝合金等材料的粗车和半精车。

⑥切削液必须定期检查和更换。切削液在使用过程中，由于水分蒸发、脏物增多、浓度不断增高等原因，很容易变质，甚至出现异味。所以，应该定期取出少量切削液去化验和进行分析，按分析结果确定添加适当水分；如发现腐蚀现象，还须补加抗蚀剂（如碳酸钠、亚硝酸钠等）或者全部更换。

3. 切削液泵的使用

当切削液泵抽不上切削液时，应从以下几方面找原因：

①切削液泵的电动机旋转方向不对；

②切削液储存箱内积尘和污垢没清理，进水管堵塞；

③切削液量不足；

④切削液泵拆开后，在安装时把叶片位置装颠倒了；

⑤切削液的进水管已损坏。

复习思考题

1. 变换车床操作手柄位置时应注意哪些事项？
2. 车工加工前应做好哪几项准备工作？
3. 车床维护包括哪些内容？
4. 一把车刀上有几个面，有几个切削刃？说出它在车刀上的部位。
5. 车刀上前角、后角、主偏角、刃倾角的作用和选择原则是什么？
6. 硬质合金车刀有哪几种牌号？各有什么特点？
7. 手工刃磨车刀怎样进行？应注意哪些事项？
8. 什么叫车刀耐用度？提高车刀耐用度有哪几个措施？
9. 什么叫主运动和辅助运动？
10. 什么是切削用量三要素？怎样计算切削速度和车床主轴转速？
11. 选择切削速度要考虑哪几个方面的因素？
12. 影响切削力有哪几种因素？
13. 使用切削液应注意哪些事项？

练　习　题

2.1　单选题（将认为对的填进括号内）

1. 普通高速钢一般可耐（　　）高温。

(A)300℃　　(B)1 000℃　　(C)600℃

2. 硬质合金车刀的前角应比高速钢车刀的前角（　　）些。

(A)小　　(B)大

3. YT5 硬质合金车刀适用于（　　）车钢料等塑性金属。

(A)粗　　(B)精

4. 钨钴类硬质合金主要用于加工脆性材料、有色金属及非金属。为适合粗加工，含(　　)其韧性越好。

(A)WC 越高　　(B)WC 越低　　(C)Co 越高　　(D)Co 越低

5. 车削钢材时，使用(　　)类硬质合金车刀。

(A)YT　(B)YG

6. 切削用量中，对车刀磨损影响最大的是(　　)。

(A)切削速度　　(B)背吃刀量　　(C)进给量　　(D)背吃刀量和进给量

7. 车削时切削热主要是通过切屑和(　　)进行传导的。

(A)工件　　(B)车刀　　(C)周围介质

8. 切削用量中，影响切削温度最大的是(　　)。

(A)背吃刀量　　(B)进给量　　(C)切削速度

2.2　判断题(认为对的打√，错的打×)

1. 通过切削刃上某一选定点，垂直于该点切削速度方向的平面为基面。(　　)

2. 为了增加刀尖强度，改善散热条件，刀尖处应磨有过渡刃。(　　)

3. 主偏角 K_r 和副偏角 K_r' 减小能使加工残留面积高度降低，可以得到较小的表面粗糙度，其中副偏角 K_r' 的减小更明显。(　　)

4. 车刀角度中，控制切屑流出方向而影响表面粗糙度的是前角。(　　)

5. 车刀的主偏角大，切削时的径向分力进给大。(　　)

6. 切削用量中，对车刀具磨损影响最大的是进给量。(　　)

7. 切削加工时，如已加工表面上出现亮痕，则表示车刀已磨损。它是车刀与已加工表面产生强烈的摩擦与挤压造成的。(　　)

8. 在相同切削条件下，硬质合金车刀可以比高速钢车刀承受更大的切削力，所以可采用增大硬质合金车刀的前角来提高生产率。(　　)

9. 在保证车刀寿命的前提下，假使要提高生产率，选用切削用量时应首先考虑尽量地加大切削速度。(　　)

10. 车削时，被加工表面残留面积(被加工表面留下的加工痕迹)高度与车刀的主、副偏角和刀尖圆弧半径以及进给量有关。(　　)

2.3　问答题

1. 一个三级变速箱，如题图 2-1 所示，第一级有两个挡(即可变换两种速度)，第二级有三个挡，第三级有四个挡。问：此变速箱共可变出多少种速度？

*2. 你是否注意到，车床尾座导轨与溜板箱用的导轨不是同一对，如题图 2-2 所示，为什么？

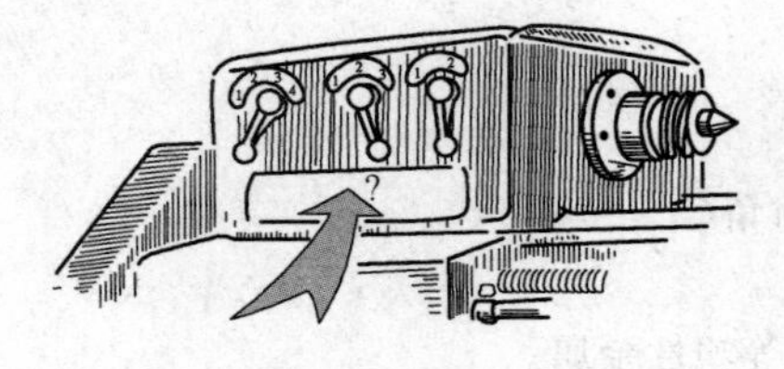

题图 2-1

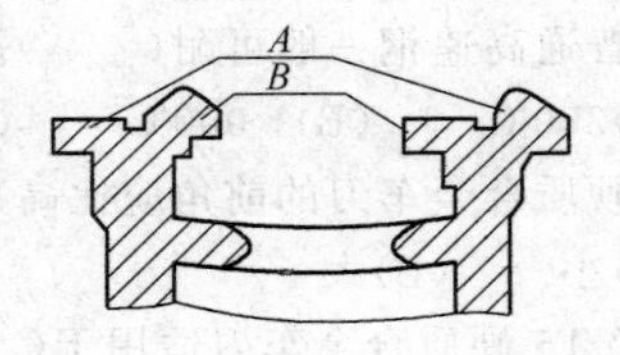

题图 2-2

*3. 为了对变速箱中的齿轮进行润滑（题图 2-3），能不能把油装满些，泡着齿轮，这样是否润滑更充分，又省了油泵？

*4. 你知道吗，台阶轴件连接处为什么做成圆弧过渡形式（题图 2-4）？

题图 2-3　　题图 2-4

5. 车床主轴变速箱中，高速级的轴、键（花键）与低速级的轴、键（花键）相比，哪个应该粗些、大些（题图 2-5）？

6. 题图 2-6 所示的车刀几何角度图上有两处错误，你能指得出吗？

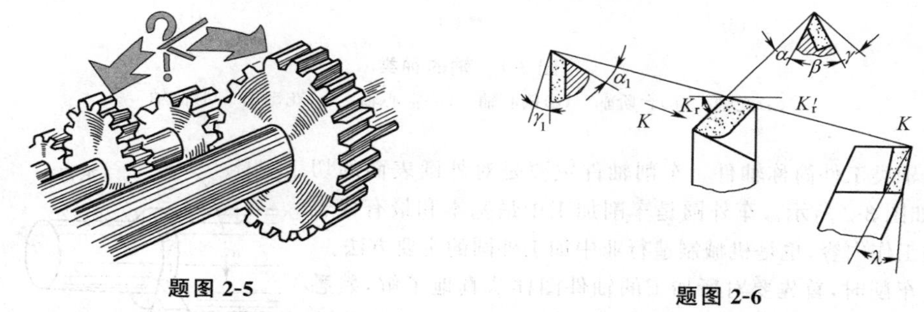

题图 2-5　　题图 2-6

7. 硬质合金车刀也能像高速钢车刀那样进行低速车削吗？为什么？

*8. 你能不能从既看不清牌号，又未涂颜色的刀片中鉴别出是 YG 类还是 YT 类硬质合金？

*9. 从提高生产率或降低成本的观点看，车刀耐用度是不是越高越好，或是越低越好？为什么？

*10. 前面说到，车床上车削工件，随着主轴旋转和工件进给的相对运动，把金属切离下来，形成切屑，它和用斧子劈木头，这两种概念相同吗？为什么？

*11. 为什么切削时切屑的形状有各种各样，有时成“钩状”（或称半环状）折断排出，在车床附近乱飞，甚至伤人；有时成“螺旋状”，像宝塔形有秩序地排出；有时却像一条出水的蛟龙一样，到处乱窜，或紧紧箍在工件上？

第三章　轴类工件和端面的车削及切断加工

第一节　车床上加工普通轴类工件

在机械传动中，轴是支持轮子和其他机件进行转动的零件。轴的种类如图 3-1 所示。

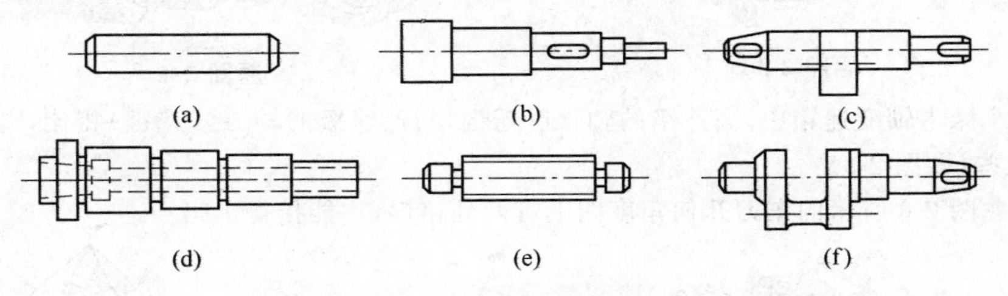

图 3-1　轴的种类

(a)光轴　(b)台阶轴　(c)偏心轴　(d)空心轴　(e)花键轴　(f)曲轴

轴类工件简称轴件。车削轴件主要是对外圆表面的切削，如图 3-2 所示。车外圆是车削加工中最基本和最有代表性的工作内容，也是机械制造行业中加工外圆的主要方法。

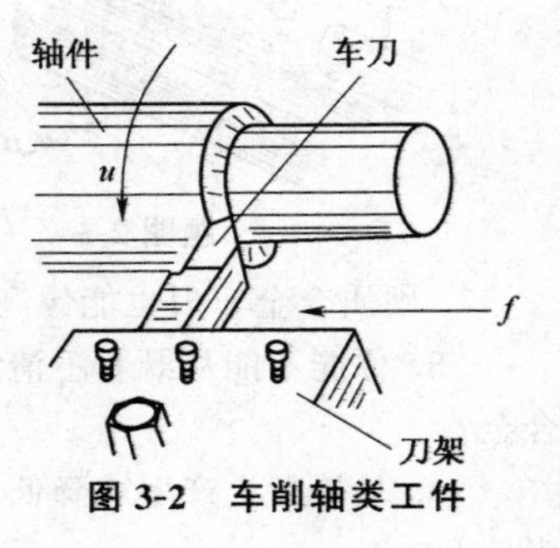

图 3-2　车削轴类工件

车削时，首先要对所加工的轴件图样认真地了解，熟悉哪些是带公差的尺寸，哪些尺寸没有公差要求；对几何公差，要找出它以哪个表面为基准，与哪些表面有关联；以及所车削轴件，每个表面的表面粗糙度是多少等。

如图 3-3 所示是一个双向台阶轴，由外圆柱面、台阶、端面和中心孔等结构要素组成。它标注有尺寸公差、几何公差和表面粗糙度等技术要求。$\phi 40^{+0.065}_{0}$ mm 尺寸公差是 0.065mm、圆柱面的圆柱度公差是 0.05mm；同时，$\phi 40^{+0.065}_{0}$ mm 的外圆柱面轴线必须与两端直径是 $\phi 25$mm 的外圆柱面的公共轴线同轴，其同轴度公差为 $\phi 0.02$mm；直径为 $\phi 40^{+0.065}_{0}$ mm 圆柱面的表面粗糙度为 $Ra1.6\mu m$，其余的各个表面的表面粗糙度为 $Ra6.3\mu m$。在实际加工中，必须使车削出来的工件，完全符合图样中所提出的各项技术要求；否则，被加工件就会成为次品或废品。

通过识读图样掌握了加工轴件的技术要求后，就需要考虑怎样去保证它的各项技术要求，例如，轴件怎样进行装夹、是否需要在轴端钻中心孔、怎样钻中心孔才合乎要求、车刀在刀架上怎样安装、先车哪儿后车哪儿、怎样进行粗车和精车、车削中应注意哪些事项以及怎样防止出现次品或废品等。

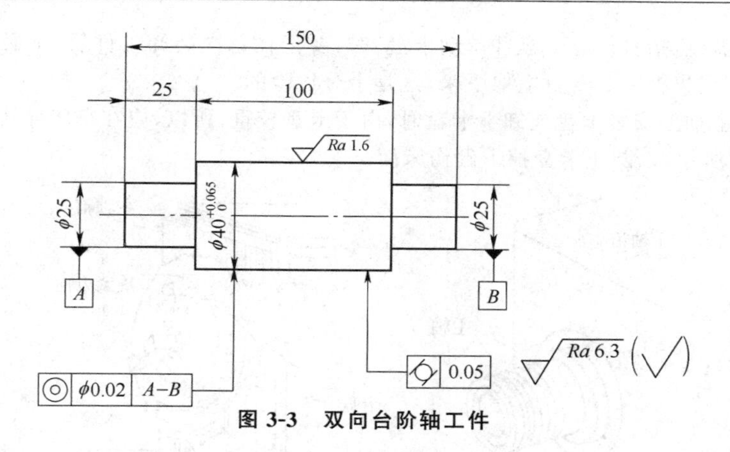

图 3-3　双向台阶轴工件

一、轴类工件在车床上的装夹方法

轴类工件按其形状、尺寸和结构，可分为短轴和长轴。一般来说，轴件长度 L 和直径 D 之比等于或小于 5(即 $L/D \leqslant 5$)，而长度不超过 150mm 的轴件称为短轴。短轴和长轴在车床上的安装形式和方法各不相同。

1. 短轴类工件的装夹

短轴工件通常直接利用自定心卡盘装夹，如图 3-4 所示。自定心卡盘如图 3-5 所示，由小锥齿轮、大锥齿轮、卡爪等组成，在大锥齿轮的背面和卡爪底面都制有平面螺纹。夹紧工件时，使用带方头的扳手插进方孔内，转动小锥齿轮就会带动大锥齿轮旋转，而大锥齿轮通过背面的平面螺纹而使三个卡爪同时向中心移动和收缩。反向转动小锥齿轮时，三个卡爪就会离开中心向圆周方向移动，将工件松开。由于自定心卡盘可以自动定心，因此，使用自定心卡盘夹紧工件时一般情况下不需要进行找正。

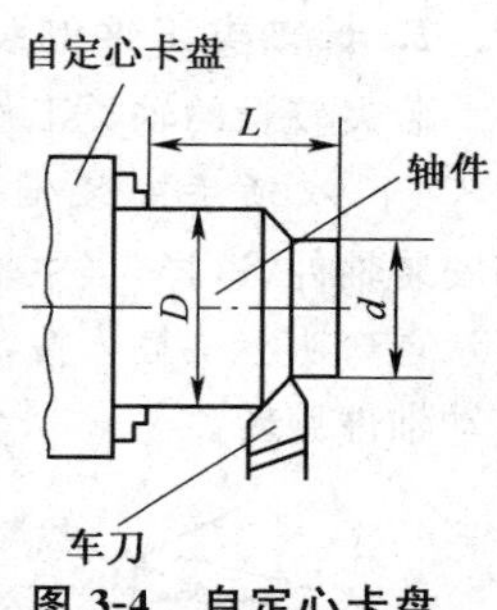

图 3-4　自定心卡盘装夹短轴件

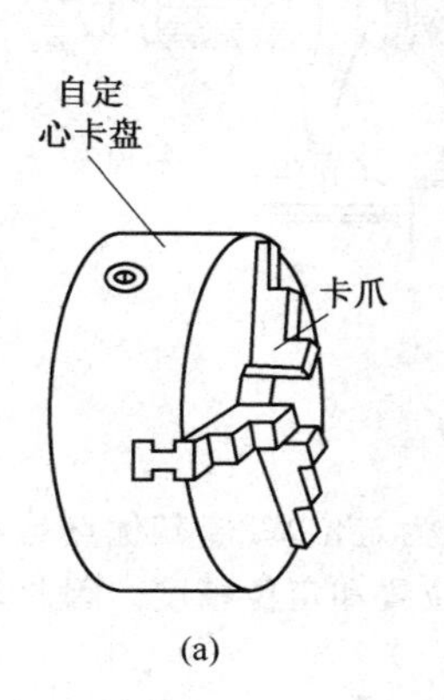

(a)

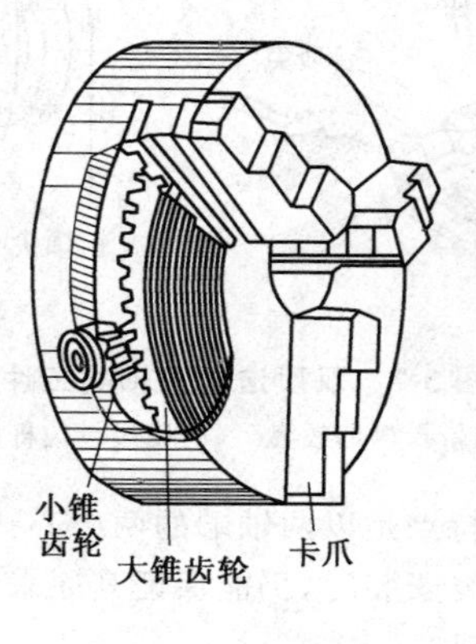

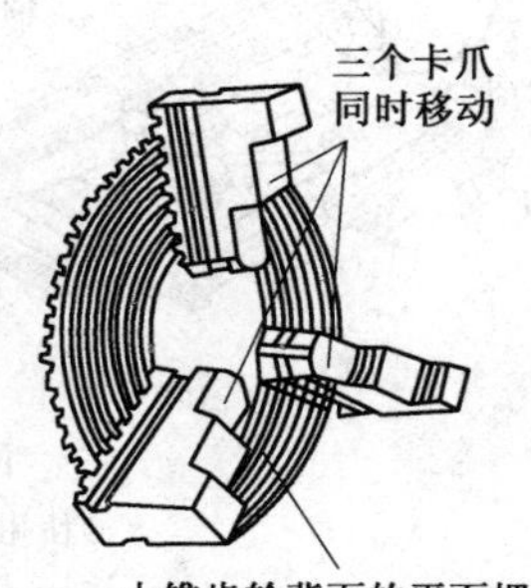

(b)

图 3-5　自定心卡盘
(a)卡盘外形　(b)卡盘结构

使用卡盘(包括自定心卡盘和单动卡盘)时，要记住每次装卸工件后，都必须随时拿下扳手；如果忘记将扳手从卡盘上取下来，这是十分危险的。

在车床主轴上安装卡盘或卸下卡盘时，由于卡盘较重，所以，应在车床导轨面上垫上木板，如图 3-6 所示，以防止卡盘掉下砸伤床面。

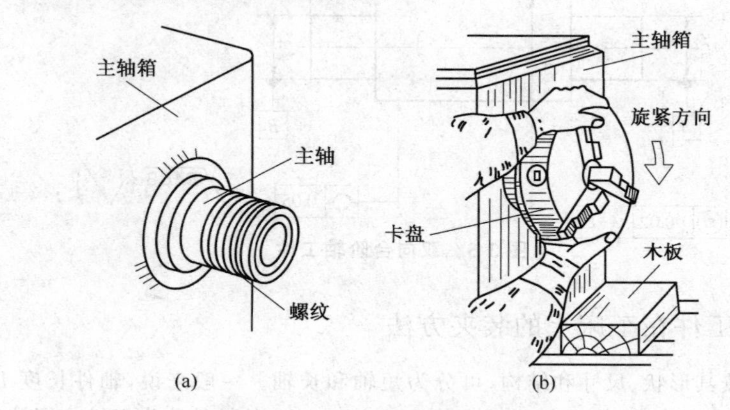

图 3-6 卡盘在车床主轴上的安装

(a)车床主轴 (b)安装方法

2. 长轴类工件的装夹

装夹较长的轴类工件时，可使用双顶法和一夹一顶法。

(1)双顶法安装轴件 双顶法就是在车床前顶尖(主轴顶尖)和后顶尖(尾座顶尖)之间安装轴件，这样，当主轴转动时，通过拨盘推动夹头而带动轴件转动进行车削。图 3-7(a)所示是弯头夹头插入拨盘长槽内，图 3-7(b)所示是直尾夹头利用拨盘上的拨杆直接拨动，带动轴件旋转。

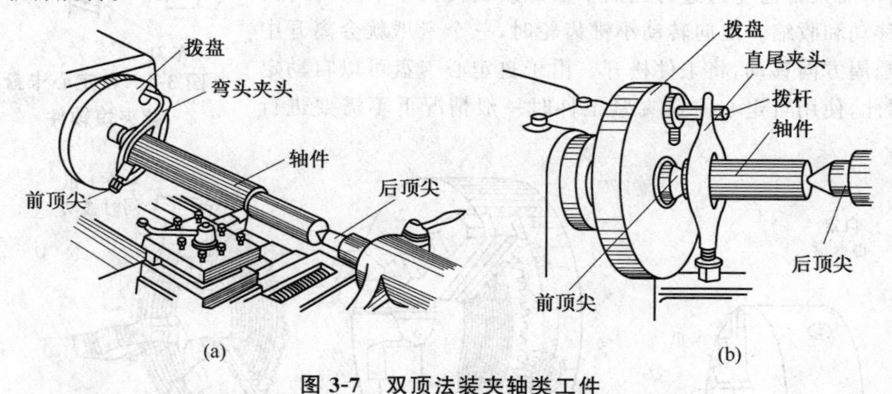

图 3-7 双顶法装夹轴类工件

(a)使用带长槽的拨盘 (b)使用带拨杆的拨盘

在前、后顶尖间安装轴件的特点是以两轴端的两中心孔作为定位基准，其优点是：定位精度高；在多次车削和检验中重复安装时，仍能保证其原来的位置和定位精度。因此，车床上装夹长轴类工件多采用这种方法。

双顶法装夹轴类工件时的操作步骤如下：

①确定和安装前、后顶尖以及安装夹头与拨盘。后顶尖有两种形式，一种是固定式顶尖，另一种是回转式顶尖。固定式顶尖的锥度和轴件中心孔的内锥面一样，都做成60°，它的定心性强，刚度好，使用中定位准确稳定。回转式顶尖能在很高转速下进行车削，但它的稳定性差。

前顶尖的形式一般是图3-8(a)所示的固定顶尖，安装时，将其插入车床主轴锥孔内，如

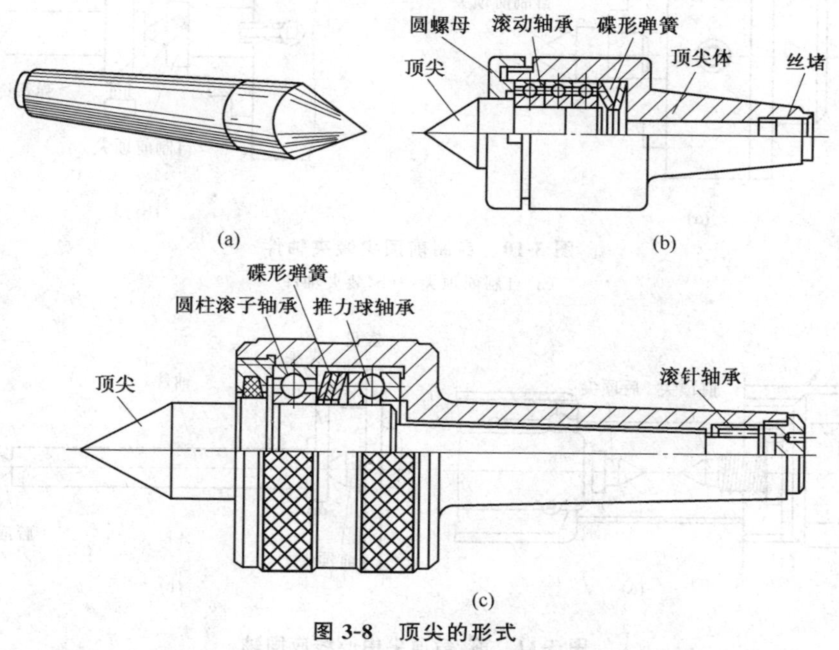

图3-8 顶尖的形式
(a)固定顶尖 (b)(c)回转顶尖

图3-9所示。当前顶尖磨损不能使用时还可以将一个带台阶的圆棒料夹紧在三爪自定心卡盘内，自车出一个前顶尖，如图3-10(a)所示。使用自制前顶尖装夹轴件，如图3-10(b)所示，弯式夹头靠在卡爪上，由卡爪推动该夹头而带动轴件旋转；为了使夹头与卡爪接触好，还可使用弹簧绳将夹头拉到螺钉上。

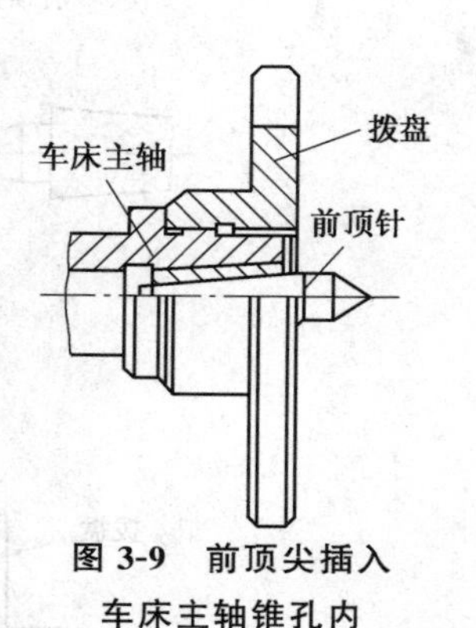

图3-9 前顶尖插入车床主轴锥孔内

②检查前、后顶尖间同轴位置。在前、后顶尖间安装轴件时，前、后顶尖的连线应与车床主轴轴心线同轴，如图3-11所示。如果前、后顶尖不同轴，车出的工件就会出现如图3-12所示，一头直径大，而另一头直径小的情况；这时，就需要调整尾座的位置(调整方法见第五章中的有关内容)。

检查前、后顶尖的同轴位置，更准确的是利用下面的方法：把磁性百分表座吸贴到车床主轴的拨盘上，使百分表触头抵住后顶尖，如图3-13所示；接着转动主轴，带动百分表转动，并观察表针是否稳定；若表针稳定，说明前、后顶尖已经对准，是同轴位置。

③移动尾座并调整前、后顶尖间的距离。顶持轴件时，尾座套筒的伸出距离应适当短

些，尾座位置确定后将其固定。

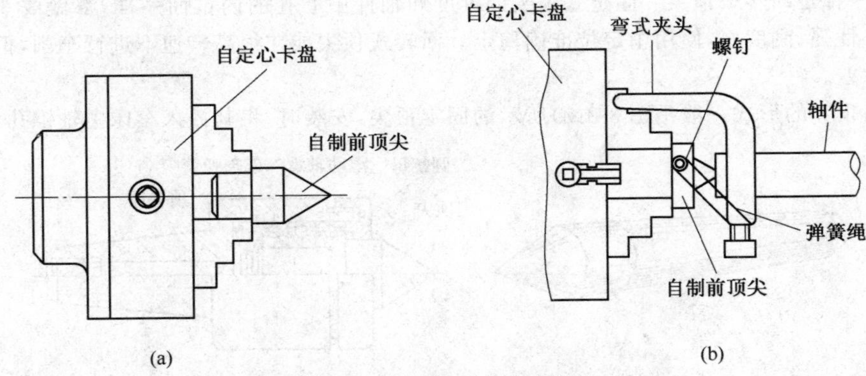

图 3-10　自制前顶尖装夹轴件

(a)自制前顶尖　(b)装夹轴件

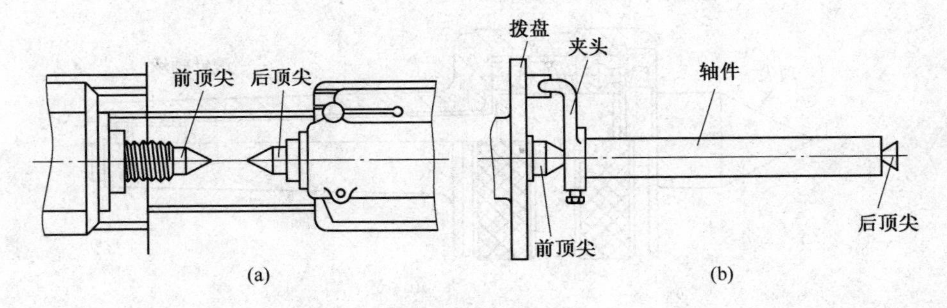

图 3-11　前、后顶尖中心线应同轴

(a)前顶尖与后顶尖对中心　(b)轴件安装在两顶尖间应同轴

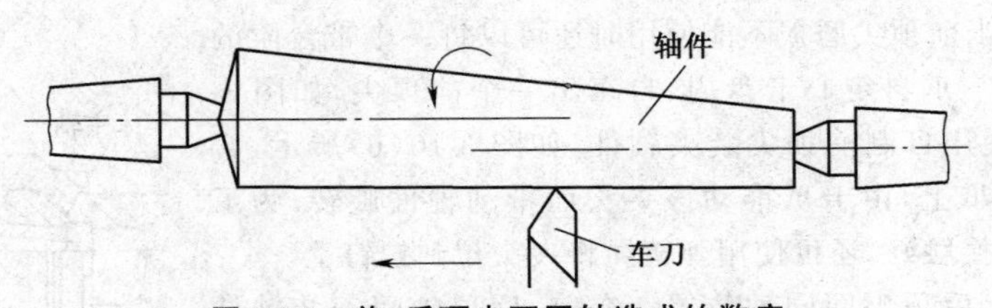

图 3-12　前、后顶尖不同轴造成的弊病

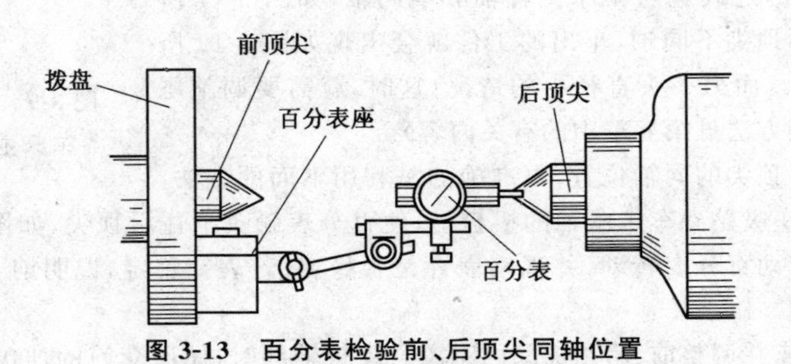

图 3-13　百分表检验前、后顶尖同轴位置

④使用夹头在前、后顶尖间装夹轴件，并检查和调整两顶尖对轴件的顶紧程度。采用双顶法装夹轴件，前、后顶尖与中心孔配合的松紧要适宜，顶得太松或太紧都不利于切削。

工件在前、后顶尖间装夹前，如果没有做前、后顶尖同轴的检查工作，当轴件在两顶尖同轴装夹好后，还可以采用试切法来检查和保证两顶尖同轴，即在工件的两端进行切削试验，在背吃刀量不变时，如果两端车出的尺寸一致，说明前后顶尖同轴；否则，两顶尖同轴位置偏离。检查和测量轴件两端车出的尺寸可使用千分尺或百分表，使用千分尺测量两端尺寸应相等，使用百分表测量如图 3－14 所示，百分表在两端的读数也应该相等。

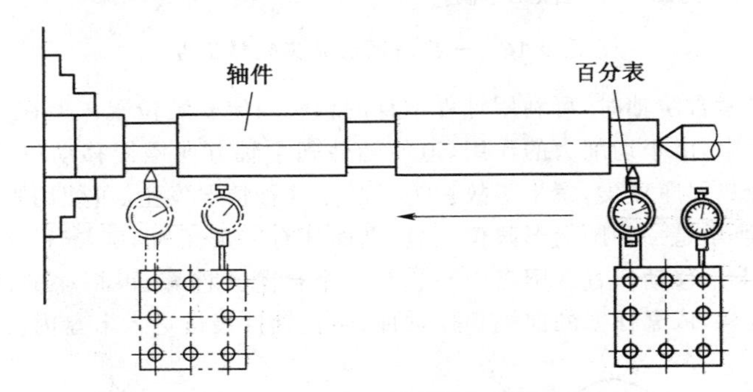

图 3-14　用试切法检查和保证两顶尖同轴

另外，使用夹头安装轴件时，被装夹处如果是毛坯（未经过加工）面，这时，直接拧紧夹头上的螺钉将轴件夹紧就可以了，如图 3-15（a）所示；被装夹处如果是已加工表面时，应垫上铜、铝之类软金属垫片或垫以开口套筒，如图 3-15（b）所示，防止夹伤轴表面。

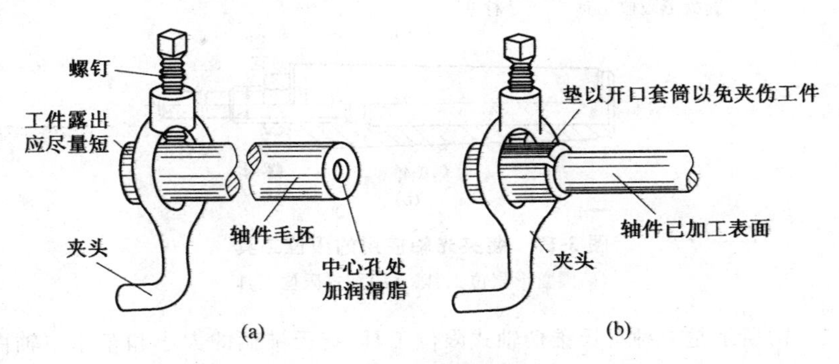

图 3-15　使用夹头方法

（a）装夹毛坯表面　（b）装夹已加工表面

⑤检查夹头上螺钉是否拧紧；前、后顶尖的松紧度是否合适；若使用固定顶尖，在顶尖和中心孔的接触处应加润滑脂，如图 3-15（a）所示；开车前应检查是否加注了润滑脂或润滑油。

（2）一夹一顶法安装轴件　前面介绍的双顶法安装长轴类工件有一定优点，但它的不足之处是顶尖与顶尖孔的接触面小，这样就不适合长而大和大质量的轴件，以及在大的切削用量条件下进行加工。这时可采用一夹一顶法解决双顶法装夹轴件中的弱点。

一夹一顶法就是使用主轴上的自定心卡盘将轴件一端夹紧，轴件另一端仍然用尾座顶尖顶好。图 3-16 所示是一夹一顶法安装轴类工件的情况。

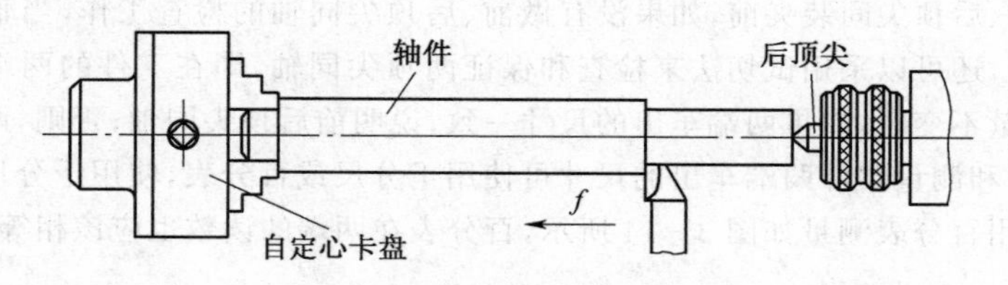

图 3-16　一夹一顶法装夹轴类工件

这种方法夹紧台阶轴时，可利用轴件本身的台阶限定安装位置。但在夹持光轴时要防止车刀进给过程中，由于切削力的作用，迫使轴件朝主轴方向慢慢移动位置，这样，就可能使轴件另一端脱离尾座顶尖，发生事故。为了防止这种情况发生，可使用限位装置。

图 3-17(a)所示是一种圆盘形限位工具，上面开有三条互为 120°的径向长槽，与卡爪滑动配合，不影响卡爪移动位置。圆盘中心装有一个台阶式柱塞，可根据轴件不同长度的需要进行更换。这样，依靠柱塞的前端顶住轴件，防止轴件慢慢进入卡盘内。

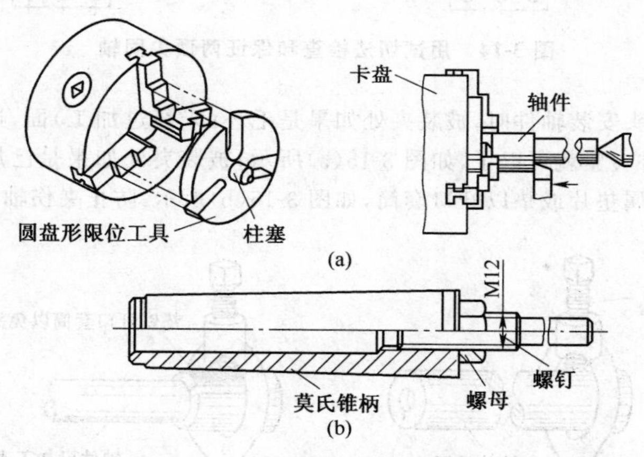

图 3-17　装夹光轴使用的限位工具
(a)圆盘形限位工具　(b)轴式限位工具

图 3-17(b)所示是一种莫氏锥柄轴式限位工具，莫氏锥柄的大小和车床主轴内孔的莫氏锥孔相配合。在锥柄螺孔中，拧入一个 M12 螺钉，螺钉的长短根据被夹持轴件伸进卡爪内的长度而定，调整好螺钉伸出长度后，将螺母拧紧，以防止松动。

采用一夹一顶法安装长轴件，卡盘夹持工件的长度应适当短些。这是因为自定心卡盘经过长期使用后，卡盘的旋转中心和卡爪的中心以及尾座的中心三者之间会出现一定的误差，工件在尾座一端的中心孔与卡盘夹持端的中心孔的中心不一定完全重合；这样，卡盘卡爪夹持工件的长度如果过长，而另一端再用尾座顶尖顶住，就会使工件较劲。当车削完毕，还在自定心卡盘上的时候，轴的形状会暂且保持切削状态；而从自定心卡盘上卸下来后，轴件就会弯曲变形。

小窍门

如栏图 3-1 所示的定心角尺，能很快地求出圆柱形工件的中心。

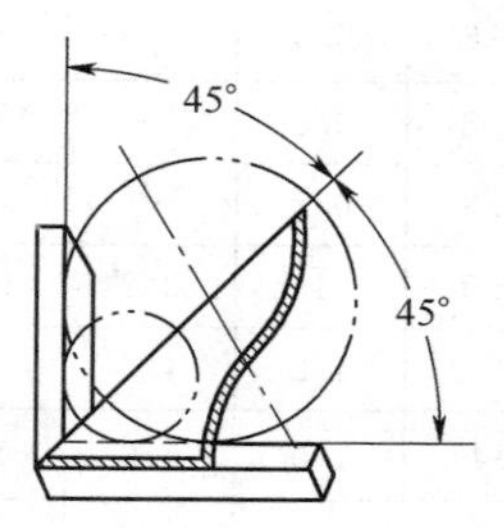

栏图 3-1　定心角尺

使用方法：将定心角尺的两直角边紧靠在轴件外圆上，并使分角线板和工件端面贴紧，用划针沿分角线引一条线，就得出轴件的一条中心线；再将工件旋转任意角度，用同样方法划第二条中心线；两中心线的交点，就是所求的圆柱形工件中心。

二、轴端中心孔及其加工

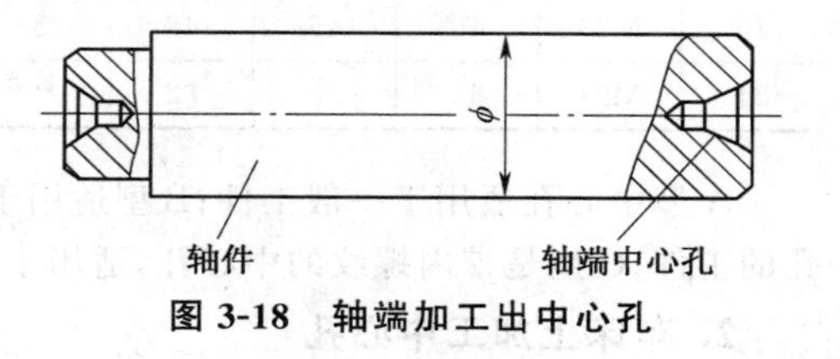

图 3-18　轴端加工出中心孔

采用双顶法和一夹一顶法安装轴类工件，凡是轴件端面与顶尖接触的地方，都需要加工出中心孔，如图 3-18 所示。这样，以中心孔为基准，在前、后顶尖之间安装轴件，定位精度高；且轴件经几次装夹，轴心线位置也不会改变，保证了轴件加工的准确性。

1. 轴端中心孔各部尺寸

轴端的中心不是随便钻出的，对中心孔各部尺寸也都有一定要求。中心孔的里面是一小段圆柱形直孔，直孔的作用是储存润滑油和油污，并可避免因顶尖摩擦发热后造成磨损和使顶尖的尖端被烧坏；在圆柱孔外边有 60°的锥面孔（表 3-1 中 A 型），安装轴件时锥面直接与顶尖接触配合；为了保护锥面孔不被碰伤，往往在 60°锥面的外面还带有 120°的防护角度（表 3-1 中 B 型和 C 型）。

表 3-1　常见中心孔的尺寸　（mm）

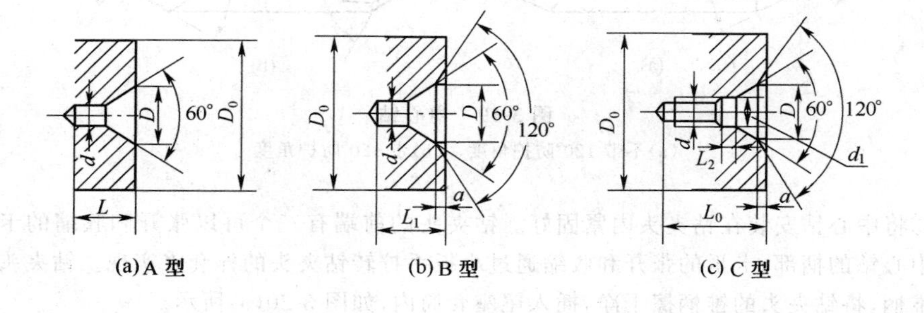

续表 3-1

d		A,B,C 型				C 型		选择中心孔的参考数据 D_0	
A 及 B 型	C 型	D_{max}	L	L_1	a	d_1	L_2 最小	工件端部最小直径	轴类工件的直径
1.5	—	4	4	4.6	0.6	—	—	6.5	>7～10
2	—	5	5	5.8	0.8	—	—	8	>10～18
2.5	—	6	6	6.8	0.8	—	—	10	>18～30
3	M3	7.5	7.5	8.5	1	3.2	0.8	12	>30～50
4	M4	10	10	11.2	1.2	4.3	1	15	>50～80
5	M5	12.5	12.5	14	1.5	5.6	1.2	20	>80～120
6	M6	15	15	16.8	1.8	6.4	1.5	25	>120～180
8	M8	20	20	22	2	8.4	2	30	>180～220
12	M12	30	30	32.5	2.5	13	3	42	>220～260
16	M16	38	38	40.5	2.5	17	4	50	>260～300
20	M20	45	45	48	3	21	5	60	>300～360
24	M24	58	58	62	4	25	6	70	>360

A 型中心孔适用于一般工件；B 型适用于精度要求高、工序较多、需多次重复使用中心孔的工件；C 型是带内螺纹的中心孔，适用于在轴端拧进螺塞，以垂直存放轴件。

2. 车床上加工中心孔

轴端面的中心孔应和轴件同轴(偏心轴件除外)，并且，中心孔表面要光洁。

(1)中心孔加工步骤　车床上加工中心孔的步骤如下：

①将轴件装夹在自定心卡盘内，轴件伸出尽量短些，将轴件两端车平。

②车床上钻中心孔需使用中心钻，中心钻要根据被车削轴件情况和要求进行选择。图 3-19(a)所示是不带 120°防护角度的中心钻，图 3-19(b)所示是带 120°防护角度的中心钻。钻中心孔前要检查中心钻的刃口是否磨损或崩刃。

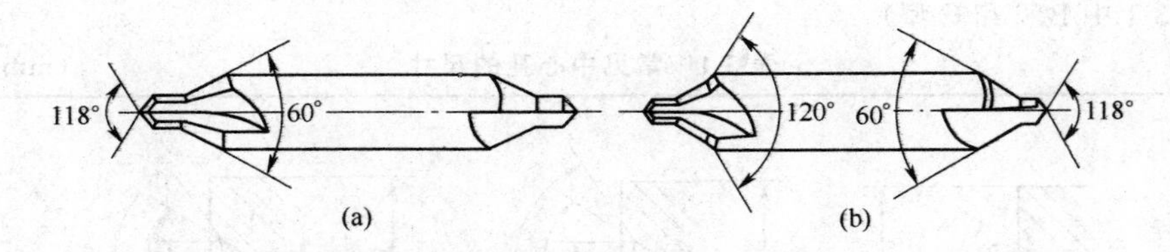

图 3-19　中心钻

(a)不带 120°防护角度　(b)带 120°防护角度

③将中心钻安装在钻夹头内紧固好。钻夹头的前端有三个可以张开和收缩的卡爪来夹持中心钻的柄部，卡爪的张开和收缩通过小扳手拧转钻夹头的外套来实现。钻夹头的后端是锥柄，将钻夹头的锥柄擦干净，插入尾座套筒内，如图 3-20(a)所示。

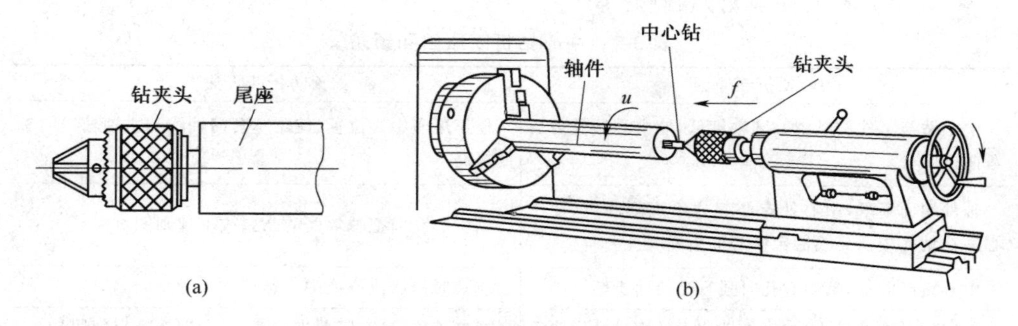

图 3-20　车床上加工中心孔

(a)钻夹头插进尾座内　(b)钻中心孔情况

④调整好尾座与被钻中心孔的轴件间的距离,然后将尾座位置固定。

⑤根据被加工轴件的材料和中心孔尺寸,合理选择和调整车床主轴转速。

⑥开车使轴件旋转,并转动尾座手轮,移动尾座套筒使中心钻向前移动,开始钻中心孔,如图 3-20(b)所示。待中心孔钻到所需尺寸后,稍停留几秒钟,使中心孔表面得到修光和圆整,再退出中心钻。

在刚钻入的时候中心孔最容易歪斜,如果发生偏歪,可用一块稍厚的铁板固定在刀架上,轻轻顶住钻夹头上的中心钻,如图 3-21 所示;当中心钻锥刃部分钻入以后,即将铁板退出。

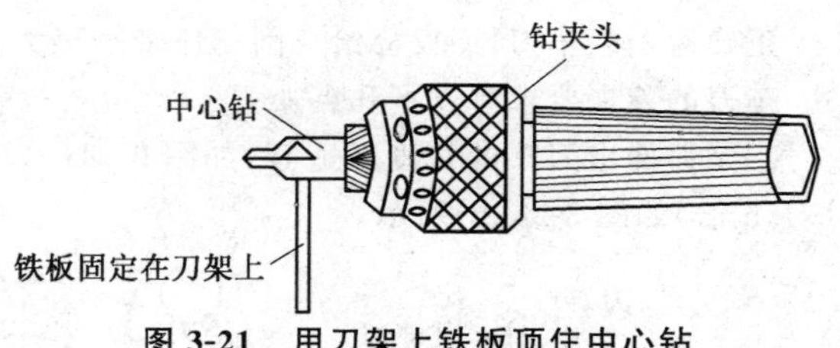

图 3-21　用刀架上铁板顶住中心钻

若轴件直径较大和较长,由于伸出自定心卡盘的部分很长,钻中心孔时不太方便,就需要使用中心架将轴件的另一端支承住,再车平轴端面,如图 3-22 所示;然后再钻中心孔,如图 3-23 所示。

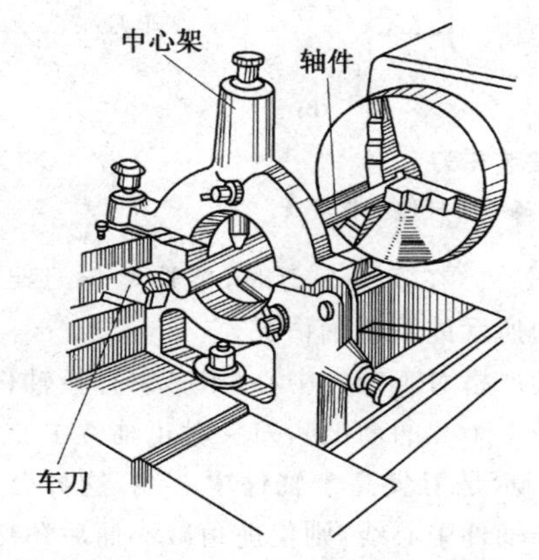

图 3-22　中心架支承长轴件车端面

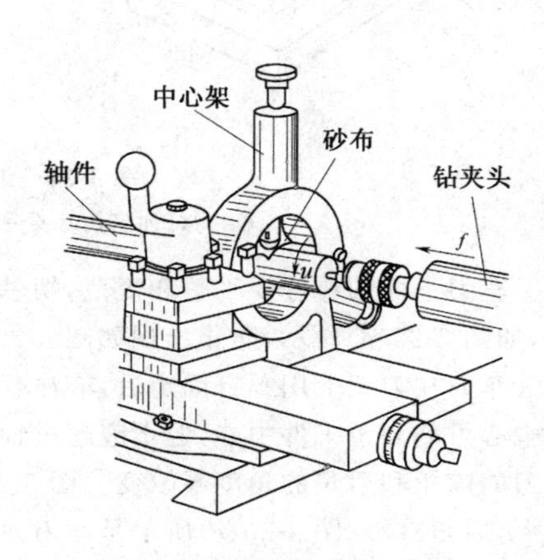

图 3-23　长轴轴端钻中心孔

(2)中心钻折断原因和预防(表 3-2)

表 3-2　中心钻折断原因和预防

中心钻折断原因	预防折断方法
中心钻与工件旋转中心同轴度低,使中心钻受力后弯曲折断	校正尾座中心位置,使尾座套筒轴线和主轴轴线同轴度提高
轴件端面不平,中心处有凸起或不规则凹坑,使中心钻在钻孔中摇晃不能定中心而折断	钻中心孔前把轴端面的凸起或不规则凹坑车平
中心钻已磨损,钻中心孔时强行进给而折断	应及时修磨或调换中心钻
切削用量选择不当,如工件转速太低而进给太快等	提高工件转速,降低进给速度,合理选择切削用量
切屑堵塞	钻中心孔时,及时清理切屑并充分浇注切削液

三、车刀在刀架上的安装

车削轴类工件时的车刀安装方法和要求,与车削其他工件时基本相同,所以,这里介绍的方法,对安装其他类型的车刀同样适用。

1. 车刀的装夹要求

正确地安装车刀,不仅会给车削工作带来很大方便,也是保证产品质量的基本条件之一。车刀的装夹要求有以下几点:

①车刀伸出刀架的长度要适宜,如图 3-24(a)所示,伸出长度 l 要等于刀杆高度 H 的 1～1.5 倍,如图 3-24(b)所示。

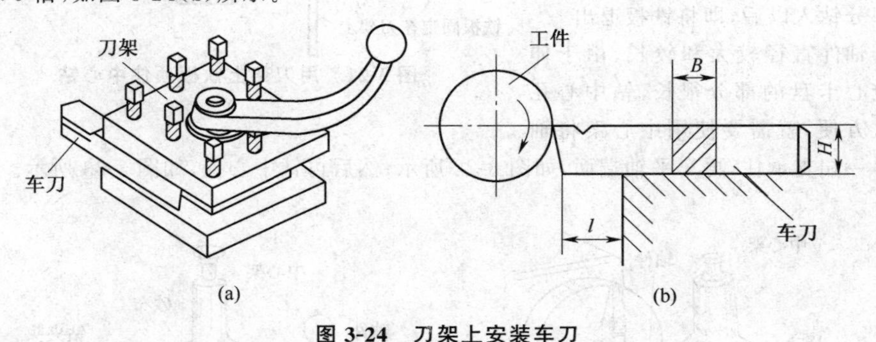

图 3-24　刀架上安装车刀

(a)刀杆伸出长度要适宜　(b)确定刀杆伸出长度

②车刀下面的垫片要平整和规范,切忌长短不一。在安装车刀时,垫片要与刀架前面平齐,如图 3-25(a)所示,防止出现如图 3-25(b)(c)所示的不正确情况。

③车刀在刀架上用螺钉固定后,应注意使刀尖严格对正轴件中心(粗车大直径轴件时,刀尖中心可略高于工件中心,但不应超过轴件直径 1/100 的高度),刀尖对正轴件中心可保证车刀的前角和后角的角度不改变。图 3-26(a)所示是刀尖高于轴件中心线,这样会使前角增大,后角减小;图 3-26(c)所示是车刀刀尖低于轴件中心线,则使前角减小而后角增大;正确情况如图 3-26(b)所示。

④安装车刀时,注意使刀杆和进给方向垂直。如果放歪了,当刀头向左斜,这时主偏角

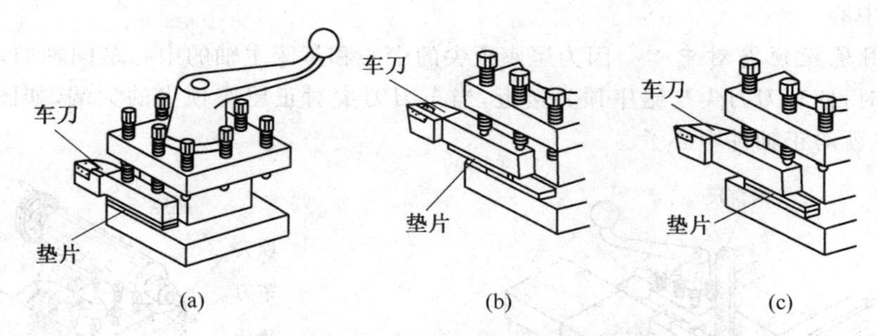

图 3-25　车刀下面的垫片要放正确
(a)正确　(b)垫片前后不齐　(c)垫片向后

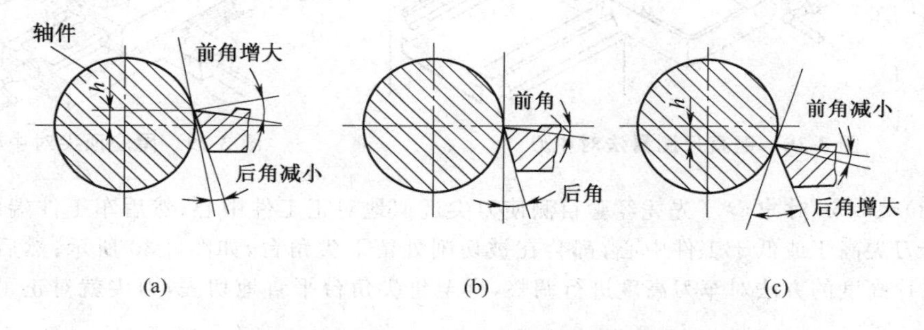

图 3-26　车刀安装高度对角度的影响
(a)刀尖偏高　(b)刀尖对正轴件中心　(c)刀尖偏低

增大，副偏角减小，如图 3-27(a)所示；若刀头向右斜，则使主偏角减小，而副偏角增大，如图 3-27(c)所示；正确情况如图 3-27(b)所示。

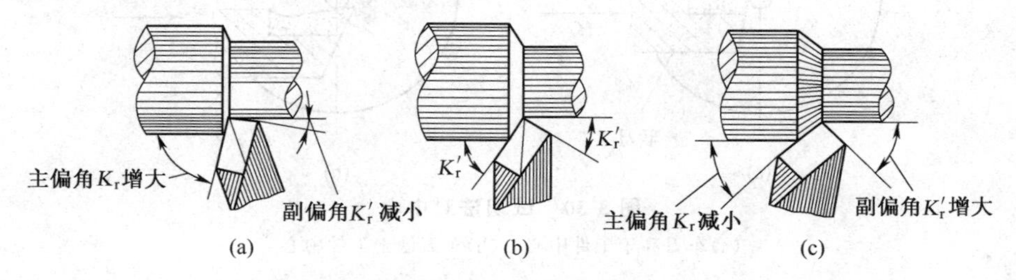

图 3-27　车刀偏斜对角度的影响
(a)刀头向左偏　(b)刀头位置正确　(c)刀头向右偏

⑤刀架上安装车刀时，至少用两个螺钉将车刀压紧，并且要轮流压紧。

2. 安装车刀时的对中心方法

刀架上安装车刀时，为了使车刀刀尖对正轴件中心，常采用以下几种方法。

(1)钢直尺测量法对中心　先量出车床主轴中心至中滑板导轨面的高度为多少，这样，每次对中心时，都用钢直尺按这个高度测量刀尖高度，如图 3-28 所示，以保证车刀刀尖对正轴件中心。

(2)用尾座顶尖对中心　因为尾座顶尖的中心和车床主轴的中心是同轴的,这样,在安装车刀时,使车刀刀尖与尾座顶尖接近,当车刀刀尖对正尾座顶尖的尖端,如图 3-29 所示,刀尖也就对正轴件中心了。

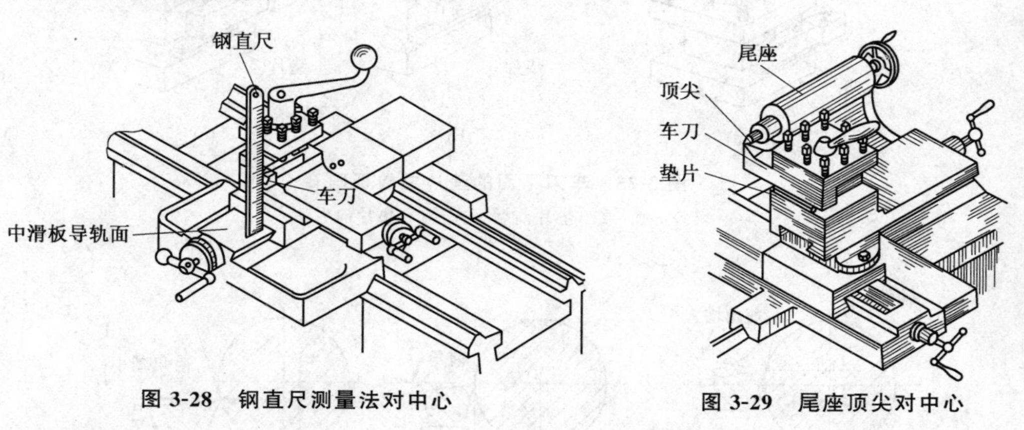

图 3-28　钢直尺测量法对中心　　图 3-29　尾座顶尖对中心

(3)试切法对中心　先凭经验目测使刀尖近似地对正工件中心,然后车工件端面,车削中若刀尖高于或低于工件中心,都会在被切削处留下尖角台,如图 3-30 所示;然后通过增减垫片高度的方法对车刀高度进行调整,直至将尖角台平直地切去,刀尖就对正了工件中心。

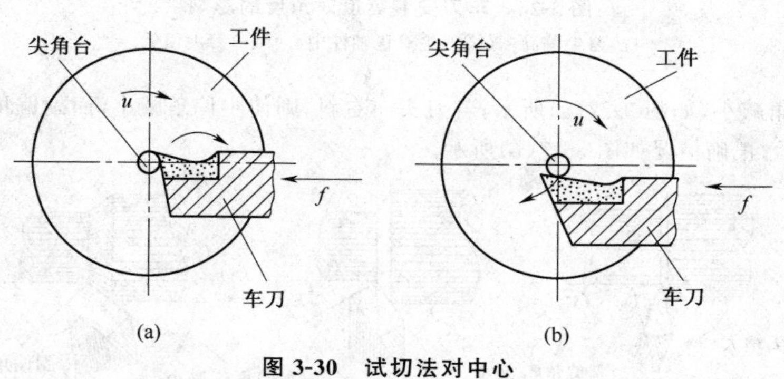

图 3-30　试切法对中心

(a)车刀高于工件中心　(b)车刀低于工件中心

四、粗车轴类工件外圆的方法步骤和应注意事项

1. 粗车轴类工件外圆的一般步骤

粗车外圆时,一般按照如下步骤进行操作。

(1)选择切削用量　在第二章第三节中介绍了切削用量及其选择原则。对于一般工件通过粗车将毛坯上全部加工余量切除,再经过一次精车,就能达到加工要求;但对于精度要求较高的工件,应按照粗车→半精车→精车这样的工序进行加工。

粗车时,要先确定背吃刀量 a_P,一般选 $a_P=2\sim5$mm,给半精车和精车留加工余量 1~

2mm，其中精车余量为 0.1～0.5mm；其次是确定进给量 f，一般粗车时选 $f=0.3\sim0.8$mm/r，精车时选 $f=0.08\sim0.3$mm/r；最后选择切削速度。

（2）调整和检查车床　切削用量确定后，接着调整和检查车床，内容包括：调整车床主轴转速（主轴转速按照第二章中的式 2-3 进行计算），根据所选定的进给量调整进给箱手柄的位置，检查车床有关运动部件的间隙是否适宜（如溜板和中、小滑板的楔铁的松紧程度，中滑板和小滑板移动是否轻快、平稳等），若采用双顶法装夹轴件要检查前、后顶尖是否同轴，检查切削液供应是否正常，车床润滑工作是否做好等。

（3）在车床上装夹工件　工件装夹要可靠，根据被加工工件尺寸和加工要求，确定装夹方法。若工件较长，按照前面介绍的方法，在轴端打中心孔。装夹工件过程中要对工件进行找正。粗车前还必须检查工件毛坯是否有足够的加工余量；对于较长轴件的毛坯，如果有弯曲现象，必须矫直后再进行车削。

另外，在粗车和轴件精度要求不高的加工中，常使用如图 3-8(b)(c)所示的回转顶尖。因为回转顶尖内部轴承的作用，使顶尖和轴件一起转动，避免了顶尖和中心孔之间存在的摩擦发热磨损，解决了固定顶尖的不足。

（4）选择和安装车刀　粗车中，要从毛坯上切除大部分多余的金属材料，多采用大进给量和大的背吃刀量进行切削。因此，所使用的车刀必须强度大、耐冲击，并且磨损小，断屑和排屑条件好。

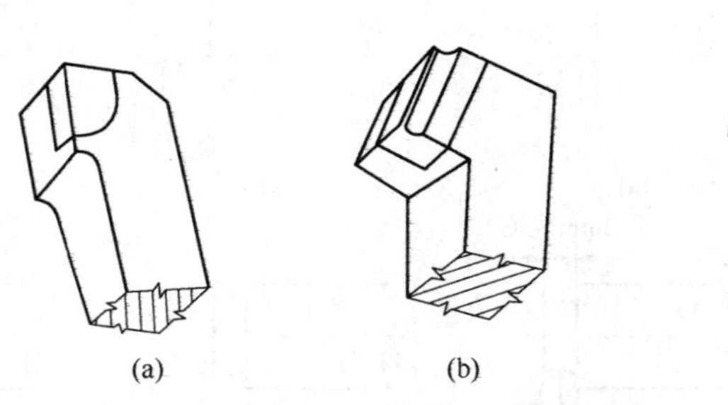

图 3-31　常用外圆粗车刀

(a)90°外圆车刀　(b)75°外圆车刀　(c)45°外圆车刀

粗加工轴类工件所使用车刀的形式很多，常用的有主偏角为 90°，75°和 45°的外圆车刀，如图 3-31 所示，其车削情况如图 3-32 所示。

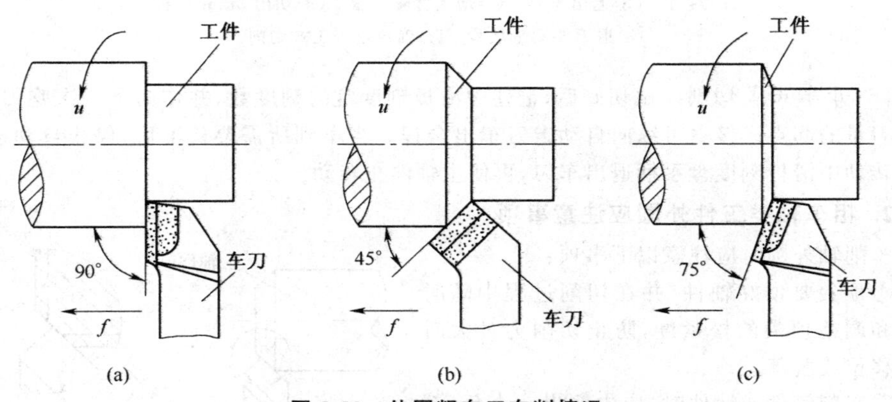

图 3-32　外圆粗车刀车削情况

(a)90°车刀车外圆　(b)45°车刀车外圆　(c)75°车刀车外圆

90°车刀可以车外圆、车台阶，使刀架转过一定角度(斜装)后，又可以车端面和倒角，通用性大。

75°外圆车刀与90°外圆车刀、45°外圆车刀相比较，它的刀尖角较大，刀尖强度好，散热条件也好，并且，主偏角也比较适宜，因此，75°外圆车刀很适合于在切削用量较大的粗加工中使用。

车刀选择并确定后，将其正确安装在刀架上，注意将车刀放正、放平和做好车刀刀尖对准轴件中心等项工作。

(5)对刀并进行试切 对刀时，开动车床使工件旋转，并摇动中滑板横向进给手柄，使车刀与工件表面轻微接触[图 3-33(a)]；然后使车刀退出工件[图 3-33(b)]；车刀以与工件表面轻微接触为起点，摇转中滑板手柄，增大背吃刀量 a_p[图 3-33(c)]；进行自动走刀，在工件上车出 3mm 左右的长度[图 3-33(d)]；退出车刀，使用游标卡尺或千分尺对试切处的直径尺寸进行测量[图 3-33(e)]；按照测量结果若尺寸合乎要求，就正式进行切削[图 3-33(f)]。若试切处的直径尺寸不正确，重新调整背吃刀量后再切削。

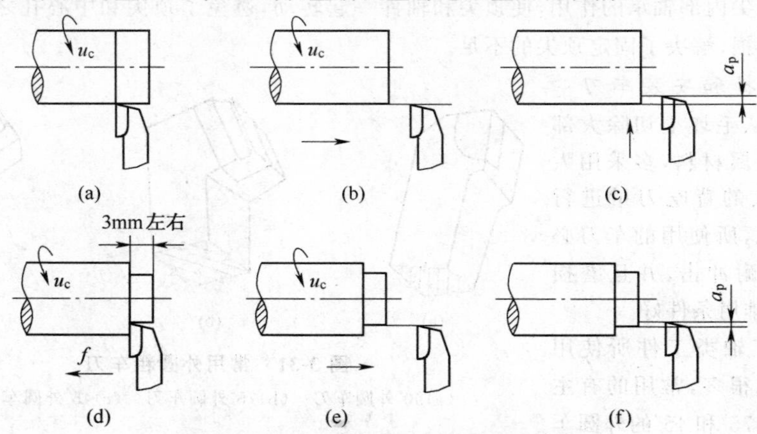

图 3-33 粗车轴件外圆进行试切

(a)对刀 (b)退出车刀 (c)增大背吃刀量 (d)切出 3mm 左右
(e)退刀并测量尺寸 (f)确定是否正式切削

(6)开车正式切削 试切好后，记住中滑板刻度盘的刻度数，并作为下一次吃刀调整背吃刀量的起点。接着可纵向自动走刀车出全程。当车到所需要长度后，停止自动进给，然后转动中滑板刻度盘手柄退出车刀，再使主轴停止转动。

2. 粗车轴类工件外圆应注意事项

车削轴外圆时应注意以下事项：

①顶尖要顶好轴件，并在切削过程中随时检查和调整顶尖的松紧度，防止切削力过大时工件移位或脱落。

②车削铸件或锻件时，应先倒出一个角，倒角的深度要大于工件上硬皮和杂质的深度，如图 3-34 所示，以防止毛坯上的这些缺陷在切削

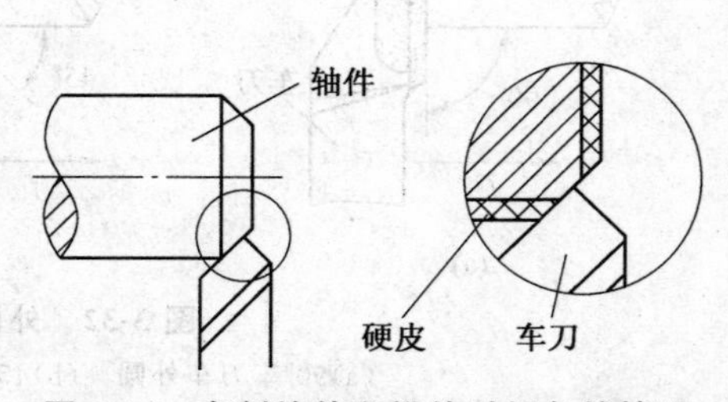

图 3-34 车削铸件和锻件时倒角的情况

一开始就打坏刀尖。

③当轴件毛坯不圆时，第一次走刀应将主轴转速放在低挡位置上。这是因为毛坯不圆就会出现吃刀时深浅不一，甚至是间隔切削，出现切削力时大时小，车刀会承受不同的冲击。如果把主轴转速放在高速上，因惯性力的作用，容易损坏车刀，甚至造成事故。

④车削中，若发现切屑明显变颜色或发出不正常声音，这很可能是车刀已经磨损或变钝，应立即停车进行检查。

⑤车削过程中，每次增加背吃刀量时，都要随时进行测量，以保证工件尺寸。在车床转动情况下禁止测量工件尺寸。

⑥粗车轴类工件要为半精车和精车做准备，粗车中要按规定为半精车和精车留出适当的加工余量。

五、轴类工件精车知识

精车是一项细致而又复杂的工序。通过精车，表面粗糙度要求高的轴件表面，达到了要求。为了加工出合乎要求的精车表面，应注意以下一些问题。

1. 正确选择和使用车刀

(1) *车刀几何角度和精车刀的使用*　精车时尽量采用小的副偏角或在主切削刃处磨出一段修光平刃，如图 3-35 所示。由于副切削刃对工件表面起修光作用，因此应注意副切削刃的刃口锋利，有合理的副前角和副后角。

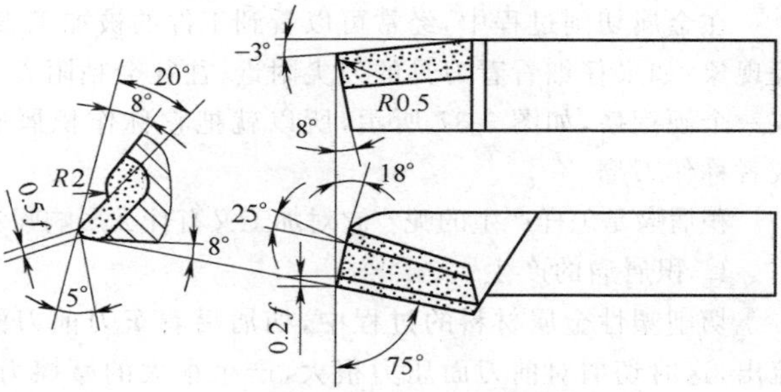

图 3-35　带修光刃的外圆精车刀

图 3-36 所示是高速钢精车刀，适用于在主轴转速低，采用大进给量时使用。它的切削刃为宽平刃，刀体成 Ω 形，具有

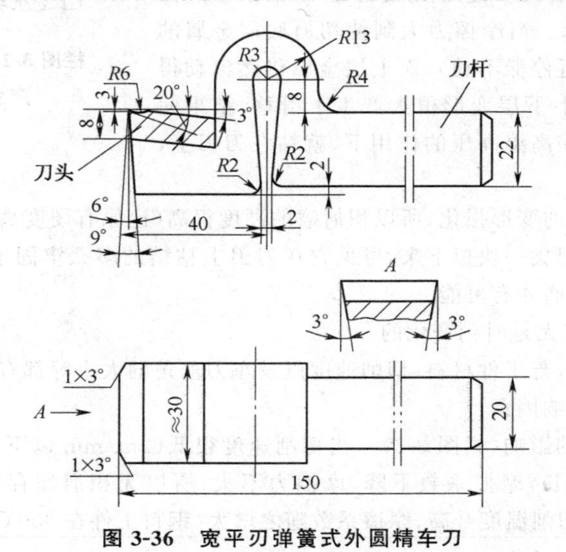

图 3-36　宽平刃弹簧式外圆精车刀

一定的弹性作用，可以消振，并有良好的耐冲击韧性；前角为 23°，前刀面上开有 $R6$ 断屑槽，使切屑沿槽自然地排出并折断。安装该车刀时，刀刃必须与工件轴心线平行。

精车轴件若使用硬质合金刀具，精车钢件时可选用红硬性好的 YT30 硬质合金刀片，精车铸件时则采用 YG30 硬质合金刀片。

(2)*对车刀刀头各刃面仔细研磨*　在车床要想车出光洁的表面，首先要使车刀各表面具有更低的粗糙度。车刀切削前，要用油石对刀刃各面仔细研磨；一般来说，研磨越细，车出的表面越光洁。

车刀刀头上长“瘤”及其影响因素和防止措施

在金属切削过程中，经常可以看到工件的被加工表面上，出现拉毛或划的一道道沟痕等现象；如果仔细看看刀具的刀尖附近，往往会粘附着一小块金属。由于这一小块金属形成一个硬疙瘩，如图 3-37 所示，所以就把它称作积屑瘤或者称作刀瘤。

积屑瘤是怎样产生的呢？它对加工又有什么影响呢？

1. 积屑瘤的产生

切削塑性金属材料的过程中，切屑沿着车刀前刀面流出，这时切屑对前刀面压力很大，产生很大的摩擦力，尤其车刀前刀面阻止了切屑底层的流动，使切屑底层的流动速度变慢，这个流动速度变慢的金属层称作滞流层，如栏图 3-2 所示。当摩擦力大到使切屑底层金属的流动很慢很慢（接近停滞不动），而上层金属仍然流动得很快，这时切屑的上下层变形很大产生了滑移，结果使切屑下层的金属，在高温高压的作用下，就粘在刀刃上，形成了积屑瘤。

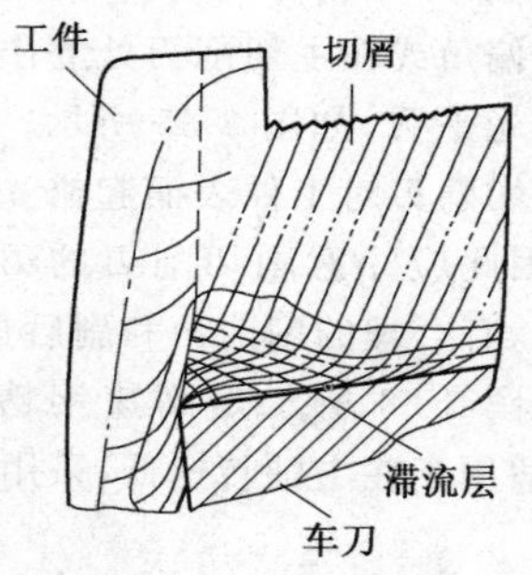

栏图 3-2　切削过程中产生滞流层

由于切屑多次的变形强化，所以积屑瘤的硬度很高（比原有硬度高 2～3 倍）。若用钢板削它，往往会连刀尖一块掉下来，可见它在刀刃上粘结的多么牢固了。这时，要想把它去掉只能用油石研磨才有可能。

2. 积屑瘤的有无是时刻变化的

积屑瘤的产生，与工件材料、切削速度以及车刀前角的大小等都有很大关系。下面就谈谈这几个主要影响因素。

(1)切削速度的影响（栏图 3-3）　当切削速度很低（2m/min 以下），切屑与车刀接触面由于氧化时间增长，摩擦系数下降，摩擦力不大，所以无积屑瘤存在。切削速度提到 15～20m/min时，切削温度升高，摩擦系数随之增大（钢料工件在 300℃左右时，摩擦系数最大），摩擦力也就越大，此时积屑瘤也最多。当切削速度提高到 70m/min 以上时，温度就更高，约在 600℃，切屑底层金属变软，呈现微熔状态，于是就减少了摩擦，并很快被切屑带走，因此切屑瘤也就不会产生了。

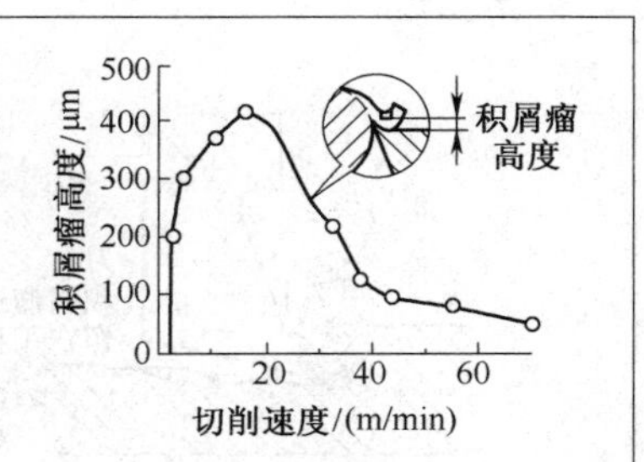

栏图 3-3　切削速度对产生积屑瘤的影响

(2)工件材料的影响　有的操作者说："这料真黏，老粘刀"，实际上就是说，材料塑性高。这种材料在切削时塑性变形较大，同时塑性高的材料，产生带状切屑，所以容易生成积屑瘤。脆性材料一般没有塑性变形，不易产生带状切屑，积屑瘤尚未生成就被带走，所以无积屑瘤产生。

(3)车刀前角的影响　前角大时，切屑对前刀面的正压力减小，切削力和切屑变形也随之减小，此时不易产生积屑瘤。实践证明，前角大到 40°时，一般就没有积屑瘤产生。

(4)切削液的影响　车削过程中使用切削液时，由于切削液内含有一些活性物质，会迅速浸入金属切削表面，减少切屑与车刀前刀面的摩擦，并能降低切削温度，所以积屑瘤不易产生。

另外还有切削厚度的影响等。显然，产生积屑瘤的因素很多，并且由于条件的不断变化时而出现，时而消失。栏图 3-4 所示说明：积屑瘤开始形成[栏图 3-4(a)]；继而逐渐增长至破裂，此时部分被切屑与工件带走[栏图 3-4(b)]；最后积屑瘤达到最大尺寸而全部分裂，逐渐由切屑和工件带走[栏图 3-4(c)]；直到全部消失[栏图 3-4(d)(e)]。

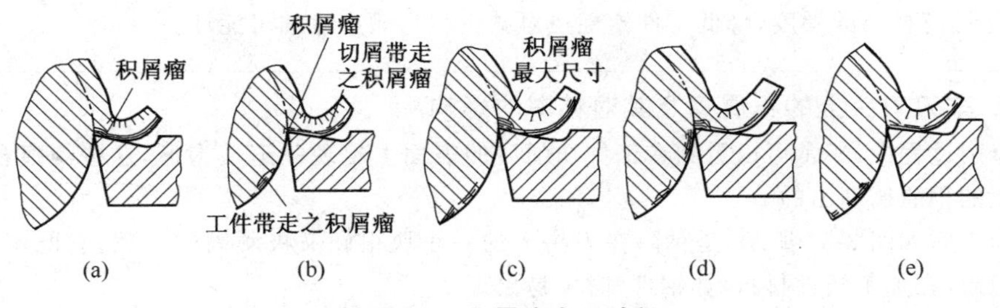

栏图 3-4　积屑瘤生灭过程

(a)开始形成　(b)部分被带走　(c)逐渐被带走　(d)(e)全部消失

3. 积屑瘤对加工的影响

由于积屑瘤本身硬度很高，同时又凸出在刀尖之外，所以，随着积屑瘤的产生—增长—消失的变化，就会影响工件加工出来的表面精度和表面粗糙度；并且，被工件带走的积屑瘤，有的附着在工件表面，有的则嵌入加工表面内，如栏图 3-5 所示，因而又可造成工件材料表面的硬度不均匀。

应当指出的是，积屑瘤出现后，虽然有上述那么多缺点，但是，也应该看到，由于它的产生，使得车刀的刃部受到一定的保护，并且使车刀后刀面与加工表面的磨损大大地减小；特别是积屑瘤长在刀尖上呈楔形，这就相当于增大了车刀的前角，如栏图 3-6 所示，有利于降低切削力。因而对于粗加工来说，产生积屑瘤是有一定好处的。

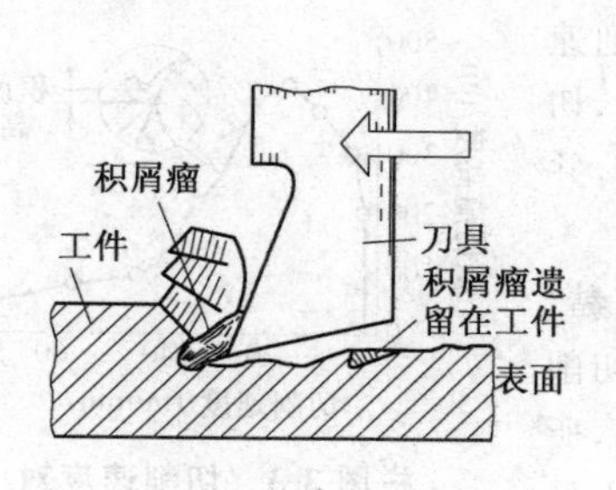

栏图 3-5　积屑瘤造成被加工表面硬度不均匀

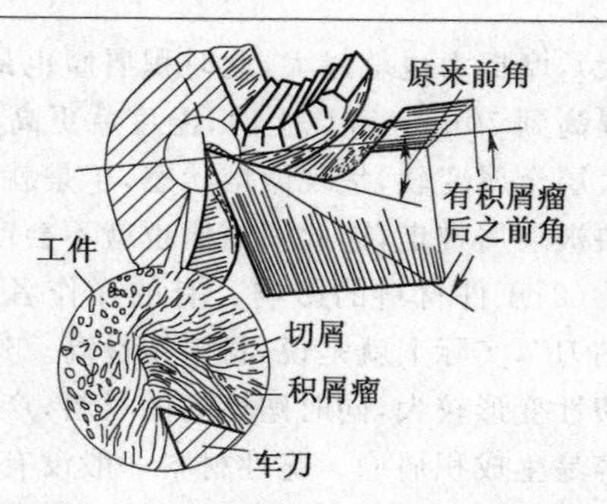

栏图 3-6　积屑瘤增加了车刀前角

4. 防止产生积屑瘤的措施

既然积屑瘤对车削有利又有弊，能不能在积屑瘤对加工有利时，就充分利用；而当它对加工有害时，则应采取措施来加以避免呢？以下就是防止与消除积屑瘤的几种方法：

①降低车刀前刀面的表面粗糙度，使切屑与车刀前刀面摩擦减少，让积屑瘤无立“足”之地；

②采用较高或较低的切削速度，避开易产生积屑瘤的切削速度；

③控制车刀的前角，低速切削时，用较大的前角，高速时用较小的前角；

④车削过程中充分合理地使用切削液；

⑤减少进给量和减小车刀主偏角；

⑥提高材料的硬度，降低工件塑性也可减少积屑瘤产生的可能性。

2. 车刀刀头上的积屑瘤及其对精车的影响

车削过程中，经常可以看到在工件切削后的表面上出现一道道沟痕，这些沟痕多是被刀头上的积屑瘤划出的。

积屑瘤如图 3-37 所示，是粘附在刀头上的一小块很硬又极顽固的金属，它既不规则，又不稳定，在加工塑性材料（如钢件）时极易出现。

刀头上的积屑瘤对粗加工有一定好处，因为它粘在刀头上可以保护刀头的刃部，并且，它就像刀尖处的楔形，增大了车刀的前角，如图 3-38 所示，利于降低切削力；但对于精加工

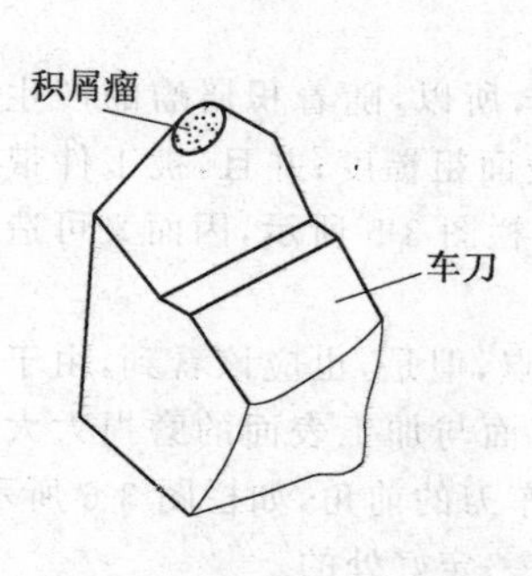

图 3-37　刀头上的积屑瘤

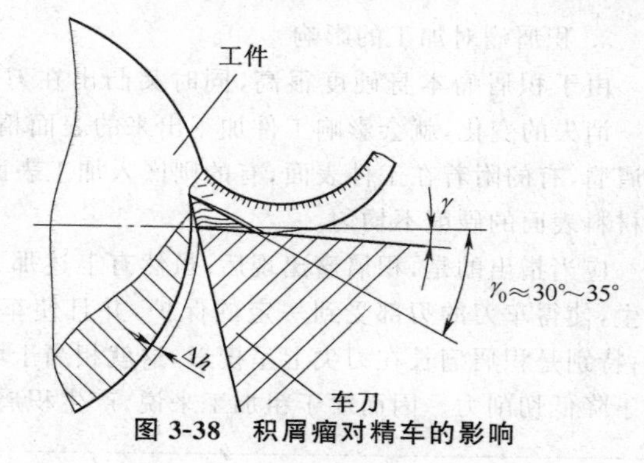

图 3-38　积屑瘤对精车的影响

来说，它破坏了被切削表面的精度和光洁，增大了表面粗糙度，这时，对积屑瘤应该进行控制。

CW6140A型车床操纵手柄产生松动及其解决方法

CW6140A型车床操纵手柄产生松动，是由于六方杠与六方孔[栏图3-7(a)]有间隙，扳动手柄使螺钉受力，在频繁扳动时会有松脱的可能。出现这种情况后，可改用开槽长圆柱端紧定螺钉，把窝钻深一些即可[栏图3-7(b)]。

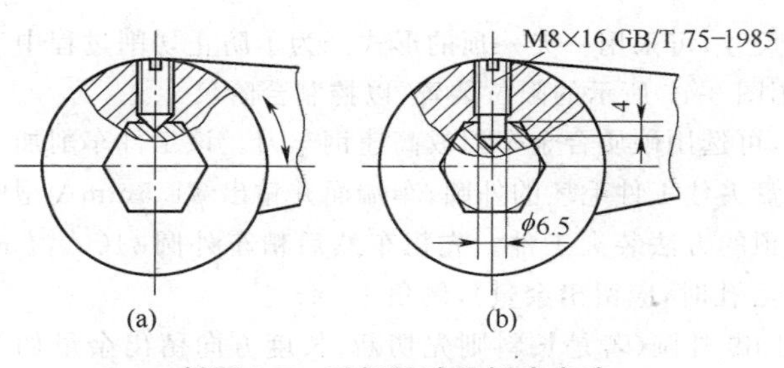

栏图3-7　手柄松动及解决方法

3. 消除车削中产生振动

消除振动是精车中降低表面粗糙度必不可少的措施，如控制车床主轴轴向窜动和径向圆跳动、控制中滑板和小滑板楔铁间的配合间隙等，都可有效地减少和防止切削中产生振动。

4. 精车中固定顶尖的选用

固定式顶尖[图3-8(a)]在与中心孔配合时接触精度高，因此多用于加工精度要求较高的轴件和在精车中使用。固定式顶尖虽具有定心准确稳定的优点，但固定顶尖与轴件中心孔贴合摩擦时产生大量的热，它的尖端处很容易磨损或被烧坏。为此，常采用硬质合金(一般使用YG8硬质合金)式固定顶尖，如图3-39所示，从而大大提高了固定顶尖的耐磨性。

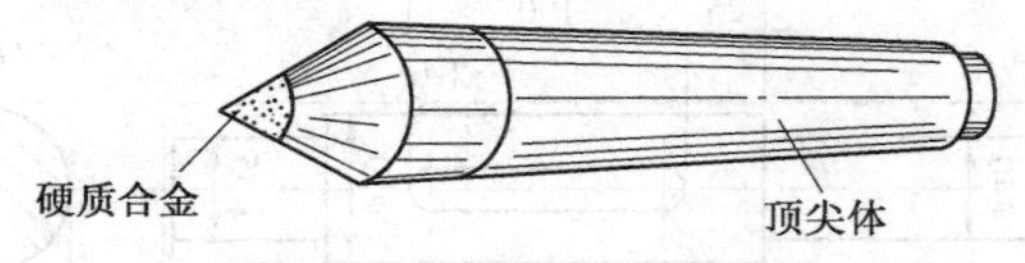

图3-39　硬质合金固定顶尖

六、轴类工件车削示例和工艺分析

示例Ⅰ——销轴工件加工步骤。

图3-40所示是销轴工件。车削时，先根据图样中对工件的尺寸精度、几何公差以及表

面粗糙度要求进行了解和熟悉，确定怎样车削加工可以达到图样中的各项要求，然后确定装夹方法。

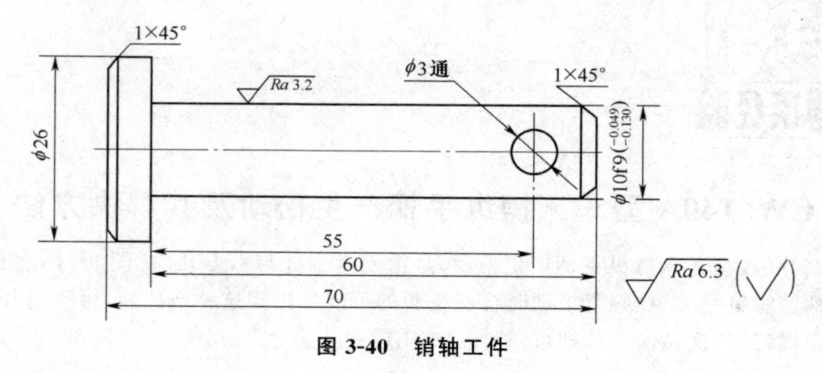

图 3-40　销轴工件

根据工件毛坯尺寸，可采用一夹一顶的形式。为了防止切削过程中工件向主轴方向移位，在装夹时需采用图 3-17 所示的限位装置，以控制台阶尺寸。

根据工件情况，可选用硬质合金车刀或高速钢车刀。该工件车削加工步骤如下：

①用自定心卡盘夹住工件毛坯的外圆，车端面并钻出 ϕ1.5mmA 型中心孔。

②采用一夹一顶的方法装夹工件。先粗车然后精车外圆$\phi 10^{-0.049}_{-0.130}$mm至尺寸，长度为 60mm（若需车去中心孔时，应留出余量），倒角 1×45°。

③调头夹住 ϕ10f9 外圆（若是长料则先切断，长度方向留出余量如 71mm），车另一端的端面，并车外圆 ϕ26mm 至尺寸，倒角 1×45°。

示例Ⅱ——双向台阶轴工件的工艺分析。

车削加工的工艺过程由一系列工序组成，每一个工序又包括工件装夹和很多工步等。

工序就是一个（或一组）工人在一台车床（或一个工作地点）上对一个（或同时对几个）工件进行加工时，所连续完成的那一部分工艺过程。工步就是指在加工表面、切削刀具（如车刀、钻头等）和切削用量（切削速度、进给量）均保持不变的情况下，所完成的那部分工艺过程。如其中一个或两个、三个因素发生变化，则为另一个工步。

图 3-41 所示是带键槽的双向台阶轴工件，当使用直径为 ϕ55mm、长 305mm 的棒料毛坯进行加工时，可通过车削（车端面、车外圆）和铣削（铣键槽）两个工序来完成，它包括八个工步，见表 3-3。

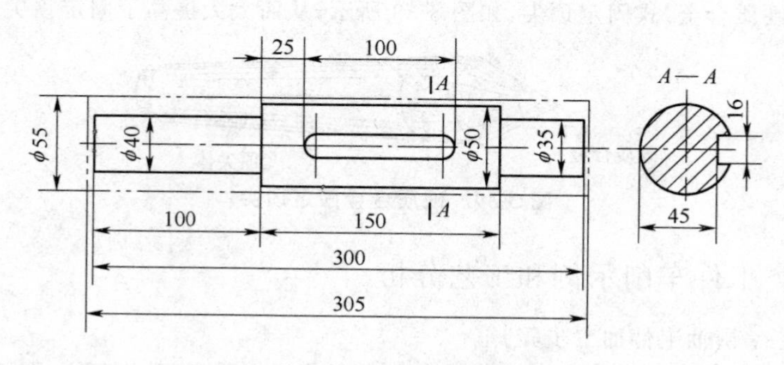

图 3-41　双向台阶轴工件

表 3-3　台阶轴工件工序表

工　序	工作地点	工步	工　步　内　容
1	车床	(1)	夹住轴件左端，车右端面
		(2)	加工右端中心孔
		(3)	夹住轴件右端，车左端面，保证总长 300
		(4)	加工左端中心孔
		(5)	双顶法装夹轴件，车 $\phi50$，长度＞(150＋100)
		(6)	车 $\phi40$，长 100
		(7)	调头双顶法夹持轴件另一端，车 $\phi35$，长 50 同时保证($\phi50$)长 150
2	铣床	(1)	铣键槽 16×100

七、车削带台阶轴类工件

(1)轴件上台阶车削方法　车削轴类工件上的台阶时，既要保证轴件外圆尺寸，又要保证台阶的长度。

车削一根轴上相邻两个直径相差不大的台阶时，一般使用主偏角为 90°的外圆车刀，先车出大直径，然后逐级车出，如图 3-42(a)所示。若一根轴上相邻台阶的直径相差较大，可使用主偏角大于 90°(可选 93°～95°)的外圆车刀，先粗车轴外圆和台阶面，然后精车轴外圆和进行台阶清根，如图 3-42(b)所示。车削双面台阶轴，从台阶两面分别将台阶车出，车削

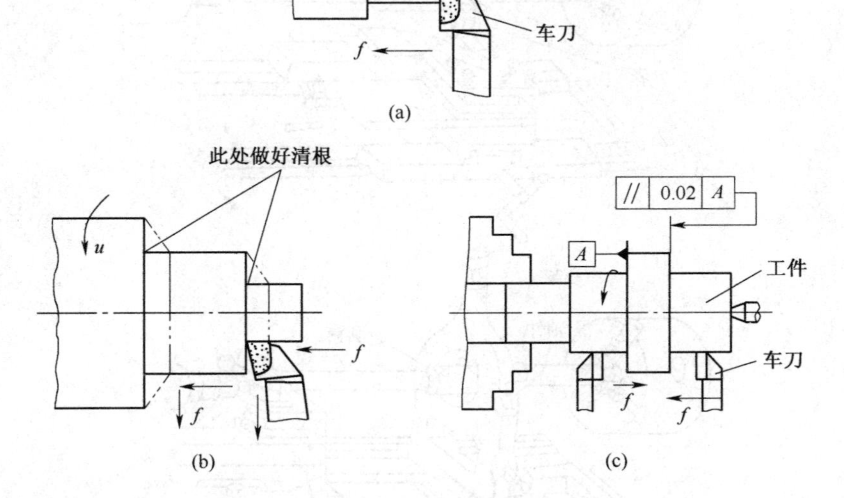

图 3-42　台阶车削法

(a)车削直径相差不大的台阶轴　(b)车削直径相差较大的台阶轴

(c)车削双面台阶轴

时注意保证左右两台阶的平行度要求，如图 3-42(c)所示。为了使两台阶面垂直于车床主轴轴线，当停止纵向进给后，接着手摇横向进给手柄，使车刀向外逐渐均匀地退出。这时应使用主偏角为 93°～95°的外圆车刀。

车削长度大的台阶轴时，可在不需要车台阶的地方使用中心架将轴件架起来。车削中，所选用主轴转速若比较快，这时最好使用图 3-43 所示带滚动轴承的中心架。

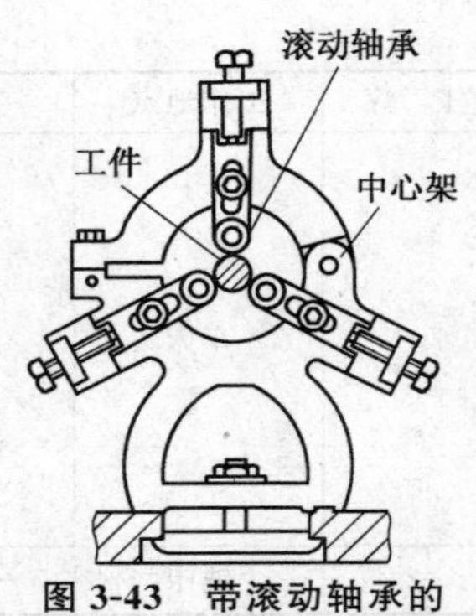

图 3-43 带滚动轴承的中心架

当轴件不圆时，为了防止轴在中心架内转动中产生较大跳动，可在中心架的支承爪处车出一条浅槽(浅槽车圆就可以了，不要影响轴件的切削尺寸)，浅槽的长度要大于中心架上支承爪的宽度，这样就可以把长轴稳定地安装好了，如图 3-44 所示。

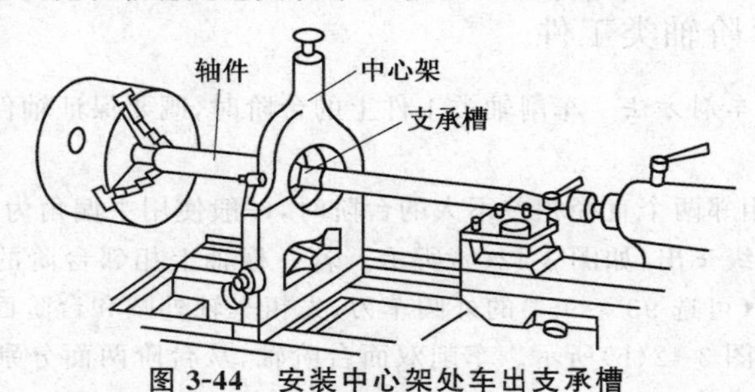

图 3-44 安装中心架处车出支承槽

在轴件上不便于车出支承槽的情况下，可采用图 3-45 所示的方法，在轴的外圆上辅以一个

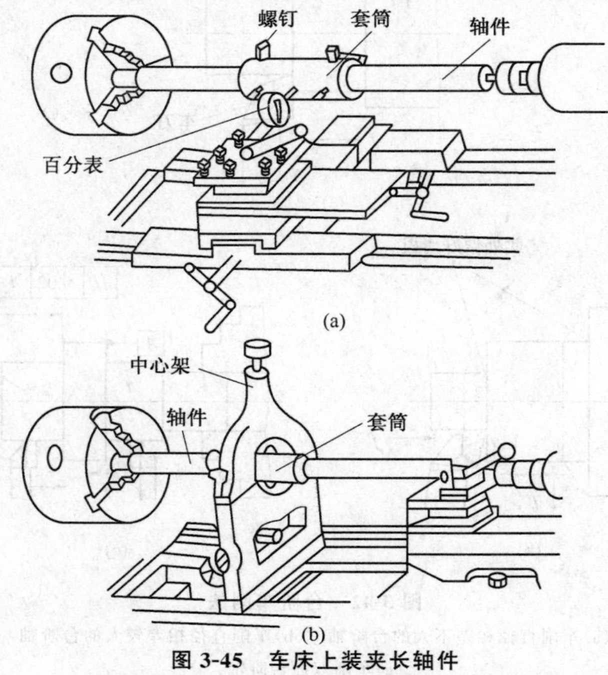

图 3-45 车床上装夹长轴件

(a)使用套筒安装轴件 (b)利用中心架将轴件架起

套筒，用螺钉将套筒与轴件固定在一起。套筒的圆度要好，安装中心架时，要使用百分表对套筒进行找正，以防止转动中的圆跳动。

轴线弯曲法加工弯曲长轴

车床上加工大直径长轴（如轴直径为 150mm，长度为 2 000mm），如果毛坯弯曲或粗加工经调质处理后弯曲变形，由于直径大，矫直困难，这种情况下，就应该采用轴线偏移法进行装夹。

栏图 3-8(a)所示是单向弯曲的长轴，在车床上安装时，先测出径向圆跳动的最大值 A 点[栏图 3-8(b)]和跳动值为最大值的一半的两个点 B 和 C。偏移轴件中心，使新的加工轴线通过径向圆跳动值一半的两点中心 BC，这可通过在 C 处安装中心架，另一轴端用四爪单动卡盘夹持并偏移 $\delta_a/4$ 来达到（矫正另一跳动量为 $\delta_a/2$ 的点）。这时，再转动卡盘，重新检查长轴各处的跳动量就可发现，最大跳动量已降为原来的一半。接着重车端面、打新中心孔、车削接近轴端的外圆，在调头修正另一端中心孔时矫正和安装中心架时使用。以后的加工，按正常顺序进行。

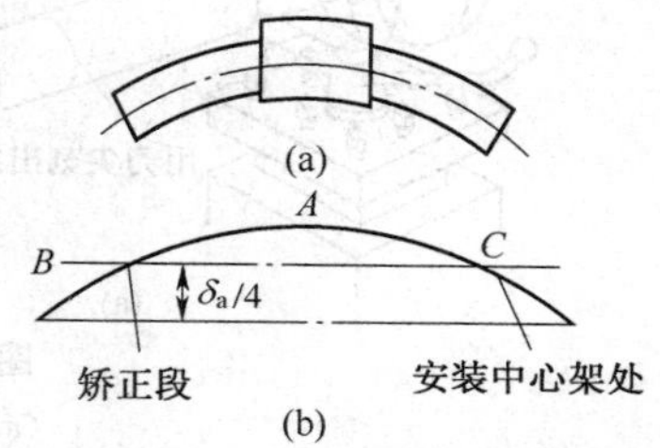

栏图 3-8　单向弯曲长轴和径向圆跳动

(a)单向弯曲长轴　(b)测出径向圆跳动

被加工长轴如果呈栏图 3-9(a)所示的 S 形弯曲，这时，则可分别找出相反方向跳动两个最大值 δ_{a1} 和 δ_{a2}[栏图 3-9(b)]，再向各自的轴端方向找出跳动量各为一半的点，然后，按前面方法偏移轴线，使之过这两点的中心。复核轴件各部的跳动量，如不超过该处加工余量，即可加工。应注意的是，这时的最大跳动量比原来最大跳动量一半略大。但轴件较长时，两者相差甚小。

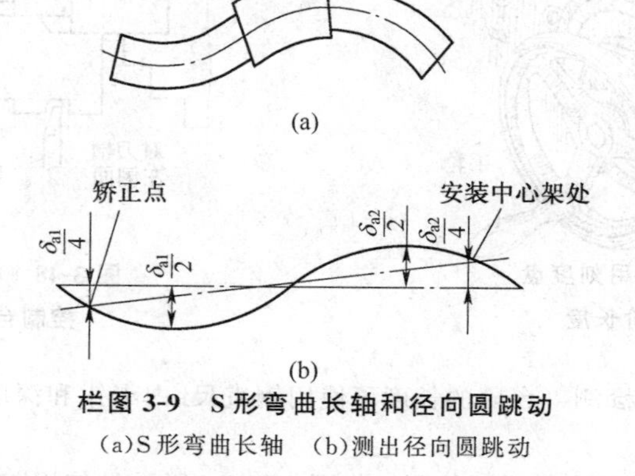

栏图 3-9　S 形弯曲长轴和径向圆跳动

(a)S 形弯曲长轴　(b)测出径向圆跳动

(2)控制台阶长度的方法　台阶长度要求不十分精确时,台阶在轴上的长度以轴端为依据,使用钢直尺或用内卡钳量出尺寸,如图 3-46 所示;然后使工件慢转,用车刀的刀尖划出一条浅印,加工中按线印车削。若台阶的长度较长或不便于使用量具测量的情况下,可使用溜板箱上面的刻度盘(图 3-47),通过控制车床溜板的纵向移动距离确定出轴件上的台阶长度。

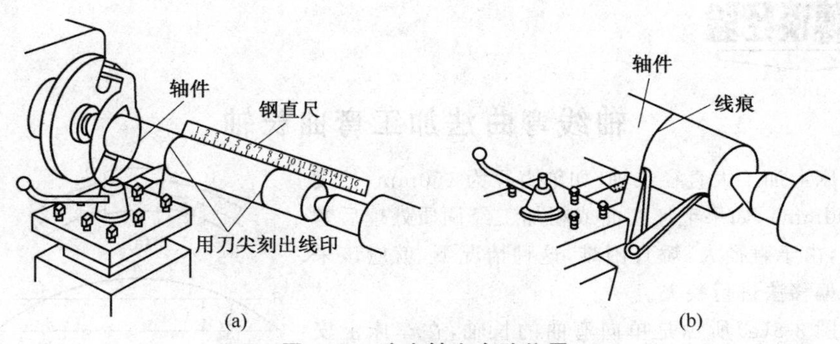

图 3-46　确定轴上台阶位置
(a)使用钢直尺　(b)使用内卡钳

批量加工中,轴类工件上的台阶长度常使用样板对刀法进行控制。如图 3-48 所示,样板上,按照台阶的长度位置做出对刀槽(图中为三个),操作中,样板右端贴在轴件右端的端头上,样板左端与轴件大端直径处靠在一起,使 90°台阶车刀的主切削刃平行地与样板上对刀槽的左侧面接触,这样就对好了车刀位置。然后抽出样板,移动中滑板径向进刀,在轴件上刻出一条浅印,这条浅印就是台阶长度的界线。确定其他几个台阶的切削位置时,也使用对刀样板,采用同样的方法。

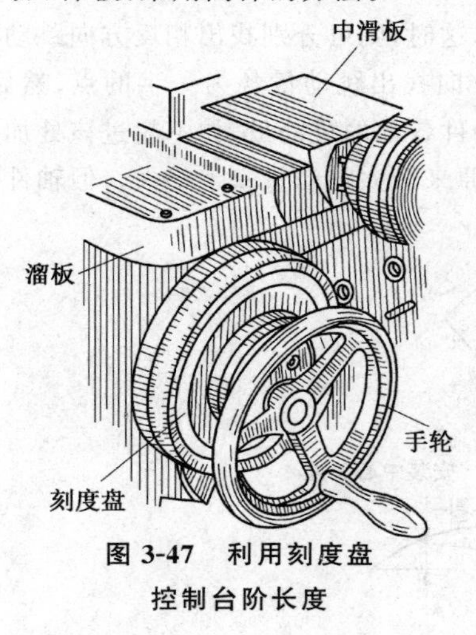

图 3-47　利用刻度盘控制台阶长度

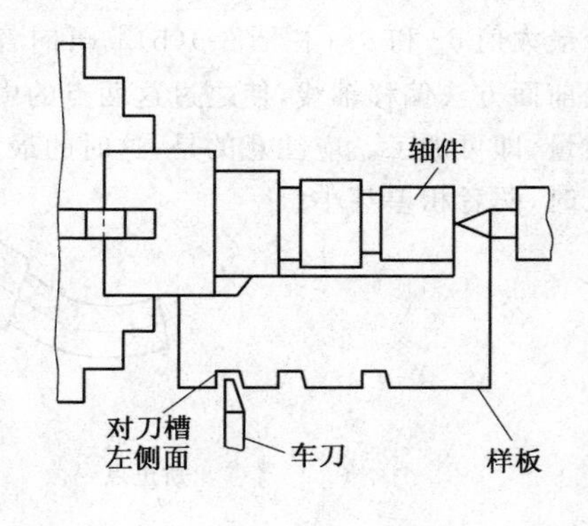

图 3-48　样板对刀法控制台阶长度

(3)台阶长度的检测　台阶的长度可使用钢直尺、内卡钳和深度游标卡尺进行检测,如图 3-49 所示。

批量加工中,常使用卡规进行检测。如图 3-50(a)所示是使用普通卡规检测台阶时的

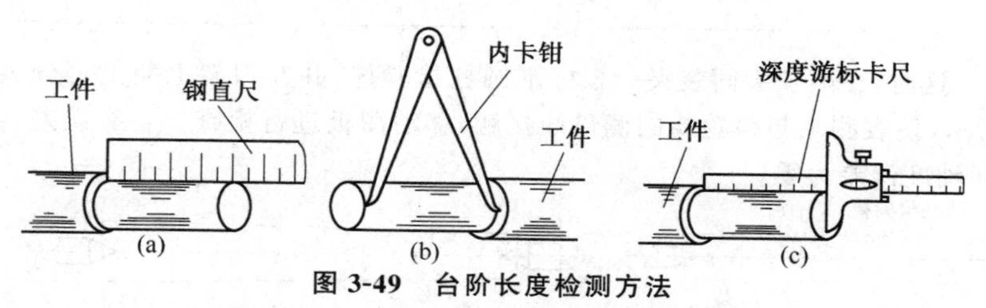

图 3-49　台阶长度检测方法

(a)使用钢直尺　(b)使用内卡钳　(c)使用深度游标卡尺

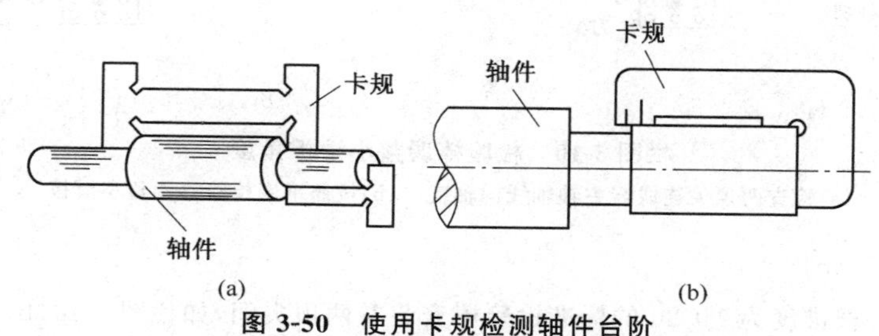

图 3-50　使用卡规检测轴件台阶

(a)使用普通卡规　(b)使用带刻线卡规

情况，图 3-50(b)所示是使用带刻线的卡规进行检测，以判断台阶的长度是否在刻线标注的范围内，若在刻线范围内，属于合格。

图 3-51 所示是综合卡规检测轴件台阶时的情况。检查时先使中间部位卡入轴件大直径处，这样，一方面可知台阶的长度是否合格，另一方面还能检查出轴件上四个直径的相互直径差。这里作为定位面的是样板上垂直的一个面。

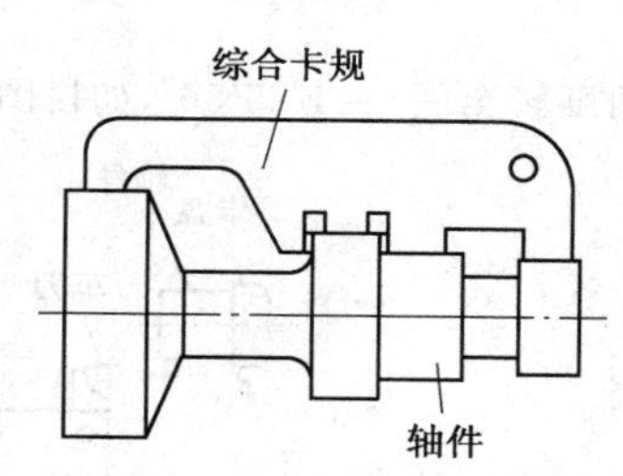

图 3-51　综合卡规检测轴件台阶

控制径向背吃刀量的计算和微量进刀

车削轴类工件，径向增加背吃刀量时，通常是通过横向移动中滑板，并利用中滑板摇柄处的刻度盘控制车刀移动距离。但在精车时，当轴件直径缩小量很小(如背吃刀量 0.02mm 或 0.01mm)时，由于中滑板丝杠和螺母配合间隙等方面因素的影响，往往不容易控制准确。这种情况下，可采用转过小滑板角度的方法，来控制车刀的径向背吃刀量。

(1)利用检验棒调整小滑板角度　先检查和调整车床前后两顶尖轴线与主轴轴线

的同轴度。这时，在两顶尖间装夹一根标准圆柱检验棒，并在刀架上装上百分表，如栏图3-10(a)所示，使表测头与检验棒的侧母线接触，移动溜板进行检查。若有误差，需进行调整，直至同轴度误差为零。

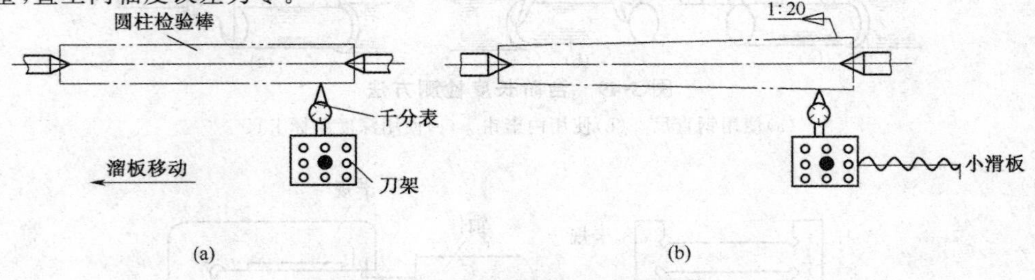

栏图 3-10　检验棒调整小滑板角度

(a)检查两顶尖连线与主轴轴线同轴度　(b)按照锥度检验棒调整小滑板

然后将一根锥度为1∶20的标准检验棒安装在两顶尖间，如栏图3-10(b)所示。由于锥度为1∶20，$\frac{\alpha}{2}=1°25'56''$，当小滑板导轨与锥度1∶20检验棒的侧母线平行时，小滑板角度转至$\frac{\alpha}{2}=1°25'56''$，如栏图3-11所示。

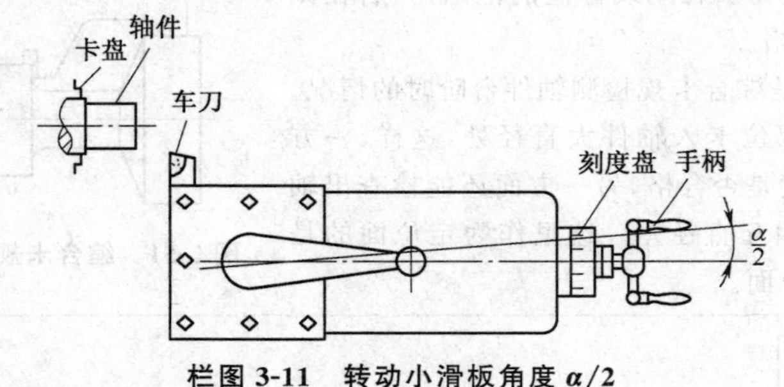

栏图 3-11　转动小滑板角度 $\alpha/2$

从栏图3-12可看出，$\angle BAC=\frac{\alpha}{2}=1°25'56''$，$AB=L$（小滑板移动的距离），$BC=a_P$（背吃刀量），所以：

$$\sin\frac{\alpha}{2}=\frac{BC}{AB}=\frac{a_P}{L}$$

当小滑板摇柄刻度盘转动1小格，刀架移动0.05mm，即$L=0.05$mm时，$a_P=\left(\sin\frac{\alpha}{2}\right)L=\sin1°25'56''\times0.05=0.001\ 25$(mm)。

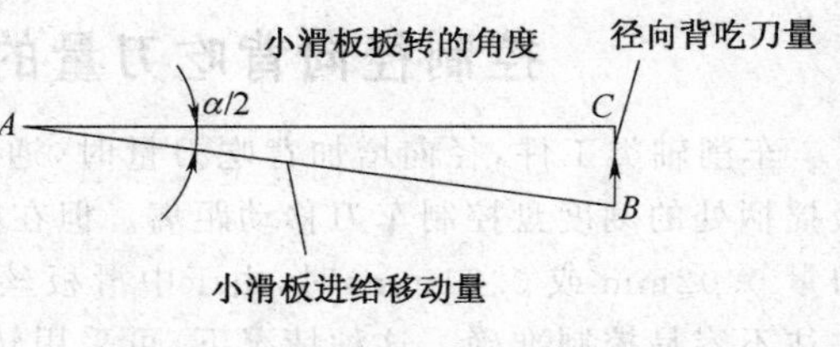

栏图 3-12　背吃刀量计算图

当小滑板移动 8 格时，$L=0.05\times8=0.4(mm)$，$a_P=\sin 1°25'26''\times0.4=0.0125\times0.4=0.01(mm)$，即当小滑板移动 8 格时，背吃刀量为 0.01mm。

(2)小滑板转动角度实现微量进刀　栏图 3-13(a)所示将小滑板扳转一个角度 $\frac{\alpha}{2}$，再摇动小滑板手柄，使小滑板向前移动，即改变了车刀的径向切削位置。实际上它与栏图 3-11 所示的调整原理是一致的。

$\alpha/2$ 为小滑板扳动的角度，见栏图 3-11(a)。若小滑板丝杠螺距 $P_{丝}=5mm$；刻度盘[栏图 3-13(b)]共有 100 格，每转动 1 格，小滑板移动 $L=0.05mm$；如果将小滑板转动 1°后，刻度盘每格的径向背吃刀量 a_P 可用下式计算：

$$a_P=S\sin\alpha/2$$

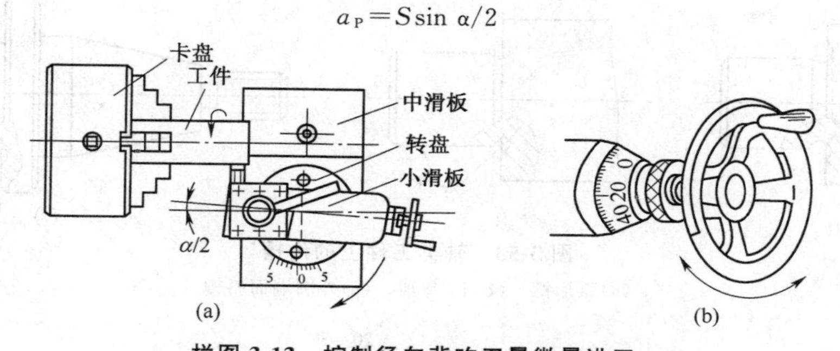

栏图 3-13　控制径向背吃刀量微量进刀

(a)转动小滑板 $\alpha/2$ 角度　(b)小滑板进刀刻度盘

式中　S ——刻度盘每转 1 格小滑板移动距离(mm)；

$\alpha/2$——小滑板扳转角度(°)。

从三角函数表中查出：$\sin1°=0.01745$，当 $L=0.05mm$，小滑板转动 1°，径向背吃刀量 $a_P=0.05\times0.01745=0.00087(mm)$；这时，工件被切削后的直径缩小量为 $2a_P=2\times0.00087=0.00174(mm)$。也就是说，工件加工余量为 0.001 74mm 时，转动 1°后的小滑板刻度盘需向前转过 1 小格；若工件加工余量为 0.017 4mm，小滑板转过 10 小格。这样，进刀就比较准确，容易控制切削尺寸。扳转小滑板时，要注意方向，车削轴类工件时，小滑板应顺时针方向转动，见栏图 3-13(a)；车削孔类工件时，小滑板应逆时针方向转动。

为了避免小滑板在进给中出现爬行现象，可在小滑板导轨面或配合导轨面上贴上聚四氟乙烯软带。

八、轴类工件上沟槽的车削

轴类工件上常见沟槽是矩形外沟槽，如图 3-52 所示；此外，还有弧形槽、45°斜槽和外圆端面斜槽等，如图 3-53 所示。

1. 车削矩形外沟槽

(1)*切槽刀的使用及刃磨*　车削矩形外沟槽时，常使用普通切槽刀。图 3-54 所示是一种高速钢切槽刀，使用它加工中碳钢轴件上矩形槽，前角一般取 20°～30°；加工铸铁类工件，前角一般取 0°～10°。加工中，为了提高效率，多采用硬质合金切槽刀。矩形槽的加工如图 3-55 所示。

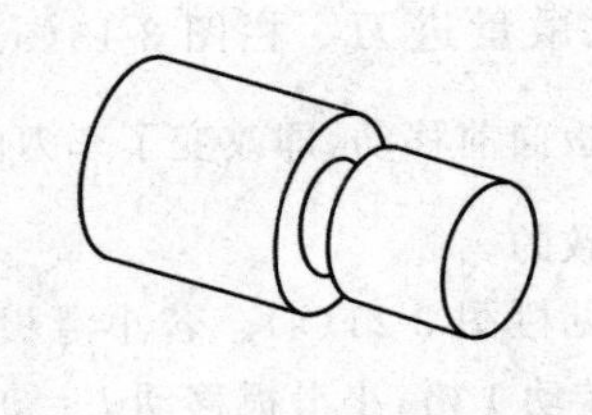

图 3-52　带矩形外沟槽轴件

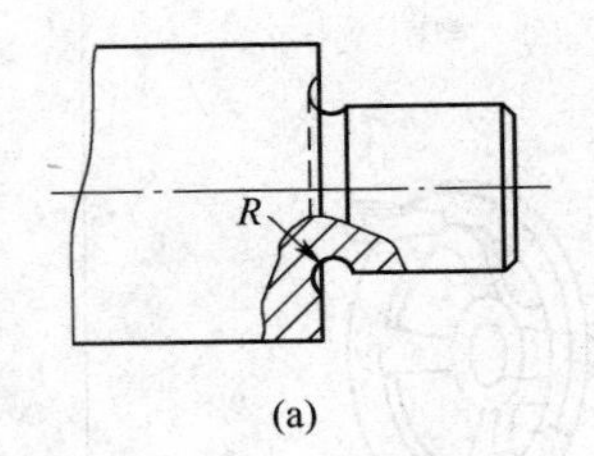

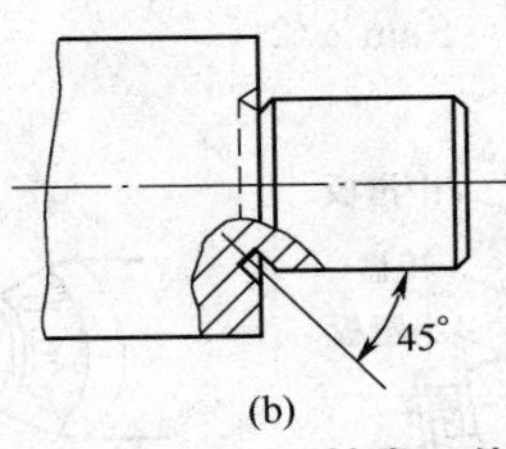

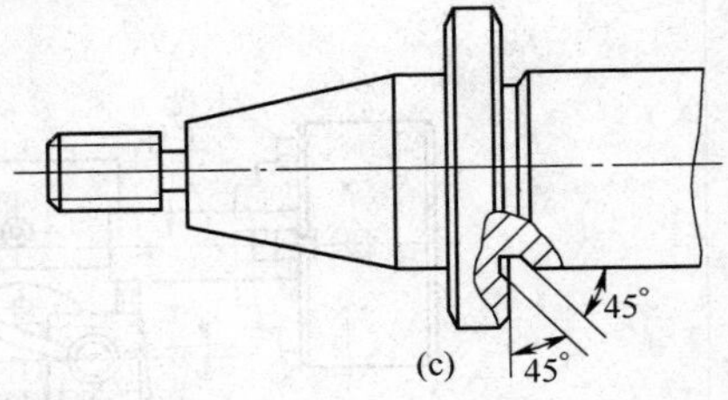

图 3-53　轴类工件上的沟槽

(a)弧形槽　(b)45°斜槽　(c)外圆端面斜槽

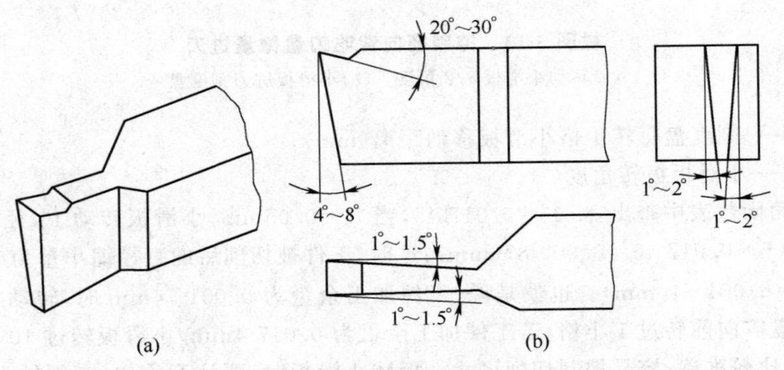

图 3-54　高速钢切槽刀

(a)立体图　(b)切槽刀几何角度

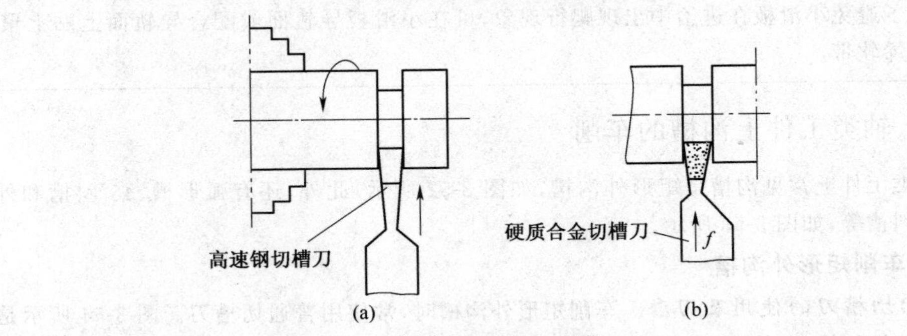

图 3-55　加工矩形槽

(a)使用高速钢切槽刀　(b)使用硬质合金切槽刀

切槽刀的侧隙角一般为1°～1.5°，见图3-54(b)。在刀架上安装切槽刀时，要保证侧隙角的对称，以防止切槽刀加工时，刀侧面与工件侧面产生摩擦。可使用90°角尺(或钢直尺)进行检查，如图3-56所示。检查时以刀架前侧面为基准面，使90°角尺与刀架前侧面严密接触，然后从90°角尺的侧面缝隙是否一致来判断切槽刀在刀架上的安装位置是否正确。

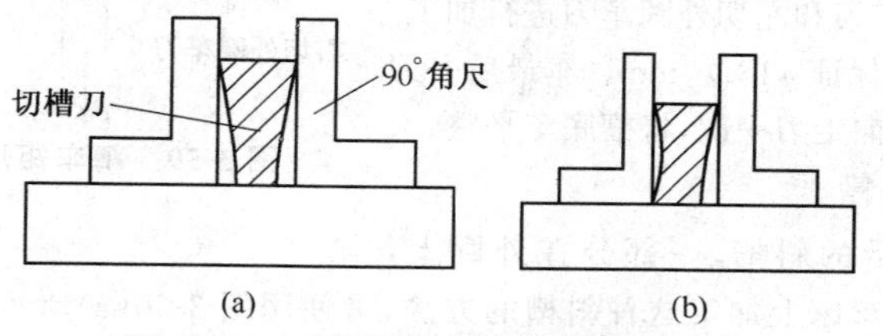

图3-56　90°角尺检查切槽刀装刀位置

(a)正确　(b)不正确

刃磨切槽刀时，要注意保证侧隙角的角度，使刀头前宽后窄；如图3-54所示；如果出现图3-57所示的情况，车出的直槽就不能合乎质量要求。

(2)车削矩形外沟槽示例　图3-58所示是轴类工件图样，它有两种沟槽，其车削步骤如下。

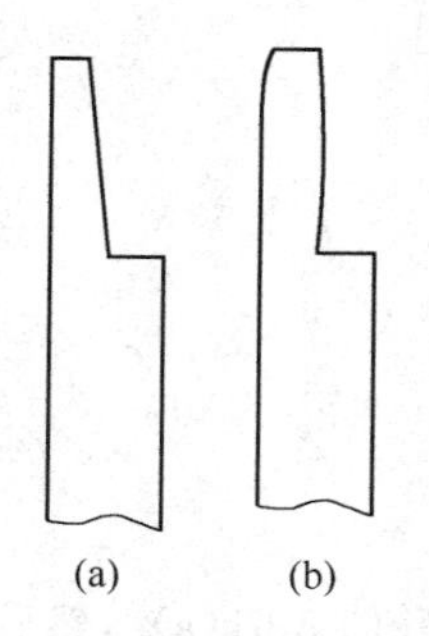

图3-57　切槽刀刀头的不正确形状

(a)前窄后宽　(b)中间呈凸状

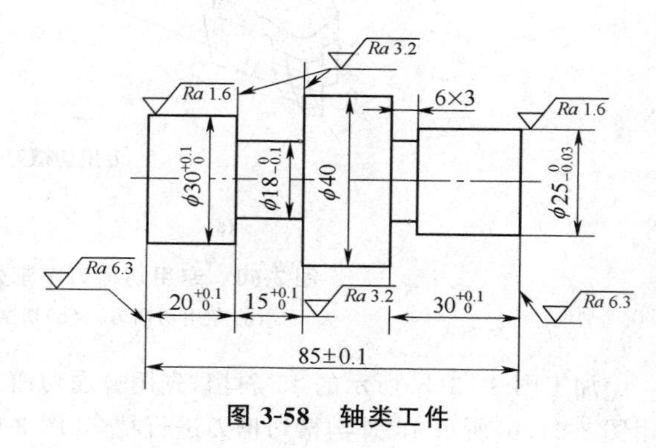

图3-58　轴类工件

①先做准备工作。主要包括以下几点：

刃磨切槽刀。切槽刀的主切削刃形状和长度应根据图样中对沟槽的要求刃磨。矩形切槽刀主切削刃的直线度好，可以保证槽底平直。

在刀架上装夹切槽刀。装夹时，要求主切削刃与工件外圆轴线保持平行。

②装夹工件和车窄槽。用自定心卡盘夹住$\phi30^{+0.1}_{0}$mm外圆。粗车右端6mm×3mm的矩形槽时，用宽度为2mm的切槽刀切削，并且对各边留出加工余量。

然后调整车床主轴转速，精车6mm×3mm矩形槽。

车削外矩形槽时，要确定好沟槽的位置。确定时可按照前面介绍的方法：一种方法是用钢直尺测量切槽刀的位置，车刀纵向移动，使左侧的刀头与钢直尺上所需的长度对齐；另一种方法是利用车床溜板或小滑板的刻度盘控制车槽的正确位置。

③调头用自定心卡盘夹住$\phi25^{\ 0}_{-0.03}$mm外圆，切削宽矩形槽。这时同样注意确定好沟

槽的位置。沟槽位置确定后，分粗车和精车将矩形沟槽车至尺寸，粗车时各边留出 0.5mm 的加工余量。

精车沟槽侧面时，可采用图 3-59 所示方法。分别使用右切外圆车刀和左切外圆车刀进行加工。

精车槽底时，要保证 $\phi 18_{-0.1}^{\ 0}$ mm。车最后一刀的同时，应在槽底纵向走刀一次，将槽底车平整。

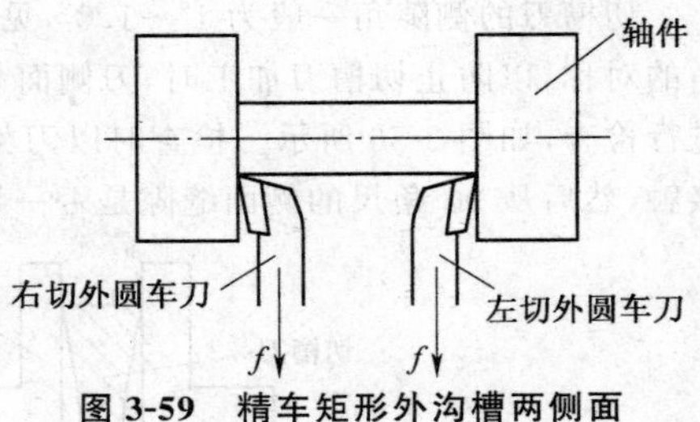

图 3-59　精车矩形外沟槽两侧面

2. 车削 45°斜槽

图 3-53(c) 所示的斜槽，一部分在外圆上，一部分在端面上。车床上加工这种斜槽的方法，可使用图 3-60(a) 所示的专用切槽刀将 45° 斜槽直接车出[图 3-60(b)]。专用切槽刀在靠 a 处的侧面，需要磨出半径是 R 的圆弧，然后再磨出副后角，这样在切削时可减少和防止刀体和工件间的摩擦。

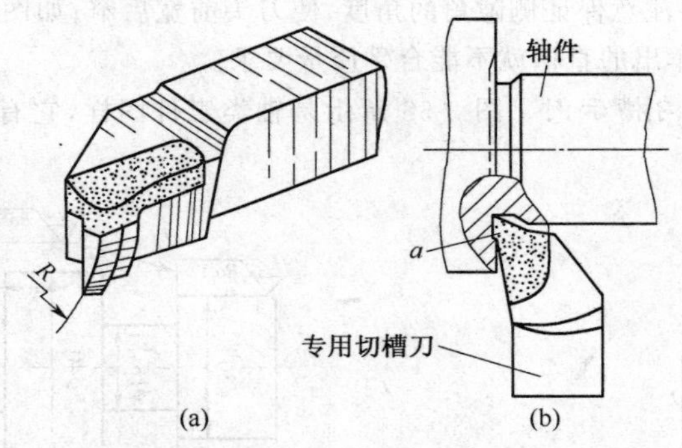

图 3-60　专用切槽刀车削外圆端面斜槽

(a) 专用切槽刀　(b) 切削斜槽情况

加工图 3-53(b) 所示的 45°斜槽，先用普通切槽刀粗车 45°斜槽[图 3-61(a)]，然后再使用图 3-61(b) 所示 45°外沟槽切槽刀进行精车[图 3-61(c)]。

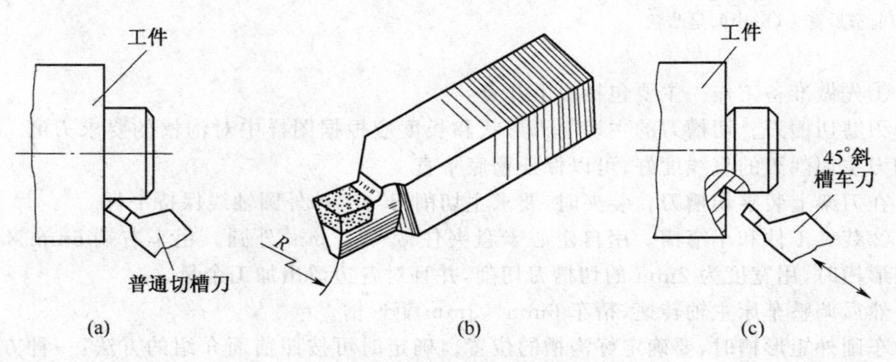

图 3-61　双刀车削 45°斜槽

(a) 粗车 45°斜槽　(b) 45°斜槽车刀　(c) 精车 45°斜槽

九、车削轴类工件常出现的问题及解决方法

车削中,由于车床、车刀、夹具以及加工情况复杂多变,因此,遇到的问题和不正常现象也是多种多样的,下面列举几种情况。

1. 工件车不到所要求尺寸

出现这类问题的原因和解决方法如下：

(1)毛坯余量不够　解决方法是在每次车削前,按图样中尺寸要求,检查毛坯尺寸和加工余量是否满足车削需要,必要时更换毛坯。

(2)毛坯弯曲没有矫直　解决方法是在车削前先对毛坯进行矫直,并检查毛坯余量。

(3)轴件装夹过程中没有找正　解决方法是在装夹工件时应认真对工件进行找正。

2. 工件尺寸达不到要求

出现这类问题的原因和解决方法如下：

①横向进给刻度盘使用错误。解决方法是按图2-8所示正确使用刻度盘。

②没有对工件进行测量或测量不准确。解决方法是车削时,每次吃刀(增加背吃刀量)后,在开始进给前,都要认真测量一次加工尺寸,然后再正式进给。若此项工作做得粗糙和盲目,就可能使工件尺寸达不到要求。

③车削铜、铝类工件时,这些材料线膨胀系数大,切削时由于摩擦受热,而使轴件尺寸加大,这时测出的尺寸就大于实际尺寸。

解决方法是铜件或铝件车削后,先使用切削液将工件浇凉,再使用量具对工件尺寸进行测量。

④测量工件的量具不准确或测量中产生误差。解决方法是使用准确性好的量具,对工件进行正确测量。

3. 工件表面粗糙度达不到要求

出现这类问题的原因如下。

(1)车刀本身的原因

①车刀已经变钝或刀刃上有缺口等损坏现象。

②车刀刃磨后,没用油石仔细认真地研磨或研磨得不光洁。

车刀刃磨后用放大镜观察刀刃,可以发现不同程度的锯齿状,所以车刀在砂轮上刃磨后再用油石仔细研磨,对降低被加工表面的粗糙度是十分有益的。

③车刀几何形状不正确,如车刀后角过小,致使车刀后刀面与已加工表面摩擦严重。

④车刀刚度不足或安装时在刀架上伸出太长。

(2)切削用量方面的原因　切削用量选择不适当,如进给量太大或进给不均匀。

(3)加工方面的原因

①车削中有振动或工件颤动现象；

②车削过程中,车刀上产生积屑瘤；

③低速车削时,切削液使用不正确或不充分。

(4)车床方面的原因

①中滑板或小滑板导轨间隙大；

②车床主轴轴承松动,主轴有跳动或窜动现象。

工件表面粗糙度达不到要求，这类问题的解决方法是，针对其出现的原因，采取适宜措施。例如，被车削轴件直径较小而长度大，属于细长轴类工件，切削中容易产生颤动，这时可使用跟刀架，如图 3-62(a)所示。跟刀架上支柱爪与轴件接触应严密，要形成面接触，如图 3-62(b)所示，防止点接触，否则，易造成切削中不稳定，甚至影响加工质量。

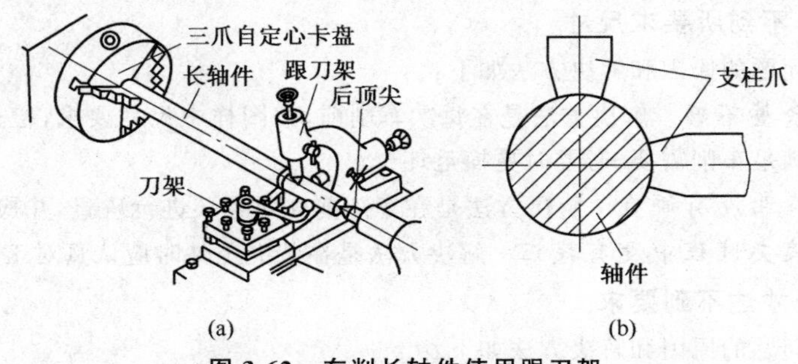

图 3-62　车削长轴件使用跟刀架

(a)跟刀架的使用　(b)跟刀架支柱爪与轴件接触

4. 车削轴类工件时产生锥度

出现这类问题的原因和解决方法如下：

(1)在两顶尖间装夹轴件时，尾座顶尖轴线与主轴轴线不同轴　解决方法是在车削前正确调整尾座位置，使前、后顶尖中心线同轴。

(2)车身导轨与车床主轴轴线不平行　解决方法是对车床导轨或主轴轴承进行维修。

(3)车削过程中车刀磨损或变钝　解决方法是及时刃磨和研磨车刀。

(4)工件悬伸太长　解决方法是减少工件的伸出长度，或另一端用尾座顶尖顶好，以增加轴件刚度。

5. 轴件产生椭圆

出现问题的原因和解决方法如下：

(1)车床主轴间隙太大　解决方法是调整主轴间隙，若主轴轴承磨损严重，就需要对车床进行维修。

(2)轴端中心孔不正确　轴件中心孔不正确，会引起顶尖与中心孔接触不良，这样就会造成轴件回转误差大甚至产生跳动，导致轴件出现椭圆。解决方法是按照表 3-1，正确加工轴端中心孔。

(3)回转顶尖精度差　粗加工中使用回转顶尖顶持轴件时，顶尖装配精度差或回转顶尖内的轴承磨损，导致旋转时摆动量超差等，车削出的轴件会产生椭圆。解决方法是使用精度高的回转顶尖或固定顶尖。

第二节　端面的车削

车端面如图 3-63 所示；其中图 3-63(a)是使用 90°偏刀自中心朝外圆方向(自里向外)车端面，图 3-63(b)是使用 75°偏刀自外圆朝中心方向(自外向里)车端面。

一、车端面时工件装夹定位和找正

车削端面的要点，是要保证相对两端面互相平行，这在装夹工件时，一般先确定出一个定位基准面，再将工件夹紧。

由于端面工件的尺寸形状以及定位面不同，所以，各种端面类工件在车床上的装夹方法也不一样，其主要装夹形式如下。

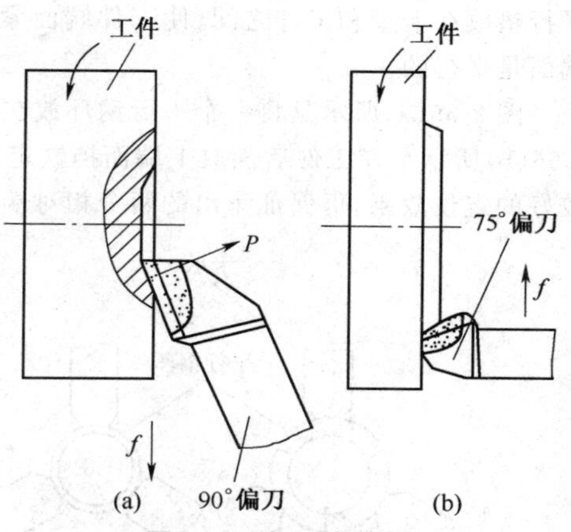

图 3-63　偏刀车端面

(a)自中心朝外圆方向进刀

(b)自外圆朝中心方向进刀

1. 以端面为定位基准面装夹工件

以端面为定位基准面，通常是利用自定心卡盘上的平面作为定位基准面[图 3-64(a)]或利用卡爪上的平面定位[图 3-64(b)]来安装工件。如果被夹持长度小于卡爪的长度，常在卡盘平面内与工件端面之间辅以适当厚度的平行垫。图 3-65 中是将一个 Y 形

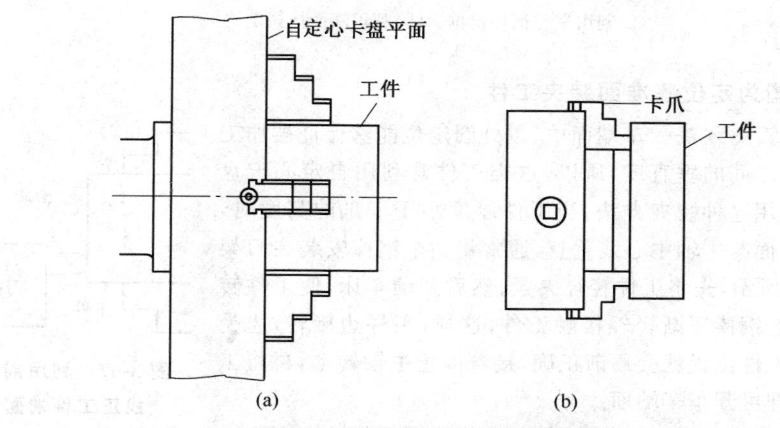

图 3-64　以卡盘平面定位装夹工件

(a)以卡盘平面定位　(b)以卡爪平面定位

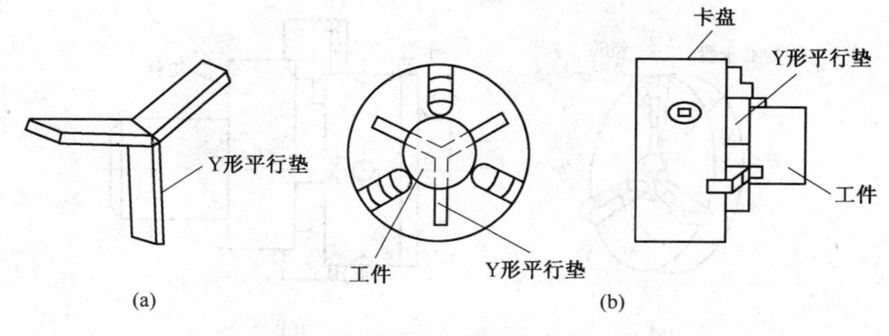

图 3-65　Y 形平行垫定位装夹工件

(a)Y 形平行垫　(b)利用 Y 形平行垫装夹工件

平行垫放在卡盘和工件之间，使工件端面紧贴 Y 形垫平面，这样将工件夹紧后，车出的两端面是平行的。

图 3-66(a)所示是将一个平行钢环放在卡盘的卡爪内，工件端面靠在钢环的端面上；图 3-66(b)所示是在工件后面放上端面挡铁定位装夹车端面工件。利用这几种方法都能起到较好的定位效果，可保证车出的两个相对端面互相平行。

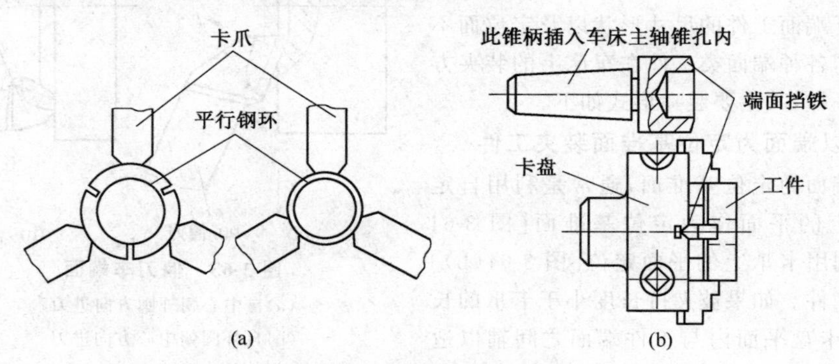

图 3-66　利用平行钢环或端面挡铁定位

(a)利用平行钢环定位　(b)利用端面挡铁定位

2. 以外圆为定位基准面装夹工件

(1)常用装夹方法　车端面中，以外圆定位能够保证被加工端面与夹持面之间的垂直度，所以，这类工件常利用自定心卡盘进行装夹。采用这种装夹方法，当工件厚度小于卡爪的高度时，为了使工件端面与主轴中心线垂直，通常将一个铜棒安装在刀架上，如图 3-67 所示，先将工件轻轻夹紧，然后开动车床，使工件转动，并使刀架上铜棒逐渐轻轻接触工件，这样，工件边旋转，边受铜棒的挤碰，工件位置就会逐渐正确，接着停止主轴转动，再将工件用力夹紧，即可开车车端面。

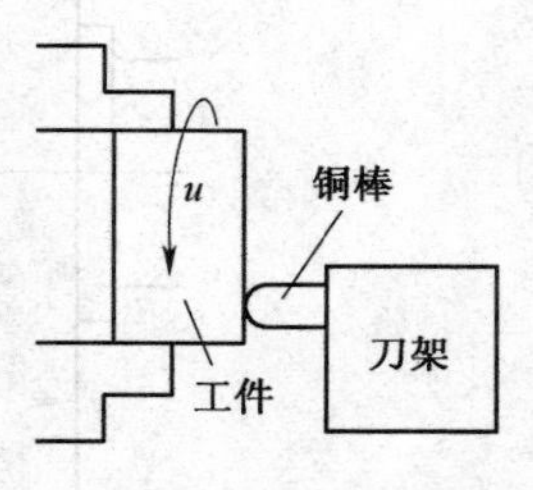

图 3-67　利用铜棒找正工件端面

如果工件的直径较大，可将自定心卡盘反装来装夹工件，如图 3-68 所示。在不便于使用自定心卡盘装夹情况下，可利用单动卡盘(图 3-69)安装工件，

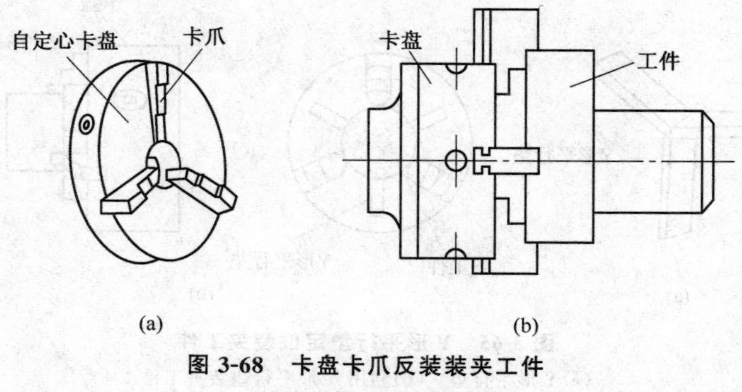

图 3-68　卡盘卡爪反装装夹工件

(a)卡爪反装　(b)装夹工件

由于它的夹紧力较大，可以承受较重的工件。但单动卡盘在装夹过程中需根据工件直径单独调整卡爪，所以不如自定心卡盘操作方便。不过若调整得好，其装夹精度比自定心卡盘高。

被夹持工件较长时，可采用图 3-70 所示方法，工件另一端使用中心架支承起来，车好外圆和一个端面后，再翻过来车削另一个端面。

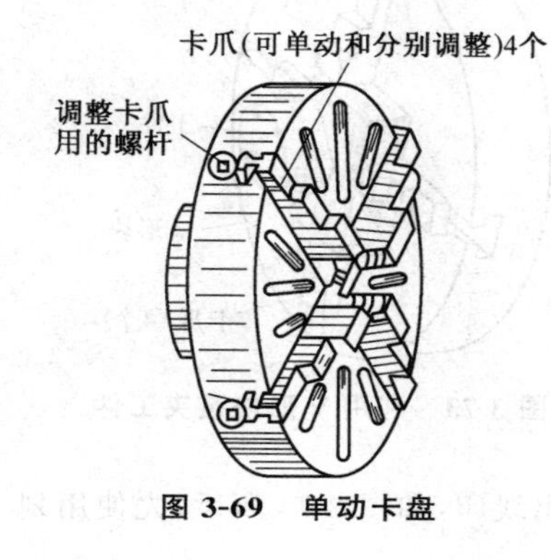

图 3-69　单动卡盘

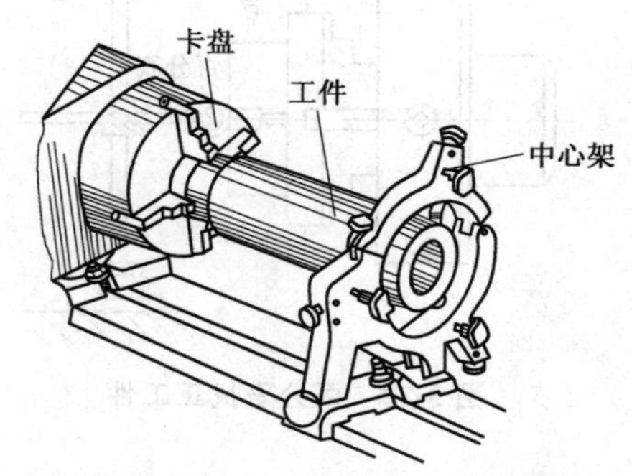

图 3-70　中心架安装长工件车端面

（2）装夹中的工件找正　在单动卡盘上装夹大轴件时需要进行找正。对于毛坯粗糙的工件，找正时使用划针盘；对于经过粗加工或精度较高的表面，找正时使用百分表。

使用划针盘找正毛坯粗糙外圆时，先让划针稍微离开工件外圆周面，使划针与工件表面间留有间隙，如图 3-71(a)所示，然后使工件慢慢转动，观察划针盘的划针尖与工件表面之间的间隙大小，对间隙小的地方就拧紧卡爪，若间隙大，就放松卡爪，按照这样的步骤，经过几次调整，一直进行到使划针尖和工件表面间的间隙均匀相等为止。找正工件端面，如图 3-71(b)所示，也按照同样方法进行。

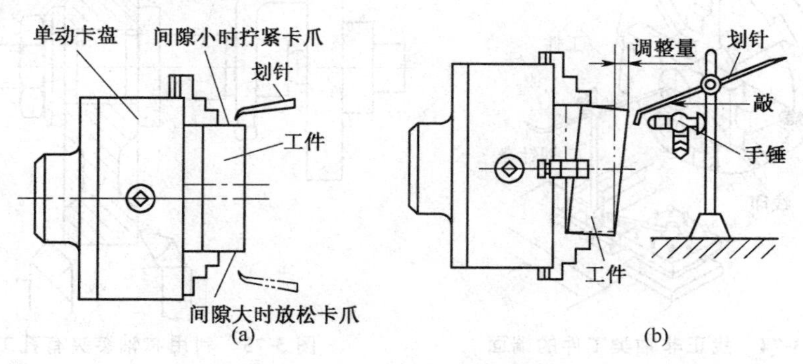

图 3-71　划针盘找正工件

(a)找正外圆　(b)找正端面

精车时使用百分表找正工件时同样先在外圆进行，然后找正端面，如图 3-72 所示，并且要注意同时兼顾两者。

大批量车削轴类工件端面时，还可使用专用工具，以节省对工件的找正时间。图 3-73

所示是将一个 V 形块夹在单动卡盘的三个卡爪之间，然后利用一个卡爪（图中卡爪 A）夹紧工件。这样，只要第一个工件的位置找正后，再安装其他工件时，只需移动卡爪 A，而其他卡爪的位置不用改变，也不需要进行找正。

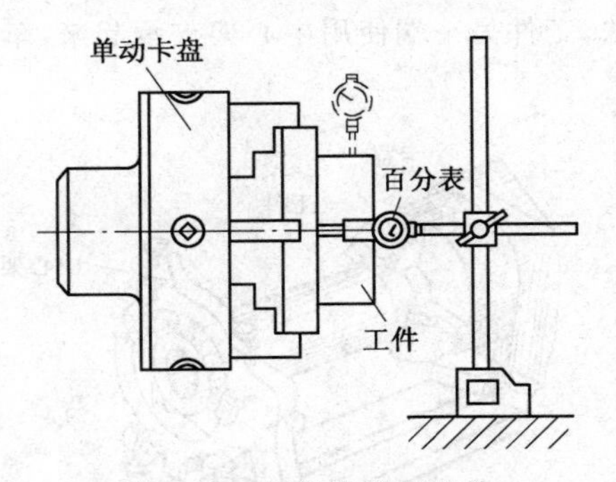

图 3-72　百分表找正工件

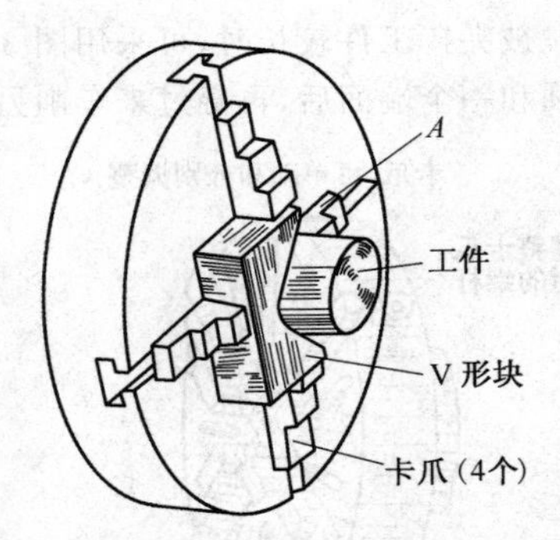

图 3-73　利用 V 形块装夹工件

车削非轴类工件的端面时，装夹前一般先在端面划出线印，如图 3-74 所示，先使用划针盘将工件的端面位置找平，然后再将圆周线印找正。

3. 以内圆为定位基准装夹工件

车削有孔的盘形和套筒类工件的端面时，可使用芯轴进行装夹，如图 3-75 所示，它以内孔定位，拧紧螺母将工件夹紧。利用这种装夹方法加工后，可以保证工件端面与中心线的垂直，又能保证内外圆同轴。

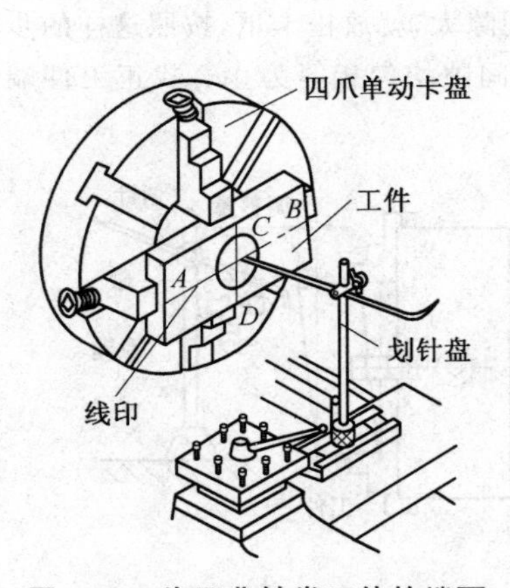

图 3-74　找正非轴类工件的端面

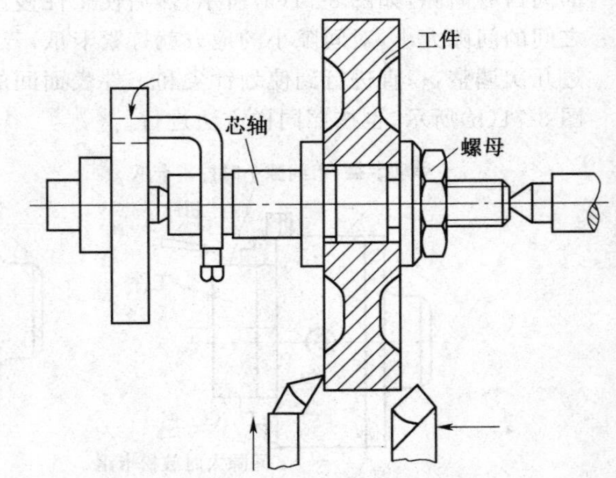

图 3-75　利用芯轴装夹有孔工件

芯轴的结构形式很多，图 3-76 所示是常用的圆柱芯轴组合，适用于加工精度要求不高的工件。使用时，工件安装在芯轴中间的圆柱面上，拧紧螺母可将工件夹紧。

装夹精度要求较高的工件时可使用图 3-77 所示的胀紧式芯轴，它在安装工件的芯轴中部有 1：5 000～1：8 000 的锥度，可胀衬套穿在芯轴上，在圆盘上有四个孔，可胀衬套的每一瓣以小凸起分别插进圆盘的四个孔内，并用弹簧连接在一起。当拧动螺母时，推动可胀衬套胀开，将工件紧固。这种胀紧式芯轴改善了安装有孔工件时的精确定心问题。

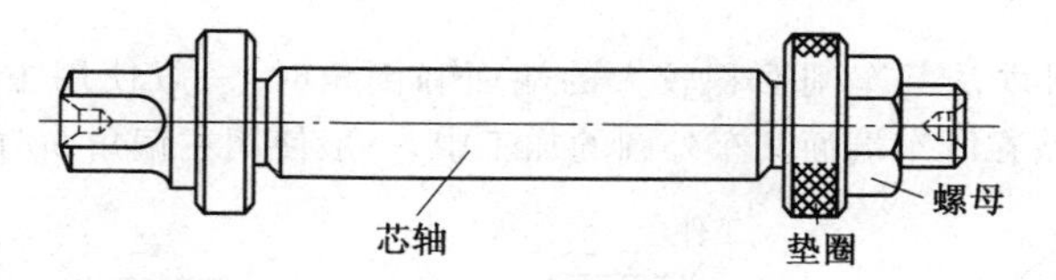

图 3-76 圆柱芯轴组合

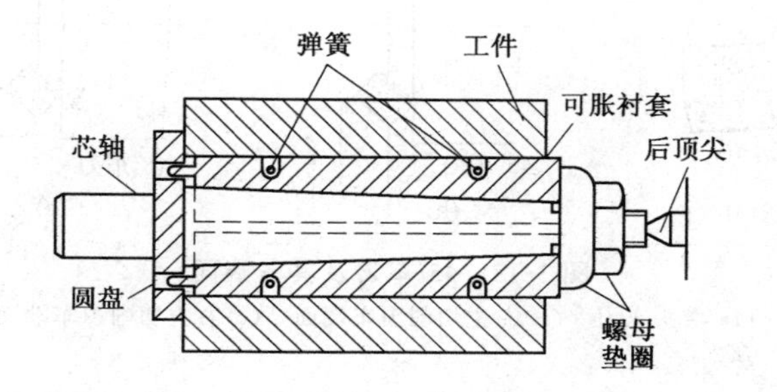

图 3-77 胀紧式芯轴装夹工件

小窍门

1. 车削短轴端面，提高效率的装夹方法

小直径短轴类工件车削端面时，往往用自定心卡盘一次夹持一个工件进行车削。如果采用栏图 3-14 所示装夹方法，在自定心卡盘上一次装夹三个工件，这样，每个卡爪压一件，三件整好夹紧。在车削过程中，三个工件的回转中心部分是空的，还可以避免因刀尖高低不合适而造成打刀或工件端面留下小凸台的问题。

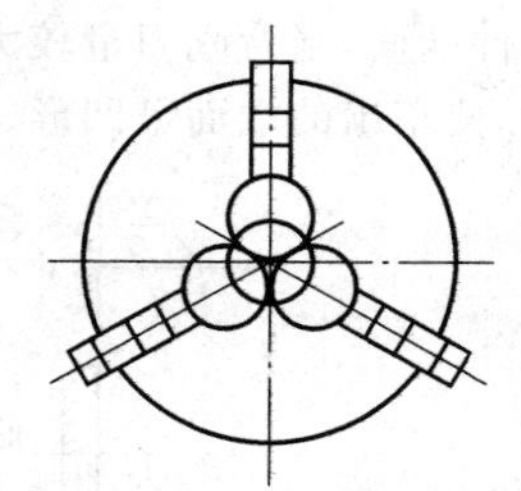

栏图 3-14 同时装夹三个工件车端面

2. 巧车薄垫圈

车薄板类垫圈工件时，常用四个压板固定工件，如果将一块木板装卡在自定心卡盘上，并车光木板端面，用四个小钉把待切垫圈的毛坯钉在木板上，然后用栏图 3-15 所示的车刀切出垫圈。这种方法简单快速，橡胶垫圈可保证圆度。

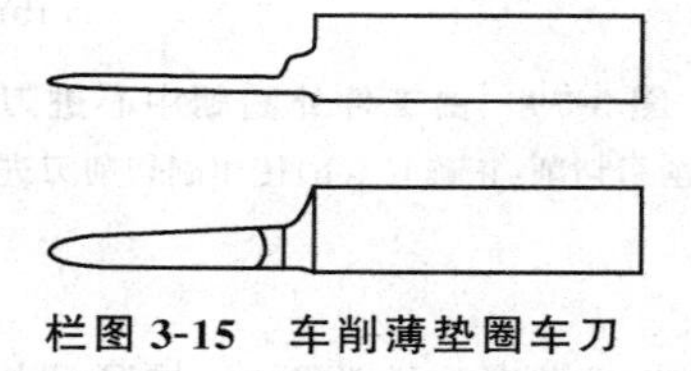

栏图 3-15 车削薄垫圈车刀

二、端面车削方法和应注意事项

（1）端面车削方法　车削面积较大的端面和倒角时，一般使用主偏角 45°的弯头车刀，如图 3-78 所示；在既车端面又车外圆的加工中，一般使用主偏角 90°的车刀。

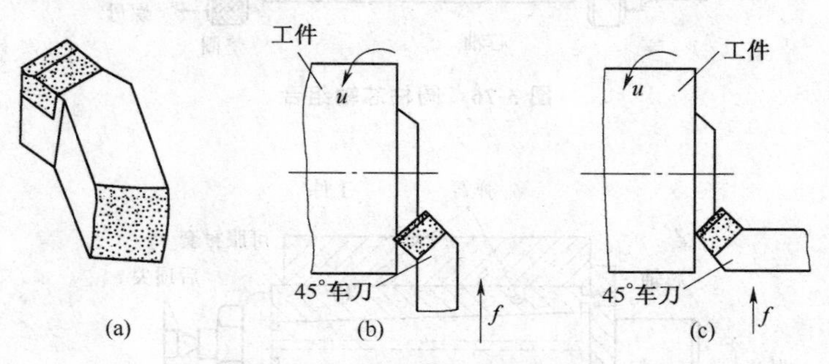

图 3-78　45°车刀及其车端面

(a)45°弯头车刀　(b)左主切削刃车端面　(c)右主切削刃车端面

前面谈到，车端面时的进刀方式有两种，一种是使用 90°偏刀由工件中心朝外圆方向进刀，另一种是由工件外圆向中心方向进刀。第一种进刀方式如图 3-63(a)所示，它是主切削刃切削，这时切削力较小，并且在切削力的作用下刀尖离开端面，车出的端面平直，质量较好。采用第二种进刀方式如图 3-63(b)和 3-78 所示，这样的切削形式也比较好，但要注意所使用车刀必须是主切削刃进行切削，如图 3-79(a)所示。如果像图 3-79(b)所示那样主切削刃在车刀刀头的左边，车端面是使用副切削刃进行切削，这时，刀尖在切削力作用下指向工件端面，当背吃刀量较大时，刀尖容易扎入端面，并且，越接近工件中心，刀尖扎入量越大，使车出的端面呈凹形。

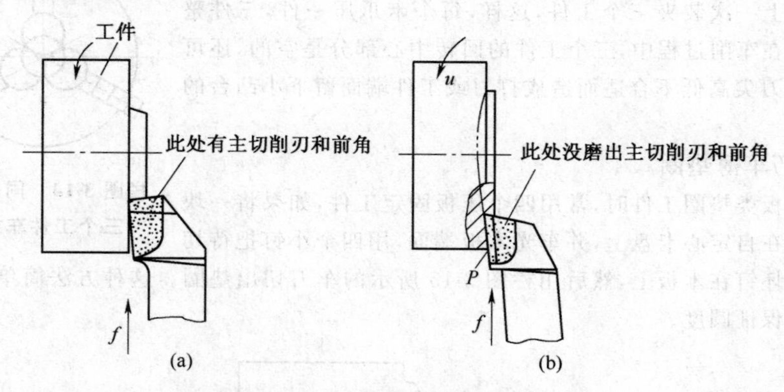

图 3-79　由工件外圆朝中心进刀

(a)使用主切削刃切削(正确)　(b)使用副切削刃进行切削(错误)

车端面操作步骤如下：

①移动溜板和中滑板，使车刀靠近工件端面后，拧紧溜板紧固螺钉，如图 3-80 所示，将其位置固定。

②测量毛坯厚度尺寸。先车的一面尽量少车去些，将余量留在另一面去车，防止加工余量不够。车端面前应先倒角，并防止因表面硬层而损坏刀尖。

③摇动中滑板手柄车端面。手动进给速度要均匀，背吃刀量可用小滑板刻度盘进行控制。

④端面车出后，接着对端面进行精度检查。使用钢直尺或刀口直尺检查端面的平面度。

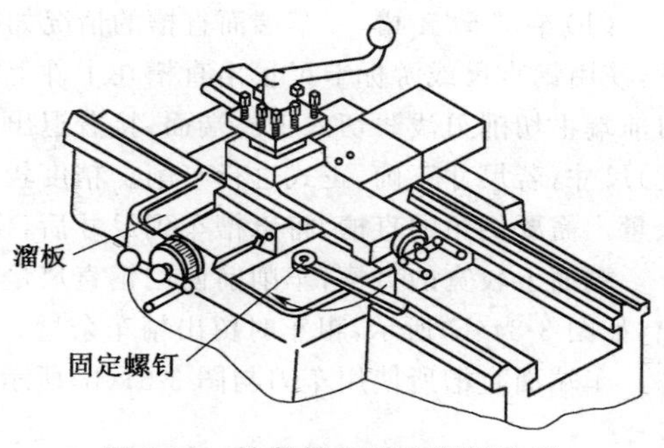

图 3-80　拧紧螺钉固定溜板位置

对表面粗糙度有严格要求的端面，车削后按照第一章第二节中的有关介绍进行检验。

(2)*车端面应注意事项*　车端面应注意事项除了前面已介绍的外，还需做好以下几点：

①车端面安装车刀时，注意使刀尖对准工件中心，这样才能将端面车平。刀尖如果高于工件中心或低于工件中心，车出的端面都会在中心处留有凸头，甚至崩碎车刀刀尖。这方面情况与图 3-30 所示是一致的。

②车端面时，应注意拧紧溜板处的固定螺钉，如图 3-80 所示，切削中使溜板的位置固定不动(需要增加背吃刀量时移动小滑板)，这样才能保证被加工端面的平直。

③当工件端面倾斜或加工余量不均匀时，一般采用手动进给；若背吃刀量较小且加工余量均匀，可用自动进给。用自动进给，当车到离工件中心较近时，应改用手动慢慢进给，以防车刀崩刃。

④车端面时，由于越接近端面的边缘处切削速度越高，而靠近轴线处切削速度较低，这时，车削过程中的切削速度是变化的，不容易车出表面粗糙度值低的表面，因此车端面时，主轴转速应比车外圆的转速选得稍高一些。

三、端面上沟槽的车削

工件端面上的沟槽如图 3-81 所示。

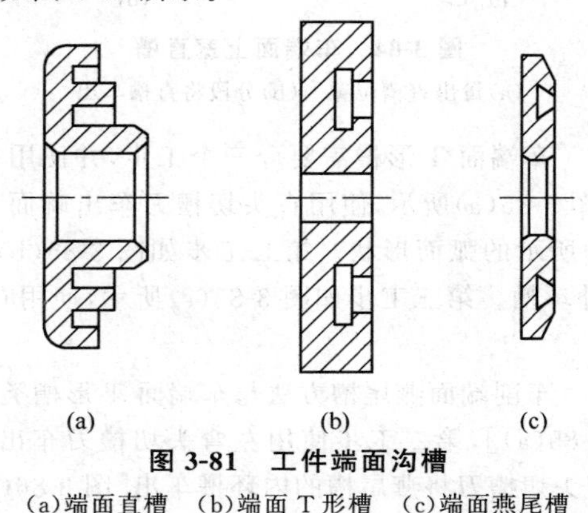

图 3-81　工件端面沟槽
(a)端面直槽　(b)端面 T 形槽　(c)端面燕尾槽

（1）车端面直槽　车端面直槽的情况如图 3-82 所示。切削前，在工件不转动的情况下，使用钢直尺或游标卡尺量出直槽在工件上的位置，如图 3-83 所示，然后，移动溜板使车刀前端主切削刃浅浅切入工件端面，接着退出车刀，测量直槽外侧（或内侧）的直径（或槽宽度）尺寸；若尺寸正确，正式进行车削。精度较高的直槽，要求粗车和精车，粗车时留出精车余量。需要倒角的直槽，将直槽车到尺寸后，换上尖刀在直槽的两侧面倒去锐角。

端面上较宽的直槽，车削前使用钢直尺量出直槽位置，如图 3-84（a）所示，分段将槽车出，如图 3-84（b）所示，粗车时留出精车余量。

车端面直槽所使用车刀与图 3-61（b）所示基本相同。

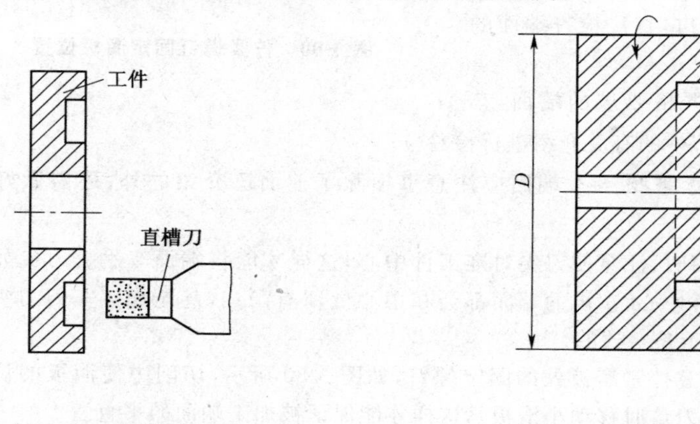

图 3-82　车端面直槽　　图 3-83　钢直尺量出沟槽车削位置

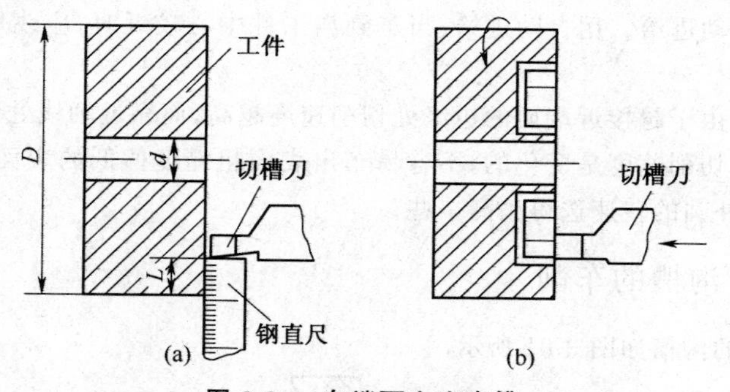

图 3-84　车端面上宽直槽

（a）量出直槽位置　（b）分段将直槽车出

（2）车端面 T 形槽　车端面 T 形槽需要分三个工步，并使用三种不同形状的切槽刀进行加工。第一工步如图 3-85（a）所示，使用直头切槽刀车出端面直形槽。直头切槽刀的侧面注意磨出图 3-61（b）所示的弧面形状。第二工步如图 3-85（b）所示，使用左弯头切槽刀，车出端面 T 形槽的外环槽。第三工步如图 3-85（c）所示，使用右弯头切槽刀，车出端面 T 形槽的内环槽。

（3）车端面燕尾槽　车削端面燕尾槽方法与车端面 T 形槽类似。第一工步先使用直头切槽刀车出直槽[图 3-85（a）]，第二工步使用左弯头切槽刀车出燕尾槽外环槽[图 3-86（a）]，第三工步使用右弯头切槽刀将燕尾槽的内环槽车出[图 3-86（b）]。

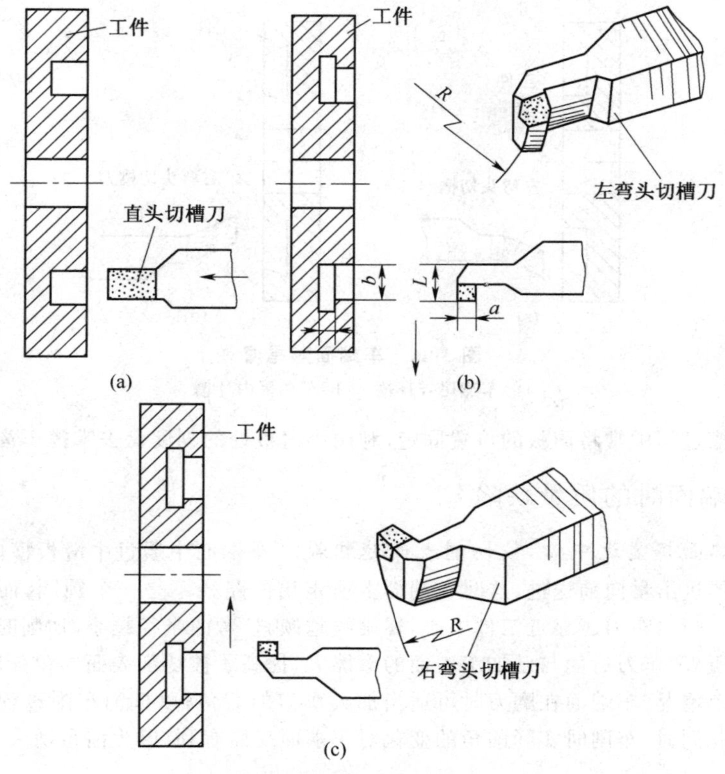

图 3-85　车端面 T 形槽

(a)车直槽　(b)车 T 形外环槽　(c)车 T 形内环槽

小窍门

车削端盖类工件，在测量和控制定位槽尺寸，如栏图 3-16 所示的 $\phi70_{-0.25}^{\ 0}$ mm 尺寸时，如果使用游标卡尺测量，一般读不出精确尺寸，并且控制不了公差，而用外径千分尺又无法测量。栏图 3-17 所示是用 50～75mm 的齿轮公法线千分尺来测量 $\phi70_{-0.25}^{\ 0}$ mm 尺寸，这既可以读出精确的尺寸，又可以把尺寸控制在公差范围内。

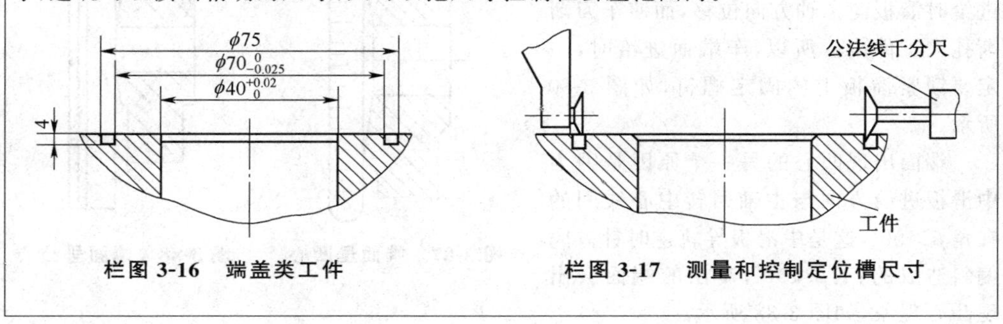

栏图 3-16　端盖类工件　　**栏图 3-17　测量和控制定位槽尺寸**

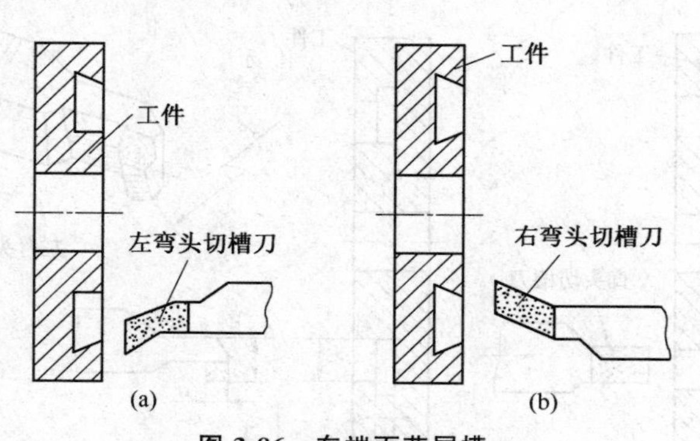

图 3-86　车端面燕尾槽

(a)车燕尾外环槽　(b)车燕尾内环槽

端面车槽过程中常将溜板的位置固定,利用小滑板处的刻度盘去掌握车沟槽深度。

四、车端面时的质量缺陷

(1)车端面越靠近中心,被切削表面越粗糙　车端面中通过中滑板横向进给,车刀按一定大小的进给量向前送进,这时在端面上所走出的路径不是一个圆圈,而是一条阿基米德螺旋线,并且,车刀越靠近工件中心,螺旋线越倾斜,弯曲半径越小,切削时的实际后角变化越大。所以,车刀后面与已加工表面的摩擦大,提高了被切削表面的粗糙度。

由于以上情况,车端面在磨刀时可适当加大车刀的后角,以抵消车削过程中后角变化的影响。与此同时,车削时实际前角的变化对车端面反而有利,因为前角增大了,切削起来更省力。

车端面时车刀越接近中心,被切削直径就会越小;在主轴转速不变的情况下,被车削直径越小切削速度越低。这样,随着车刀由外向里的径向进给,切削速度逐渐降低,也提高了被加工表面的粗糙度。

(2)车出的端面出现凹心　端面车出后,当用平直尺检查时发现有凹心现象,如图 3-87 所示。形成这种缺陷的主要原因除了图 3-79 所介绍的情况外,还有在车削过程中溜板没有紧固,出现横向进给时溜板向主轴方向位移,而使车刀渐渐扎入工件内。所以,车端面进给时,一定要锁紧溜板上的固定螺钉,如图 3-80 所示。

端面出现凹心的另一个原因是因为中滑板进给方向与主轴回转中心线间的夹角 $\beta>90°$,这是中滑板导轨逆时针方向偏斜造成的;若 $\beta<90°$,车出的端面会出现凸心现象,如图 3-88 所示。

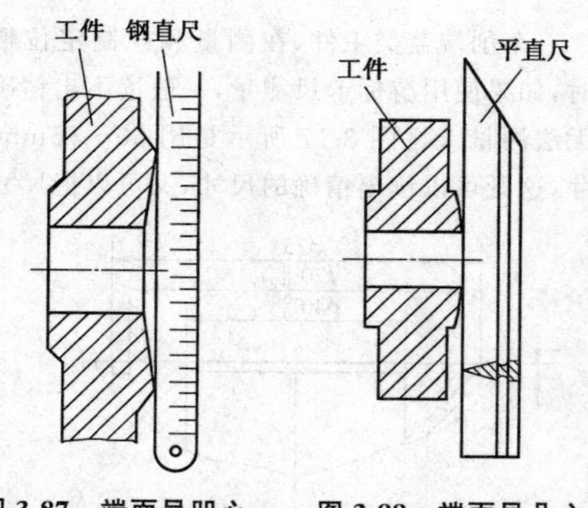

图 3-87　端面呈凹心　　**图 3-88　端面呈凸心**

第三节　车床上切断加工

车床上切断工件如图 3-89 所示。切断时以横向进给为主,切断刀前端切削刃为主切削刃,两侧刃为副切削刃。由于切断刀的刀头较长,所以强度比较低。

在车床上切断工件的过程中,由于是径向进给,所以切削速度不断变化着;随着由外向里的连续进给,被切割直径逐渐变小,切削速度变慢,这时的切屑流动速度也相应减慢,但切屑变形在增大,切屑也随之变厚。这是切断的特点,也是与车内外圆的一个不同点。

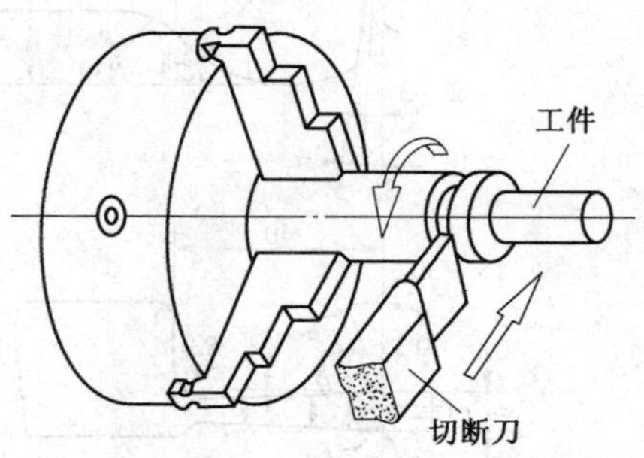

图 3-89　车床上切断工件

一、切断刀结构形式及其使用

图 3-90 所示是高速钢切断刀,车刀材料为 W18Cr4V。该切断刀有两个左右对称的副后角 $\alpha_1=1°\sim2°$,它的作用是减少车刀副刀面与工件两侧面的摩擦。切断刀在前刀面上有个卷屑槽,但这个卷屑槽不宜过大过深,否则会削弱刀头强度。该切断刀可用于普通钢件的切断加工,切断时切削用量选择如下:进给量 $f=0.1\sim0.3$mm/r;切削速度 $u=30\sim60$m/min。加工时充分使用切削液。

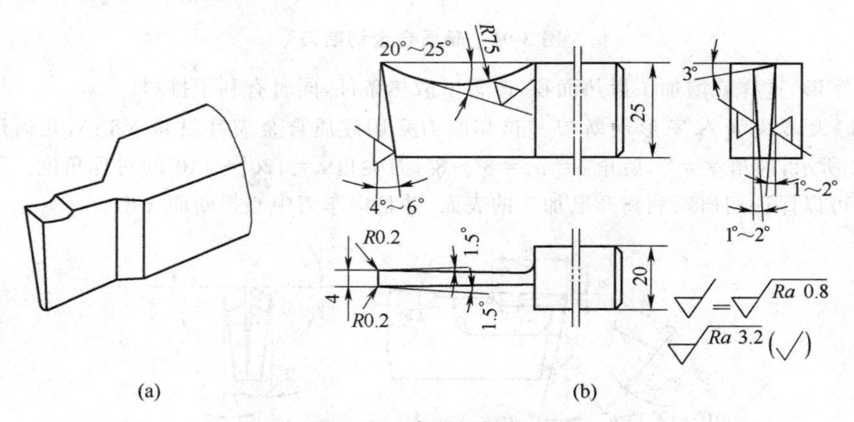

图 3-90　高速钢切断刀

(a)立体图　(b)结构形式

图 3-91 所示为硬质合金切断刀,刀片材料为 YT5 或 YT15,切断钢件时使用。其切削用量选择如下:进给量 $f=0.3\sim0.4$mm/r;切削速度 $u=120\sim150$m/min。

切断刀有多种,除了以上常用的普通结构形式外,还有大走刀、高速和具有特殊功能的切断刀,下面介绍几种。

1. 人字形切断刀

切断中,由于切削槽比较窄,所以排屑困难,并且,切削热不容易散发出来,这时的切削热集中在刀刃的刃口上,导致切削温度升高,车刀磨损加剧。为了改变状态,可将刀头形状

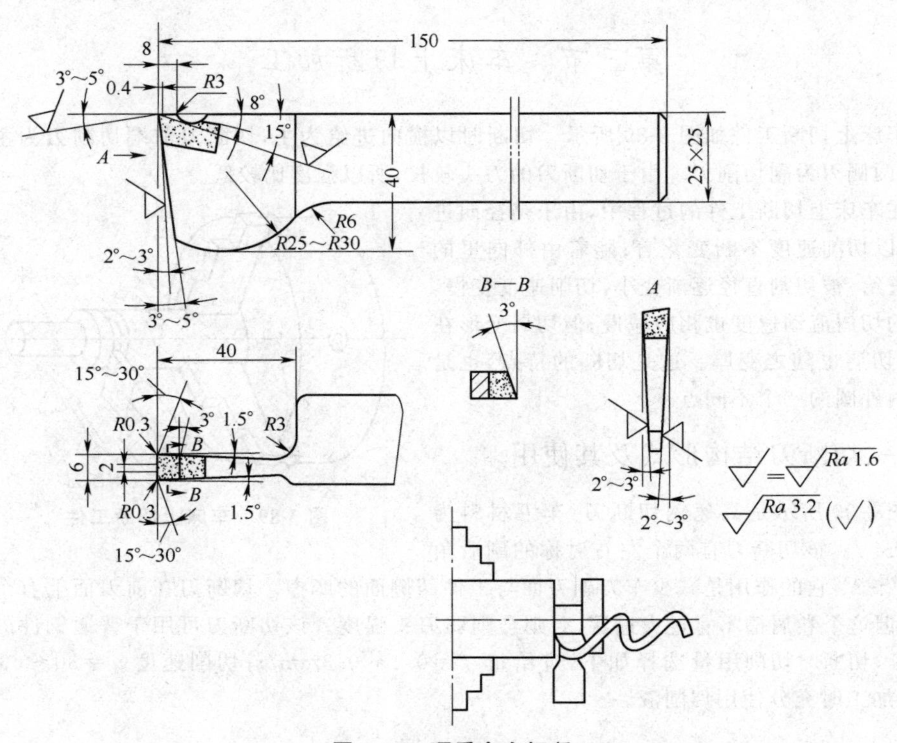

图 3-91 硬质合金切断刀

做成人字形，这样就增加了散热面积，改善了散热条件，同时有利于排屑。

(1)大刀尖角人字形切断刀 该切断刀采用硬质合金刀片材料 YT15，几何形状如图 3-92 所示，前角 $\gamma=5°$，后角 $\alpha=\alpha_1=6°\sim8°$；刀尖角 $\varepsilon=120°\sim140°$的对称角度。这种大刀尖角可以保证切屑顺利离开已加工的表面，并且向车刀中心折断而飞出。

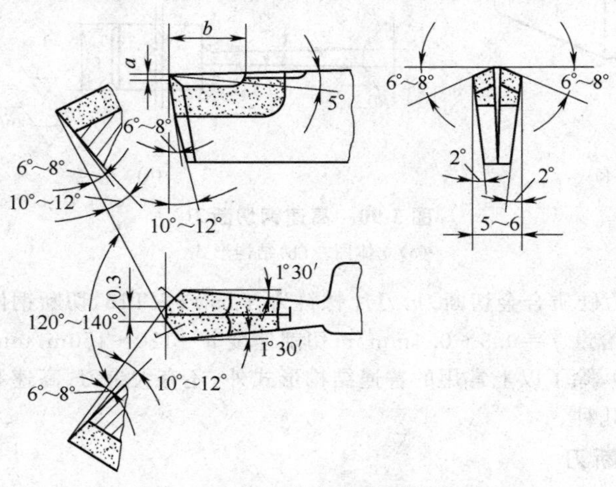

图 3-92 大刀尖角人字形切断刀

用这种车刀加工 45 钢时，切削速度 $u=300\text{m/min}$，进给量 $f\geqslant 0.3\text{mm/r}$。使用中，应把握好以下几点：

①刃磨时要保证刀尖角对称，以免受力不均匀，使车刀切削中产生偏移而影响加工质量。

②使用前，把刀头上各部分研磨光洁。

③断屑台 a，b 的尺寸根据进给量的大小来决定，进给量大，b 也大。加工 45 钢，$u=300\text{m/min}$，$f=0.3\text{mm/r}$，$a=1\sim1.5\text{mm}$，$b=4\text{mm}$，断屑情况良好。

④切削速度大，断屑容易（但切削到工件心部可能不断屑）；进给量过小容易发生振动，所以进给量还是选择稍大些。

⑤车床和工件应该有足够的刚度。

⑥安装车刀时，刀尖要高于工件中心 1mm 左右。

（2）*大前角人字形切断刀*　该车刀的几何形状如图 3-93 所示，若在 CA6140 型卧式车床上切削，工件直径为 50～60mm 时，切削速度 $u=180\sim200\text{m/min}$。进给量 $f=0.35\sim0.45\text{mm/r}$。

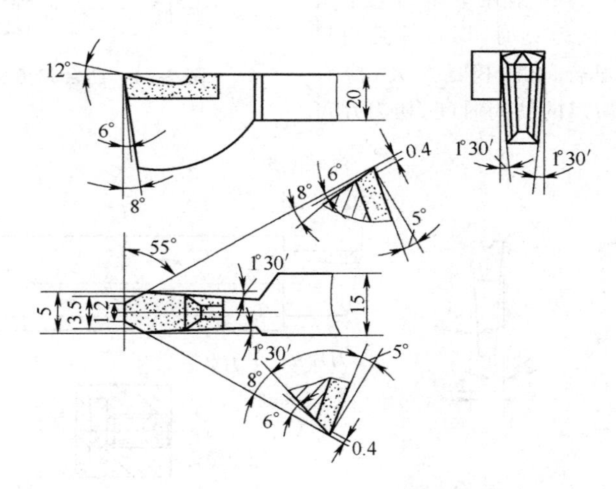

图 3-93　大前角人字形切断刀

这种刀的特点是：由于具有人字形双过渡刃，因此切削厚度减薄，散热条件改善，能适应高速切削；同时刀尖两面刃均带有 0.4～0.5mm 的负倒棱，刀尖强度增加，所以能进行大走刀切断，车刀的寿命也很长。

在刃磨时，要注意两面对称，否则切削时两面受力不均，容易打刀。

2. 凸台刀刃式切断刀

这种车刀在主切削刃中间有刃宽为刀头宽度 1/3、高为 0.5～1mm 的凸台部分，如图 3-94 所示，在切削加工时能缩小切屑宽度，使切屑顺利排出；并且在接近把工件切断时，可减少冲击力及切削力，故不易打刀，提高了车刀寿命。该车刀采用前角为 10°的圆弧形前刀面，能减小切屑变形，使切削轻快。

切断时采用切削用量为：切削速度 $u=50\text{m/min}$。进给量 $f=0.2\sim0.4\text{mm/r}$。

3. 纯铜工件切断刀

由于纯铜材料质软，塑性又大，在切割过程中排屑不顺畅，这不仅会提高表面粗糙度，甚至会折断刀头。图 3-95 所示纯铜件切断刀前刀面中部有一个半圆形小凹槽（根据需要小凹槽可取宽 0.5～1mm，深 0.3～0.5mm），这样在切断工件时，可使刀刃与工件切削面固定位置，从而增强了刀具刚度，消除振动，有利于提高切削速度，控制切屑流动方向。

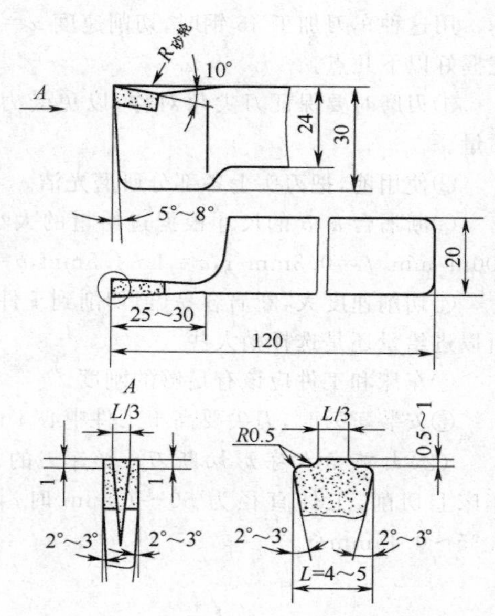

图 3-94　凸台刀刃式切断刀

4. 可调式切断刀

该切断刀结构形式如图 3-96 所示，切刀片用 3 个紧定螺钉紧固在刀体的方槽内。根据不同直径的工件调节 l 长度，并通过紧定螺钉压紧，这样整个刀体压紧在车床刀架上就可以使用了。制作该刀具时，切刀片几何尺寸与刀体方槽的配合间隙不要太大（应＜0.1mm）。为提高切刀的使用时间，切刀片可做得长一些。

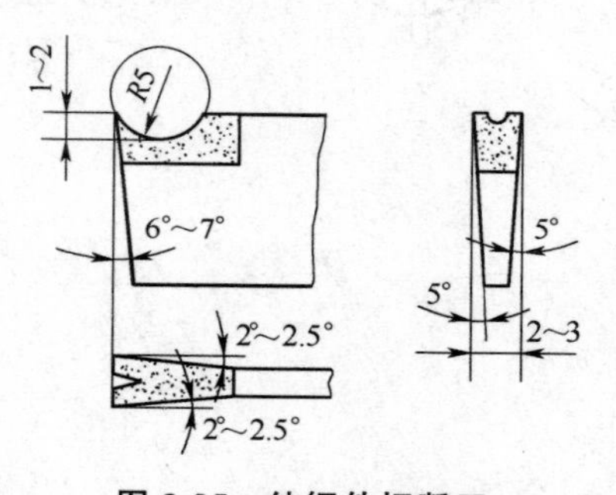

图 3-95　纯铜件切断刀

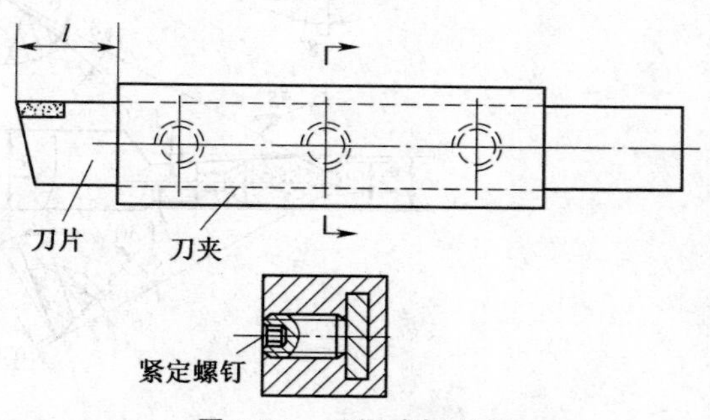

图 3-96　可调式切断刀

图 3-97 所示是另一种形式的可调式切断刀刀夹，它的特点是，刀夹上没有专用紧定螺钉，刀片（图中未画出）装进刀槽内后，直接通过刀架上的螺钉就可以将刀片夹紧。图中，在刀夹一侧开一条装刀片的通刀槽，通刀槽的槽深、槽宽尺寸较刀片厚度、宽度均大 0.5mm 及 1mm。对应着夹持刀口一端的刀夹中部开一条 3mm 宽的弹性变形槽（刀夹应进行淬火处理，以保证其具有一定的弹性），槽的尽头钻一防裂孔。

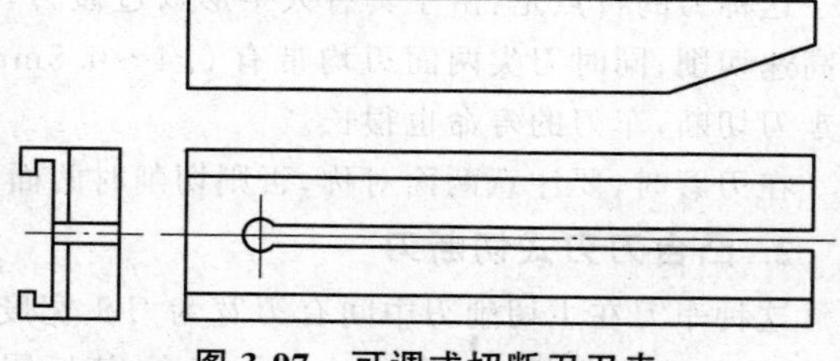

图 3-97　可调式切断刀刀夹

切断刀在装夹时，只需把刀片插进刀夹的刀槽内，调整刀头外露长度合适后，即可装在刀架上，通过刀夹弹性变形压紧刀片。当再次需要调整或换取刀片时，只需旋松刀架上的压紧螺钉，不需取下刀夹。

5. 机夹切断刀

机夹切断刀的结构形式很多，图 3-98 所示是根据杠杆原理来夹紧切断刀刀头的，拧紧螺钉 7 使杠杆 3 绕销轴 4 转动，压紧硬质合金刀片 2。当刀刃磨损或损坏需要更换刀片时，松开螺钉 7 取下刀片 2，新刀片放上后，调整丝杆 8，止动螺母 6 使刀板 5 向前移动，刀片被压紧后再刃磨几何角度，继续使用。

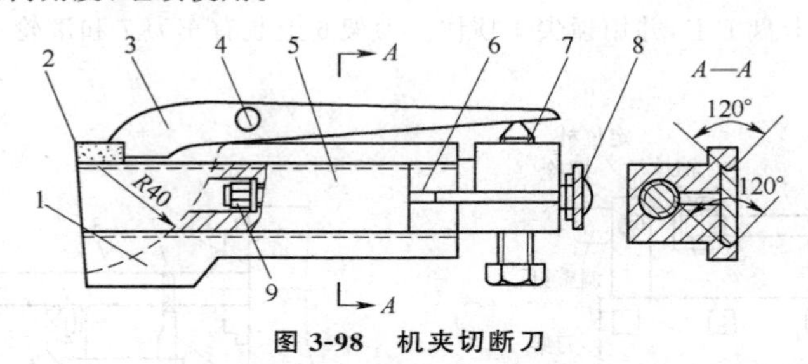

图 3-98 机夹切断刀

1. 刀体 2. 刀片 3. 杠杆 4. 销轴 5. 刀板 6. 止动螺母 7. 螺钉 8. 丝杆 9. 螺母

切削过程中，工件旋转时将产生使车刀向下的切削力，刀片、刀板在切削力的作用下，将产生振动或弯曲，因而在刀板下面设计了 $R40$mm 的加强筋，以增加刀体强度，防止振动。

切削时，车刀横向移动自动进给，将产生径向力，这时，由止动螺母 6 阻止切刀向后移动。切屑由于杠杆 3 前部的挡屑作用，使切屑从与操作者相反的方向排出并断裂，保证了操作安全可靠。

该切断刀刀片角度和几何形状如图 3-99 所示。前角取 0°，主切削刃磨有 0.2×(−3°～−5°)副倒棱，以增加刀刃强度。后角 α_0 取 5°，减小主后刀面与工件摩擦，减小径向力。主切削刃磨成 130°夹角，可保证切削时切屑变窄从槽内顺利排出，不夹刀，不闷车，切削轻快。副偏角 K_r' 取 1°～1.5°，减小副切削刃与工件两侧面的摩擦，避免夹刀。副后角 α_1 取 1.5°，可减少副后刀面与工件的摩擦，保证工件两端的表面粗糙度。此外，刀片刃磨后，底部磨成 120°，放在座板的 120°槽内，旋紧紧定螺钉使杠杆压紧刀片。

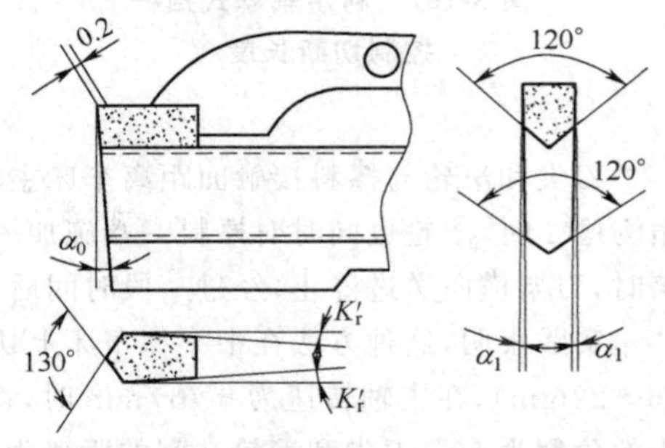

图 3-99 机夹切断刀片几何形状

二、切断加工操作提示

(1)控制被切断长度的方法　车床上切断工件，控制被切割长度时，一般是用手拿着钢直尺度量，但这样不容易保证长度一致，也很费时间。大批量加工中，可采用以下方法去控制长度。

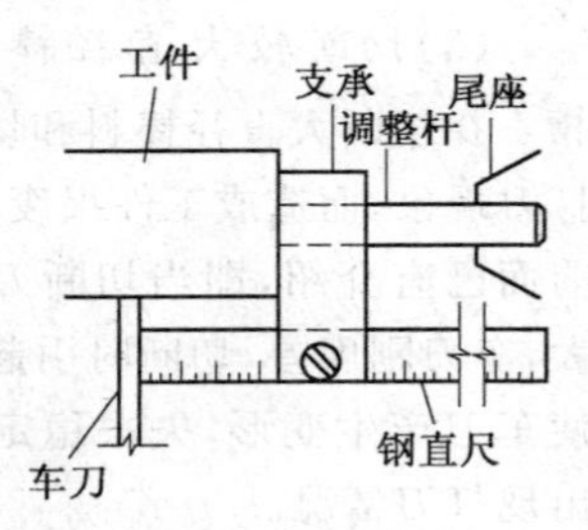

图 3-100 用钢直尺控制切断长度

图 3-100 中，用螺钉将钢直尺固定在支承上，另一端固定一个调整杆，调整杆安装在夹

头内，夹头插入尾座锥孔中。钢直尺的伸出长度等于工件切断长度。当调整杆左端接触到工件端面后，使切断刀也对正钢直尺的左端，然后退出尾座上的调整杆，切断刀向前进给，将工件截断。

图 3-101 所示是在调整杆的左端加装一个滚动轴承，当轴承接触到工件端面时，即可进行切断。

(2)切断小直径棒料　图 3-102 所示是切断小直径棒料过程中，在需要的位置上人为地造成一个应力集中点，使旋转的被切割棒料承受反复弯曲而折断。加工时先将棒料 3 夹在车床自定心卡盘 1 上，并用顶尖 4 顶住。刀架 6 上装有车刀 7 和滚轮 5，开车后使刀架做横向送进。

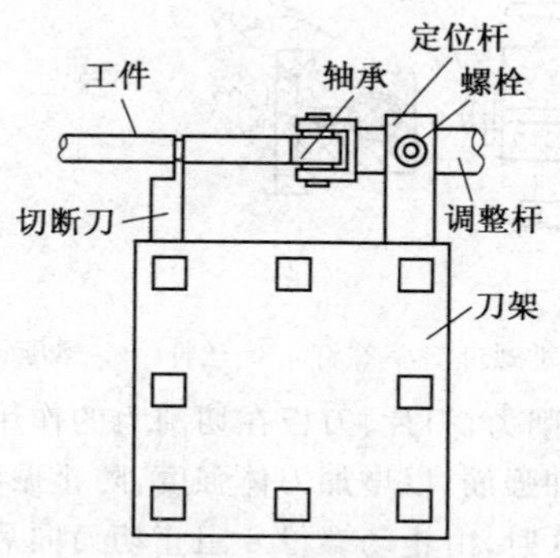

图 3-101　利用轴承式挡杆控制切断长度

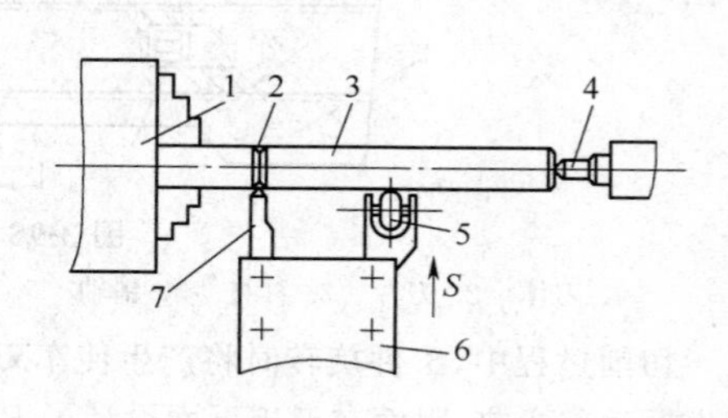

图 3-102　辅以滚轮切断小直径棒料

1. 三爪自定心卡盘　2. 切削出的沟槽　3. 棒料　4. 顶尖　5. 滚轮　6. 刀架　7. 切断刀

刀尖和滚轮与棒料接触面距离车床主轴中心线相等。所以，当车刀将棒料切出一个三角沟槽 2 时，滚轮也同时对棒料一端施加一载荷。当车刀切入棒料的深度为其直径的 0.1 倍时，刀架横向送进停止，经过一段时间后，棒料准确地沿三角沟槽处折断。

实践表明，这种方法在中小型车床上切断钢、铝合金、生铁和铜制的棒料(棒料直径为 16～22mm)，在主轴转速为 600r/min 时，切断一根坯料用的时间为 15～25s。硬质合金刀头的角度为 60°，刀尖和滚轮之间的距离为 100mm；作用到滚轮上的力为 2 500～3 000N。折断后的端面为粗粒状平面，损坏层深度为 0.5～0.8mm，它决定了端面进一步加工的余量。

(3)切断较大直径棒料和切深度大的槽　在切断大直径棒料和切深槽时，经常发生打刀现象，而造成工件报废。打刀的主要原因前面已有介绍，即当切断刀伸出较长时，力矩大，车刀刚度差，切断时引起工件和车刀振动，使车刀产生变形，失去稳定切削条件等，都会出现打刀情况。

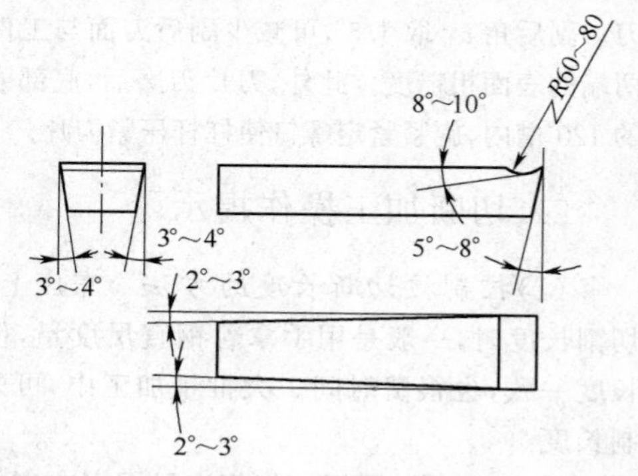

图 3-103　大直径棒料切断刀

图 3-103 所示是大直径棒料切断车刀。为了保证切断加工顺利进行，加工时，车刀安装的高低和刀伸出部分的长度应把握好。刀尖只能

等高于工件中心，不能低于工件中心；车刀伸出的长度在切断时以不碰刀架为原则（切断刀伸出越短越好）。切断大直径棒料如图 3-104 所示，车床的床鞍和中、小滑板调整到合适位置并拧紧固定，刀架 3 上的螺钉将刀杆压牢。为避免车刀因径向切削力的作用而低于工件中心，可在刀体 4 上点焊小直径螺柱 5，螺柱 5 的直径根据切断刀刀头宽度来确定。加工前，使用单动卡盘夹紧工件，用尾座的顶尖将工件顶牢。调节螺母 6，使螺柱 5 顶起车刀并使刀尖对准工件中心。这样即可消除切断过程中，由于切削力使车刀向下压而产生的打刀现象。

（4）*反装切断刀切割工件*　切断直径较大的工件时，切断刀悬伸的较长，刚度差。为了使切削稳定，还可采用工件反转，反切刀切断的方法，如图 3-105 所示。反切削时，切削抗力与工件重力 G 的方向一致，从而对抑制振动和工件跳动都能取得较好效果；并且，这时切屑从下面排出，不阻塞在槽中。但应注意，此时的自定心卡盘与主轴的连接部分必须装有保险装置，以免卡盘因倒转而从车床主轴上脱开造成事故。

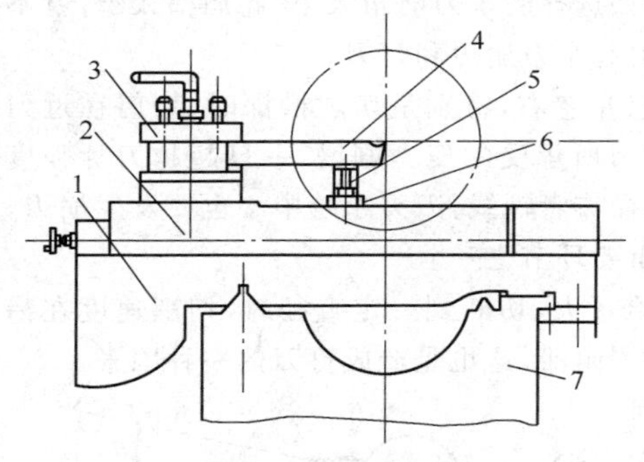

图 3-104　切断大直径棒料

1. 床鞍　2. 中滑板　3. 刀架　4. 切断刀　5. 小直径螺柱　6. 调节螺母　7. 床身

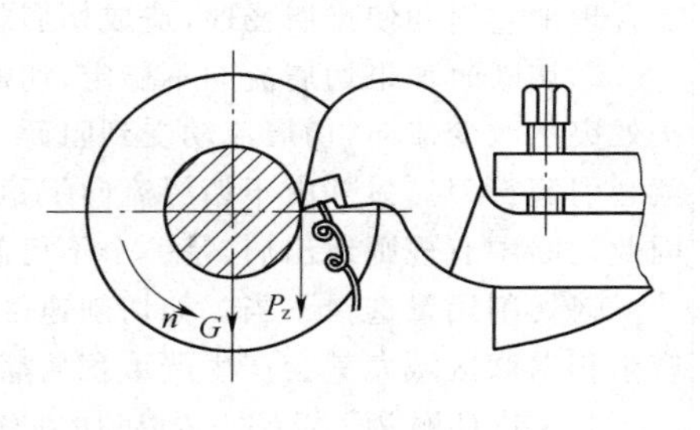

图 3-105　切断刀反切法

切断过程中存在的几个问题

切断工件时，随着刀头伸入工件越来越深，导致排屑难度越来越大，切削热量越来越多，由于排屑阻力逐渐增大，车刀承受的压力也不断增加。因为切断刀刀头部分狭长，所以散热条件及支承的刚度和强度都比较差，加上切断刀主切削刃是沿着径向进给的，而车床是轴向刚度好，径向刚度差。如在相同的切削力情况下，相对来说轴向进给时，切削稳定，但径向进给就容易引起振动。

（1）扎刀　所谓扎刀就是指切断过程中，刀刃突然戳入工件内，而使工件被顶弯，刀头崩碎的现象。造成扎刀一般有以下几种因素：前角 γ 正值太大，切屑压力 F 指向工件，如栏图 3-18 所示。这样，如果车床滑板等结合部分间隙过大，切屑正压力的径向分力会

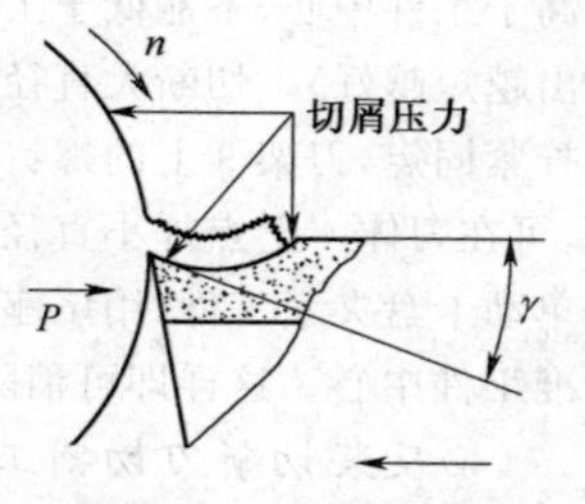

栏图 3-18　切削时产生扎刀现象

把刀头拉向工件；其次车刀主后角 α 过大，主后刀面与工件加工表面接触就会很小，阻力 P 也很小，其径向分力也减小，加工表面不能抵抗这个压力 F 的径向分力作用，车刀失去控制，刀尖因不稳定而扎入工件造成扎刀。

(2)打刀　打刀大致有以下几种原因：

①在切断塑性材料时，由于切断直径逐渐缩小，切削速度由高到低变化相当大。例如切断 ϕ60mm 棒料，转速 $n=$ 1 000r/min，则外圆的切削速度 $u=188$m/min，将到切断时，切削速度 $u=3\sim5$m/min(工件中心点切削速度＝0，工件上最后 1～2mm 不是切断而是挤断)。在这样大的变化范围内，如果车刀前刀面和几何形状处理不当，譬如选择的车刀前角太小，卷屑槽太窄，就不能合理地卷屑和使排屑畅通，造成切屑阻塞而引起车刀崩刃和打刀。

②切断时如果切屑流向不稳定，切屑排出忽左忽右，特别是切削槽深时，切屑在近刀头处突然改变流向，切屑流动受到阻碍，这时刀刃所承受的压力剧增，一旦超越刀片强度就会引起打刀。另外由于切屑流向不稳定影响操作者视线，刀刃超越中心也要发生崩刃，因此切断中有规则地出屑，是一个不可忽视的重要环节之一。

③切削用量选择不当。如切削速度低，进给量大，切断到一定直径时，切削速度在易产生积屑瘤区域尤其会产生严重积屑瘤造成切屑阻滞，这也是造成打刀的一种因素。

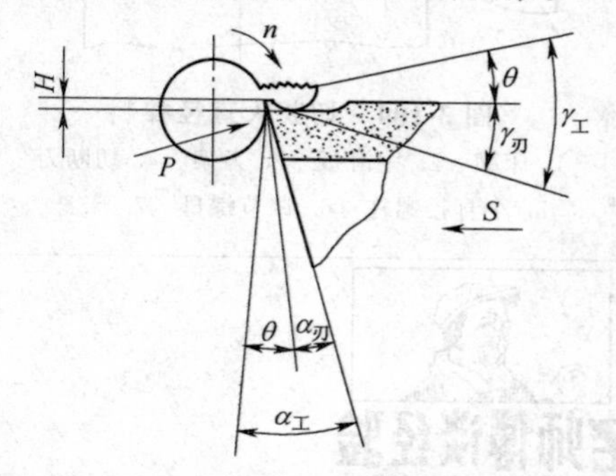

栏图 3-19　切断刀刀尖高于轴件中心

(3)车刀崩刃、断裂　例如切断实心棒料时，若刀尖高于工件中心，如栏图 3-19 所示，在切断过程中，当切割直径变小时，实际切削主后角会变成负值；这时，如果继续进给，那就会出现车刀后刀面顶工件，工件芯棒又硬顶刀头的挤压现象；当刀头受不了强大顶力时，就会脱离基面而断裂。

(4)振动　切断工件过程中产生振动，容易损坏车刀和车床，也难继续进行切断工件，一般产生振动有以下几种情况：

①车床刚度较差，如车床主轴与轴承配合间隙过大，溜板、中、小滑板与导轨配合太松，自定心卡盘卡爪有喇叭口等都会引起振动；

②工件和车刀的刚度差，如工件细长，切割位置远离卡盘，刀头截面积太小，其次刀刃太宽也会引起振动；

③主后角太大或者车刀安装时刀尖低于工件中心太多，使车刀主后刀面不能托住工件而产生振动(工件将被切断时车刀还会崩刃)；

④切断时进给量太小，切削力就小，刀刃对车床主轴的径向压力小或径向压力不稳定产生振动；

⑤切削力过大，如前角正值太小或前角负值太大，刀刃棱边 f 太宽，倒棱负前角 γ_f 负值太大等，造成切削负荷太大引起振动。

(5)已加工表面不平直　指切断下来工件平面呈凹形或凸形，严重的造成产品报废，其原因有以下几种情况。

①由于切断刀具刚度差，容易弹让，因此在切断工件时，必须使径向切削力的水平分力 F 指向刀头前刀面中心点(即切削合力与刀头前刀面中心线一致)不使刀头偏让。栏图 3-20(a)表示径向切削合力的水平分力与刀头前刀面中心线一致，其已加工表面平直度就好；而栏图 3-20(b)所示，其径向切削力与刀头前刀面中心线不一致，切断时刀头就会向右偏让，其已加工面就成凹形；反之如栏图 3-20(c)所示，刀头就会向左偏让，已加工面就呈凸形。

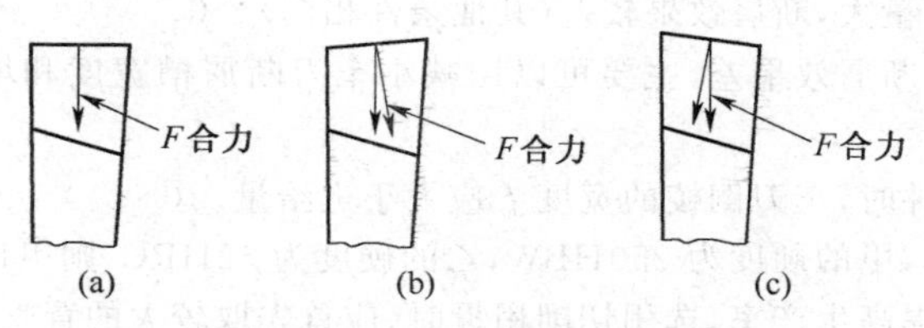

栏图 3-20　切断刀受力分析(一)

②对于人字形切断刀刀刃或其他多刃多尖刀刃，其基本原理与直线刀刃一样。栏图 3-21(a)表示切断刀刀刃角度与斜刃长度均对称，切削合力 F 正好与刀头前刀面中心线一致；栏图 3-21(b)所示刀刃角度与斜刃长度不对称，其切削合力与刀头前刀面中心线不一致，刀头就会向右偏让，已加工表面呈凹形；反之，如栏图 3-21(c)所示，刀头就会向左偏让，已加工表面呈凸形。另外，切削热也会造成已加工表面不平直，特别是薄片工件，因为在切断中产生热量，很大一部分传到工件上，加工工件越薄散热条件就越差。工件材料塑性系数越大，越容易变形，随着切断进行，切削热量越来越大，因为散热面积小，材料随着温度增高而软化以及其热胀冷缩因素，严重的会变成碟形。

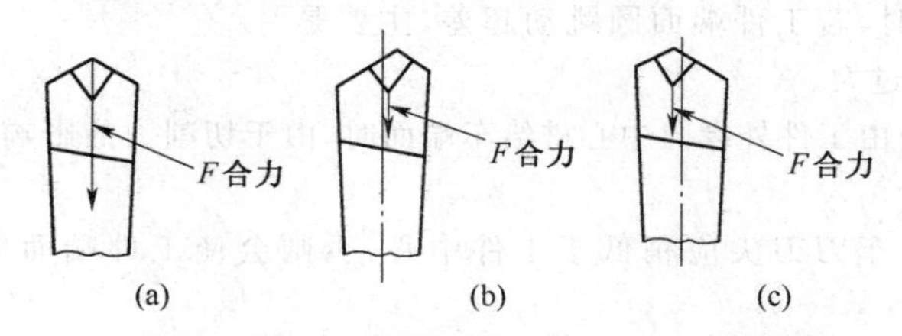

栏图 3-21　切断刀受力分析(二)

复习思考题

1. 装夹短轴类工件和长轴类工件的方法有什么不同？
2. 车床上怎样加工中心孔？
3. 车削轴件为什么要分粗车和精车？
4. 粗车轴件应注意哪些事项？

5. 车削台阶轴时怎样控制台阶长度？

6. 车削轴类工件时，常会出现哪些问题？解决方法是怎样的？

7. 车端面时工件如何装夹和定位？

8. 车端面应注意哪些事项？

9. 为什么在车端面时，越靠近中心被切削表面越粗糙？

10. 切断过程中，怎样防止打刀和切断刀崩刃？

11. 切断时，采取什么措施可防止产生振动？

练 习 题

3.1 判断题（认为对的打√，错的打×）

1. 车削时，进给量大，断屑效果较差(其他条件相同)。( )

2. 车削时，如果断屑效果差，主要可以用减小车刀断屑槽宽度和增加进给量来解决。( )

3. 车削一般钢件时，车刀倒棱的宽度 f 应大于进给量。( )

4. 甲、乙两工件，甲的硬度为 250HBW，乙的硬度为 52HRC，则甲比乙硬。( )

5. 粗车时为了提高生产率，选用切削用量时，应首先取较大的背吃刀量。( )

6. 精车时，为了降低工件表面粗糙度，车刀的刃倾角应取正值。( )

7. 车削工件时，产生椭圆和棱圆主要是车床主轴轴承间隙过大。( )

8. 精车外圆时，在轴向表面上出现有规律的波纹，主要是车床主轴松动所引起的。( )

9. 车削工件时产生椭圆及棱圆，主要是车床转速太快。( )

10. 用两顶尖装夹工件时，若前后顶尖的连线与车床主轴轴线不同轴，则车出的工件会产生锥度。( )

11. 车削外圆时，若主轴与尾座的中心高不一致，就会产生如题图 3-1 所示的形状，即中间粗。( )

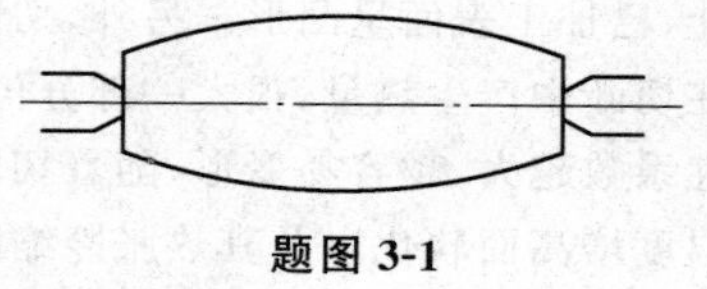

题图 3-1

12. 精车端面时，若工件端面圆跳动超差，主要是车床主轴轴向窜动过大。( )

13. 用 90°车刀由工件外缘向中心进给车端面时，由于切削力的影响，会使车刀扎入工件而成凹面。( )

14. 车端面时，车刀刀尖应稍低于工件中心，否则会使工件端面中心处留有凸头。( )

15. 测量工件端面垂直度时，若端面圆跳动为零，则垂直度不一定为零。( )

3.2 计算题

车削工件外圆，选用背吃刀量 $a_P=2$mm，在圆周等分 n 为 200 格的中滑板刻度盘上正好转过 1/4 周，求刻度盘每格 a 为多少 mm？中滑板丝杠螺距 P 是多少 mm？

3.3 问答题

1. 在自定心卡盘上装卡爪时，需要按号码顺序安装，当号码都看不清楚时，该怎么办？

2. 车床不工作时，床鞍等部件为何应该停在床身尾部(即靠近尾座处)？

*3. 在什么情况下，采用题图 3-2 中使用钢丝圈夹持工件的方法？

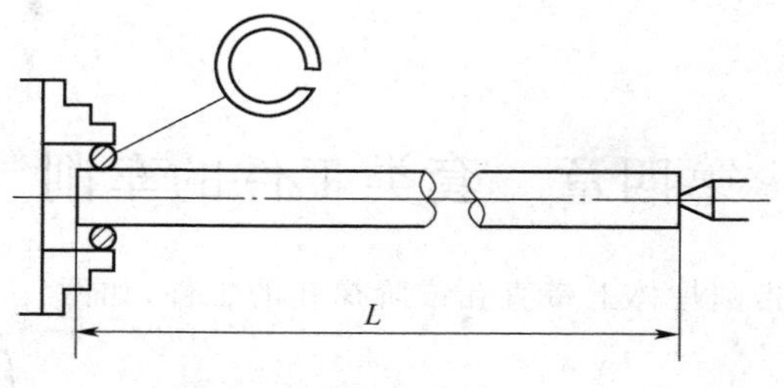

题图 3-2

4. 车削加工安装车刀时，为什么有时使车刀刀尖高于工件中心，有时却低于工件中心？

5. 使用硬质合金车刀切削时，切削速度越高越好，这种说法对吗？

6. 车床上加工较长而又较细的轴类工件时，为什么在车削过程中要适当放松顶尖？

7. 粗车时应使用小的刀尖圆弧半径车刀，精车时应使用大的刀尖圆弧半径车刀，这种说法对吗？应怎样选择刀尖圆弧半径？

8. 车削毛坯类工件，为什么常将主轴转速放在低速位置上（题图 3-3）？

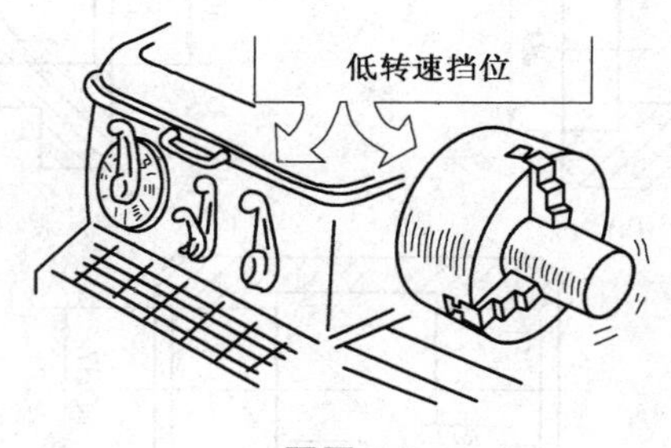

题图 3-3

9. 在车床上车削端面时，如果车床中滑板导轨和主轴回转轴线不垂直，如题图 3-4 所示，则车出的端面会有较大的平面度误差。如何在车床上用百分表测量该误差值？

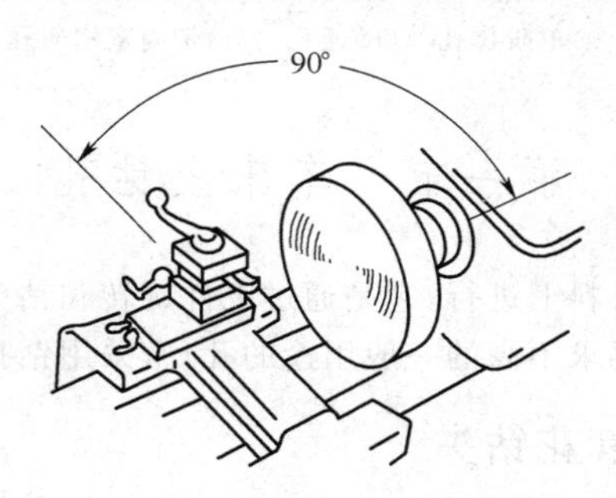

题图 3-4

第四章　套类工件的车削

套类工件主要是指圆柱体上带直孔或阶梯孔的工件，如图4-1所示。

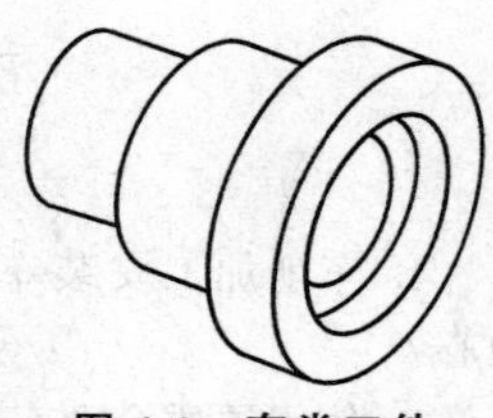

图 4-1　套类工件

套类工件有各种各样的结构形式，如图4-2所示，这些孔都有一定的尺寸要求和表面粗糙度等方面要求。

车床上加工孔是在工件内部进行的，加工过程中观察加工情况、清除切屑以及测量尺寸都比较困难，所以，加工质量比较难以控制。

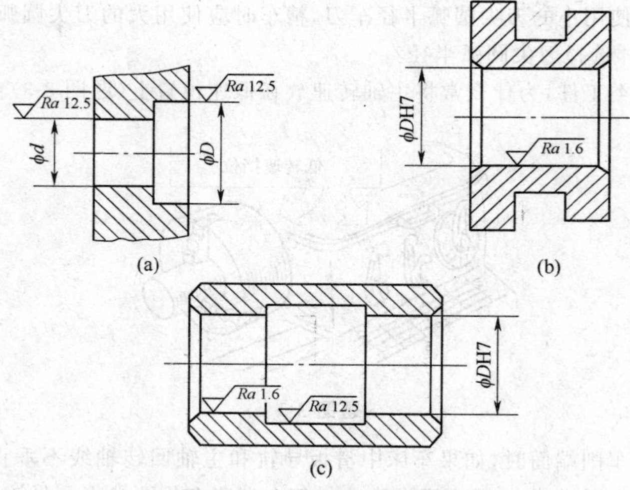

图 4-2　套类工件结构形式

(a)单阶梯孔　(b)通孔　(c)带内宽槽通孔

第一节　车床上钻孔

车床上钻孔多在实心材料上进行，它是通过工件旋转和钻头的轴向进给来实现的。尺寸要求不严格和加工精度要求不高的一般用途的孔，常采用钻孔的方法。

一、钻孔中使用的麻花钻头

麻花钻头一般用整体高速钢制成，用于低速钻削和在一般材料上钻孔。高速钻削和在难加工材料（如淬火钢、高锰钢等）上钻孔时常使用硬质合金钻头。

1. 麻花钻头的结构

麻花钻头的结构如图4-3所示，它有锥柄和直柄两种，直柄用于直径14mm以下的钻头。

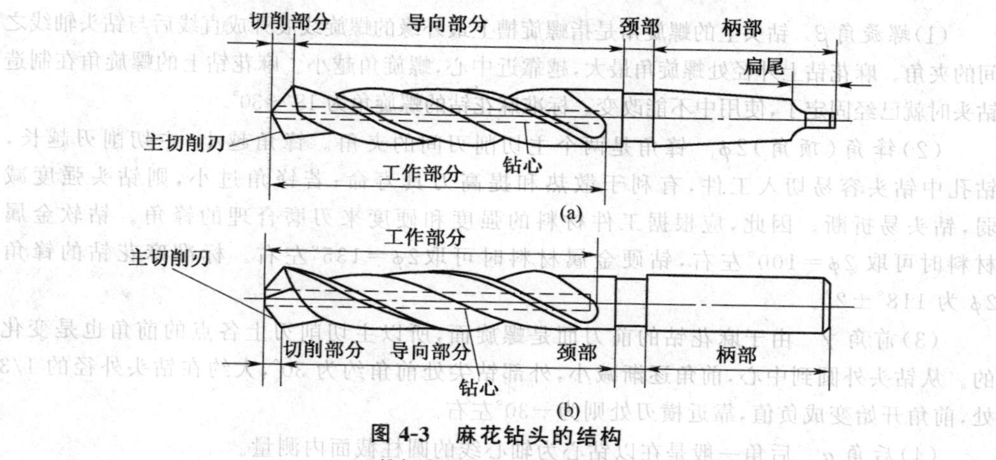

图 4-3 麻花钻头的结构

(a)锥柄麻花钻 (b)直柄麻花钻

麻花钻头主要由柄部和工作部分组成。柄部是钻头的夹持部分,装夹时起定心作用;锥柄钻头的扁尾用以传递钻孔时所需的转矩。钻头的工作部分又大致分为切削部分和导向部分。切削部分的两条对称螺旋槽与切削部分顶端的两个后刀面形成主切削刃;导向部分在切削部分切入工件后起导向作用,为了减少导向部分与钻孔孔壁的摩擦,其外径从切削部分向后逐渐减小。为了保证钻头有一定强度和定心作用,就需要有钻心,麻花钻头的钻心越向柄部越厚,如图 4-4 所示。

2. 麻花钻切削部分的组成和主要几何角度

麻花钻的切削部分可以看成由正、反两把车刀组成,钻头的前刀面、主后刀面、副后刀面、主切削刃和副切削刃都各有两个,并有一个横刃,如图 4-5 所示。

麻花钻的主要几何角度包括螺旋角、锋角、前角、后角、横刃斜角等,如图 4-6 所示。

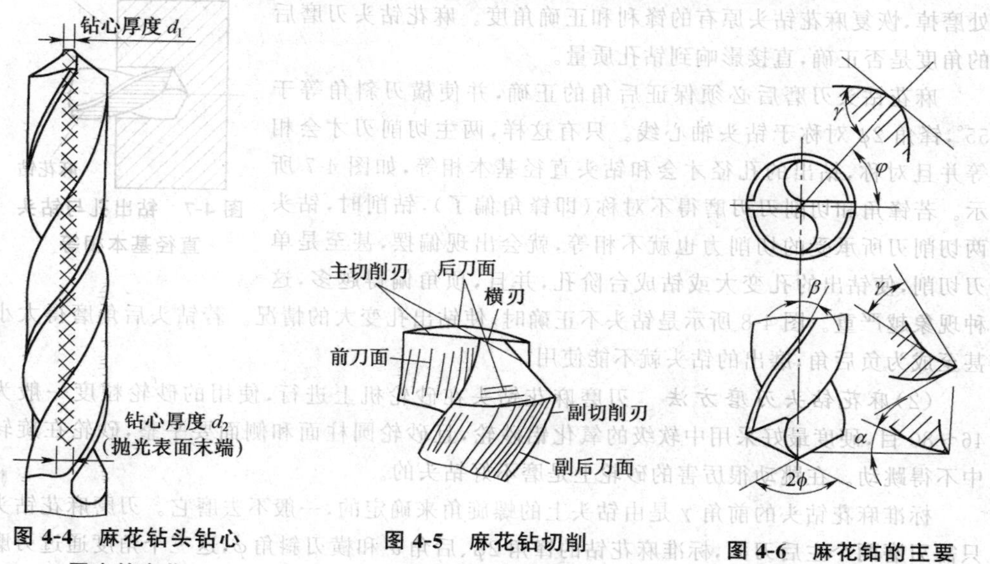

图 4-4 麻花钻头钻心厚度的变化

图 4-5 麻花钻切削部分的组成

图 4-6 麻花钻的主要几何角度

(1)螺旋角 β　钻头上的螺旋角是指螺旋槽上最外缘的螺旋线展开成直线后与钻头轴线之间的夹角。麻花钻上外径处螺旋角最大，越靠近中心，螺旋角越小。麻花钻上的螺旋角在制造钻头时就已经固定了，使用中不能改变。标准麻花钻的螺旋角为 18°～30°。

(2)锋角(顶角)2ϕ　锋角是两个主切削刃间的夹角。锋角越小，主切削刃越长，钻孔中钻头容易切入工件，有利于散热和提高刀具寿命；若锋角过小，则钻头强度减弱，钻头易折断。因此，应根据工件材料的强度和硬度来刃磨合理的锋角。钻软金属材料时可取 $2\phi=100°$左右，钻硬金属材料时可取$2\phi=135°$左右。标准麻花钻的锋角 2ϕ 为 118°±2°。

(3)前角 γ　由于麻花钻的前刀面是螺旋面，所以主切削刃上各点的前角也是变化的。从钻头外圆到中心，前角逐渐减小，外部钻尖处前角约为 30°，大约在钻头外径的 1/3 处，前角开始变成负值，靠近横刃处则为－30°左右。

(4)后角 α　后角一般是在以钻心为轴心线的圆柱截面内测量。

麻花钻后角也是变化的，外圆处的后角通常取 8°～14°，横刃处的后角取 20°～25°。麻花钻的后角如果太大，使钻刃薄弱，容易崩刃和变钝。

(5)横刃斜角 φ　它是主切削刃与横刃在垂直于钻头轴线的平面上投影的夹角。当麻花钻后面磨出后，φ 自然形成。当刃磨的后角小时，横刃斜角 φ 增大，则横刃长度和轴向抗力减小。标准麻花钻的横刃斜角为 50°～55°。

二、麻花钻头的刃磨

钻孔是一种半封闭式切削，所以切屑、钻头与工件间摩擦很大，钻孔中产生大量热量，切屑不易排出，以致切削液难以浇注到切削区，使传出热量少，切削温度升高，导致钻头磨损加剧。钻头磨损后就需要进行刃磨。

(1)*麻花钻头刃磨要求*　刃磨麻花钻头就是将钻头上的磨损处磨掉，恢复麻花钻头原有的锋利和正确角度。麻花钻头刃磨后的角度是否正确，直接影响到钻孔质量。

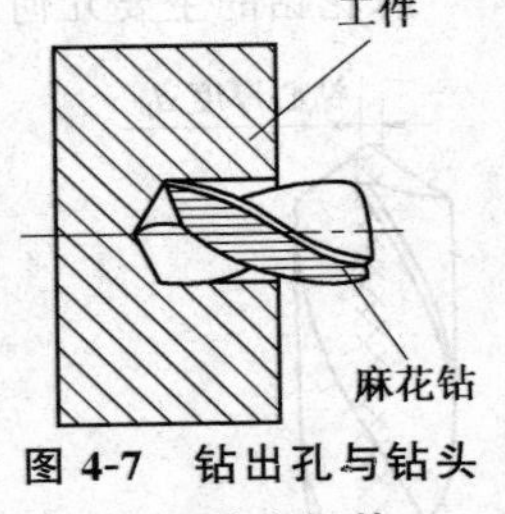

图 4-7　钻出孔与钻头直径基本相等

麻花钻头刃磨后必须保证后角的正确，并使横刃斜角等于 55°，锋角 2ϕ 对称于钻头轴心线。只有这样，两主切削刃才会相等并且对称，钻出的孔径才会和钻头直径基本相等，如图 4-7 所示。若锋角和切削刃刃磨得不对称(即锋角偏了)，钻削时，钻头两切削刃所承受的切削力也就不相等，就会出现偏摆，甚至是单刃切削，使钻出的孔变大或钻成台阶孔，并且，顶角偏得越多，这种现象越严重。图 4-8 所示是钻头不正确时，使钻出孔变大的情况。若钻头后角磨得太小甚至成为负后角，磨出的钻头就不能使用。

(2)*麻花钻头刃磨方法*　刃磨麻花钻头在砂轮机上进行，使用的砂轮粒度一般为 46～80 目，硬度最好采用中软级的氧化铝砂轮，且砂轮圆柱面和侧面要平整，砂轮在旋转中不得跳动。在跳动很厉害的砂轮上是磨不好钻头的。

标准麻花钻头的前角 γ 是由钻头上的螺旋角来确定的，一般不去磨它。刃磨麻花钻头只需刃磨两个主后刀面，标准麻花钻的锋角 2ϕ、后角 α 和横刃斜角 φ，这三个角度通过刃磨

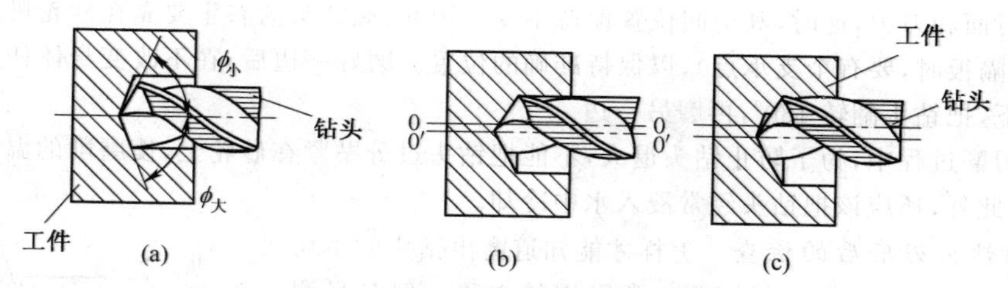

图 4-8　钻头刃磨不正确使孔扩大

(a)钻头两个锋角不相等　(b)钻头不对称　(c)两个锋角不相等,也不对称于钻头中心线

麻花钻头的两个后刀面时一起磨出来。

初学磨钻头时,最好拿一个未经使用过的同样的标准钻头进行比较。在砂轮停止转动的时候,用标准钻头与砂轮水平中心面的外圆处接触,按照标准钻头上的角度和后面,以刃磨的姿势缓慢转动,并始终使钻头与砂轮之间接合,通过这样的一比一磨,一磨一比,就能掌握刃磨技巧。

刃磨时,右手握住钻头的头部,使钻头的主切削刃成水平,钻刃轻轻地接触砂轮水平中心面的外圆,如图 4-9 所示,即磨削点在砂轮中心的水平位置。钻头中心线和砂轮面成 ϕ 角(锋角一半角度),右手握住钻头前端,搁在砂轮支架上作为支点;另一手握近钻柄,以支点为圆心把钻尾往下压,做上下摆动的范围约等于钻头后角,同时顺时针转动约 45°。转动时有意识地逐步加重手指的力量,将钻头压向砂轮,这一动作要协调,当动作做完时,钻头的一个后刀面,即第一条主切削刃就磨出来了。

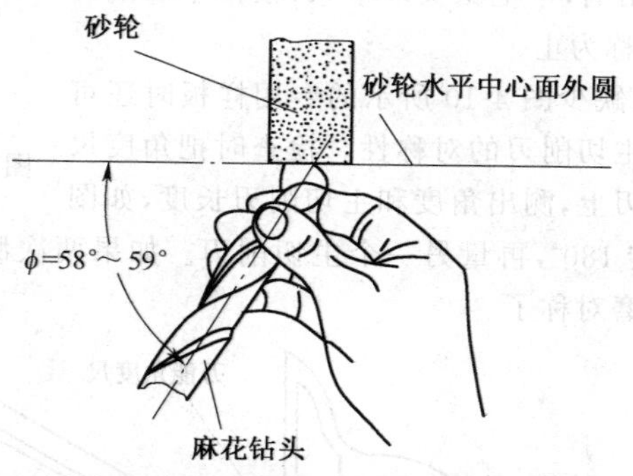

图 4-9　麻花钻头后刀面刃磨方法

在这里要注意的是,钻头开始接触砂轮时,钻柄一定不能高过砂轮水平中心面,否则会产生负后角,造成不合格。但后角也不能磨得太大,也就是钻尾往下压时,手指的力量不要加得过重。

磨钻头时,不要让钻头的后刀面先接触砂轮,而后磨主切削刃。这种使钻刃最后离开砂轮的磨法不好,因磨削过程中的热集中到刃口,会使刃口退火。正确的磨法是主切削刃先接触砂轮,磨向后刀面。钻刃瞬时接触砂轮后,迅速离开,砂轮高速旋转的风会进一步把它吹冷,保护了它的硬度。

前面谈到,标准麻花钻头的锋角要对称,两个主切削刃刃长要相等,对于钻头来说,这一点很重要。要使钻头磨得对称,关键是磨出一个后刀面和一条刀刃后翻转 180°,再磨第二个后刀面和刀刃，这时，其空间位置保持不变。因此，握钻头的右手要靠在砂轮机的隔板上（没有隔板时，要有个支承点），以保持准确的位置。磨好一边后，在不改变身体任何姿势的情况下，把钻头翻转 180°，再磨另一边。

在刃磨过程中，为了防止钻头退火，不能把钻头过分贴紧在砂轮上，使磨削的温度不至于太高；此外，还应该把钻头经常浸入水中冷却。

（3）*钻头刃磨后的检查*　怎样才能知道磨出钻头的主切削刃对称，不是一刃长一刃短呢？常采用的方法一般是目测法，就是把钻头竖起来，摆在自己双眼的正前方，仔细观察。这时背景要清晰，可对着白色的墙壁或在墙上贴一张白纸。由于主切削刃一前一后，产生了视差，看时会感到左刃高右刃低。看清一面后，把钻头旋转 180°再看，这样反复几次，看到的感觉相同，钻头便基本磨对称了。不过这个目测需要有一定经验才行，对于初学者，麻花钻磨好后，最好使用专用样板进行检查，图 4-10 中的Ⅰ,Ⅱ,Ⅲ代表了麻花钻头锋角的不同角度，在样板上同时刻出了刻度，这样在检查时，如果两个锋角与样板上角度相吻合，且两个主切削刃长度与样板上的刻度都相一致，说明磨出的钻头主切削刃是对称的。对于直径尺寸较大或对称性要求较高的钻头，可以通过试切削的方法开车钻一下，如果两刃同时出同样的切屑，则证明两主切削刃对称了；如果出屑不一致或一边出屑一边不出屑，可把钻头取下来，根据主切削刃上的痕迹修磨，以达到对称为止。

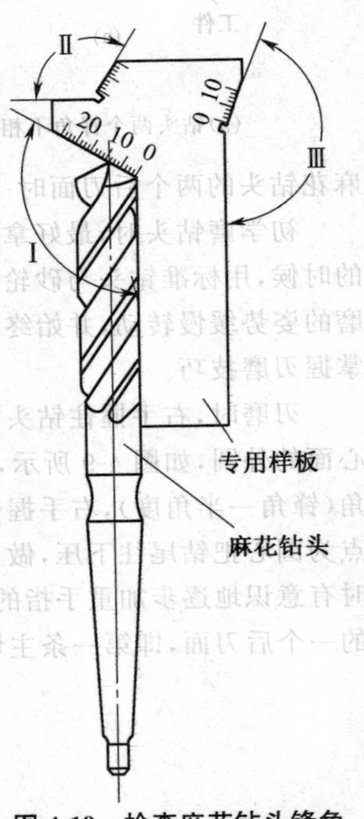

图 4-10　检查麻花钻头锋角

麻花钻头磨好后，在缺少图 4-10 所示的专用样板时还可用万能角度尺检查两个主切削刃的对称性。检查时把角度尺放在钻头的一个主切削刃上，测出角度和主切削刃长度，如图 4-11 所示；然后把钻头转 180°，再量另一个主切削刃。如果两次测量得到的数值相等，就说明两个主切削刃已经磨对称了。

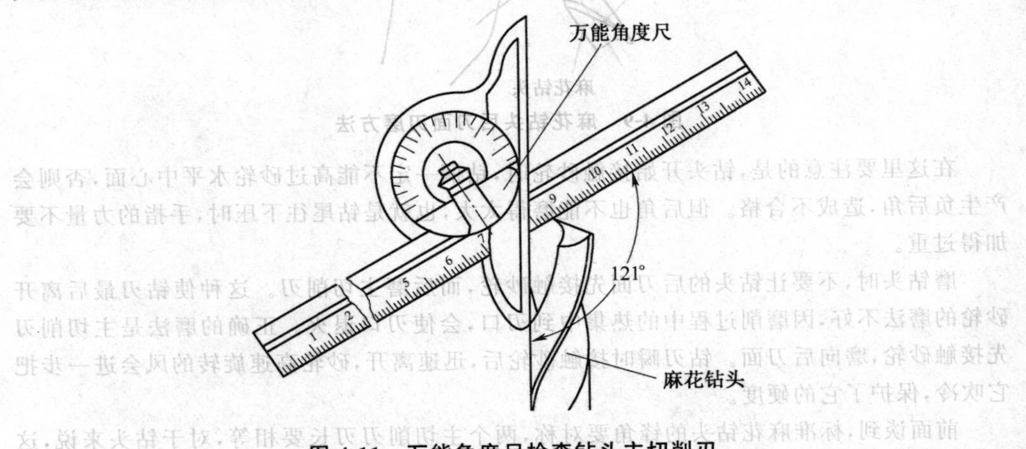

图 4-11　万能角度尺检查钻头主切削刃

帮你长知识

群钻的特点和规律

群钻原是20世纪50年代，北京某机械厂一个优秀钻工，在对特种钢板进行钻孔时，对普通麻花钻头进行创造性修磨而成的一种先进钻型。后来，在长期的生产实践和经验交流中，随着加工材料、工艺特性的变化而发展，定型为多种钻型。由于它是群众智慧的结晶，故起名为“群钻”。

群钻在结构上与普通麻花钻头有一定区别。下面以栏图4-1所示中型标准群钻（直径$D>15\sim40$mm）为例，介绍其几何特点和规律。

①主切削刃分成三段，并形成三个尖：

外直刃——AB段切削刃是外直刃后刀面1与螺旋槽的交线。外直刃长度l约为钻头直径D的1/5和1/3，即$l\approx0.2D$（不磨分屑槽，$D\leqslant15$mm）；$l\leqslant0.3D$（磨分屑槽，$D>15$mm）。

圆弧刃——BC段切削刃，是月牙槽后刀面2与螺旋槽的交线，近似可看作圆弧。圆弧半径R一般约为钻头直径D的1/10，即$R\approx0.1D$。

内直刃——CD断切削刃，是修磨的内直刃前刀面3与月牙槽后刀面2的交线。

三个尖——钻心尖O和两边的刃尖B。

②横刃变窄、变尖又磨低：

变窄——由于磨出内直刃前刀面3，使横刃长度b减窄，约为标准麻花钻横刃长的1/5～1/7或$b\approx0.03D$。

变尖——由于磨出了月牙槽后刀面2，使横刃部分的楔角稍变尖。

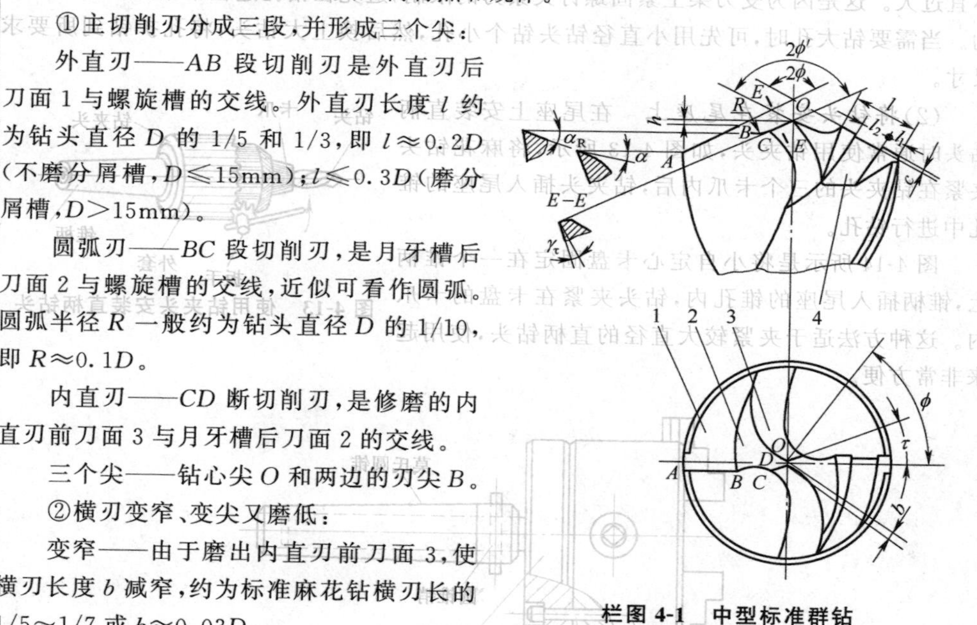

栏图4-1　中型标准群钻

1. 外直刃后刀面　2. 月牙槽后刀面　3. 内直刃前刀面　4. 分屑槽

磨低——由于月牙槽后刀面2向内凹，使新的横刃位置降低，即尖高h很小，约为直径D的3%，即$h\approx0.03D$。

③在一边外直刃上磨出分屑槽4，其宽度l_2约为外刃宽l的一半，即$l_2\approx l/2$。

三、麻花钻头在车床上的装夹

车床上钻孔时，麻花钻头的装夹方法主要有两种：一种是安装在刀架上，另一种是安装在尾座上。

(1)将钻头安装在刀架上　直柄钻头可直接装夹在V形铁内，如图4-12所示，再将V形铁安装在刀架上，对正工件的回转中心后，即可进行钻孔。

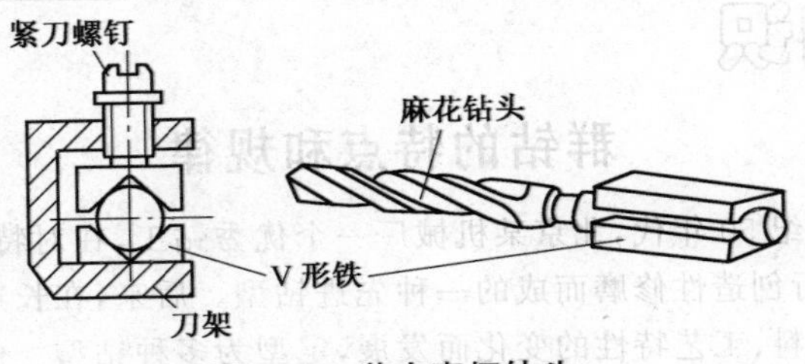

图 4-12　装夹直柄钻头

使用V形铁在刀架上安装麻花钻头时，钻头直径不宜太大，并且，在使用中进给量也不宜过大。这是因为受刀架上紧固螺钉夹紧力的限制，避免在钻孔过程中钻头位置发生变动。当需要钻大孔时，可先用小直径钻头钻个小孔，然后换上大钻头，将孔扩钻到所要求尺寸。

(2)将钻头安装在尾座上　在尾座上安装直柄钻头时通常使用钻夹头，如图 4-13 所示，将麻花钻头夹紧在钻夹头的三个卡爪内后，钻夹头插入尾座的锥孔中进行钻孔。

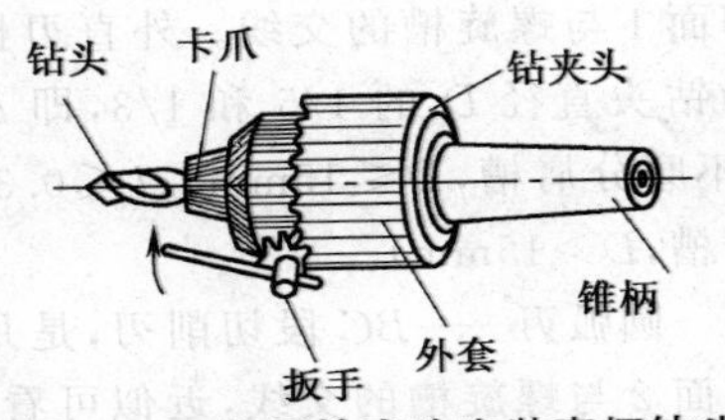

图 4-13　使用钻夹头安装直柄钻头

图 4-14 所示是将小自定心卡盘固定在一个锥柄上，锥柄插入尾座的锥孔内，钻头夹紧在卡盘的卡爪内。这种方法适于夹紧较大直径的直柄钻头，使用起来非常方便。

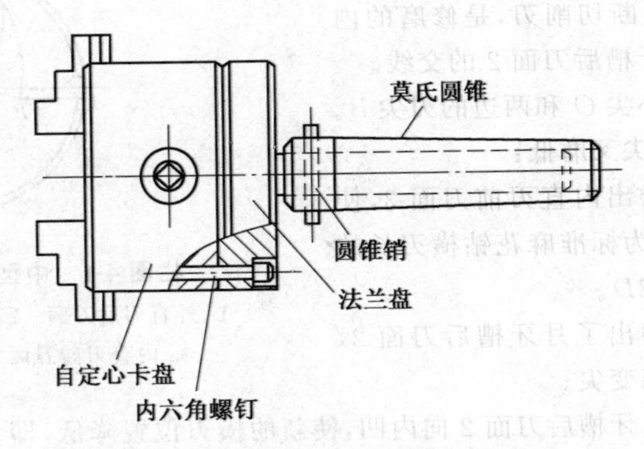

图 4-14　使用卡盘装夹直柄钻头

较大直径的锥柄麻花钻头可直接插入尾座锥孔内进行钻孔。当锥柄钻头直径较小时，钻头锥柄的锥度与尾座套筒内的锥度不一致，这就要使用过渡套筒，先将钻头装进过渡套筒内，过渡套筒再插进尾座中，如图 4-15 所示。过渡套筒的形状如图 4-16 所示。

钻头插入尾座锥孔后，要检查尾座的横向位置，在尾座后端要对准零线，如图 4-17 所示，这样才能保证钻头轴线与工件旋转轴线重合。如果不重合，钻头在钻孔中会摇摆不定，甚至折断。

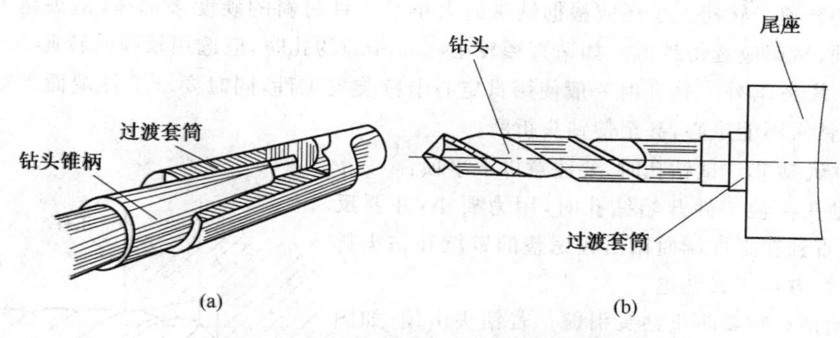

图 4-15 利用过渡套筒装夹锥柄麻花钻头

(a)锥柄钻头插入过渡套筒内 (b)过渡套筒插入尾座锥孔内

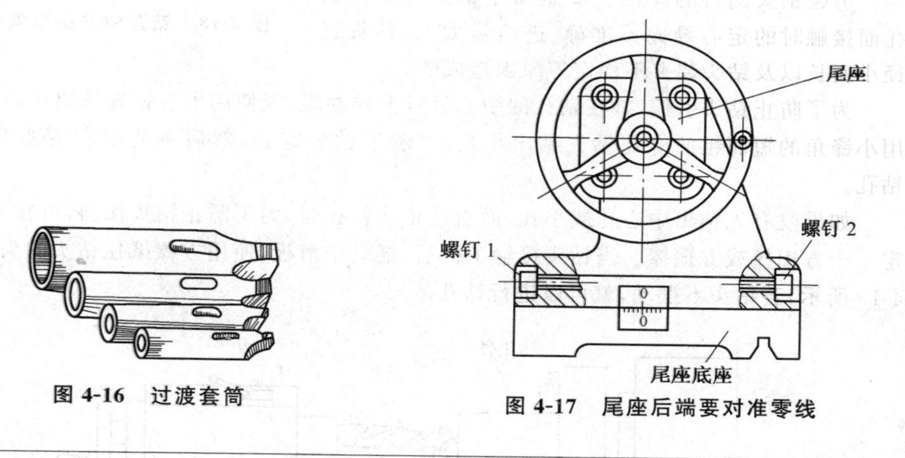

图 4-16 过渡套筒

图 4-17 尾座后端要对准零线

小窍门

快速卸锥柄钻头方法

如栏图 4-2 所示，在锥度过渡套筒后边钻一通孔(孔应根据锥度套筒大小而定)，装上顶杆，并在顶杆上装上锥销，卸钻头时适当敲击顶杆端部就可以了。

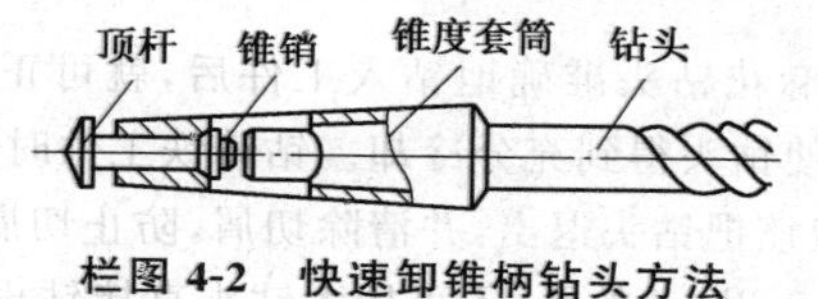

栏图 4-2 快速卸锥柄钻头方法

四、钻孔方法和应注意事项

在车床或尾座上装夹好钻头后，即可按照以下方法步骤进行钻孔。

(1)调整车床主轴转速 由于钻孔在工件内部进行，摩擦大，所以散热困难，一般选择较低的转速。转速大小还应根据钻头的大小及工件材料的硬度来选择，钻头越大、工件材料越硬，转速应选得越低。如钻直径较小(<5mm)的孔时，应选用较高的转速。

(2)装夹工件 钻孔时一般使用自定心卡盘装夹工件，同时要求工件端面平整，无凸台，否则钻头不能定心，甚至使钻头折断。

(3)试钻孔 试钻孔时，要注意以下事项：

当钻头接触工件开始钻孔时，用力要小，并要反复进退，直到在工件端面钻出较完整的锥坑和钻头抖动较小时，方可正式钻进。

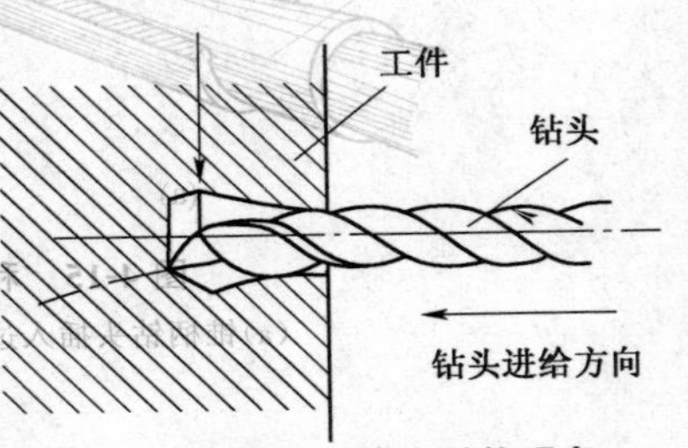

图 4-18 钻孔中钻头引偏现象

开始钻孔时要防止钻头引偏。若钻头引偏，如图4-18 所示，容易出现钻头别劲、钻孔钻歪、钻出的孔呈锥形或腰鼓形等缺陷。

引起钻头偏斜的原因主要是由于钻头与工件钻孔面接触时的定心导向不准确、进给量太大、钻头直径小而长以及钻头装夹不稳定等原因造成的。

为了防止钻头引偏，常在钻孔的中心处打上样冲眼，或使用中心钻先钻出中心孔，或使用小锋角的短而粗的麻花钻先钻出小孔，以利于钻头定心，然后再使用所需要的麻花钻钻孔。

如果没有先钻出中心孔或小孔，而直接正式钻孔时，为了防止钻头偏斜，可在刀架上固定一个方铝棒或方铜棒。当钻头接触工件后，摇动中滑板，使用方棒抵住钻头的头部，如图4-19 所示，若钻头不摆动，就可以进行钻孔。

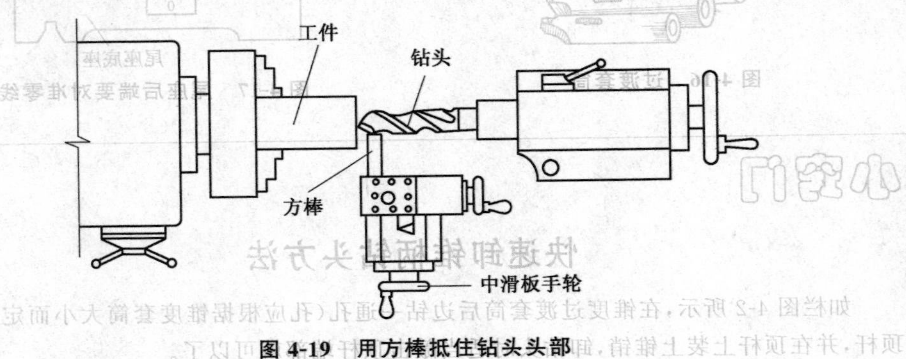

图 4-19 用方棒抵住钻头头部

(4)正式进行钻孔 麻花钻头准确地钻入工件后，就可正式进行钻孔。钻钢料工件时，必须大量浇注切削液，使钻头得到充分冷却。钻铸铁工件时可以不用切削液。

钻了一段深度以后，应该把钻头退出，并清除切屑，防止切屑堵塞而导致钻头折断。

钻直径较大(如 ϕ30mm 以上)的孔，不可用大钻头直接钻出，可先钻出小孔，再用大钻头扩孔。

钻削盲孔时，需要对钻孔深度进行控制。当钻孔深度要求不太严格时，可使用钢直尺测量尾座套筒伸出的长度来控制，如图 4-20(a)所示；或者将一个磁力较强的 V 形铁吸在尾座套筒上，如图 4-20(b)所示，当钻头刚钻入工件，记下钢直尺上的读数，然后以这个读数为起点开始钻孔，根据钢直尺读数的变化，即可知道钻孔深度。

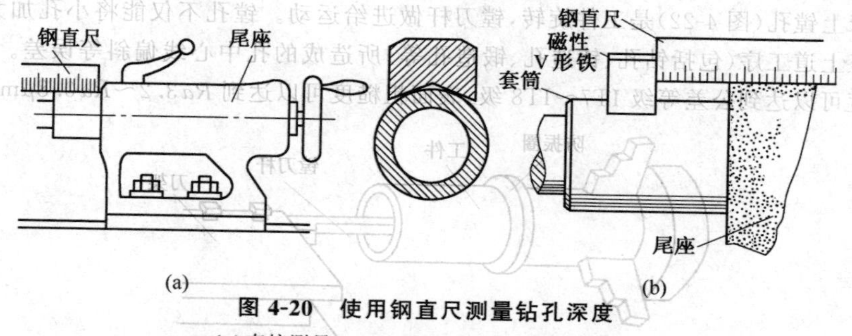

图 4-20 使用钢直尺测量钻孔深度

(a)直接测量 (b)通过磁性 V 形铁进行测量

大批量钻孔时，可利用定位块控制钻孔深度。图4-21中，将钻头安装在尾座上，并使钻头与被钻孔端面接触好。在刀架上装夹一个定位块，并使其侧面与尾座套筒端面靠紧，然后，用溜板上刻度盘控制，将溜板向左移动距离 S（S 等于钻孔深度），这样，就定好了钻孔位置，将溜板固定好。钻孔中，当尾座套筒端面抵住定位块（刚刚接触即可）时，即已钻孔到所需要深度。

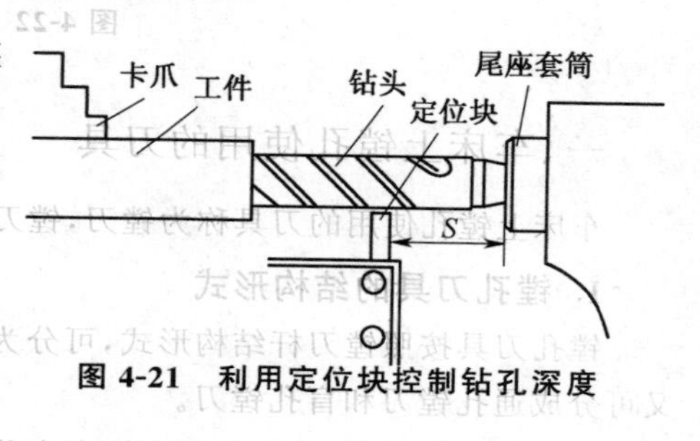

图 4-21 利用定位块控制钻孔深度

使用麻花钻头钻削通孔，当快要钻透时，钻头上的横刃会突然把和它接触的那一块材料挤压掉，在工件上形成一个不规则的通孔，这时，钻头所承受的转矩突然增加，钻头的横刃被卡住，从而容易使钻头折断。所以，当钻头钻孔即将钻透时，要减少进给量，以防止损坏钻头。

小窍门

利用定位块控制钻孔深度

大批量钻孔时，为了控制钻孔深度，可按照工件所要求的钻孔深度将定位块固定在钻头的适当位置上，如栏图 4-3 所示，这样，当定位块左侧面抵住工件起始钻孔的端面时，即达到钻孔深度。为了防止夹伤钻头的切削刃，定位块可使用软质材料制成。

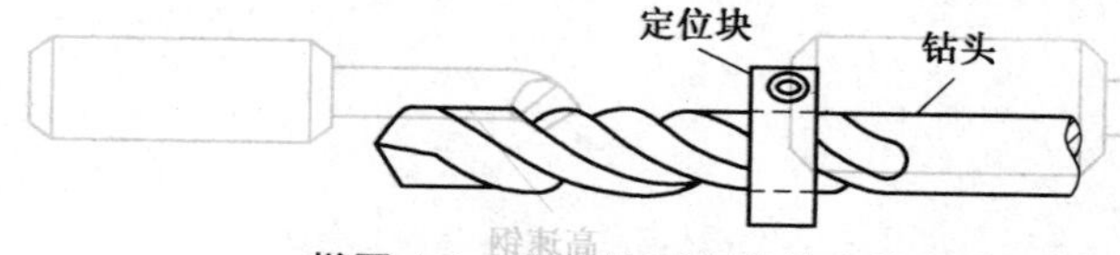

栏图 4-3 定位块固定在钻头的适当位置上

第二节 车床上镗孔

加工精度要求较高，用来与轴相配合的孔时，一般采用镗孔（车削内圆）或铰孔（铰孔在本章第三节中介绍)的方法。

车床上镗孔(图 4-22)是工件旋转,镗刀杆做进给运动。镗孔不仅能将小孔加大,而且可以修正上道工序(包括钻孔、铸造孔、锻造孔等)所造成的孔中心线偏斜等误差。镗孔的尺寸精度可以达到公差等级 IT7～IT8 级,表面粗糙度可以达到 $Ra3.2$～$Ra0.8\mu m$。

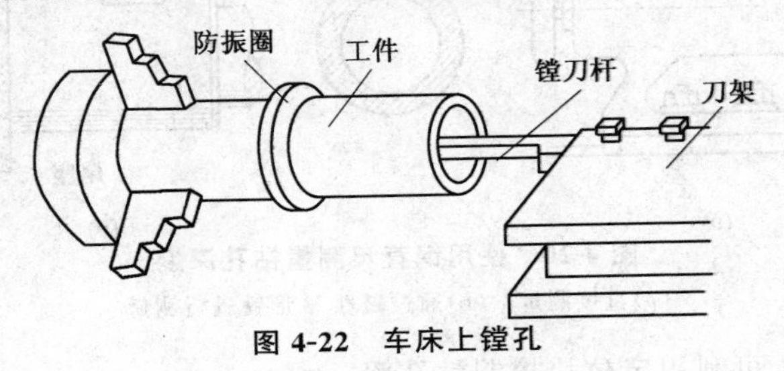

图 4-22 车床上镗孔

一、车床上镗孔使用的刀具

车床上镗孔使用的刀具称为镗刀,镗刀的结构形式和安装方法如下。

1. 镗孔刀具的结构形式

镗孔刀具按照镗刀杆结构形式,可分为固定式、组合式和可调式;根据孔类加工情况,又可分成通孔镗刀和盲孔镗刀。

(1)镗刀杆结构形式 镗刀杆有多种形式,它是根据工件和加工情况来确定的。

①整体式镗刀杆。这种镗刀杆最为简单,使用钢棒将其锻造成如图 4-23(a)(b)所示形状,并把硬质合金刀片焊接在刀头上即可使用;或者使用高速钢材料整体锻造成所需要的镗刀形状,如图 4-23(c)所示,而不需要另外焊接刀头。

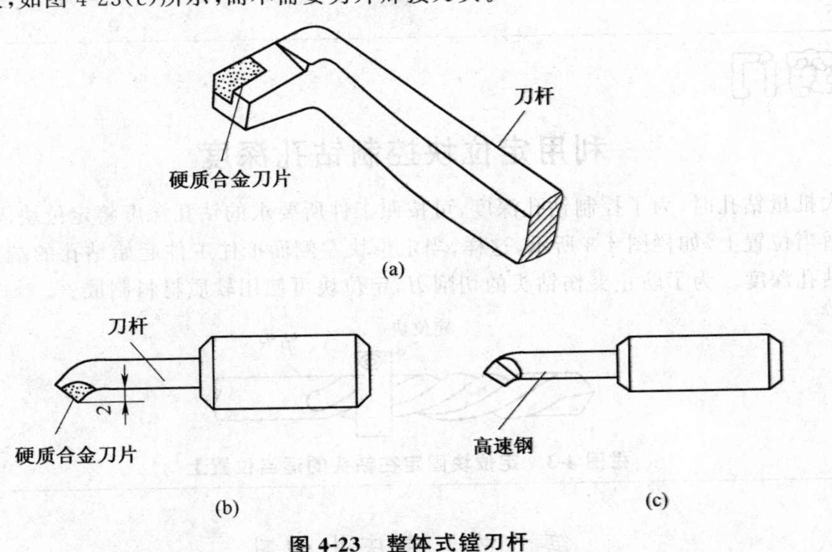

图 4-23 整体式镗刀杆

(a)(b)焊接硬质合金刀片 (c)高速钢整体锻造

②可换刀头式镗刀杆。这种镗刀杆的刀头和杆是分体的，如图4-24所示，它将小刀头安装在刚度较好的镗刀杆前端的方孔内。使用时松开螺钉，即可卸下刀头，刃磨和换刀都很方便。

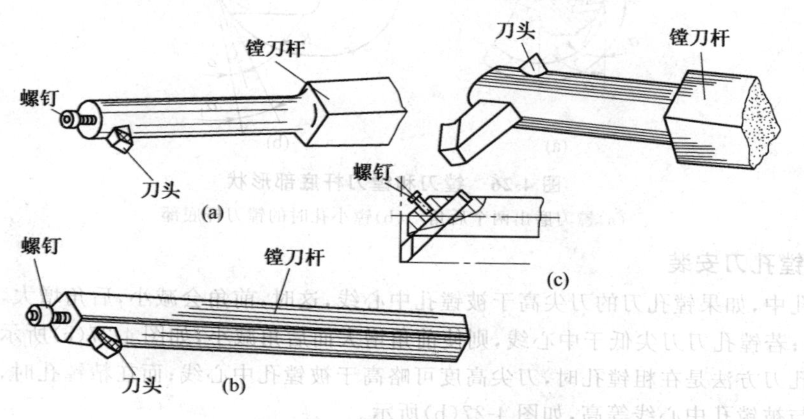

图 4-24　可换刀头式镗刀杆

(a)形式Ⅰ　(b)形式Ⅱ　(c)形式Ⅲ

(2)通孔镗刀和不通孔镗刀　镗削工件上的通孔时使用通孔镗刀，如图 4-25(a)所示；镗削不通孔时使用不通孔镗刀，如图 4-25(b)所示。通孔粗镗刀的主偏角 K_r 一般取75°左右，副偏角 K_r' 为 15°～30°；不通孔粗镗刀的主偏角 K_r 可取 93°～95°。为了能够车平被镗孔的底平面，镗刀的刀尖必须在刀杆的最前端，并且，刀尖至刀杆外端的平行距离 a 应小于被镗孔的半径 R。不通孔粗镗刀的副偏角一般取 20°左右。不通孔精镗刀的副偏角应适当小些。

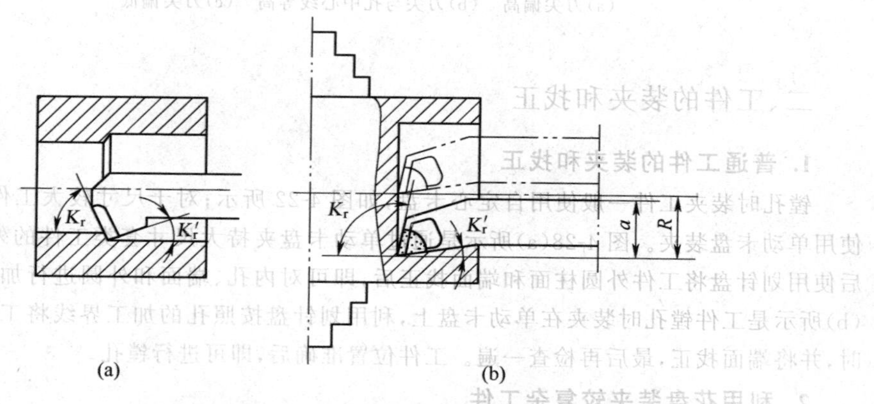

图 4-25　通孔镗刀和不通孔镗刀镗孔情况

(a)通孔镗刀镗通孔　(b)不通孔镗刀镗不通孔

镗孔时，为了防止镗刀后刀面跟工件的内孔面接触摩擦而影响加工，可在镗孔刀后刀面磨出两个后角 α 和 α_1，如图 4-26(a)所示；镗削小孔时，在镗孔刀后刀面磨出两个后角的同时，还可再将刀杆底部磨成 R 状圆形，如图 4-26(b)所示。

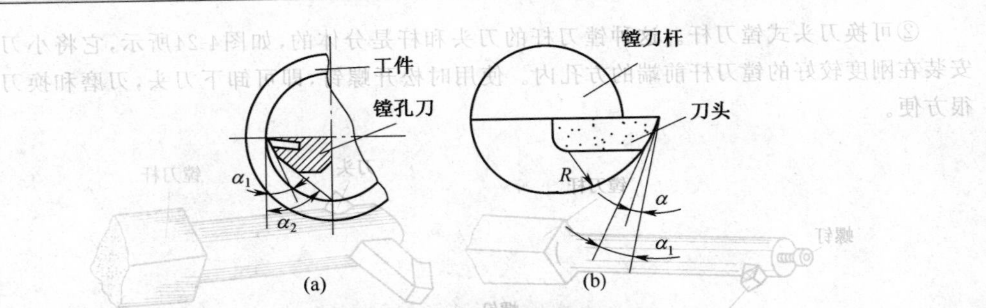

图 4-26　镗刀和镗刀杆底部形状

(a)镗刀磨出两个后角　(b)镗小孔时的镗刀杆底部

2. 镗孔刀安装

镗孔中，如果镗孔刀的刀尖高于被镗孔中心线，这时，前角会减小，后角增大，如图 4-27(a)所示；若镗孔刀刀尖低于中心线，则使前角增大而后角减小，如图 4-27(c)所示。正确的安装镗孔刀方法是在粗镗孔时，刀尖高度可略高于被镗孔中心线；而在精镗孔时，镗孔刀的刀尖应与被镗孔中心线等高，如图 4-27(b)所示。

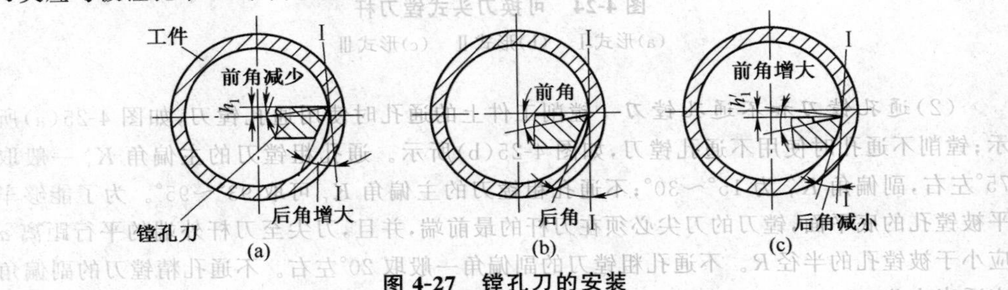

图 4-27　镗孔刀的安装

(a)刀尖偏高　(b)刀尖与孔中心线等高　(c)刀尖偏低

二、工件的装夹和找正

1. 普通工件的装夹和找正

镗孔时装夹工件一般使用自定心卡盘，如图 4-22 所示；对于尺寸较大工件的镗孔，常使用单动卡盘装夹。图 4-28(a)所示是通过单动卡盘夹持大尺寸套类工件的外圆柱面，然后使用划针盘将工件外圆柱面和端面找正后，即可对内孔、端面和外圆进行加工。图 4-28(b)所示是工件镗孔时装夹在单动卡盘上，利用划针盘按照孔的加工界线将工件找正的同时，并将端面找正，最后再检查一遍。工件位置准确后，即可进行镗孔。

2. 利用花盘装夹较复杂工件

工件和加工情况比较复杂时，常利用花盘进行装夹。使用时，将花盘安装在主轴前端，同时需结合一些辅助工具，如弯板、V 形铁、螺栓、压板和平衡块等如图 4-29 所示。图 4-30 所示是使用花盘配合辅助工具装夹工件的例子，将双孔连杆工件放在 V 形铁上安装，利用划针盘将工件找正后，通过压盘、压板和螺栓将工件压紧。图 4-31 所示是在花盘上配合弯板装夹轴承座工件的情况，弯板安装在花盘上，工件装夹在弯板上，利用划针盘将工件位置

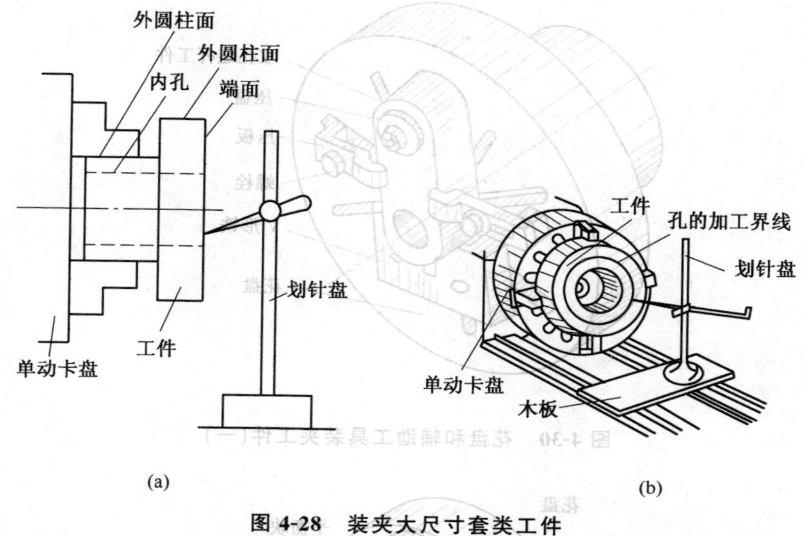

图 4-28 装夹大尺寸套类工件

(a)对工件找正 (b)按加工界线找正工件

找正后,拧紧螺母即将工件固定。为防止工件转动时不稳定,利用平衡块作配重。

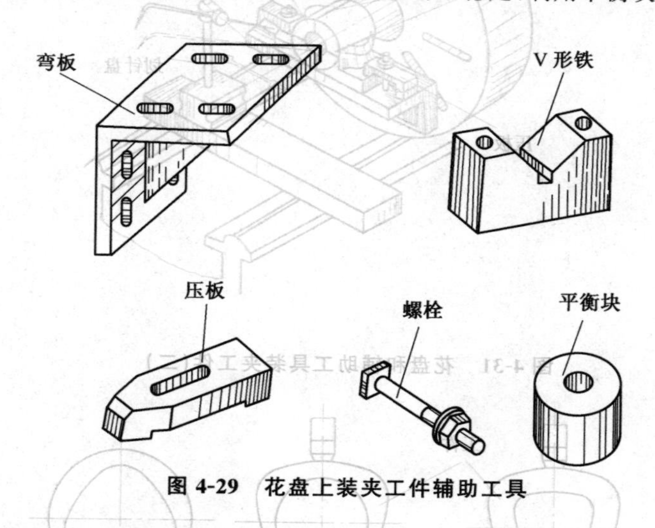

图 4-29 花盘上装夹工件辅助工具

3. 薄壁类工件的装夹

对于薄壁的套类工件,由于它的刚度小,使用自定心卡盘夹紧后,工件的外圆和内圆都会产生三角状的塑性变形,如图 4-32(a)所示;如果在这样变形状态下将孔镗出,镗出的孔当时是圆的,如图 4-32(b)所示;而当孔镗到尺寸后松开卡爪,工件的外圆就会立即恢复成圆形,而被镗孔则成为夹紧时变形的三角状态,如图 4-32(c)所示。装夹薄壁类工件时,一定要充分考虑到这个特点。为了减少薄壁套类工件夹紧变形的影响,可采取以下措施。

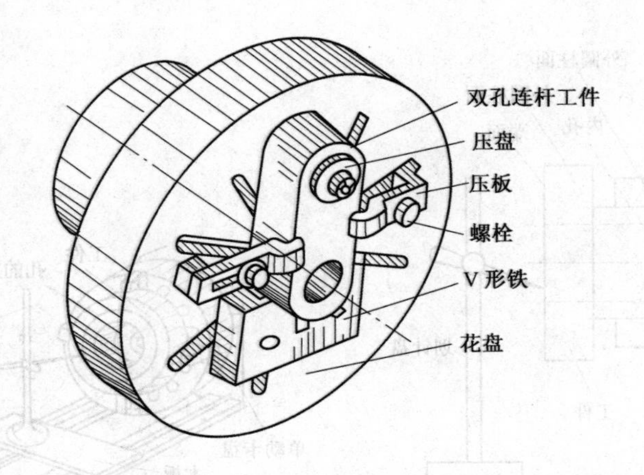

图 4-30　花盘和辅助工具装夹工件(一)

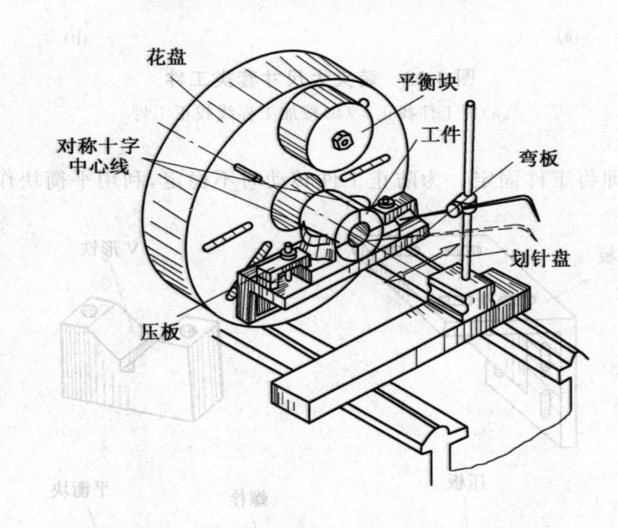

图 4-31　花盘和辅助工具装夹工件(二)

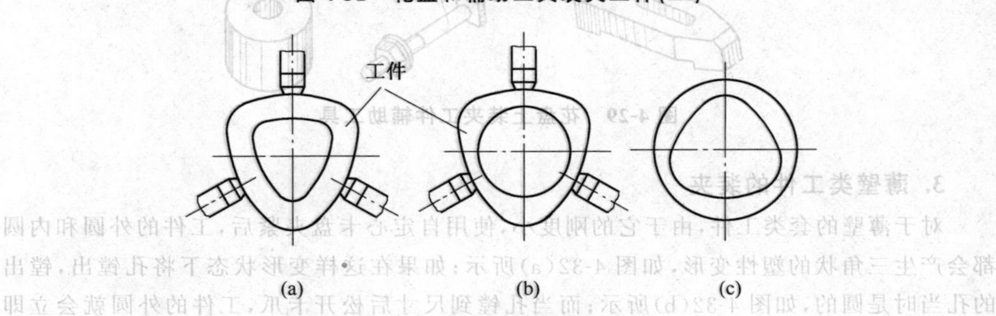

图 4-32　薄壁工件装夹变形

(a)夹紧后产生变形　(b)工件变形状态下镗孔　(c)卡爪松开后的状态

(1)将镗孔分为粗镗和精镗两个工序进行 粗镗时用较大的夹紧力夹紧工件，精镗时把夹紧力减小后再进行加工。

(2)使用弹性套筒装夹工件 图 4-33(a)所示是弹性套筒，它沿着套筒的轴向铣出一个宽度是 1～3mm 的通槽，这样套筒就能够在径向收缩后产生弹性；当被镗孔工件放进弹性套筒内后，就可从工件的周围均匀地施力将工件抱紧。图 4-33(b)所示是将弹性套筒安装在自定心卡盘的卡爪内，被镗孔工件放入弹性套筒内，拧紧卡爪，由于弹性套筒和工件的接触面积大，所以接触均匀，工件不容易产生变形。

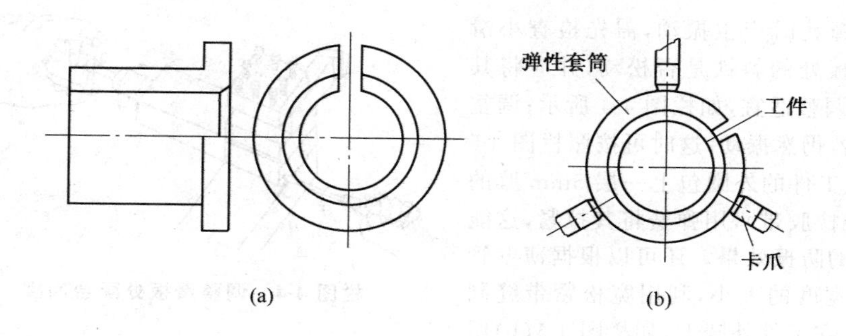

图 4-33 使用弹性套筒装夹工件

(a)弹性套筒 (b)工件安装在弹性套筒内

4. 精加工表面的装夹

被镗孔工件的被夹紧处如果是经过精加工的表面，为了不夹伤已加工表面和防止工件变形，可使用弧状的软爪进行夹紧。图 4-34 中，将三个弧状软爪分别套装在自定心卡盘的三个卡爪上，这样，可使夹紧时的点接触变成面接触，减少单位面积上承受的夹紧力，而不会损伤已加工表面。

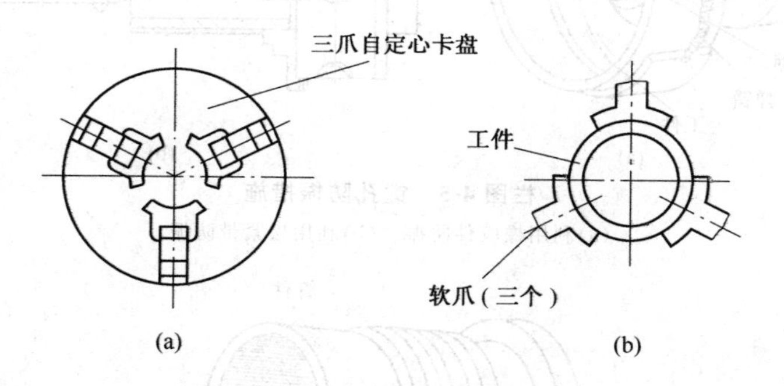

图 4-34 精加工表面的装夹

(a)卡盘上套装弧状软爪 (b)弧状软爪夹紧套类工件

三、车床上镗孔方法

将镗孔刀选择和安装好，并且工件在车床上装夹和找正后，就可以开始镗孔。镗孔和

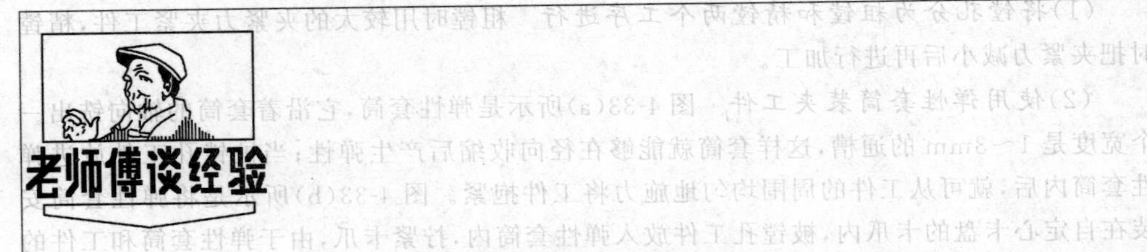

镗孔时防止振动

防止镗孔时产生振动，需先检查小滑板和中滑板处的斜铁是否松动，并应将其配合间隙调整适宜，如栏图 4-4 所示；调整后加工时若仍然振动，这时可按照栏图 4-5(a)所示在工件的外圆包上一层 5mm 厚的橡胶板（或橡胶带），用弹簧将其拉紧，这能起到较好的防振效果。还可以根据薄壁管件直径和宽度的大小，利用宽松紧带缝制成筒状，套在工件外圆上，如栏图 4-5(b)所示；栏图 4-6 所示是将橡胶管缠在工件外圆上，然后进行孔的精加工。橡胶制品和松紧带都是弹性体，相当于一个阻尼减振器，利用阻尼消耗能量，减小共振振幅，达到消减振动的目的。

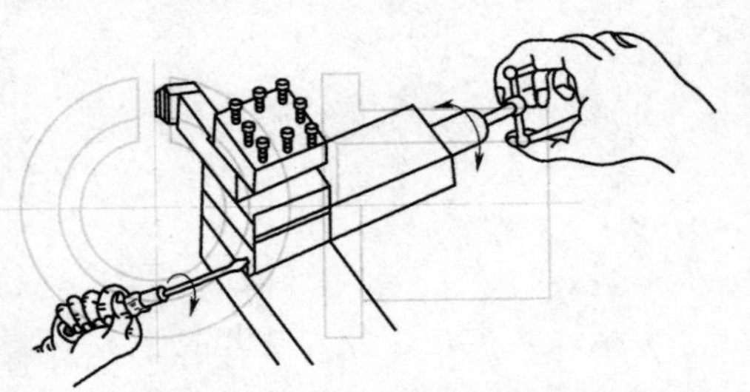

栏图 4-4 调整滑板处配合间隙

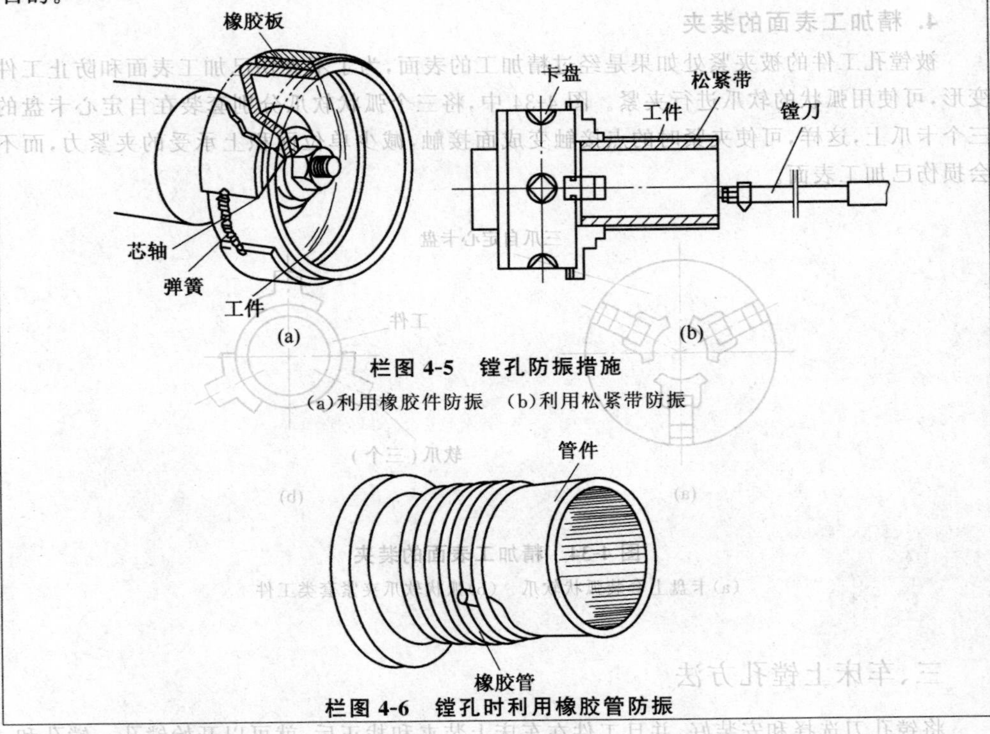

栏图 4-5 镗孔防振措施

(a)利用橡胶件防振 (b)利用松紧带防振

栏图 4-6 镗孔时利用橡胶管防振

在轴类工件上车外圆一样，应分出粗加工和精加工工序。

由于镗孔的加工条件比车外圆差，特别是镗刀装夹后，镗刀杆的悬伸长度经常比外圆车刀的悬伸长度长，其刚度比外圆车刀低，更容易产生振动，所以镗孔时的进给量和切削速度都要比外圆车削时低。

1. 不通孔镗削方法

图 4-35 所示是不通孔镗削情况。镗孔刀伸出长度比被镗孔深度略长些，镗刀尺寸 A 应小于孔的半径尺寸，如图 4-35(a)所示。当孔钻出来后，粗镗孔时，按照图 4-27(b)(c)所示方法安装镗孔刀后，通过几次进刀，先将孔底车平；每次镗够孔深度时，镗刀先横向往孔的中心线方向退出，再纵向退出孔外。调整背吃刀量时应注意：镗孔时中滑板刻度盘手柄的背吃刀量调整方向，与车外圆时相反。

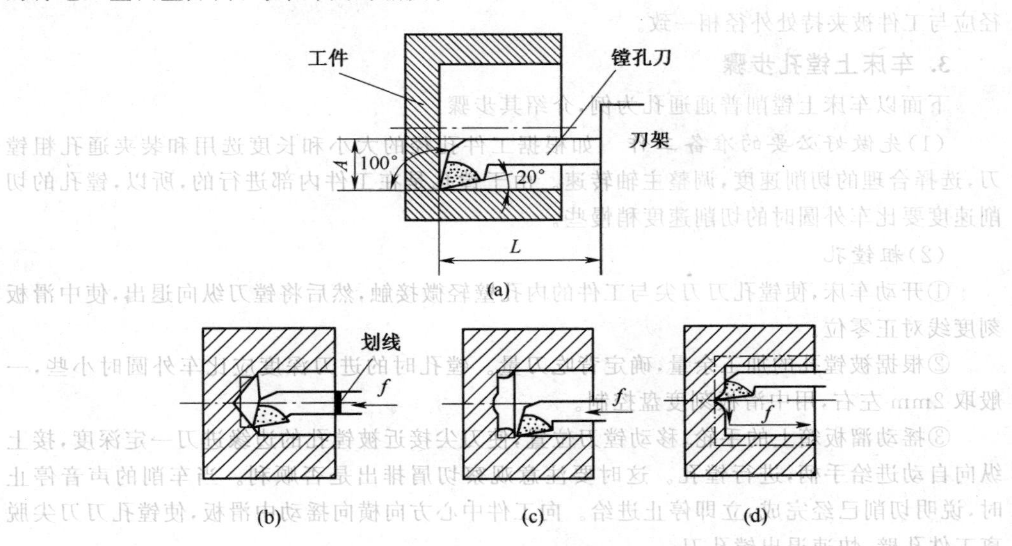

图 4-35　不通孔镗削方法

(a)镗孔刀的安装和定位　(b)(c)不通孔粗镗方法　(d)不通孔精镗方法

粗镗孔时应当留出精镗余量。当孔壁较薄时，精镗前应将工件放松，然后再轻轻夹紧，以免工件因夹得过紧而变形。精镗不通孔时的镗削路线如图 4-35(d)所示，这样的镗削路线对排除切屑是有利的。控制镗孔深度的方法通常是采用镗刀杆上划线，如图 4-35(b)所示，或使用溜板箱上刻度盘来掌握。自动走刀时，当快到镗孔深度时，应改用手动缓慢进刀，以免造成镗刀损坏。

2. 镗孔时保证同轴度和垂直度要求的方法

镗孔过程中，为了保证被镗孔与外圆，以及被镗孔中心线与端面的垂直度，可采取以下措施。

①普通的套类工件，镗削时选用棒料为毛坯，在一次装夹下完成车外圆、端面、钻孔和镗孔等加工，如图 4-36 所示，这样能够保证外圆和内孔的同轴度，外圆、内孔与端面的垂直度等精度要求。

②当以内孔为基准装夹套类工件时，为保证同轴度和垂直度，可使用芯轴作为夹具。就是在第一次装夹中把工件的端面和内孔加工完毕后，接着将芯轴插入工件基准孔内，将其安装在两顶尖间车削外圆，这就保证了工件的同轴度和垂直度。

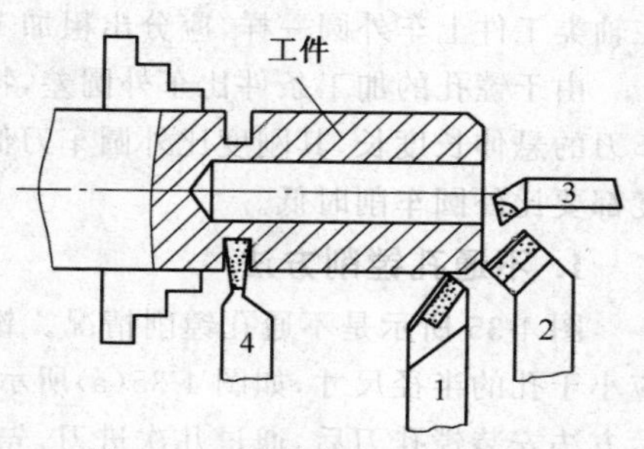

图 4-36 普通套类工件的车削

③以工件外圆和端面为基准装夹套类工件时，为了保证孔对外圆的同轴度和对端面的垂直度要求，可以先将外圆和端面车削出来，然后在自定心卡盘上使用软爪(图 4-34)进行装夹来镗孔，并在装夹前，先将弧状软爪的内径再镗孔一次，其镗孔内径应与工件被夹持处外径相一致。

3. 车床上镗孔步骤

下面以车床上镗削普通通孔为例，介绍其步骤：

(1)先做好必要的准备工作 如根据工件孔径的大小和长度选用和装夹通孔粗镗刀，选择合理的切削速度，调整主轴转速。由于镗孔是在工件内部进行的，所以，镗孔的切削速度要比车外圆时的切削速度稍慢些。

(2)粗镗孔

①开动车床，使镗孔刀刀尖与工件的内孔壁轻微接触，然后将镗刀纵向退出，使中滑板刻度线对正零位。

②根据被镗孔的加工余量，确定背吃刀量。镗孔时的进刀深度应比车外圆时小些，一般取 2mm 左右，用中滑板刻度盘控制。

③摇动溜板箱上的手轮，移动镗刀位置，使刀尖接近被镗孔的边缘进刀一定深度，接上纵向自动进给手柄，进行镗孔。这时要注意观察切屑排出是否顺利。当车削的声音停止时，说明切削已经完成，立即停止进给。向工件中心方向横向摇动中滑板，使镗孔刀刀尖脱离工件孔壁，快速退出镗孔刀。

(3)精镗孔

①换装上精镗孔刀。

②精镗孔时可适当提高主轴转速。使精车刀的刀尖与孔壁接触，稍微吃刀，先试切削。当镗孔刀沿孔切进大约 3mm，如图 4-37 所示，停止进给并快速纵向退出车刀。

③使用游标卡尺测量被镗孔直径尺寸，然后按照精车余量增加背吃刀量，将被镗孔精加工至所需要的尺寸。

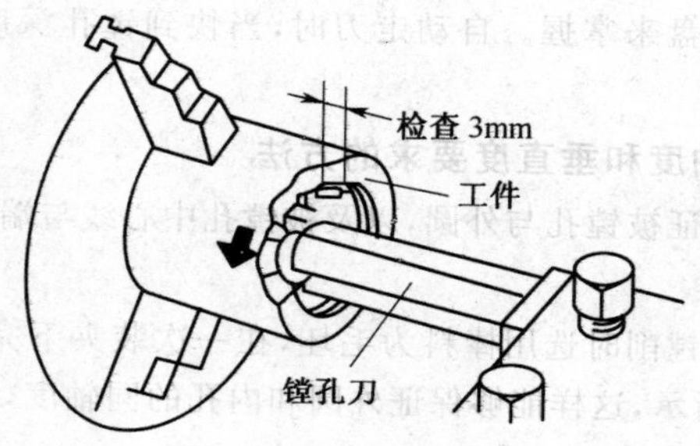

图 4-37 精镗孔前试吃刀

帮你长知识

浮动镗孔法和怎样进行浮动镗孔

车床上镗孔，由于孔径的限制使镗刀杆刚度不足，容易造成镗孔不圆、孔面粗糙或呈锥度孔等影响表面质量的情况。所以，在加工长度与孔径比>10 的较深孔时，一般采用浮动镗刀镗孔法。

浮动镗刀的刀片不紧固在刀杆上，而是刀片在刀杆的横向槽内有间隙地配合，靠刀片两边切削刃产生的切削力自动对准中心。这样，在镗孔时，刀片在刀槽内浮动，两切削刃均匀地担负切削，使两切削刃的切削力平衡，可消除由于镗杆的刚度不足和摆偏所造成的误差。浮动镗刀可做成导向的，因而可保证孔的直线度。

使用浮动镗刀进行镗孔的不足之处就是不能校正孔的位置偏差，也就是说，当被镗孔偏斜于正确的位置时，它不能进行改善，因此，浮动镗孔法多在精加工中使用。粗镗孔中，为了提高工作效率，可使用栏图 4-7 所示的定装式双刃镗刀，它在镗孔中，同样是两刀刃在两个对称方向同时切削，能使径向抗力互相抵消，并且，在一定的切削条件下，能对孔的直线度误差适当进行修正；镗孔中，偶遇砂眼等缺陷时，也较能够适应。栏图 4-7(a)为定装式双刃镗刀的刀片结构，栏图 4-7(b)为镗刀结构。

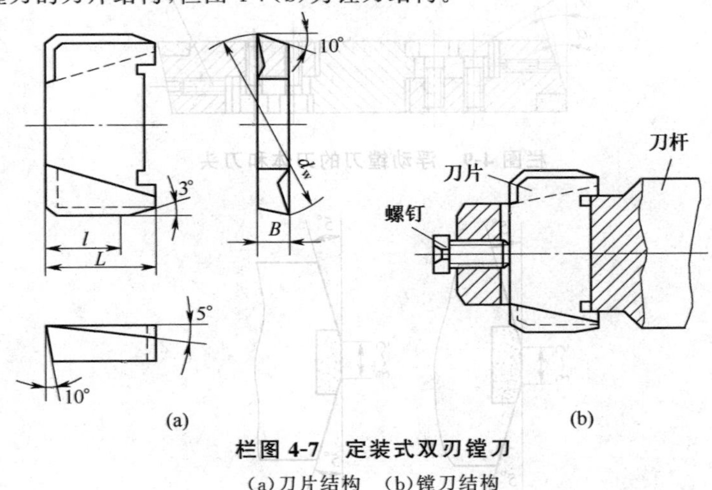

栏图 4-7　定装式双刃镗刀

(a)刀片结构　(b)镗刀结构

浮动镗刀刀体组合如栏图 4-8 所示，使用时将其安装在刀架上。它结构简单，制造容易，操作方便，能大大提高工作效率，并且尺寸准确，对于深加工最为理想。直径 18～350mm 的孔都可以用浮动镗刀法进行加工。

栏图 4-9 所示是浮动镗刀的刀头和刀体情况，由镶有硬质合金刀片的刀头和刀体组成。刀头由螺钉固定在刀体上，刀头可用调节螺钉进行微调，调整到所需尺寸。装配好的镗刀放在刀杆滑槽内，加工过程中，刀具在槽内浮动。它的几何角度应满足工件材料和孔型几何形状的要求。加工铸铁工件，前角 $\gamma=0°$，见栏图 4-10(a)；加工铸钢件，材料硬度较高，为了减少切屑变形和摩擦，可选择较大的前角 γ，使前角 $\gamma=28°\sim30°$，见栏图 4-10(b)。

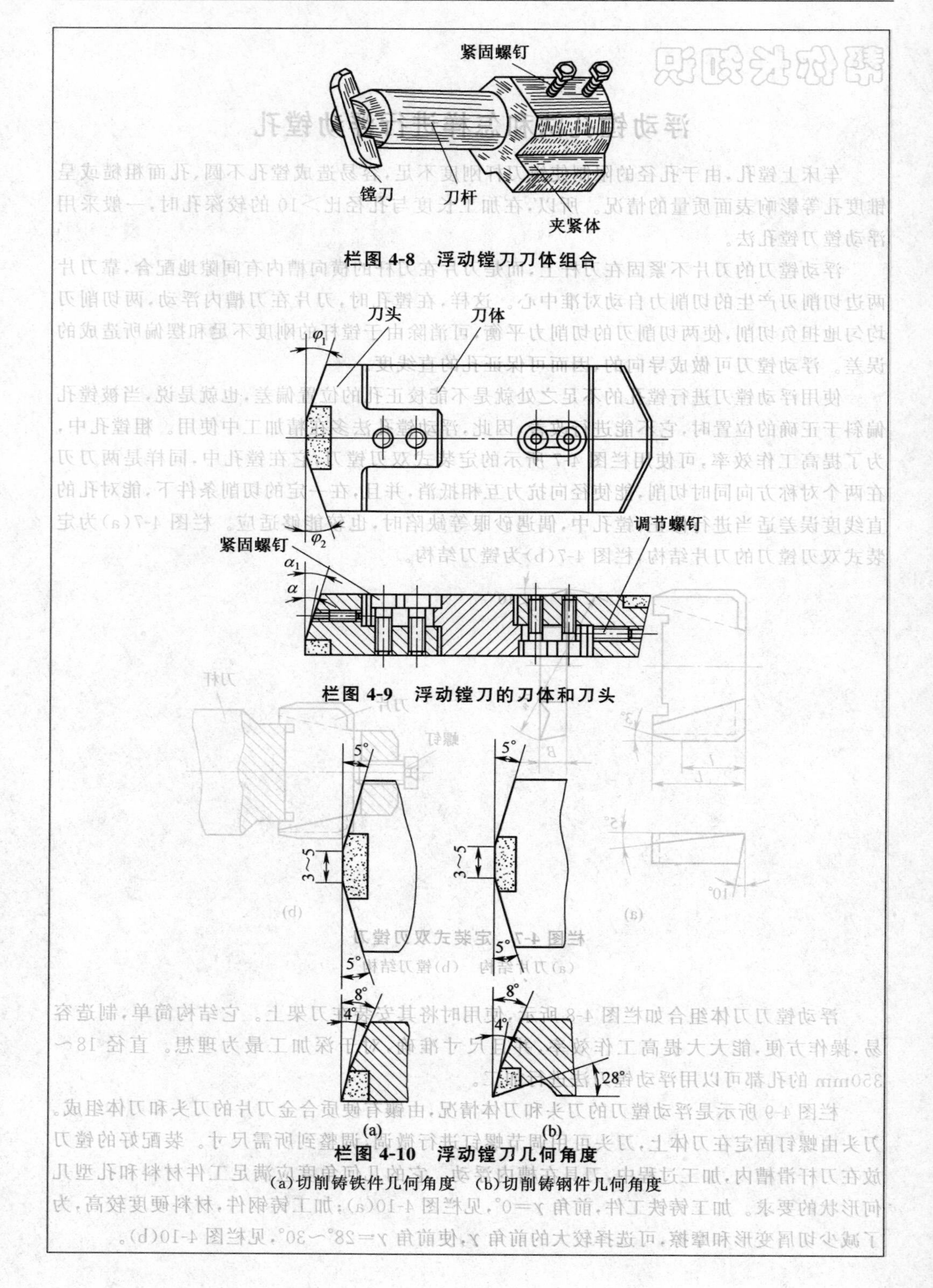

栏图 4-8 浮动镗刀刀体组合

栏图 4-9 浮动镗刀的刀体和刀头

栏图 4-10 浮动镗刀几何角度

(a)切削铸铁件几何角度 (b)切削铸钢件几何角度

四、车床上加工偏心孔简介

加工偏心孔工件的关键是通过采用不同的装夹方法，以保证它的偏心距。至于别的方面与车削其他工件时基本相同，所以，这里重点介绍加工偏心孔工件的装夹方法。

加工偏心孔时的装夹方法有多种，但无论哪种方法，都必须使工件中心线偏移车床主轴旋转轴线一个偏心距，这样才能得到合乎要求的偏心孔。

镗削偏心孔，工件装夹方法有以下几种形式。

(1)在自定心卡盘上附加垫块装夹偏心孔工件　在自定心卡盘上安装偏心孔工件时，为了保证镗孔偏心距，需要在卡盘的一个卡爪处加上一个垫块，如图 4-38 所示，这样，就可方便地将偏心孔镗出来。

垫块厚度 t 用下面方法计算：

$$t=\frac{1}{2}\left(3e+\sqrt{d^2-3e^2}-d\right) \qquad (式 4-1)$$

式中　e ——工件偏心距(mm)；

d ——工件毛坯直径(mm)。

【例 4-1】　如图 4-39 所示，工件的毛坯直径 $d=40$mm，要求镗出偏心距$e=4$mm的偏心孔，用自定心卡盘装夹，问其中一个卡爪垫块的厚度 t 为多少？

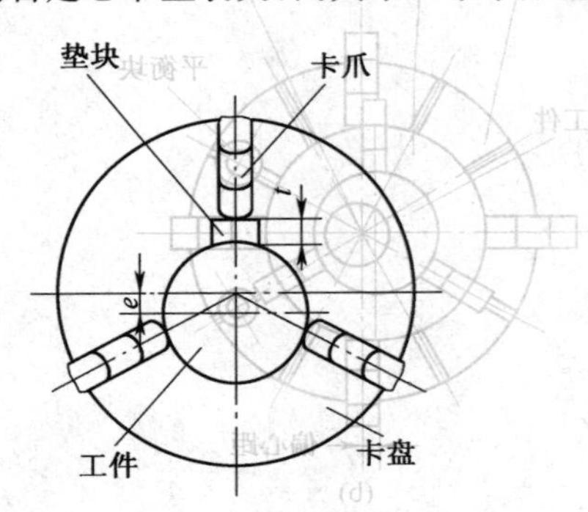

图 4-38　卡盘附加垫块保证偏心距

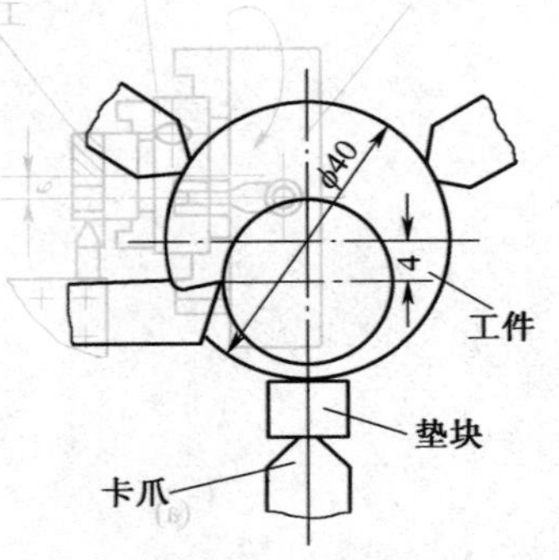

图 4-39　偏心孔工件

【解】　用式 4-1 计算：

$$\begin{aligned}t&=\frac{1}{2}\left(3e+\sqrt{d^2-3e^2}-d\right)\\&=\frac{1}{2}\left(3\times4+\sqrt{40^2-3\times4^2}-40\right)\\&=\frac{1}{2}\times11.40=5.7(\text{mm})\end{aligned}$$

(2)将偏心孔工件安装在单动卡盘上　这种方法适用于形状较为复杂的偏心孔工件。加工前，需先在工件端面按照偏心距划出线印，如图 4-40 所示，装夹时根据线印找正，然后进行镗孔。

(3)采用母子卡盘装夹偏心孔工件　这种方法对偏心距控制比较准确，适用于批量

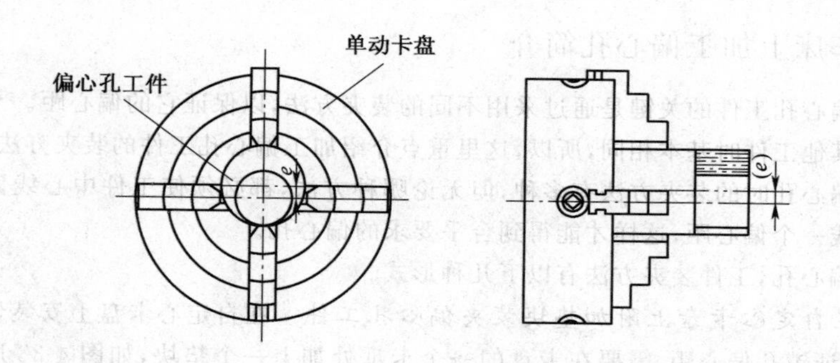

图 4-40 单动卡盘上按线印找正偏心孔工件

加工中使用。它需将常用的两个卡盘组合在一起，如图 4-41(a)所示，母卡盘是单动卡盘，子卡盘是自定心卡盘，用单动卡盘夹住自定心卡盘，并调整两卡盘轴心间的偏心值达到要求。为了确定子卡盘位置，可在自定心卡盘上夹上一个标准棒，使用百分表将标准棒找正。

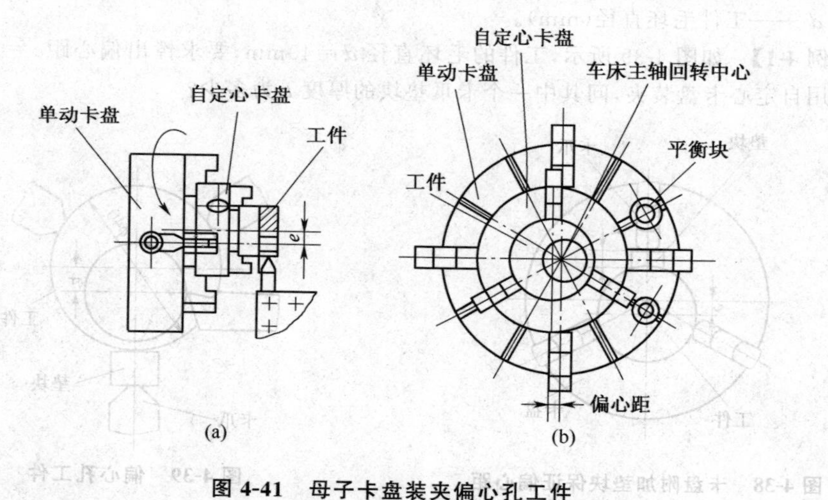

图 4-41 母子卡盘装夹偏心孔工件

(a)母子卡盘上装夹工件 (b)母卡盘配上平衡块

采用这种装夹方法加工偏心孔工件，仅需准确地校正一次，接着加工出来的工件偏心值都是一致的。这种方法可大大地节省辅助时间，提高生产效率。如果子卡盘调整得精确，偏心距误差可控制在 0.02mm 左右。

镗孔时，为了主轴转动均匀，可在母卡盘(单动卡盘)上配上一定质量的平衡块，如图 4-41(b)所示，并校正静平衡，以保证切削平稳。

(4)利用专用偏心套装夹偏心孔工件 图 4-42 所示是将工件装入专用的偏心套内加工偏心孔的情况，偏心套的偏心距 e 等于工件上的偏心距。

在偏心套的薄壁处铣出一条通槽，这样，就能够很好地将工件夹紧，并加工出合格的偏心孔工件。

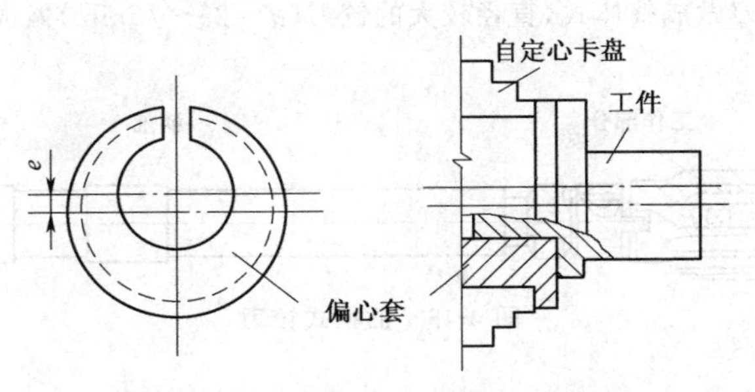

图 4-42　用偏心套装夹偏心孔工件

第三节　车床上铰圆柱孔

车床上铰孔比在车床上镗孔更能获得光洁表面，并且质量稳定，生产效率高，所以在大批量加工中得到广泛应用。

一、铰孔使用的铰刀和铰刀安装

铰刀是铰孔时使用的刀具，它分为直柄铰刀（图 4-43）和锥柄铰刀（图 4-44）。锥柄铰刀有工作部分、颈部和柄部，它的工作部分由锥形导引部分 l_1、锥形切削部分 l_2、圆柱形修光部分 l_3 和倒锥部分 l_4 组成。导引部分的作用是使铰刀在铰孔时能容易地切入工件孔内；锥形切削部分的作用是在铰孔中切去加工余量；修光部分是圆柱形刀齿，它在切削过程中，对已加工面进行挤压，达到修光和表面光整的目的，并获得精确的尺寸；铰刀倒锥部分的作用是减少铰刀和已铰削表面间产生摩擦。

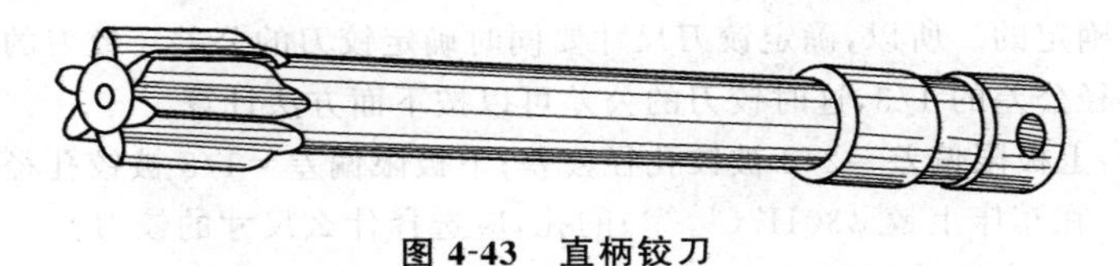

图 4-43　直柄铰刀

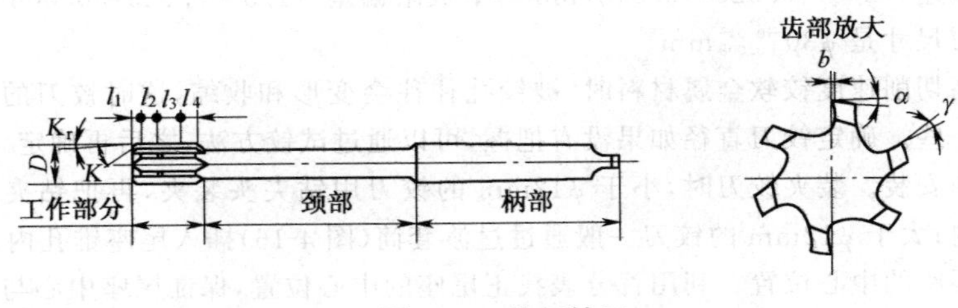

图 4-44　锥柄铰刀

铰刀的齿槽形状一般为直槽，当需要铰削轴向带有键槽的孔时，为了保证切削平稳和顺利，要把铰刀齿槽做成螺旋状的槽。

直径较小的铰刀做成整体式，直径较大的铰刀(d＝25～75mm)做成插柄式，如图 4-45 所示。

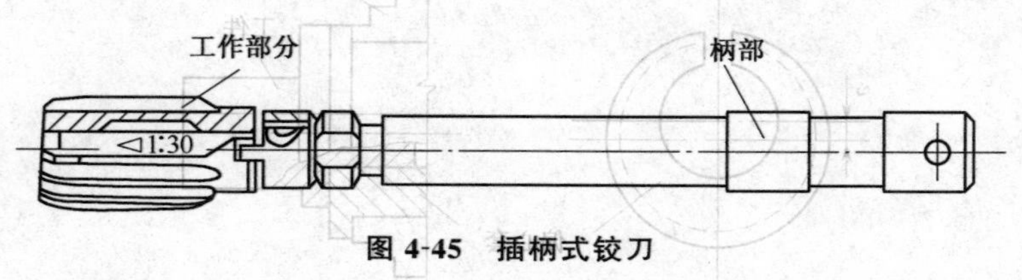

图 4-45　插柄式铰刀

铰刀在车床上有两种安装方法，直柄铰刀一般使用钻夹头进行装夹，锥柄铰刀可插入车床尾座锥孔内。铰刀装夹形式与在车床上安装麻花钻头的方法是完全相同的。

二、车床上铰圆柱孔的方法步骤

车床上铰圆柱孔的方法步骤如下。

(1)准备工作　它包括以下几个方面。

①铰孔前，一般要使镗孔刀对被铰孔进行半精镗孔，这样就保证了被铰孔中心线对车床主轴中心线的垂直度，同时也使铰孔余量均匀，保证了铰孔能得到较为光整的表面。

需要铰孔的工件，在半精镗孔时要留出铰孔余量，这个余量不可太大或太小。若余量太大，铰孔中，切屑会塞满铰刀齿槽，使切削液不能进入铰孔区，而严重影响表面粗糙度，甚至导致铰刀崩刃。若铰孔余量太小，则不能将镗孔(或扩孔)留下的加工痕迹铰除。留出的铰削余量可根据所使用铰刀具体确定，使用高速钢铰刀一般留出 0.08～0.12mm，使用硬质合金铰刀可留出 0.15～0.20mm。

②铰刀尺寸的确定。铰刀的基本尺寸应该和被铰孔的基本尺寸相同，但需要确定铰刀的尺寸公差，铰刀的尺寸公差是根据被铰孔所要求的精度等级和加工时可能出现的扩大量(或收缩量)来确定的。所以，确定铰刀尺寸要同时确定铰刀的公差。铰刀的制造公差大约是被铰孔的直径公差的 1/3，这时铰刀的公差可以按下面方法计算。

铰刀公差：上极限偏差＝2/3 被铰孔径公差；下极限偏差＝1/3 被铰孔径公差。

【例 4-2】　在车床上铰 $\phi30\mathrm{H7}(^{+0.025}_{0})$的孔，应选择什么尺寸的铰刀？

【解】　铰刀基本尺寸是直径 ϕ30mm，铰刀公差：

上极限偏差＝2/3×0.025＝0.016(mm)；下极限偏差＝1/3×0.025＝0.008(mm)

所以铰刀尺寸是 $\phi30^{+0.016}_{+0.008}$mm。

采用较高切削速度铰软金属材料时，被铰孔往往会变形和收缩，这时铰刀的直径就应该适当选大一些。确定铰刀直径如果没有把握，可以通过试铰方法，之后再确定。

③铰刀的安装。装夹铰刀时，小于 ϕ12mm 的铰刀用钻夹头装夹，再把钻夹头锥柄装入尾座锥孔内；大于 ϕ12mm 的铰刀一般通过过渡套筒(图 4-16)插入尾座锥孔内。

④找正尾座的中心位置。利用百分表找正尾座的中心位置，保证尾座中心与主轴轴心线重合。

⑤确定和调整切削用量。切削速度 u 低些对被铰孔的表面粗糙度有利，一般推荐 u＜5m/min。铰孔时的进给量 f 可选大一些(因为铰刀有修光部分)，铰钢件时，取 f＝0.1～0.2mm/r；铰铸铁或有色金属件时，进给量还可取大一些。背吃刀量 a_p 是铰孔余量的

一半。

⑥选择合适的切削液。铰孔时，切削液对孔的扩胀量和孔的表面粗糙度有一定关系。经验证明，在不使用切削液进行干铰孔和使用非水溶性切削液铰孔情况下，铰出的孔比铰刀的实际直径要大些。干铰孔时孔的扩胀量最大，铰孔效果差，而用水溶性切削液（乳化液）铰出的孔稍微好些。因此使用新铰刀铰钢料孔时，选用10%～15%的乳化液作切削液，比较适宜，可以获得比较光洁的表面，铰出的孔不会扩大。

铰铸铁孔时一般用煤油作切削液；铰青铜或铝合金孔时，用锭子油或煤油作切削液。

（2）进行铰孔 按以下操作进行。

①摇动尾座手轮，使铰刀的引导刃进入被镗孔孔口深度2mm左右。

②开动车床，加注充分的切削液，双手均匀地摇动手轮进行铰孔。铰孔结束后，在可能情况下，最好从孔的另一端取出铰刀，如果从刚铰过的孔中把铰刀退出来，会划伤已加工表面，影响表面粗糙度。铰孔时不允许使工件反转再退刀。

车床上铰孔时，要求铰刀的中心线和工件的旋转轴线严格重合，否则铰出的孔径就会大于铰刀直径。当它们不重合时，校正办法一般是调整尾座的水平位置，使两者中心线重合在一条线上，但是，无论怎么调整，也难免会存在误差。为了克服这一缺点，往往采用浮动铰孔的方法，就是将铰刀以浮动的状态装入浮动工具内，浮动套筒插入尾座套筒的锥孔中，衬套和套筒之间的配合较松，存在一定的间隙，如图4-46所示。当工件中心线和铰刀中心线不重合时，铰刀自动进行浮动，使铰刀自动去适应工件的中心位置，从而消除铰刀中心线和被铰孔中心线不重合的偏差。

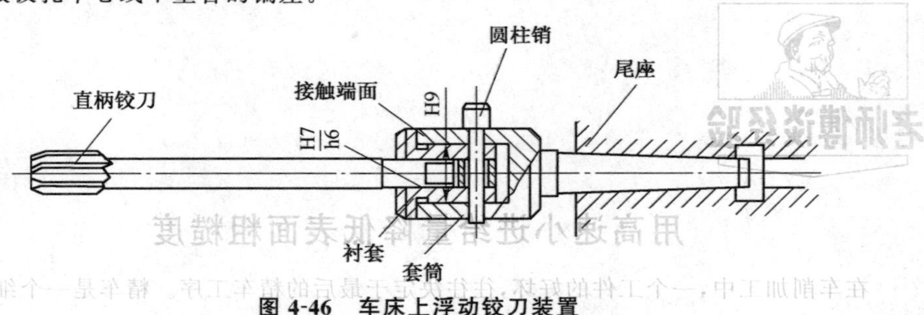

图4-46 车床上浮动铰刀装置

三、铰孔中的质量缺陷

铰孔中的质量缺陷包括表面粗糙度差、尺寸精度差和铰出孔不圆等。

1. 孔表面粗糙度差

出现这种质量缺陷的原因有以下几点。

（1）铰削速度过大 铰削用量对铰孔后的表面粗糙度都有影响，其中以铰削速度的影响最大。如用高速钢铰刀铰孔，对中碳钢工件来说，铰削速度应不超过5m/min，因为这时不易产生积屑瘤；而铰削铸铁件时，因不会形成积屑瘤，铰削速度可提高到8～10m/min。

（2）铰削余量不适当 铰削余量过大，会造成铰孔面表面粗糙度很差；但若铰削余量过小，铰刀不能正常切削（而是刮光），也会使表面粗糙度变差。

（3）进给量过大　铰孔中，若进给量增大，被铰孔的表面粗糙度也会增加；但进给量过小时，会使径向摩擦力增大，造成孔的表面变粗糙。如用高速钢铰刀加工钢件，进给量一般不超过 0.5mm/r；对于铸铁件，可增加至 0.8mm/r。

（4）铰刀切削刃不锋利，刃带表面粗糙度差　铰刀在使用前如果没有进行仔细研磨，会影响铰孔的表面粗糙度，因此每次铰孔前都应对铰刀进行研磨，这样就改善了铰刀本身的表面粗糙度，有利于改善被铰孔的表面粗糙度。

（5）铰孔时切削液使用不适当　铰孔时如不使用切削液，铰刀的后刀面与孔壁会发生干摩擦，使孔的表面粗糙度变差。

（6）铰刀反转退出会使表面粗糙度变差　铰孔完成后，应把铰刀从孔的另一端拉出孔外；铰刀柄部直径如果大于工作部分，应采用与切削时相同的旋转方向退出。

2. 铰孔后孔直径超差

出现这种质量缺陷是由于铰刀中心与所镗孔中心不重合、铰刀开始进入工件孔内时出现偏歪、铰孔中用力不对称或切削用量过大等原因引起的。

3. 铰出的孔不圆

出现这种质量缺陷一般是由于铰孔余量太大、铰孔中铰刀有振颤或者是由于铰孔前的钻孔不圆而引起的。

铰孔时出现的质量缺陷是很多的，应当在加工过程中找出原因，从而提高铰孔质量。

用高速小进给量降低表面粗糙度

在车削加工中，一个工件的好坏，往往决定于最后的精车工序。精车是一个细致而又复杂的工序，除了应该根据工件的材料和技术要求等，合理地选择车刀材料和几何参数外，还必须注意把车床调整好和将车刀刃磨好。

精车的方法很多，如使用硬质合金刀尖带圆弧车刀进行高速小进给量车削，使用硬质合金宽刃光刀进行高速大进给量车削，以及使用高速钢宽刃光刀进行低速大进给量车削。其中，大进给量车削适用于大型车床，这里重点介绍高速小进给量精车加工和所使用车刀的刃磨。

采用高速小进给量精车加工除了小走刀外，还要把握好以下几点：即车刀主偏角和副偏角适当小些；车刀刀尖圆弧半径适当大些；切削速度适当高些，并且加工中的振动要控制好。

以上所说的几个要点，也可以说是确定工艺参数和车刀几何参数的原则，但具体如何确定，还必须根据工件具体条件加以灵活运用。在这几点里，彼此间互相联系，甚至互相矛盾，下面就分别谈谈。

(1)切削速度的选择　高速切削可降低表面粗糙度,但随着速度的增高,切削热将增多,切削温度必将上升,因此,必须选择耐高温,红硬性好而且耐磨的车刀材料,如车削钢件时选用 YT30。否则会造成车刀激烈磨损,工件表面粗糙度恶化,尺寸精度也无法保证。

(2)车刀几何参数的确定　主偏角 K_r、刀尖圆弧半径 r 等都对切削力有直接影响。在一般情况下,K_r减小后,会使径向切削分力增大,因此,在车床-工件-夹具系统刚度不足的情况下,切削时极易产生振动。这时应该增加刀杆的刚度,并使刀头悬伸长度不超过刀杆厚度;或者用增大后角、减小背吃刀量的方法,减少工件与车刀间的摩擦;也可以减小前角 γ(γ 一般在 0°～5°),来使刃口强度增加,这样做还可以改善散热条件。

(3)消除切削过程中产生的振动　车床产生振动的原因有以下几方面:

①车刀刃磨不正确或角度选择不合理;

②电动机本身及带轮引起的振动;

③车床主轴的窜动与跳动;

④小滑板调整得不好,未消除螺母间隙和燕尾槽斜铁的间隙;

⑤粗、精高速车削应选用不同的顶尖,不然也容易产生振动;

⑥被加工工件中心孔精度太低;

⑦车床的自振;

⑧工件装卡的力量不够(即卡的不牢),或者有偏心现象等。

知道了以上这些产生振动的因素后,就可以"对症下药",想办法消除它。

(4)进给量的选择　进给量对加工表面粗糙度起着重要作用,实践表明,在 CA6140 型车床上对 45 钢 ϕ70mm 棒料进行加工,采用自定心卡盘夹紧方法,将工件伸长60～80mm,使用前角 $\gamma=5°$,后角 $\alpha=10°$,主偏角 $K_r=75°$,副偏角 $K'_r=10°$,用油石修磨负倒棱为 0.8mm,负倒棱前角 $\gamma_1=-5°$的 YT15 硬质合金车刀进行精车,所选择背吃刀量 $a_p=0.2$mm,进给量 $f=0.16$mm/r,切削速度 $u=218$m/min 时,可以获得 Ra3.2μm 表面粗糙度;而当主偏角 $K_r=45°$,$a_p=0.1$mm,$f=0.08$mm/r,$u=$ 286m/min 时,表面粗糙度达到 Ra1.6～Ra0.8μm。以上情况说明,在高转速、小进给量、小背吃刀量,并且所使用车刀切削刃具有较低表面粗糙度的情况下,一般均能加工出达到磨削加工的表面。

(5)精车刀刃磨方法　车刀刃磨后,要使用油石进行精细研磨,这对加工质量影响极大。车刀磨得越好,研得越细,加工出来的表面就越光洁。车刀刃面表面粗糙度,要比工件要求的表面粗糙度低 1～2 级,前刀面和后刀面的表面粗糙度要在 Ra0.4μm 以下,并且刀刃上不能有波纹形。

(6)刀尖带圆弧车刀的刃磨法　刃磨刀尖有圆弧 r 的车刀,如栏图 4-11 所示,应将主、副切削刃及 r 一齐磨出,不应该有间断现象;否则,在主、副切削刃上和 r 两端末尾处,将产生接点,如栏图 4-12(a)所示。为了使衔接处平滑,应该先研磨 1 面经过 r 所形成的过渡曲面后,再研磨 2 面(栏图 4-11)。这样,就可使车刀刃磨得正确[栏图 4-12(b)]。车刀研磨正确与否,加工表面状况将有所不同,如栏图 4-13 所示。

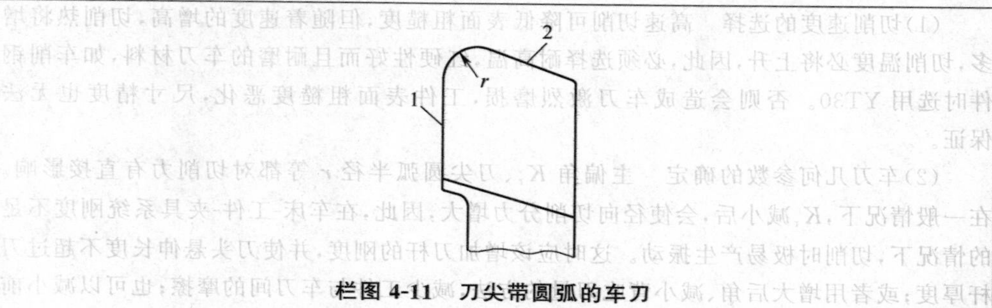

栏图 4-11　刀尖带圆弧的车刀

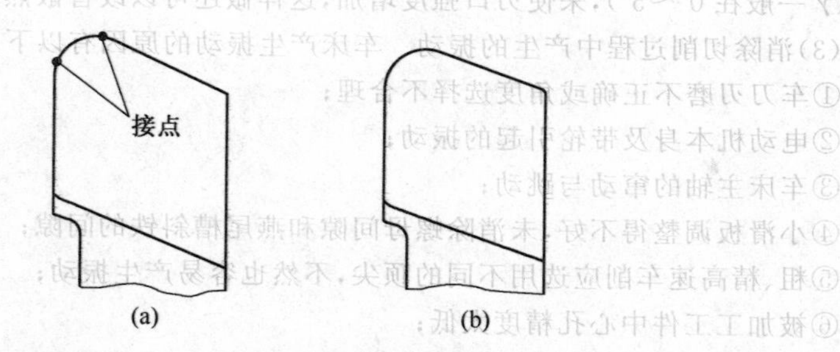

栏图 4-12　车刀主、副切削刃衔接处接点要求

(a)衔接处有接点　(b)衔接处无接点

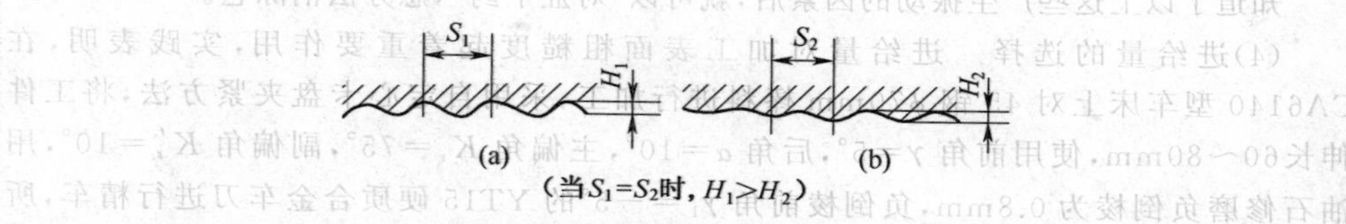

(当$S_1=S_2$时，$H_1>H_2$)

栏图 4-13　不同加工表面相比较

(a)车刀研磨不正确加工出的表面　(b)车刀研磨正确加工出的表面

第四节　套类工件内沟槽的车削

孔内的沟槽有多种形式，按其作用可分为退刀槽、空刀槽、密封槽等，如图 4-47 所示。退刀槽用于不在内孔的全长上车内螺纹时，需要在螺纹终了位置处车出直槽，以便车削螺纹终了时把螺纹车刀退出。空刀槽用于以较长的内孔作为配合孔使用时，为了减少孔的精加工时间，而在内孔中部车出较宽的槽。密封槽截面形状一种为梯形，可以在它的中间嵌入油毛毡来防止润滑滚动轴承的油脂渗漏；另一种是圆弧形，用来防止稀油渗漏。

(1)车削内沟槽的车刀　内沟槽车刀的形状结构与镗孔刀相似，只是几何角度上有所区别。图 4-48 所示为内沟槽车刀，它的前刀刃做成平直形，其刀头形状分别为矩形和梯形，是根据所车削沟槽的截面形状具体确定的，主要在车削孔径较小的内沟槽中使用。车削较大孔径内的沟槽时，常使用可换刀头式刀杆，如图 4-49 所示，拧紧刀杆前端的螺钉即可将刀头固定。

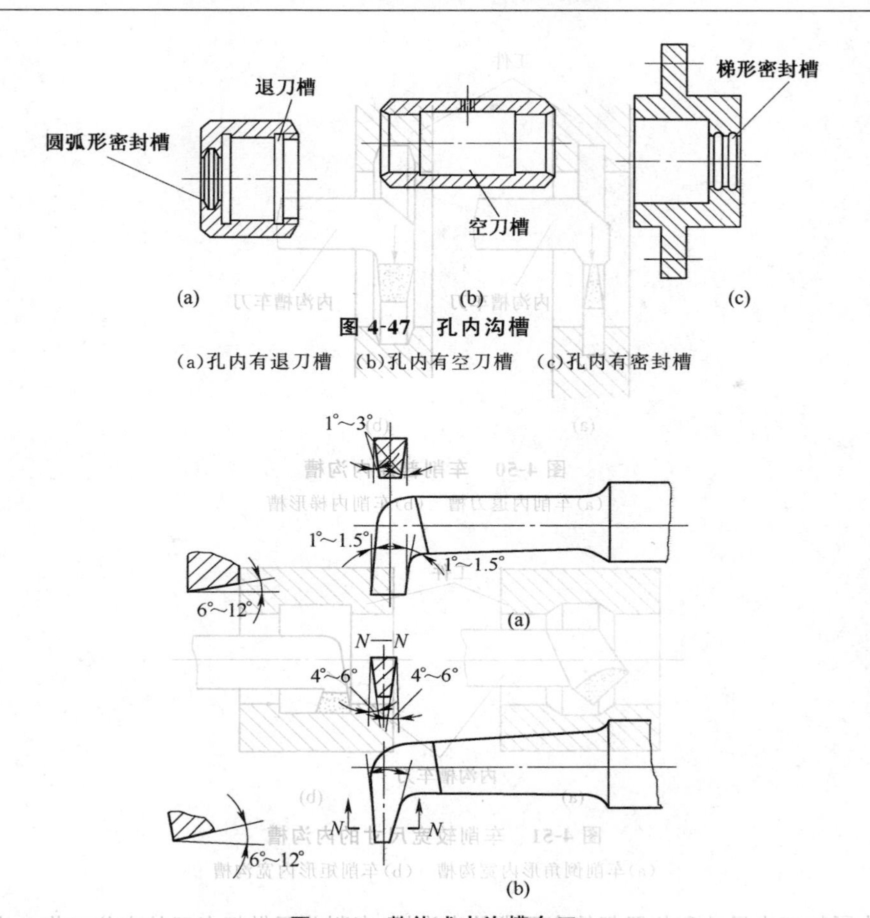

图 4-47　孔内沟槽

(a)孔内有退刀槽　(b)孔内有空刀槽　(c)孔内有密封槽

图 4-48　整体式内沟槽车刀

(a)刀头为矩形　(b)刀头为梯形

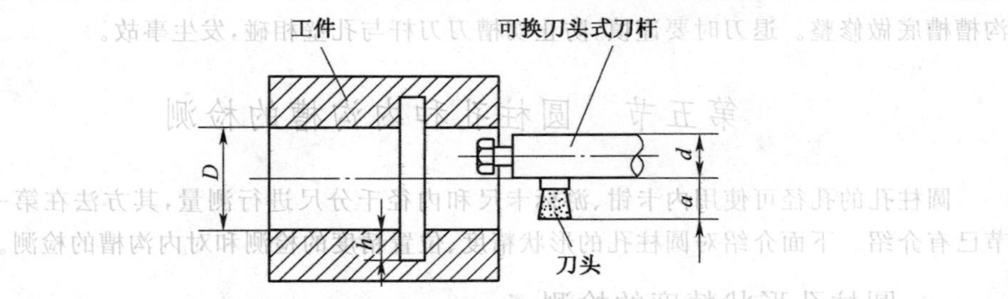

图 4-49　可换刀头式内沟槽车刀

在刀架上安装内沟槽车刀时，注意使刀头高度对准工件中心或者略微高于工件中心，刀头两侧的副偏角必须对称，如图 4-48(a)所示。

(2)内沟槽车削方法　使用矩形刀头车削内退刀槽如图 4-50(a)所示，使用梯形刀头车削内梯形槽如图 4-50(b)所示；车削较宽尺寸的内沟槽如图 4-51 所示。

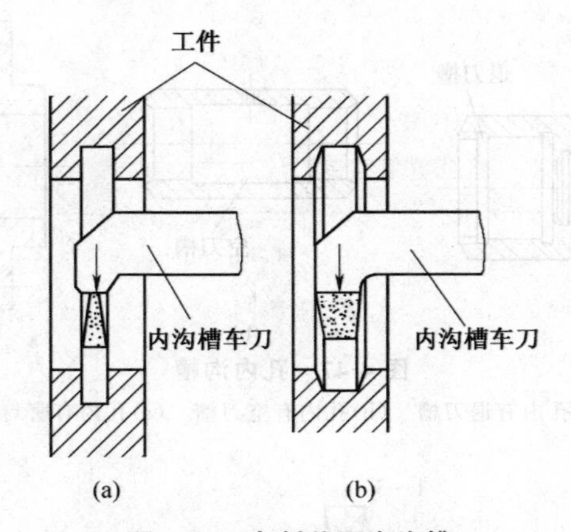

图 4-50 车削普通内沟槽

(a)车削内退刀槽 (b)车削内梯形槽

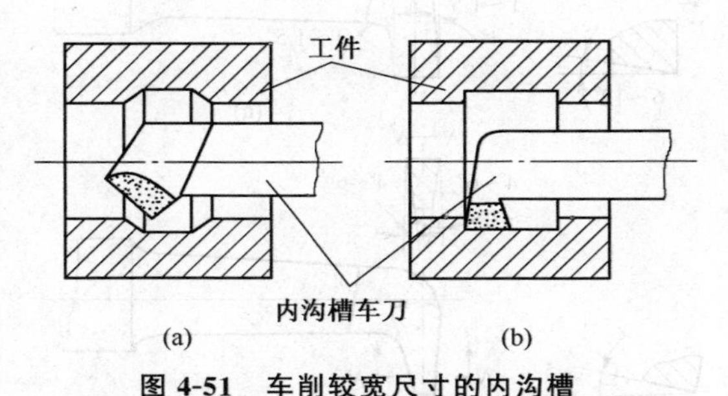

图 4-51 车削较宽尺寸的内沟槽

(a)车削倒角形内宽沟槽 (b)车削矩形内宽沟槽

为了加工出尺寸和位置都符合要求的内沟槽,车削前要做好车刀的定位工作。当内沟槽车刀进入孔内,确定车刀切削位置时主要是利用溜板箱处刻度盘上刻线去控制溜板应移动的距离。当内沟槽切至所需要深度后,应使切槽刀在原位不动,使工件多转动几圈,以对沟槽槽底做修整。退刀时要谨慎,防止切槽刀刀杆与孔壁相碰,发生事故。

第五节 圆柱孔和内沟槽的检测

圆柱孔的孔径可使用内卡钳、游标卡尺和内径千分尺进行测量,其方法在第一章第三节已有介绍。下面介绍对圆柱孔的形状精度、位置精度的检测和对内沟槽的检测。

一、圆柱孔形状精度的检测

车床上加工圆柱孔,其形状精度的检测一般是测量车出的孔的圆度和车出的孔的圆柱度这两项。

实际加工中,孔的圆度误差常使用内径百分表在孔的任一圆周截面各个直径的方向上进行测量,如图 4-52 所示,百分表上反映出的最大值与最小值之差的一半就是圆度误差。

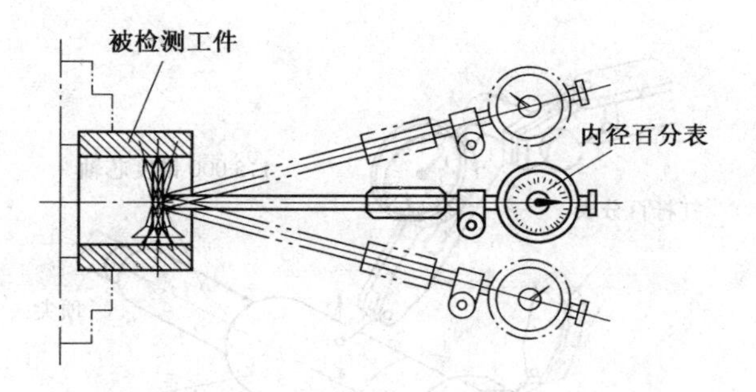

图 4-52　百分表检测孔的圆度误差

测量孔的圆柱度时，则在孔的全长上取 3～5 个截面，比较内径百分表的测量值，其最大值与最小值之差的一半即为孔全长上的圆柱度误差。

这种测量方法简便，但有误差，测出的结果大于真实的误差。

二、圆柱孔位置精度的检测

(1)孔对外圆同轴度的检测　这个项目是为了检测孔车出后，孔的中心线相对同工件的外圆中心线的位置误差，通常是检测车出的孔相对外圆的径向圆跳动或径向全跳动误差。但该类误差包含表面形状误差，所以用来代替同轴度的检测是有误差的。

套类工件在实际加工中，一般是夹住外圆车内孔，所以检测其同轴度时，可将工件放在一块精度较高的 V 形铁上，如图 4-53 所示，以工件外圆作为定位基准面，杠杆百分表的触头伸入孔内并接触孔表面，然后轻微转动工件，从杠杆百分表指针的跳动量大小，可确定被测工件的同轴度误差。

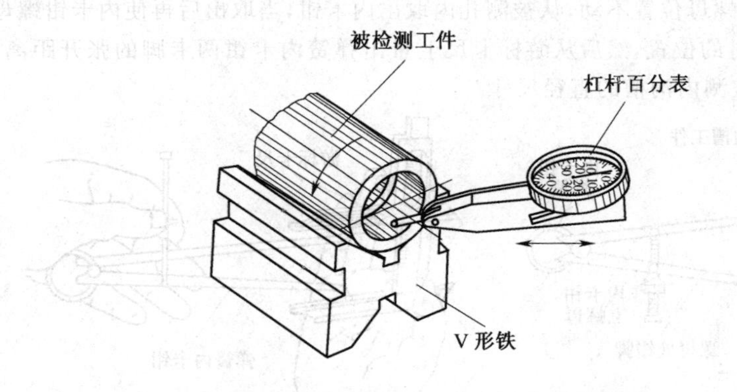

图 4-53　利用 V 形铁检测工件同轴度

(2)孔对端面垂直度的检测　检测孔对端面的垂直度时，可将被测工件穿在精度很高的1∶5 000锥度芯轴上，如图 4-54 所示，被检测工件孔与锥度芯轴的配合要严密。将锥度芯轴安装在两顶尖之间，使杠杆百分表触头抵住被测工件的端面，然后使工件转动，观察杠杆百分表指针情况。工件转动一周，杠杆百分表指针的最大跳动量和最小跳动量之差，就是被测工件的端面垂直度误差。

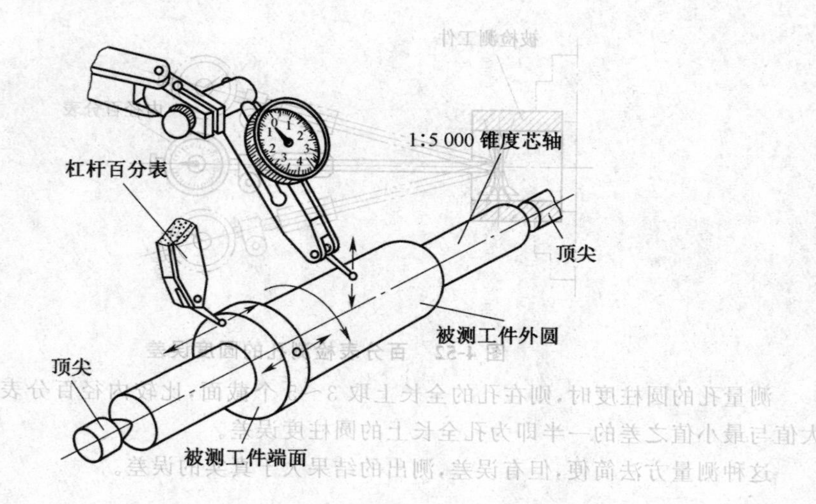

图 4-54 检测孔对端面的垂直度

利用这种检测方法，如果使杠杆百分表触头抵住被测工件的外圆，就可检测出外圆对孔的同轴度误差。

同样，这是用端面圆跳动、径向圆跳动来代替端面垂直度、同轴度的检测。

三、套类工件内沟槽尺寸的测量

测量内沟槽直径尺寸，如图 4-55(a)所示，可使用弹簧内卡钳，当弹簧内卡钳在工件孔的内沟槽处测量完孔直径后，推动弹簧内卡钳上螺母处钳脚，这时由于弹簧的作用，它随即合拢，接着使内卡钳螺母位置不动，从被测孔内取出内卡钳，当取出后再使内卡钳螺母处钳脚恢复到测孔直径时的位置，然后从游标卡尺上量出弹簧内卡钳两卡脚的张开距离，如图 4-55(b)所示，即是被测内沟槽的直径尺寸。

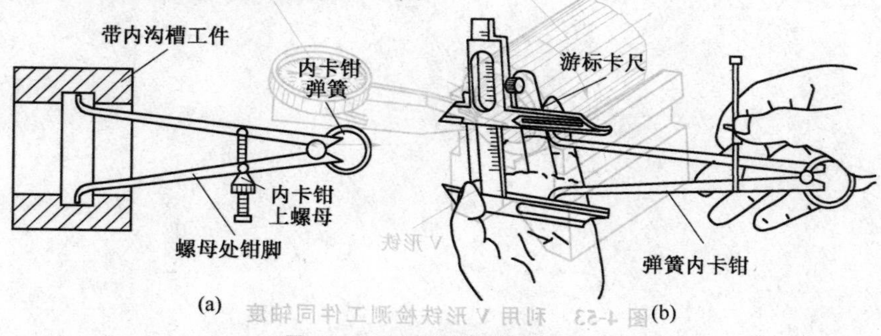

图 4-55 测量内沟槽直径尺寸

(a)弹簧内卡钳测量孔径 (b)从游标卡尺上量出尺寸

孔内沟槽的宽度尺寸常使用特制的头部呈钩形的游标卡尺进行测量，如图 4-56 所示，测量后将卡尺上的小固定螺钉拧紧，取下卡尺读出尺寸。

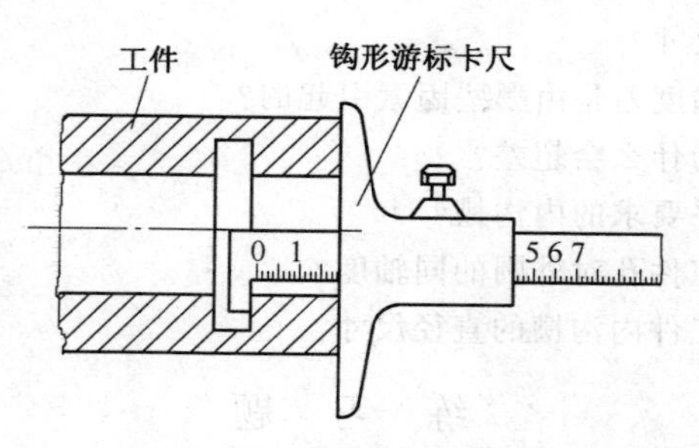

图 4-56 测量内沟槽宽度尺寸

小窍门

用普通千分尺测量管件壁厚

用千分尺测量管件壁厚尺寸时，如果想避免千分尺测量杆端部小圆平面的影响，可在测量杆上套装一个小圆弧测量头，如栏图 4-14 所示，使测量杆与被测量孔面成为点接触。为了减少磨损，圆弧测量头应使用中碳钢以上的材质，并经热处理淬硬。

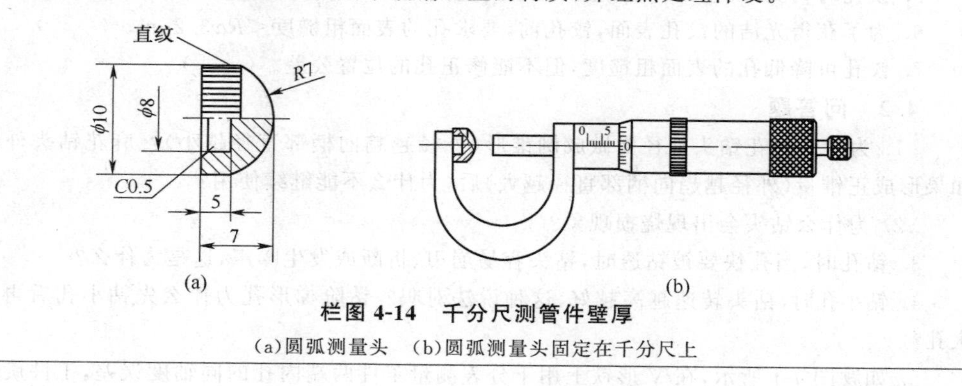

栏图 4-14 千分尺测管件壁厚

(a)圆弧测量头 (b)圆弧测量头固定在千分尺上

复习思考题

1. 麻花钻由哪几部分组成？主要有哪几个角度？
2. 麻花钻头刃磨后，必须达到什么标准？麻花钻主要磨哪个部位？
3. 刃磨麻花钻要掌握好哪几个要领？
4. 车床上开始钻孔时，要注意哪些事项？
5. 为什么说镗孔比车外圆困难？
6. 通孔镗刀与不通孔镗刀有什么区别？
7. 镗孔中怎样保证同轴度和垂直度要求？
8. 镗孔中为了防止变形，应采取什么措施？
9. 铰刀有什么特点？
10. 铰刀的中心线和工件的旋转轴线不重合会带来什么后果？为什么要采用浮动铰孔法？

11. 怎样确定铰刀尺寸？

12. 被铰孔表面粗糙度差是由哪些因素引起的？

13. 铰出孔的直径为什么会超差？

14. 怎样车削出合乎要求的内沟槽？

15. 怎样检查套类工件孔对外圆的同轴度？

16. 怎样检测孔类工件内沟槽的直径尺寸？

练 习 题

4.1 判断题(认为对的打√，错的打×)

1. 工件材料较硬时，应修磨麻花钻外缘处的前刀面，以减小前角，增加钻头强度。(　　)

2. 麻花钻的前角主要是随着螺旋角变化而变化的，螺旋角越大，前角也越大。(　　)

3. 用中心架支承工件车内孔时，如内孔出现倒锥，则是由于中心架中心偏向操作者一方造成的。(　　)

4. 当工件旋转轴线与尾座套筒锥孔轴线不同轴时，铰出的孔会产生孔口扩大或者整个孔扩大等缺陷。(　　)

5. 铰孔时，孔口产生喇叭形，主要是铰刀直径偏大。(　　)

6. 为了获得光洁的铰孔表面，铰孔前，要求孔的表面粗糙度<Ra3.2μm。(　　)

7. 铰孔可降低孔的表面粗糙度，但不能修正孔的位置公差。(　　)

4.2 问答题

*1. 为什么麻花钻头外径要做成倒锥形(外径越趋向柄部直径越小)？麻花钻头外圆如果形成正锥量(外径越趋向柄部直径越大)后，为什么不能继续使用？

*2. 为什么钻头会出现烧损现象？

3. 钻孔时，当孔快要被钻透时，钻头容易崩刃、折断或发生噪声，这是为什么？

4. 钻小孔时，钻头转速越高越好，这种说法对吗？钻阶梯形孔为什么先钻小孔后再钻大孔？

5. 如题图 4-1 所示，在 V 形铁上用千分表测量工件两端内孔的同轴度误差，工件旋转一周后，表针变动值均为 0.02，所反映的最高点，若分别为下列三种情况时，其同轴度误差各是多少？

①在同一剖面的相同方向上[题图 4-2(a)]；

②在互成 90°的剖面上[题图 4-2(b)]；

③在同一剖面的相反方向上[题图 4-2(c)]。

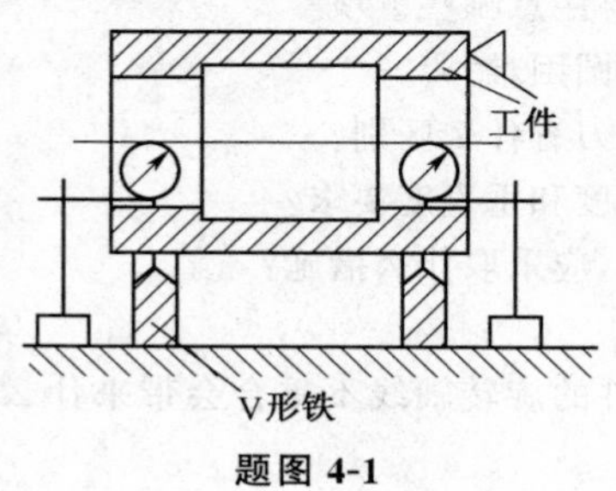

题图 4-1

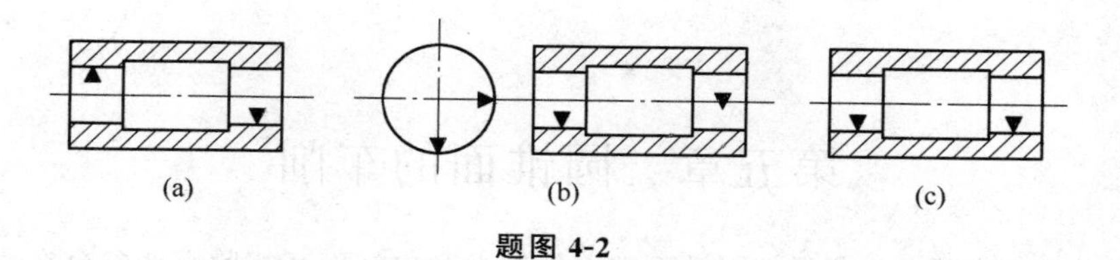

题图 4-2

6. 用长镗孔刀杆一次镗完两个同轴孔后，为什么会出现靠里边的孔径小而外端孔径大，如题图 4-3 所示？

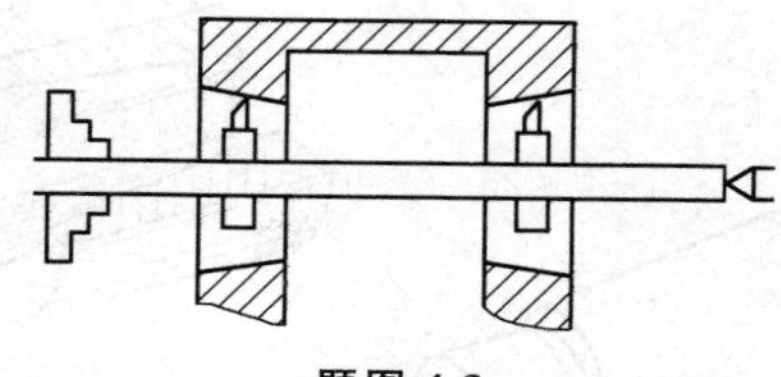

题图 4-3

7. 如题图 4-4 所示，为什么量规的过端总是做得比止端长一些？

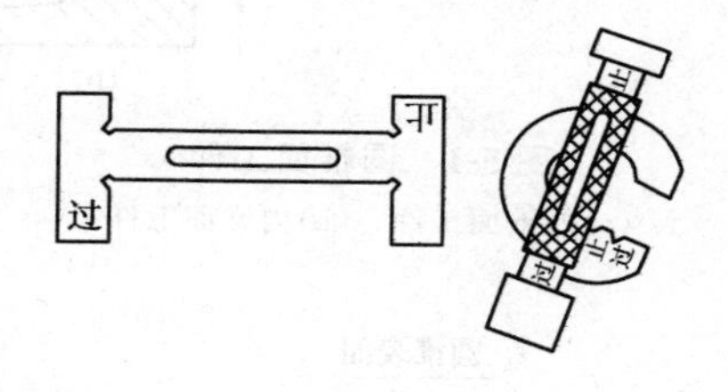

题图 4-4

第五章　圆锥面的车削

圆锥面工件如图 5-1 所示。圆锥面常以外锥面和内锥面互相紧密地配合在一起来使用，如图 5-2 所示，车床主轴前端内锥面与前顶尖外锥面的配合、车床尾座套筒的内锥面与钻头外锥面的配合等。

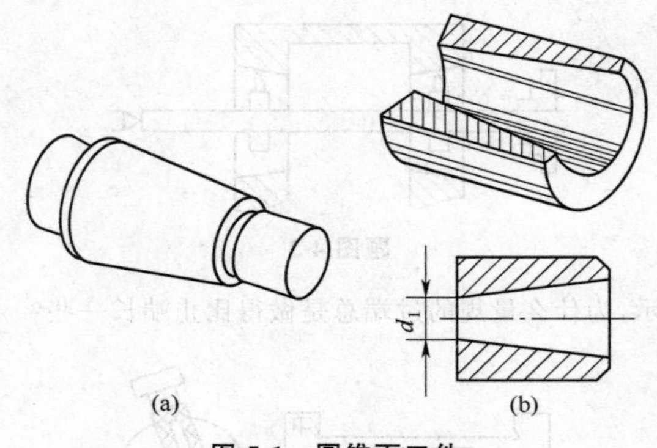

图 5-1　圆锥面工件

(a)外锥面工件　(b)内锥面工件

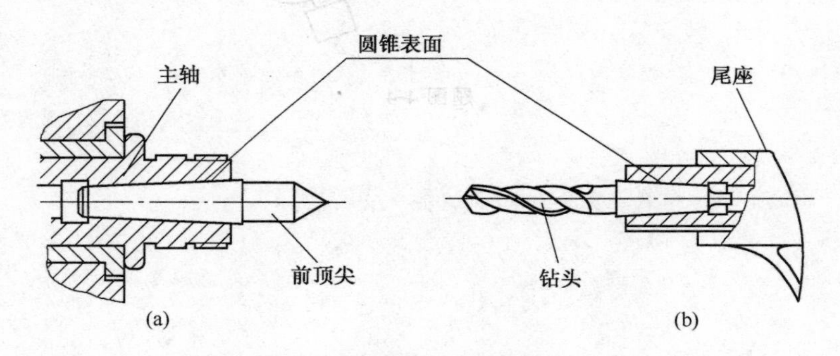

图 5-2　内外锥面的配合使用

(a)主轴前端的锥面配合　(b)尾座的锥面配合

内外锥面配合具有装卸方便、定心准确、相互配合表面间有较大摩擦力等特点。

第一节　圆锥面的形成和各部尺寸计算

一、圆锥面的形成

一个直角三角形 ABC，如图 5-3(a)所示，以它的直角边 AC 为轴旋转 360°，斜边 AB

的运动轨迹就形成一个外圆锥面。如果锥面内部呈锥形的空心，它就是一个内、外双圆锥面。实际加工中，经常见到的大多是截圆锥，如图 5-3(b)所示。

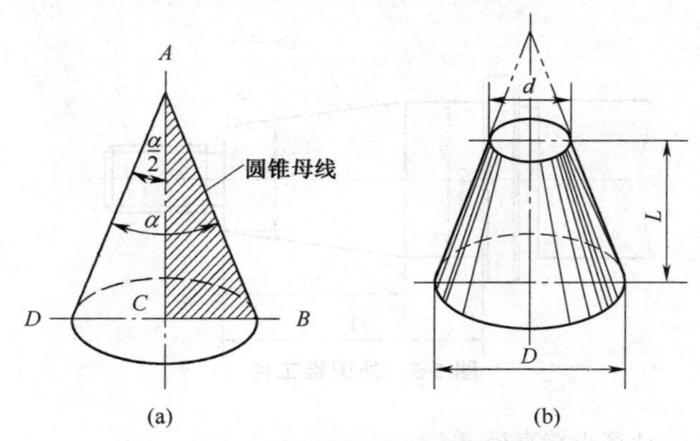

图 5-3　圆锥面形成和截圆锥

(a)圆锥面形成　(b)截圆锥

二、圆锥各部尺寸计算关系

图 5-4 中，D 为圆锥大端直径，d 为小端直径，两者之差与圆锥长度 L 之比就是锥度 c，斜度 M 等于锥度的一半。α 为圆锥角，$\alpha/2$ 为圆锥半角，它们之间的计算关系如下：

$$\tan\frac{\alpha}{2}=\frac{D-d}{2L}=\frac{c}{2} \quad \text{(式 5-1)}$$

$$\frac{c}{2}=M \quad \text{(式 5-2)}$$

$$c=\frac{D-d}{L}=2\tan\frac{\alpha}{2} \quad \text{(式 5-3)}$$

$$D=d+2L\tan\frac{\alpha}{2}=d+cL \quad \text{(式 5-4)}$$

$$d=D-2L\tan\frac{\alpha}{2}=D-cL \quad \text{(式 5-5)}$$

$$L=\frac{D-d}{c} \quad \text{(式 5-6)}$$

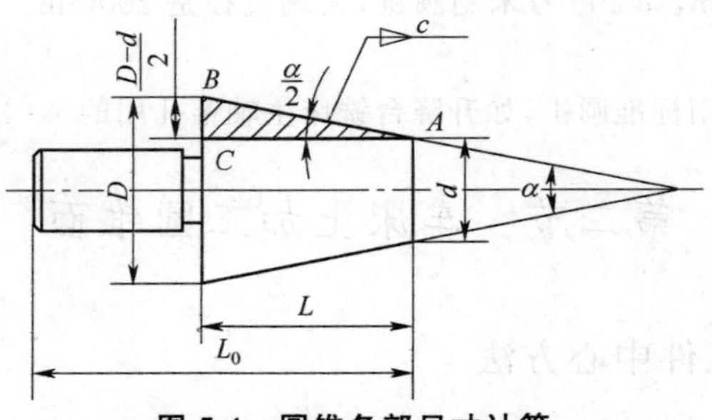

图 5-4　圆锥各部尺寸计算

【例 5-1】 图 5-5 所示为外圆锥工件，已知锥度 $c=1:5$，大端直径 $D=45\text{mm}$，圆锥长度 $L=50\text{mm}$，求小端直径 d 和圆锥半角 $\alpha/2$。

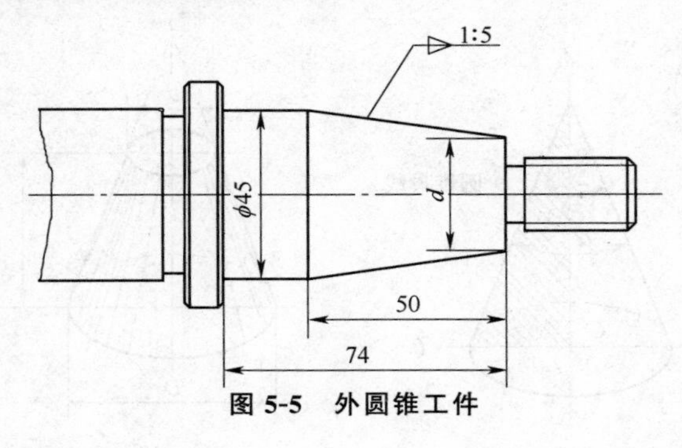

图 5-5 外圆锥工件

【解】 用式 5-5 计算小端直径 d：

$$d=D-cL=45-\frac{1}{5}\times 50=35(\text{mm})$$

用式 5-1 计算圆锥半角 $\alpha/2$：

$$\tan(\alpha/2)=\frac{c}{2}=\frac{\frac{1}{5}}{2}=0.1$$

$$\alpha/2=5°42'38''$$

三、工具圆锥

为了制造和使用上的方便，所使用工具和刀具柄部的圆锥都已标准化，圆锥的各部尺寸，可以按照所规定的几个编号来制造，这在使用中满足了互换性的要求。常用的工具圆锥有两种。

(1)莫氏圆锥 是应用最广泛的一种标准圆锥。各类钻头、棒形铣刀、铰刀的锥柄、车床上主轴锥孔和尾座套筒的锥孔、顶尖的锥尾以及其他起连接作用的过渡套筒上的内、外圆锥，一般都使用莫氏圆锥。莫氏圆锥按大端直径由小到大编号，分为 0,1,2,3,4,5,6 七个号码。莫氏圆锥的各部尺寸，在技术手册中都可以查到。

(2)米制圆锥 由小到大编号，分为 4,6,80,100,120,160,200 七个号码。它的号码指大端直径，单位是 mm，如 200 号米制圆锥，大端直径是 200mm。其锥度为 1∶20，固定不变。

此外，还有一种专用标准圆锥，如升降台铣床主轴锥孔用的 7∶24 专用圆锥等。

第二节 车床上加工圆锥面

一、车刀对正工件中心方法

车削外锥面时，无论采用哪种方法，车刀刀尖都必须对准工件的中心，如果车刀刀尖高于或低于工件中心线，车出的外圆锥母线都不是直线，而是形成双曲线误差，如图 5-6 所示。因此，车削圆锥面安装车刀时，车刀刀尖一定要对准工件中心线。车刀对正工件中心可采用下面方法：

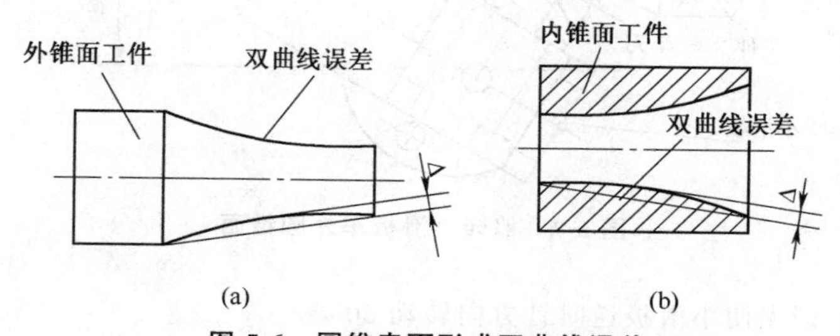

图 5-6　圆锥表面形成双曲线误差

(a)外锥面出现误差 Δ　(b)内锥面出现误差 Δ

①被加工外锥面如果是较短的实心工件，在自定心卡盘上装夹时，当工件端面车出后，使车外锥面车刀的刀尖对正工件的端面中心就可以了。

②如果被加工外锥面是在两顶尖之间采用双顶法装夹，或者被加工工件是空心的，这时可采用划线的方法来对中心，就是先在工件的外圆面或端面涂上显示剂，然后用车刀的刀尖（或使用游标高度尺）在端面或外圆的面上划出一条水平线，然后将工件转过 180°，再划出一条线。如果这两次划出的线重合在一起，就说明车刀的刀尖已经对准工件中心。如果两次划出的线不重合，这时要调整刀架上垫车刀的垫片厚度，车刀调整高低后，刀尖要对准两次划出线印的中间。

车刀对正工件中心另见第三章中钢直尺测量法对中心和尾座顶尖对中心方法。

二、车削外圆锥面

车床上加工外锥面的工步一般是先粗车外圆，然后车削圆锥面，最后再精车大端外圆直径。

车削外锥面重点是要保证圆锥角的正确，这时通常采用偏转小滑板法、偏移尾座法、靠模法和宽刃车刀法等。

1. 偏转小滑板进给方向车外锥面

(1)车削方法　车床上车削圆柱形工件，车刀的进给方向是平行于主轴中心线的。若使进给方向与主轴中心线之间倾斜成一个角度，车出的表面就是一个圆锥面，偏转小滑板进给方向车圆锥面就是应用了这样的加工原理。

偏转小滑板进给方向主要是按照被加工圆锥面的圆锥半角转动小滑板，使小滑板导轨与车床主轴轴心线相交成圆锥半角 $\alpha/2$ 的角度，如图 5-7 所示，并通过手动进刀把圆锥面车削出来。由于受小滑板行程距离的限制，这种加工方法适用于长度较短的内、外圆锥面工件。

车削一般要求的锥度工件，转动小滑板时，如果图样中没有标注出偏转小滑板转动角的圆锥半角 $\alpha/2$，可按照式 5-1 进行计算。

采用偏转小滑板方法车削外圆锥面时，若工件的角度较大，如需要将小滑板转动 80°，但由于刻度盘上自零位起顺时针或逆时针转动，一般都各有 50°，在这种情况下，可采用辅

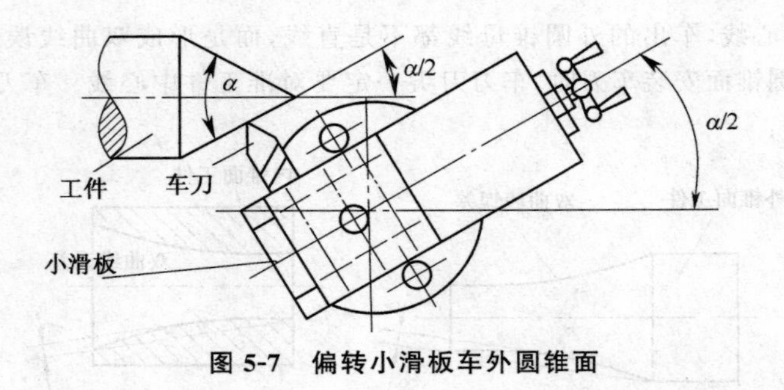

图 5-7　偏转小滑板车外圆锥面

助刻线的方法。即先使小滑板逆时针方向转动 50°，对正中滑板平面的 0°处，在转盘的圆周面上刻出一条辅助线，如图 5-8 所示；然后以刻出的辅助线为 0°，再使小滑板逆时针转动 30°，这时小滑板就转动 80°了。

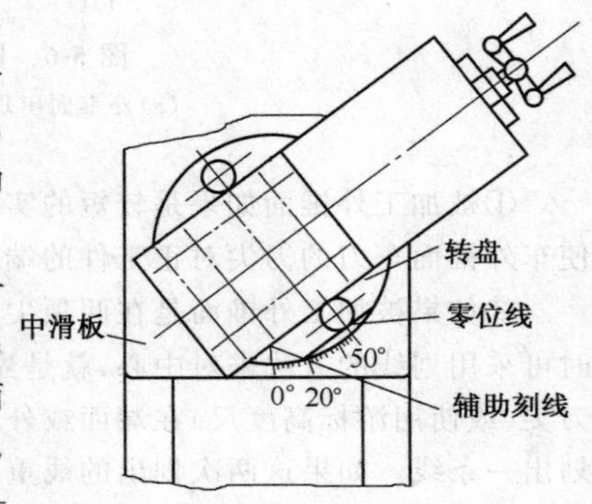

图 5-8　刻辅助线车大角度外圆锥

(2)小滑板偏转角度近似计算　按照式 5-1 计算圆锥半径 $\alpha/2$，需要使用三角函数表查出角度值；在缺少三角函数表的情况下计算 $\alpha/2$ 时，可使用下面方法。图 5-9 中，圆锥半径 $\alpha/2$ 即小滑板扳转角度 β，是所要求的角度，$OEFB$ 为所要加工的圆锥面[图 5-9(b)]。如果以 O 点为圆心，以 $OA=L$ 为半径作一个圆，则这圆与工件 OB 边相交于 S 点。若所求的角度 $\alpha/2$ 用弧度表示，则得如下公式：

$$\frac{\alpha}{2}=\beta=\frac{\overset{\frown}{AS}}{OA}=\frac{\overset{\frown}{AS}}{L}\times 1\text{rad(弧度)}$$

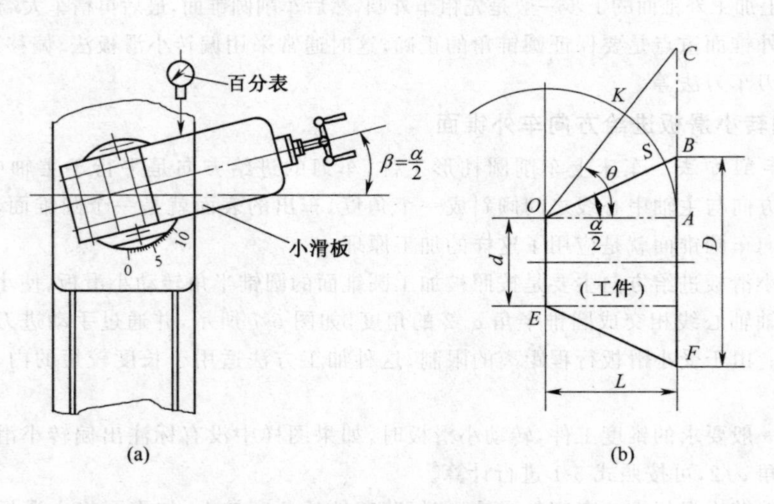

图 5-9　计算小滑板转动角度

(a)车削圆锥角小滑板转角　(b)小滑板转角计算

$$1\text{rad}=57.296°$$

若$\overline{AB}$近似于$\overset{\frown}{AS}$时(因为在角度很小时的确很近似)，即

$$\overset{\frown}{AS}\approx\overline{AB}=\frac{D-d}{2}$$

将此代入上式则得：

$$\frac{\alpha}{2}=\beta=\frac{D-d}{2L}\times57.296°=\frac{D-d}{L}\times28.648°$$

$$\approx\frac{D-d}{L}\times28.65° \quad \text{(式 5-7)}$$

但从公式的推导来看，只有 $\alpha/2\leqslant5°$时$\overset{\frown}{AS}$才能近似等于$\overline{AB}$，即$\frac{D-d}{L}<0.175$时才能使用此公式。如果 $\alpha/2$ 增到 θ 时，从图 5-9 中看到，$\overset{\frown}{AK}$就不等于$\overline{AC}$，这时应用式 5-1 计算才对，即：$\tan\frac{\alpha}{2}=\frac{D-d}{2L}$，否则会出现明显的计算误差。该方法对于车削内锥面时计算同样适用。

(3)偏转小滑板时的准确方法　车床上，小滑板转动角度的刻度线一般每小格是0.5°，如果需要转动的角度数值在度以后还有“′”或“″”，此时就无法将小滑板准确地转动到刻线处，只能在相邻近的两个格间去估计。如 $\alpha=5°20'$，就只能在 5°和 5.5°(5°30′)中间去估计，在加工过程中，常将小滑板敲来敲去；尤其对于精度要求较高的锥度工件，小滑板的转动需要很准确时，这个办法很难做到。为了把握准确度，可采用下面精确校准小滑板转动角度的方法。

将磁性表座吸到三爪自定心卡盘平面上，按照工件的圆锥半角将小滑板转动 $\alpha/2$ 的角度。百分表平放，测量杆触头抵住小滑板侧面，如图 5-10(a)所示；然后，移动溜板位置，用溜板箱处刻度盘控制移动距离，从百分表在两接触点上的读数差可知小滑板转动角度的准确性。

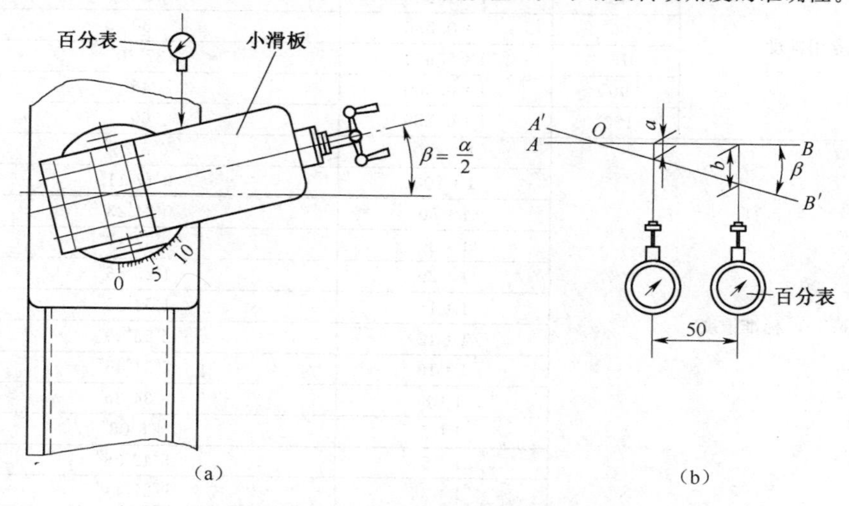

图 5-10　小滑板转动角度校准方法

(a)百分表测量杆抵住小滑板侧面　(b)计算百分表读数差

图 5-10(b)中 AB 为小滑板在零度时的位置，$A'B'$为小滑板转动 $\alpha/2$ 后的位置，50 是用百分表校准小滑板转动角度是否准确时溜板的移动距离，这时：

$$\tan\beta=\frac{b-a}{50}$$

$$b-a=50\tan\beta \qquad (式 5\text{-}8)$$

根据百分表在溜板移动前后测出的读数差，由式 5-8 计算可知小滑板转过的准确角度。

【例 5-2】 在车床上车制莫氏 6 号的外锥面，校准小滑板转动角度误差时，使用图 5-10 所示方法，溜板移动距离按 50mm 计算，求百分表在两接触点的读数差应为多少？

【解】 从表 5-1 查出：莫氏 6 号圆锥的锥度为 1∶19.180；$\beta=1°29'36''$，$\tan\beta=0.0261$。

用式 5-8 计算：

$$b-a=50\tan\beta=50\times0.0261=1.305(\text{mm})$$

即小滑板转过角度 1°29′36″后，百分表触头抵住小滑板侧面，溜板移动 50mm，百分表在两处接触点的读数差为 1.305mm 时，小滑板转动角度即是准确的。

表 5-1　车削莫氏圆锥和校准圆锥时，小滑板扳转角度

锥体名称		锥度	小滑板转动角度（圆锥半角）
莫氏锥度	0	1∶19.212	1°29′27″
	1	1∶20.047	1°25′43″
	2	1∶20.020	1°25′50″
	3	1∶19.922	1°26′16″
	4	1∶19.254	1°29′15″
	5	1∶19.002	1°30′26″
	6	1∶19.180	1°29′36″
专用锥度	30°	1∶1.866	15°
	45°	1∶1.207	22°30′
	60°	1∶0.866	30°
	75°	1∶0.652	37°30′
	90°	1∶0.500	45°
	120°	1∶0.289	60°
标准锥度		1∶200	0°8′36″
		1∶100	0°17′11″
		1∶50	0°34′23″
		1∶30	0°57′17″
		1∶20	1°25′56″
		1∶15	1°54′33″
		1∶12	2°23′09″
		1∶10	2°51′45″
		1∶8	3°34′35″
		1∶7	4°5′08″
		1∶5	5°42′38″
		1∶3	9°27′44″
升降台铣床主轴孔锥度		7∶24	8°17′50″

小滑板转动角度还可通过各部尺寸都准确的样件进行校准。如图 5-11 所示，将样件安装在前、后顶尖之间，小滑板上安装一只百分表，百分表的测量头对准样件中心，并压在样件的表面上。手摇小滑板，从圆锥面的一端移动到另一端，观察百分表的指针在移动过程中是否稳定；如果在样件母线的全长上百分表指针没有摆动，就说明小滑板转动角度是准确的。

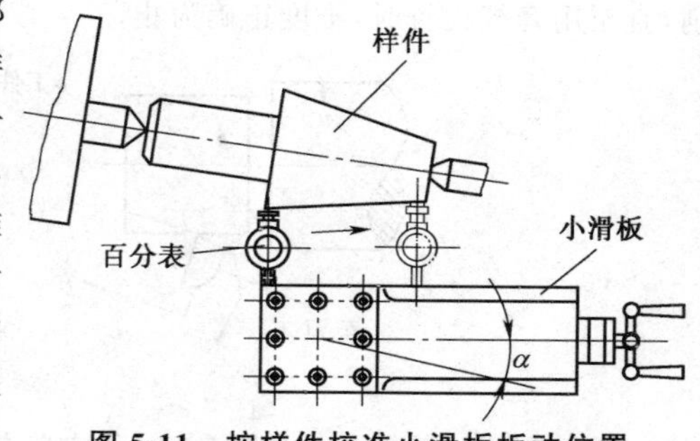

图 5-11　按样件校准小滑板扳动位置

(4)偏转小滑板车外锥面操作步骤

操作时，先做好必要的准备工作，包括装夹车刀、车刀刀尖对准工件中心、计算小滑板转动角度$\alpha/2$、松开转盘螺母并将小滑板转至所需要角度$\alpha/2$的刻度线上，以及调整好小滑板导轨的间隙等。然后按照以下步骤进行车削。

①车削圆柱体。调整主轴转速，按圆锥工件的大端直径及外锥面的长度，车削出圆柱体。

②粗车圆锥体。粗车时，移动中、小滑板位置，使车刀刀尖与工件轴端接触，然后，按照工件情况和加工需要，使小滑板后退一段距离，作为粗车外锥面起始位置。中滑板刻度置于零位。接着中滑板刻度向前进给，调整背吃刀量后开动车床，均匀地摇动小滑板手轮进行车削。由于是车削外锥度工件，所以切削过程中切削深度会逐渐减小，直至切削深度接近零位；这时，记下中滑板刻度值，将车刀退出，小滑板也快速退回原位。

最后，在原刻度的基础上调整背吃刀量，将外圆锥小端车出，并留出 1.5～2mm 的余量。

车削过程中，可采用由右向左进刀的车削方法，如图 5-12 所示；也可采用由左向右的进刀方法，如图 5-13 所示。第一种方法适于车削直径较大工件时使用；被车削工件直径较小，刚度差时，一般采用第二种方法。

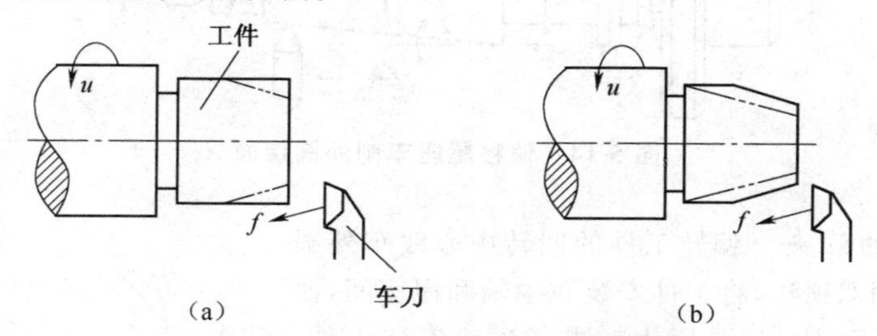

图 5-12　由右向左进刀车外圆锥面

(a)在小端对刀　(b)第二次对刀

③粗车过程中要检查外圆锥角度，用套规检查(使用套规检查外圆锥面方法见本章第三节中的有关介绍)。

外圆锥面经检查若不正确，就需调整小滑板位置，这时，松开转盘螺母(不要太松)，轻轻敲动小滑板，使角度朝着正确的方向做极微小的转动。小滑板位置调整后，再进行试切削，直至用套规检查时，锥度正确为止。

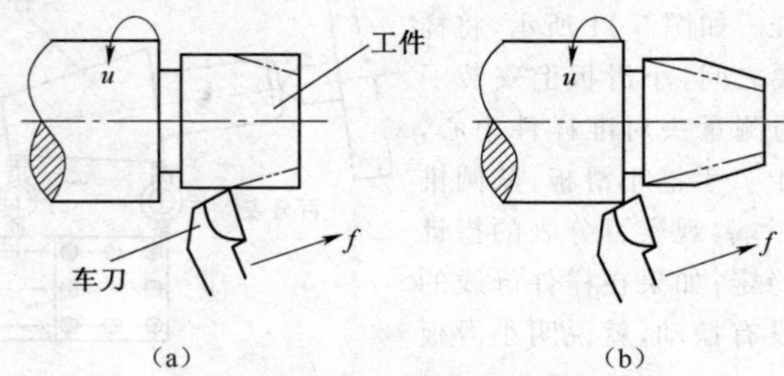

图 5-13　由左向右进刀车外圆锥面

(a)由中间开始吃刀　(b)第二次对刀

④精车外圆锥面。提高车床主轴转速，缓慢均匀地摇动小滑板手柄精车外圆锥面。使用高速钢车刀低速精车时，充分使用切削液。精车时要掌握外圆锥面的圆锥角和各部尺寸。

⑤精车后对外圆锥面进行检验。

2. 偏移尾座车外圆锥面

这是一种偏转工件回转中心线车外圆锥面的方法，适于外圆锥面较长，而锥度较小的工件。车削时，将尾座偏移到一个合适的位置，把工件装夹在前、后顶尖之间，车床主轴带动拨盘和鸡心夹头使工件转动，如图 5-14 所示；车刀由溜板带动，沿着床身上的导轨做直线移动，这和车圆柱面时车刀的移动是一样的，并可以机动进给。由于使尾座偏移一个距离，工件的回转中心偏转了一个角度，从而切削出外圆锥面。

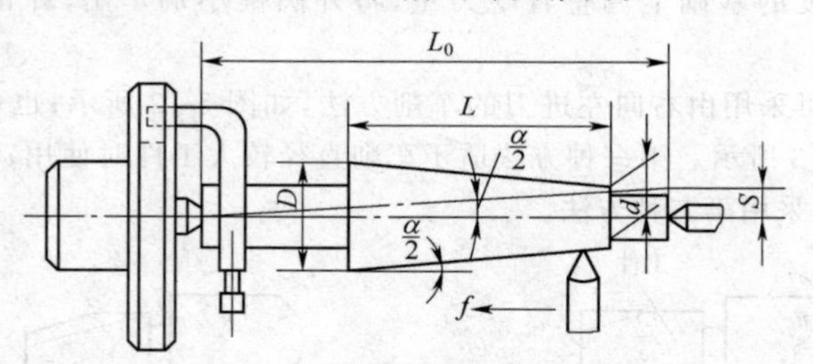

图 5-14　偏移尾座车削外圆锥面

(1)工件的装夹　偏转工件的回转中心线车外圆锥面，一般采用双顶法，将工件安装在主轴和尾座间，而不采用一夹一顶法。这是因为一夹一顶法安装工件，夹、顶之间十分较劲，甚至无法装夹。

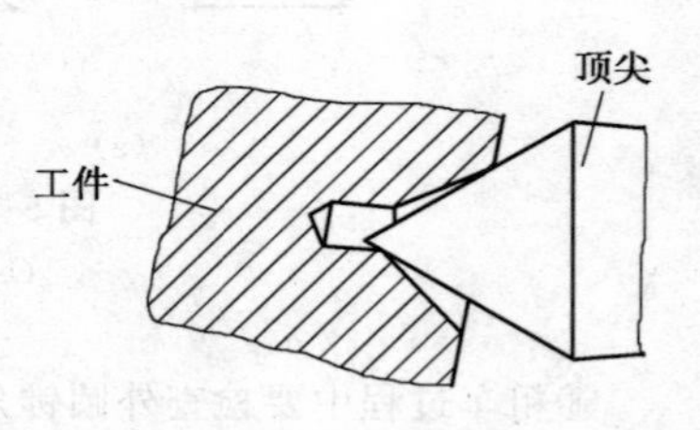

图 5-15　工件中心孔与顶尖接触不良

采用双顶法，由于尾座调偏了位置，装夹在前、后顶尖间的工件中心线就和车床中心线不重合了，顶尖与工件一端中心孔的接触情况如图 5-15 所示；这时，工件定位不准确，容易磨损顶尖和中心孔。为了得到更好的支承，可采用图 5-16 所示的球头顶尖，这样，顶尖与中心孔的接触情况就得到了改善。

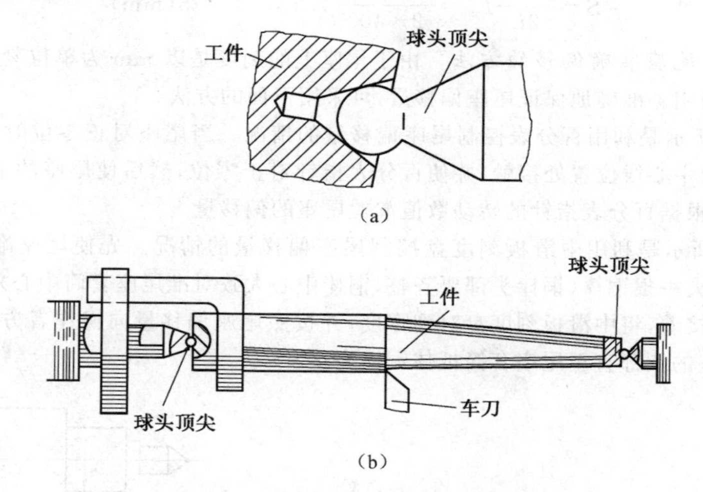

图 5-16　球头顶尖装夹轴件

(a)中心孔与球头顶尖接触情况　(b)球头顶尖装夹工件

(2)尾座偏移量的计算　需要偏移尾座时使用内六角扳手，松开螺钉 1，拧紧螺钉 2 [图 5-17(a)]，使尾座上部朝着操作者方向移动 S 距离[图 5-17(b)]。

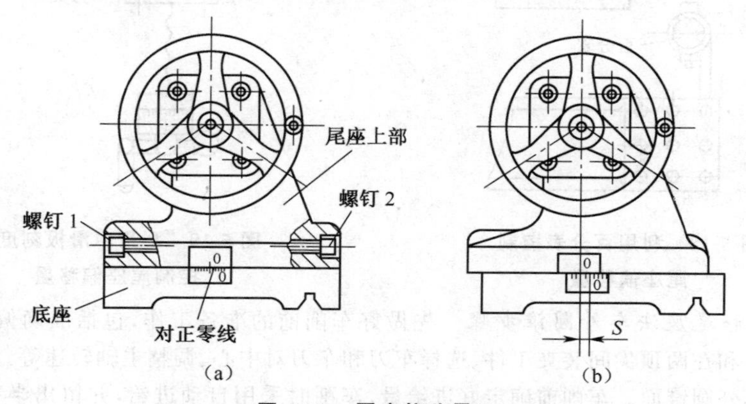

图 5-17　尾座偏移量 S

(a)尾座对正零位　(b)尾座偏移距离 S

尾座偏移量 S 用下面方法进行计算。图 5-14 中，D 为外圆锥大端直径，d 为外圆锥小端直径，L 是圆锥面的长度，L_0 为工件的总长度，都以 mm 作为计算单位，这时：

$$S=\frac{D-d}{2L}L_0 \text{ 或 } S=\frac{c}{2}L_0 \qquad (\text{式 } 5\text{-}9)$$

式中　c——工件锥度。

【例 5-3】　有一外圆锥工件，$D=110\text{mm}$，$d=105\text{mm}$，$L=400\text{mm}$，$L_0=500\text{mm}$，求尾座偏移量 S 为多少。

【解】　用式 5-9 计算：

$$S=\frac{D-d}{2L}L_0=\frac{110-105}{2\times400}\times500=3.125(\mathrm{mm})$$

(3)保证尾座准确偏移的方法 由于尾座上的刻度是以 mm 为单位刻出的,只适用于粗调整中使用。准确地保证尾座偏移量,可采用下面的方法。

图 5-18 所示是利用百分表控制尾座偏移量的情况。当尾座对正零位时,百分表触头与尾座套筒的中心线位置处接触,并使百分表指针对正零位,然后使尾座的上部朝着操作者方向移动,根据百分表指针的转动数值掌握尾座的偏移量 S。

图 5-19 所示是利用中滑板刻度盘控制尾座偏移量的情况。先使尾座准确地对正零位,在刀架上夹一根铜棒(铜棒头部要齐整,铜棒中心大致对准尾座套筒中心),使铜棒与尾座套筒接触;接着,将中滑板刻度盘对到零度,并按照尾座偏移量向操作者方向移动刀架,然后移动尾座的上部直至尾座套筒抵住铜棒为止。

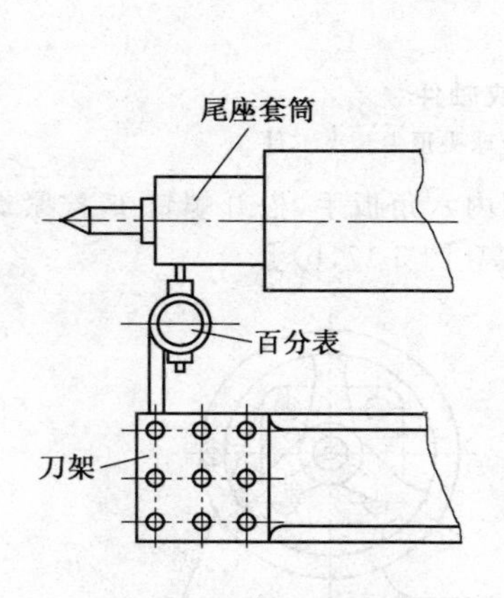

图 5-18 利用百分表控制尾座偏移量

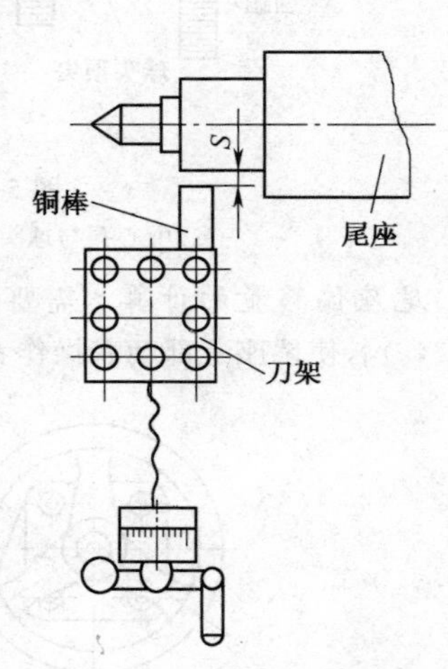

图 5-19 利用中滑板刻度盘控制尾座偏移量

(4)偏移尾座法车外圆锥步骤 先做好车削前的准备工作,包括准确偏移尾座、轴端打中心孔和在两顶尖间装夹工件、选择车刀和车刀对中心、调整主轴转速等。

①粗车外圆锥面。车削前确定好进给量,车削时采用自动进给,并留出半精车和精车余量。校准粗车出的外圆锥面的锥度是否准确,若不准确,需调整尾座偏移量。

②半精车外圆锥面。半精车后再次对外圆锥面进行校准。

③精车外圆锥面。精车后的外圆锥面要合乎各项技术要求。

④精车后对外圆锥面进行检验。

外圆锥面车完后,从两顶尖间卸下工件,需要使尾座上部回到原来的零位时,为了使尾座位置准确,可采用图 5-20 所示方法。在自定心卡盘上固定一个杠杆百分表,测量杆触头抵住套筒内圆锥面,然后转动自定心卡盘,当百分表指针稳定时,尾座就准确地对正零位了。

3. 宽刃车刀车外圆锥面

车削较短的外圆锥面时,可用宽刃车刀车削。这时,先将被加工面车成阶梯状,如图 5-

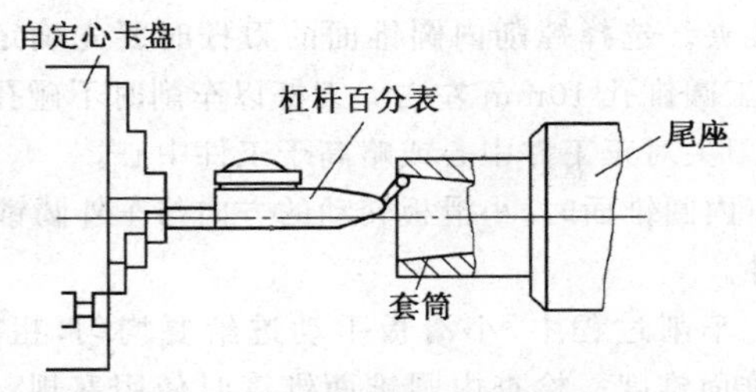

图 5-20 校正尾座位置回到零位

21(a)所示，以去掉大部分余量；再使用宽刃精车刀进行精车，如图 5-21(b)所示。

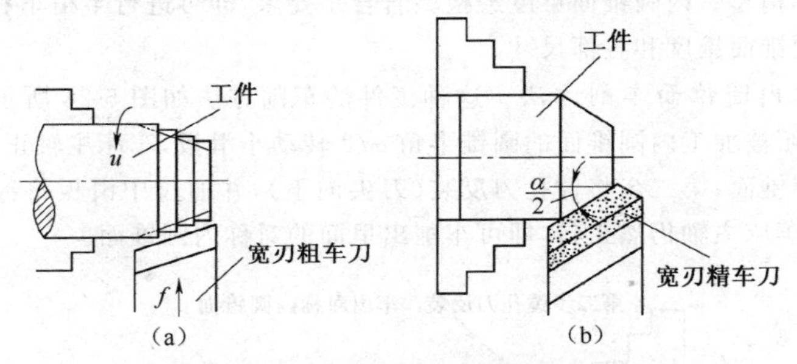

图 5-21 宽刃车刀车外圆锥面

(a)先车成阶梯状 (b)宽刃精车刀精车

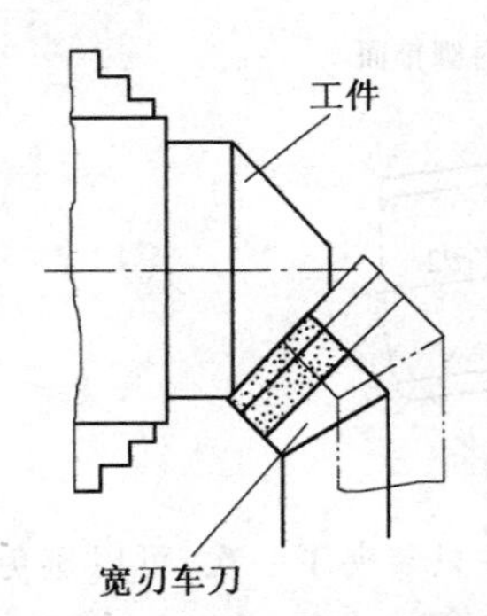

图 5-22 接刀法车削宽外圆锥面

采用这种方法车外圆锥面，车刀切削刃必须平直而光滑，切削刃与工件中心线的夹角应等于工件圆锥半角 $\alpha/2$。当车刀切削刃的宽度小于被切削圆锥面宽度，可采用接刀车削法，如图 5-22 所示；这时，要注意接刀处的平整和不出现接刀印。

车削圆锥面的方法除了以上介绍的方法外，在大批量加工中还有靠模法等。

三、车床上加工内圆锥面

1. 偏转小滑板车削法

(1)单向内圆锥面加工步骤 单向内圆锥面如图 5-23 所示，车削这种内圆锥面采用偏转小滑板进给方向的方法，其步骤如下：

①钻孔。选择比所加工内圆锥孔小端直径小 1～2 mm 的钻头钻孔。

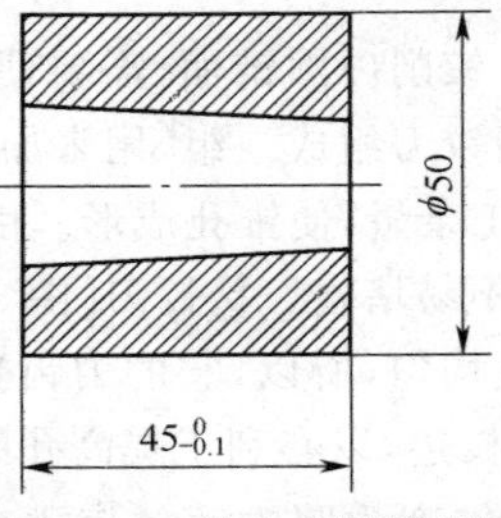

图 5-23 单向内圆锥面

②车刀的选择和装夹。选择镗削内圆锥面的刀杆时要先确定刀杆长度，以刀尖为始点，其长度应超出被加工圆锥孔10mm左右。刀杆以车削时不碰孔壁为宜。

装夹镗孔刀时，使刀尖对正工件中心或略高于工件中心。

③偏转小滑板。车内圆锥面时，小滑板转动的方向与车外圆锥面时恰好相反。

④装夹和找正工件。

⑤粗车内圆锥面。车削过程中，小滑板手动进给要均匀，粗车时留出加工余量1～2mm。接着检查内圆锥面锥度。检查内圆锥面锥度时使用塞规，其检查方法见本章第三节中有关内容。

⑥半精车和精车。内圆锥面锥度经检验若合乎要求，即可进行半精车和精车。

⑦检查内圆锥面锥度和各部尺寸。

(2)对称双内圆锥面车削方法　这种工件的车削方法如图5-24所示。它分两步进行，第一步先按照被加工内圆锥面的圆锥半角$\alpha/2$转动小滑板，车床主轴正转，按照一般方法车出一个内圆锥面；第二步将镗孔刀反装(刀尖向下)，并通过中滑板将镗孔刀移动到内圆锥孔对面处，车床主轴仍然正转，即可车削出里面的对称内圆锥面。

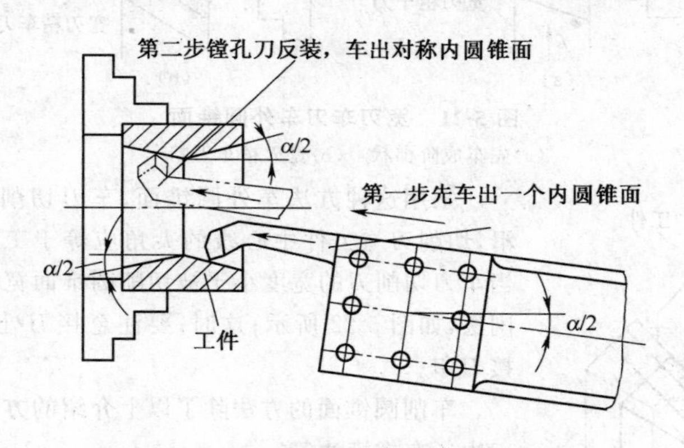

图5-24　偏转小滑板车对称内圆锥面

采用该方法车出内、外两个内圆锥面的锥度相等；由于工件只装夹了一次，可以避免采取两次装夹时产生的安装误差，因此，两个内圆锥面的同轴度很高。

2. 铰削法加工内圆锥面

当内圆锥面直径较小，采用镗削法加工时由于镗刀杆细长，容易产生振颤而达不到所要求的加工精度和表面粗糙度的情况下，通常采用铰削法。车床上铰孔一般能达到$Ra1.6\mu m$。

(1)铰削锥孔使用的铰刀　铰削内圆锥面，需要使用与内圆锥面的圆锥半角相同的锥形铰刀。锥形铰刀由粗铰刀、精铰刀组成一组，用来加工同一个孔径的孔。粗铰刀[图5-25(a)]在铰孔中要切除较多的加工余量，使锥孔成形。由于它所形成的切屑较多，所以，粗铰刀的刀槽少，容屑空间大，切屑不易堵塞。精铰刀[图5-25(b)]用来获得必要的精度和表面粗糙度，切除的加工余量少而且均匀，所以，它的刀齿数目较多，锥度准确。每个刀齿的顶部都留有宽$b=0.2mm$左右的棱边，以有利于提高孔的加工精度和降低表面粗糙度。

(2)内圆锥面铰削方法　被铰削内圆锥面较短或直径尺寸较小时，可先按小端直径

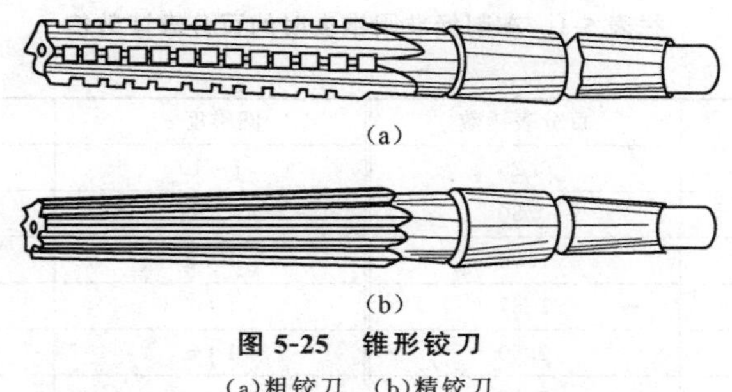

(a)

(b)

图 5-25 锥形铰刀

(a)粗铰刀 (b)精铰刀

钻孔,再用锥形铰刀直接铰削。

锥度较大或锥体较长的内圆锥孔,铰削前应先按小端直径钻孔,再粗镗出内圆锥孔,然后用粗、中、细铰刀依次铰孔。

铰削内圆锥孔时,由于排屑条件不好,所以应选用较小的切削用量。在铰孔过程中,要经常将铰刀退出清除切屑,以防止切屑堵塞和摩擦加剧而影响铰孔效果。铰孔时,车床的主轴只能正转,不可反转,否则会影响铰孔质量,甚至损坏铰刀。

铰孔中应使用切削液,对于钢和铜类材料一般用乳化液,钢件铰孔精度要求高时,可用柴油或猪油等。铰削铸铁时可干铰,精铰铸铁孔可使用煤油。铝材铰孔也用煤油。

车削圆锥工件时小滑板调整方法

利用车床小滑板进刀车削圆锥工件时,小滑板圆盘刻度的最小单位是度,而工件的圆锥斜角都是以分秒计算的,这是用小滑板进刀车削圆锥面精度不容易保证的主要原因。

栏图 5-1 所示是把圆锥部分分解成一个矩形和两个直角三角形,AC 与 AB 所形成的夹角就是工件的圆锥形半角。车削圆锥时,当车刀轴向行进 AC 的距离时,刀尖应径向位移 BC 的距离。

为了达到上述目的,可以在小滑板上安置一个磁力百分表座,百分表的触头触及尾座套筒的表面,如栏图 5-2 所示,然后检验尾座套筒与床身导轨是否平行。使溜板纵向移动 100mm 左右,观察百分表表针变化情况,即可知道其平行情况。在其平行的情况下,松开小滑板底部的紧固螺母,并转动近似的角度;然后摇动小滑板手柄移动 AB 距离,如百分表中出现 BC 的数值,小滑板位置就调整好了,就能车削圆锥半角的工件。

用这种方法车削的圆锥工件精度较高(用锥形量具表面涂显示剂检查,接触面可达 90%以上)。

栏表 5-1 和栏表 5-2 为小滑板移动距离为 100mm,车削各种圆锥度时,百分表触及尾座套筒表面的不同度数值。

栏表 5-1　车削标准圆锥度时的百分表读数值　（mm）

圆锥度 c	百分表读数	圆锥度 c	百分表读数
1∶200	0.25	1∶10	4.99
1∶100	0.50	7∶64	5.46
1∶50	1.00	1∶8	6.24
1∶30	1.67	1∶7	7.125
1∶20	2.50	1∶5	9.95
1∶16	3.13	1∶4.07	12.19
1∶15	3.33	7∶24	14.43
1∶12	4.16	1∶3	16.44

栏表 5-2　车削莫氏圆锥度时的百分表读数值　（mm）

莫氏号数	百分表读数	莫氏号数	百分表读数
0	2.60	4	2.60
1	2.49	5	2.63
2	2.50	6	2.61
3	2.51		

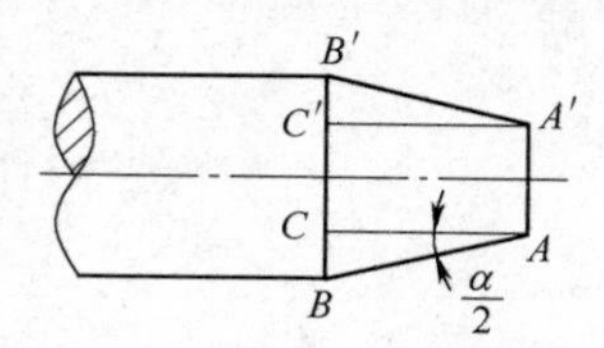

栏图 5-1　将圆锥体分解成矩形和三角形

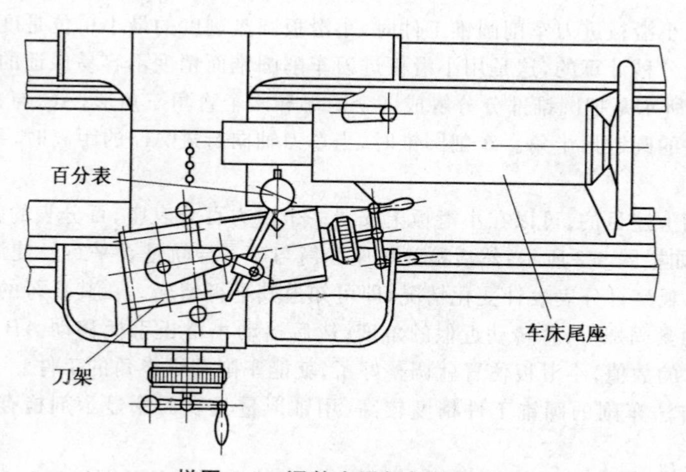

栏图 5-2　调整小滑板扳转角度

根据栏图 5-1：$BC=AB\cdot\sin\alpha$，当 $AB=100$mm 时，$BC=100\times\sin[\tan^{-1}(c/2)]$。

应注意的是：如果发现车床尾座套筒轴线与床身导轨不平行，可在移动溜板 100mm 时，记取百分表中出现的误差数值和方向，然后再移动小滑板 100mm 时将上述误差数相应地增减于百分表出现的读数上。

用锥形铰刀铰内圆锥面的操作步骤如下：

①先做准备工作。它包括校准尾座中心，使尾座中心与主轴中心重合；按照被加工材料选择切削液和选择合理的切削用量等。铰内圆锥面的切削速度与铰圆柱孔相同，在进给量选择方面，铰大孔应比铰小孔小些。

②钻孔。工件铰孔前需先钻孔。使用比内圆锥面小端孔直径尺寸小 0.2～0.5mm 的钻头钻孔。钻孔时要先用中心钻或短钻头钻出定位孔，注意保证钻出孔的位置不歪斜，使孔的中心线与主轴中心同轴。

③使用锥形铰刀铰内圆锥面。铰内圆锥面与铰圆柱孔方法基本相同，所不同的是铰内圆锥面时要注意控制铰孔深度，防止将小端直径铰大。

第三节　圆锥面的检验和质量控制

一、圆锥面的质量检验

对圆锥面的检验主要是锥度和角度的检测，其次是圆锥面的大小端直径。

1. 检测圆锥面的锥度

(1)检测外圆锥面锥度　检测外圆锥面锥度时常用以下几种方法：

①在车床上用百分表测量。如图 5-26 所示，将百分表固定在车床溜板上，百分表测头先抵住外圆锥面小端，记住百分表读数；然后，使溜板移动到外圆锥面大端，再记下百分表读数。溜板移动距离通过溜板处刻度盘掌握，这时大小端的差数与溜板移动距离的正切值即为该圆锥面的锥度，其公式如下。

$$\tan\frac{\alpha}{2}=\frac{A-B}{L} \qquad (式 5\text{-}10)$$

式中　α——外圆锥面锥角(°)；

A——百分表在大端测得的读数(mm)；

B——百分表在小端测得的读数(mm)；

L——百分表测头在外圆锥面上的测量长度(mm)。

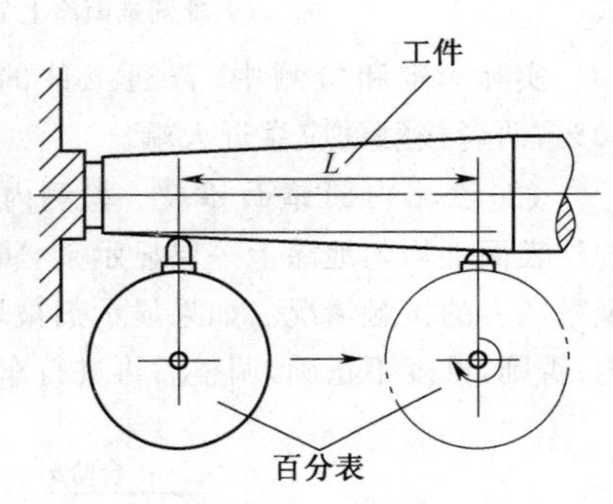

图 5-26　利用百分表在车床上测外锥度

当被加工外圆锥面的精度要求不高，检测锥度时，可使用游标卡尺或千分尺分别测量其大端和小端直径，然后使用式 5-3 将锥度计算出来。

②使用圆锥套规检测。被车削工件是标准圆锥（如莫氏圆锥、米制圆锥或其他标准圆锥）时，常使用圆锥套规（图 5-27）检验。检验中，在工件外圆锥面上薄薄地涂上一层显示剂

（红油或蓝油），将圆锥套规套在外圆锥面上慢慢转动（图 5-28）两圈，然后观察两者的接触情况。如果接触面均匀，说明被车削外圆锥面的锥度正确。如果大端的显示剂被擦掉，而小端的没有被擦掉，说明工件锥度做大了。车削中，如果采用偏转小滑板进给方向的方法，则小滑板的转过角度已经大于工件的圆锥半角，应该将小滑板的转动角度调小些；如果是相反的情况，说明工件锥度做小了，则小滑板的转过角度小于工件圆锥半角，应将小滑板转动角度调大。如果显示剂只在中间部位被擦去，说明被检测表面的圆锥母线不是直线。

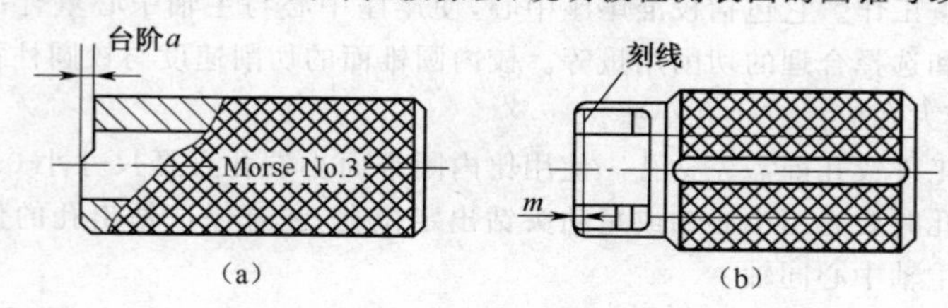

图 5-27 圆锥套规

(a)带台阶套规 (b)带双刻线套规

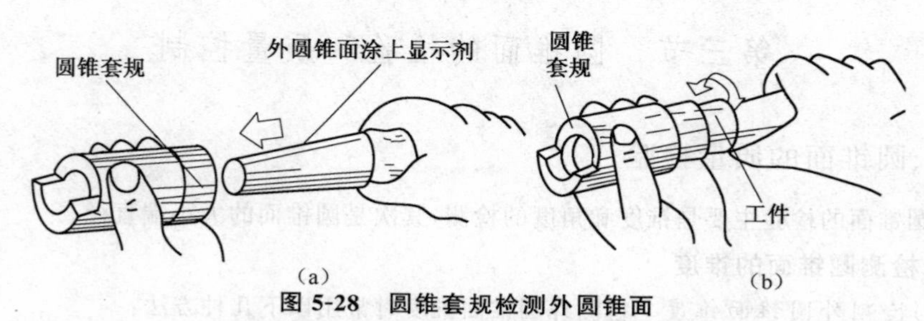

图 5-28 圆锥套规检测外圆锥面

(a)外圆锥面涂上显示剂 (b)圆锥套规套在外圆锥面上

实际车削和检测中，普通工件的接触面和接触长度不低于 75%，精密工件不低于 80%，两者接触处应靠近大端。

(2)检测内圆锥面锥度　检测内圆锥面锥度时常使用圆锥塞规（图 5-29），在圆锥塞规的外表面上均匀地涂上一层显示剂，将涂好色的圆锥塞规塞进圆锥孔中并转动，然后取出，观察二者的接触情况。如果显示剂被均匀擦掉，说明圆锥面接触良好，圆锥孔的锥度是正确的；否则，锥度不正确，调整后再进行车削，直至内圆锥面与圆锥塞规的接触面达到要求。

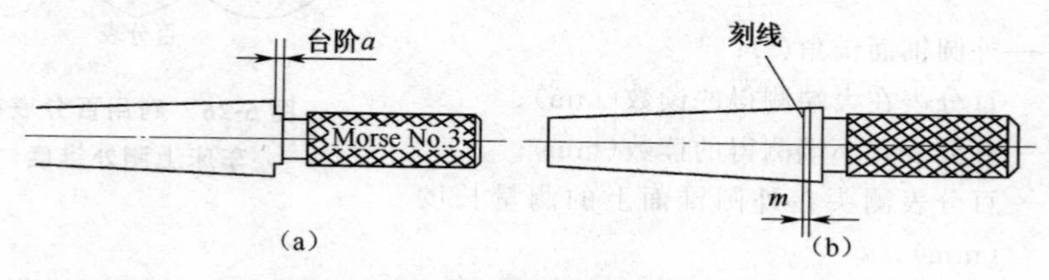

图 5-29 圆锥塞规

(a)带台阶塞规 (b)带双刻线塞规

检测内圆锥面锥度的另一种方法是使用两个钢球进行测量。如图 5-30 所示，将半径为 R 和 r 的大小两个钢球分别放入孔中，测出钢球最高点的深度各为 h 和 H，计算圆锥半

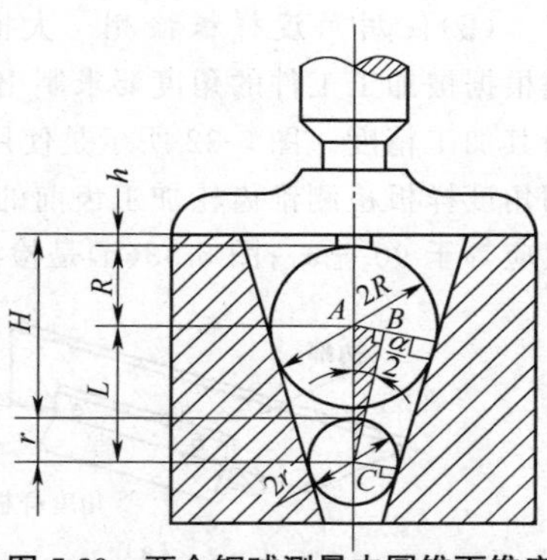

图 5-30　两个钢球测量内圆锥面锥度

角 $\alpha/2$。从图中可知两钢球中心距 $L=(H+r)-(h+R)$，在直角三角形 ABC 中得：

$$\sin\frac{\alpha}{2}=\frac{\overline{AB}}{\overline{AC}}=\frac{R-r}{L}$$

$$=\frac{R-r}{(H+r)-(h+R)} \qquad \text{(式 5-11)}$$

两个圆锥半角之和等于圆锥角，圆锥半角正切值的 2 倍即锥度。

【例 5-4】　一个内圆锥孔用图 5-30 所示方法测量计算它的圆锥角 α。将直径 $2R=15\text{mm}$ 的钢球放入，测得深度 $h=5.31\text{mm}$，再用直径 $2r=12\text{mm}$ 的钢球放入，测得深度 $H=61.25\text{mm}$，求算圆锥孔的圆锥角 α 为多少？

【解】　用式 5-11 计算圆锥半角 $\alpha/2$：

$$\sin\frac{\alpha}{2}=\frac{R-r}{(H+r)-(h+R)}=\frac{\frac{15}{2}-\frac{12}{2}}{\left(61.25+\frac{12}{2}\right)-\left(5.31+\frac{15}{2}\right)}=0.027\,55$$

查三角函数表得 $\alpha/2=1°34'$。

所以 $\alpha=2\times(\alpha/2)=2\times1°34'=3°8'$。

2. 检测圆锥面的角度

(1)使用游标万能角度尺检测　游标万能角度尺是一种通用角度量具(在第一章第三节中介绍了它的读数原理和方法)，它适用于单件加工测量时使用。使用时根据工件角度情况，将游标万能角度尺上的扇形板和直尺调整到所需要位置，图 5-31 所示是使用游标万能角度尺测量圆锥面角度的几种情况。

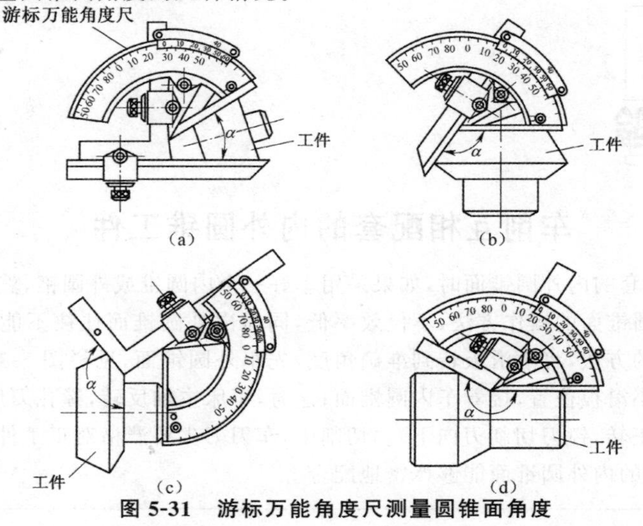

图 5-31　游标万能角度尺测量圆锥面角度

(2)使用角度样板检测　大批量加工中,可使用专用角度样板进行检测。角度样板是根据被加工工件的角度要求制出的,用观察角度样板与被测角度面中间的透光情况,判断其加工精度。图 5-32 所示是使用角度样板检测气门阀杆角度的情况,图 5-33 所示是使用角度样板检测锥齿轮加工齿前的角度情况。图 5-33(a)是以端面为基准进行检测,其角度应等于 $90°+\alpha_1$;图 5-33(b)是检测双斜面角度,其角度应等于$180°-\alpha_1-\alpha_2$。

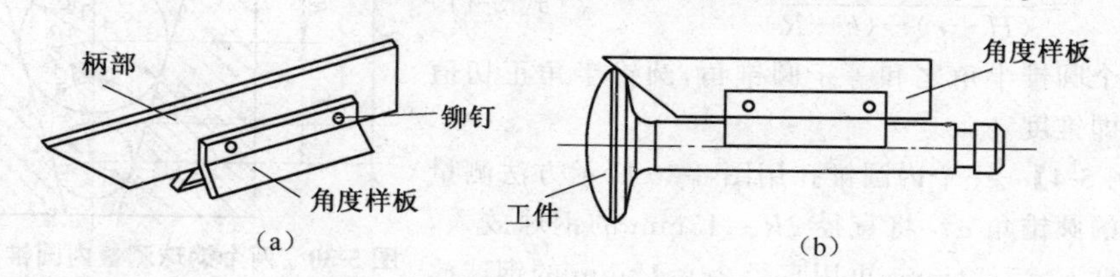

图 5-32　角度样板检测气门阀杆角度

(a)角度样板结构　(b)检测角度

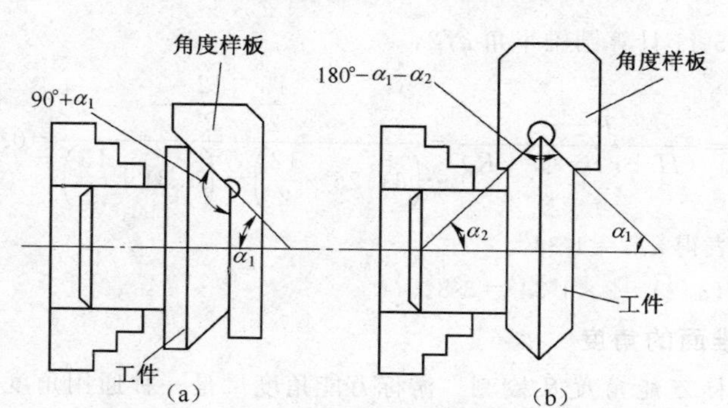

图 5-33　角度样板检测锥齿轮加工齿前的角度

(a)以端面为基准检测角度　(b)检测双斜面角度

车削互相配套的内外圆锥工件

车削互相配套的内外圆锥面时,如果采用车好一个内圆锥或外圆锥,然后转动小滑板角度,再车一个圆锥面的操作方法,不仅效率低,同时内外圆锥面往往不能准确密合。这时,可采用下面的方法,将小滑板转到准确角度,先车外圆锥面,见栏图 5-3(a);按照要求车好后,不转动小滑板位置,接着车内圆锥面;这时,车床主轴反转,镗孔刀反装,见栏图 5-3(b)(或者主轴正转,镗刀切削刃向下)。切削中,车刀刀尖要严格对正工件旋转中心。利用这种方法车出的内外圆锥面能够严密地配合。

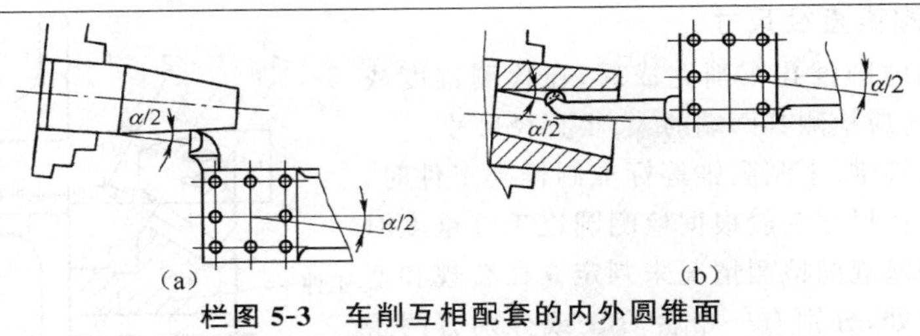

栏图 5-3　车削互相配套的内外圆锥面

(a)先车外圆锥面　(b)按外圆锥配套内圆锥

若是按外锥体实物车削内圆锥面，这时可采用栏图 5-4 所示方法，栏图 5-4(a)中，将外锥体实物装夹在车床三爪自定心卡盘上，磁性百分表座吸附在小滑板刀架上，使百分表触头接触外锥体圆锥面，把小滑板初步扳转一个角度，移动小滑板，当在外锥体全长上百分表指针稳定后，将小滑板位置固定。此时小滑板转到的度数就是外锥体圆锥半角 $\alpha/2$。接着按照栏图 5-4(b)所示方法，将配套内锥体工件装夹好，使小滑板转动角度不变，即可车削出与外锥体圆锥半角相同的内锥面工件。

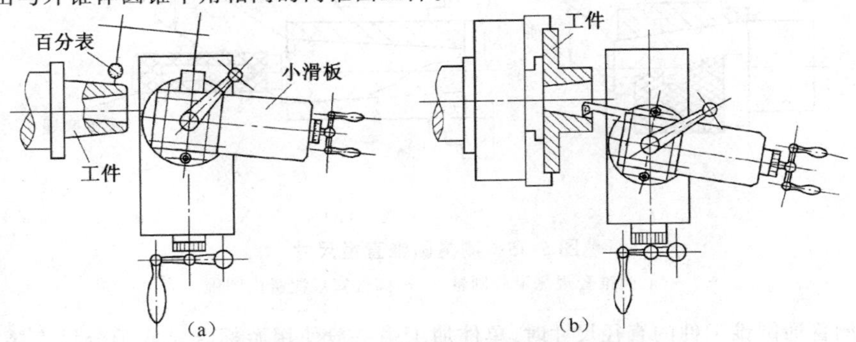

栏图 5-4　按外锥体实物车制内锥面

(a)按实物确定小滑板转动度数　(b)车削内圆锥面

在使用百分表调整和确定小滑板转动角度时，注意使百分表触头中心处于与车床主轴中心轴相重合的位置处，如栏图 5-5 所示。

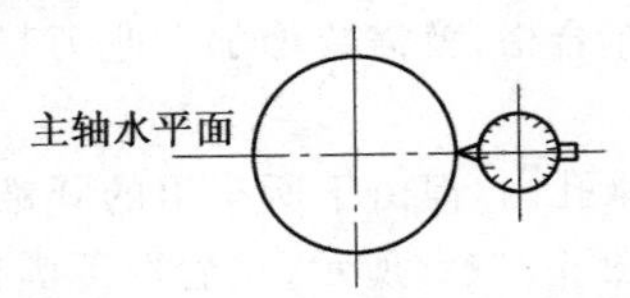

栏图 5-5　百分表测定位置要正确

(3)*专用工具检测法*　图5-34所示是使用专用工具测量外圆锥面角度时的情况。可调节的活动块 3 上面带有两个弧形长孔，通过螺母 4 与主尺固定在一起。使用时，先调节活动块，使活动块与游标尺之间的角度等于工件圆锥面的角度，并将螺母拧紧，然后，就以这个标定的角度和尺寸检测工件上的圆锥面。

3. 检测圆锥直径尺寸

外圆锥和内圆锥孔车削完成后，在检测锥度或角度的同时，还应检测其两端的大、小直径尺寸。

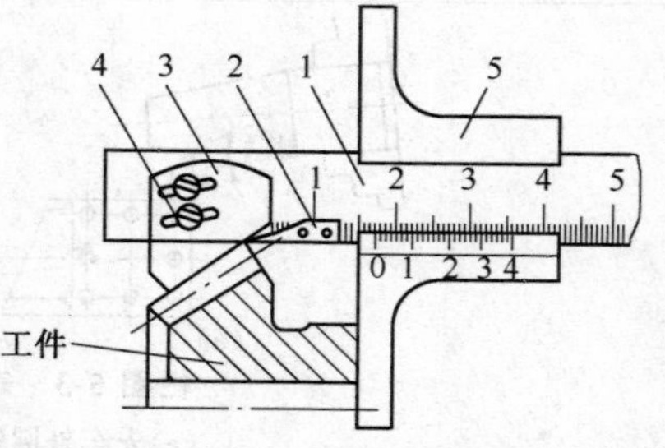

图 5-34 专用工具检测角度

1. 主尺 2. 定位块 3. 活动块 4. 螺母 5. 游标尺

车削莫氏圆锥、米制圆锥等标准圆锥类工件时，这类工件的直径尺寸一般根据检测圆锥工件锥度时使用的套规和塞规的检测情况来判定。在套规和塞规大端的端面处，分别有一个台阶 a 或分别有两条刻线(图 5-27 和图 5-29)，检测时，当工件的端面在圆锥套规或圆锥塞规台阶(或两条刻线)的中间，就是直径尺寸合格，如图 5-35 所示。如不到刻线，说明圆锥直径尺寸大，还需要车削；如果超过了刻线，说明圆锥直径尺寸已经车小了。

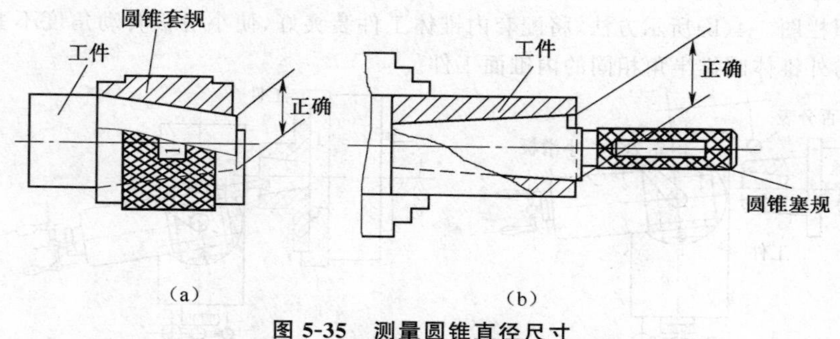

图 5-35 测量圆锥直径尺寸

(a)圆锥套规测量外圆锥 (b)圆锥塞规测量内圆锥

检测普通圆锥工件的直径尺寸时，单件加工中一般使用游标卡尺或千分尺直接测量，必要时再利用式 5-4 或式 5-5 计算；大批量加工中，常使用专用工具进行测量。

二、圆锥面车削中的质量控制

采用偏转小滑板进给方向方法车削内圆锥面，当锥度已经正确，而锥孔尺寸还小(没加工够尺寸)时，为了将锥孔尺寸车合格，就需要增加背吃刀量，这时，可采用下面两种方法，以控制准确进刀。

①将圆锥塞规塞入工件圆锥孔内，但由于所车出的圆锥孔小，圆锥塞规塞进的长度不能达到界线，会余出尺寸 a，如图 5-36(a)所示；接着取下圆锥塞规，移动车床小滑板，使镗孔刀刀尖接触工件圆锥孔大端与端面的接合点(锥孔大端边缘)处，然后移动小滑板(小滑板车圆锥孔时的转动角度不变)，使镗孔刀尖按照图 5-36(b)中箭头方向离开工件端面距离 a；接着向工件方向移动溜板，如图 5-36(c)所示，由于溜板是沿导轨方向平行移动的，虽然没有移动中滑板，但镗孔刀已经增加背吃刀量了，接着移动小滑板车削圆锥孔就可以了。这样，就能准确地控制进刀尺寸。

②采用移动中滑板，增加背吃刀量方法。圆锥面初步车出后，使用圆锥塞规检测工件时，测出余下尺寸 a [图 5-36(a)]，然后移动中滑板，增加背吃刀量 a_p 后，即可移动小滑板

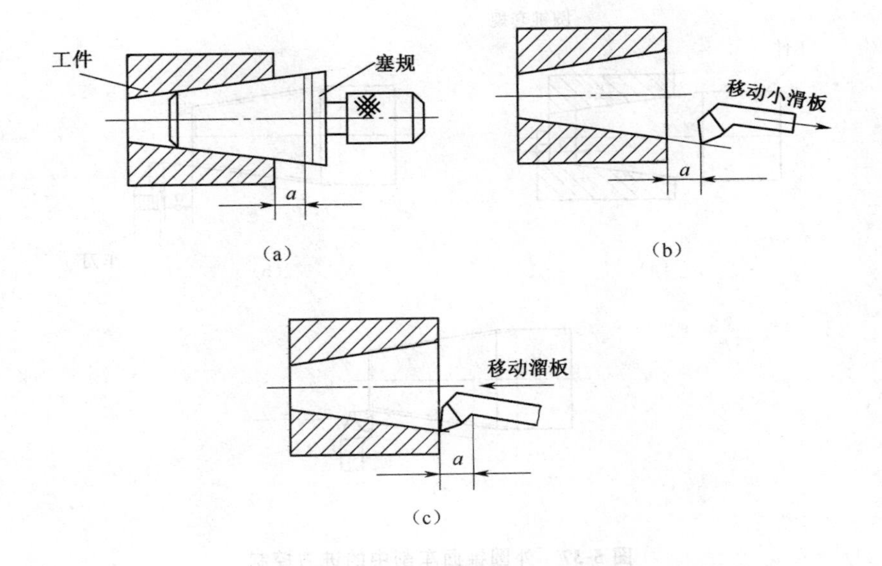

图 5-36　内圆锥面车削中的进刀控制

(a)测出余下尺寸 a　(b)镗孔刀尖离开距离 a　(c)镗孔刀接触工件

进行车削了。移动中滑板，增加背吃刀量 a_p 用下式算出：

$$a_p = a\tan\beta = a\ \frac{c}{2} \qquad \text{（式 5-12）}$$

式中　β——工件圆锥半角(°)；

c——工件锥度。

【例 5-5】　内圆锥工件的圆锥斜角 $\beta=6°30'$，用圆锥塞规检测时，工件小端直径处的端面离开塞规上台阶中间的距离是 18mm，问中滑板增加背吃刀量为多少，才能使圆锥的直径尺寸车削合格？

【解】　利用式 5-12 计算：

$$a_p = a\tan\beta = 18\tan 6°30' = 18\times 0.113\ 94 = 2.05(\text{mm})$$

即圆锥面初步车出后，车床溜板和小滑板位置不动，通过中滑板增加 2.05mm 的背吃刀量，即可使圆锥工件的直径尺寸车削合格。

以上介绍的两种方法，车削外圆锥面也可使用。图 5-37 所示是采用第一种控制进刀方法。圆锥套规套入工件后，余下尺寸 a，然后使车刀刀尖与工件端面接触，再后退移动小滑板，使刀尖与工件端面距离也等于 a，接着纵向移动溜板，使刀尖与工件端面接触后，即可移动小滑板进行车削了。

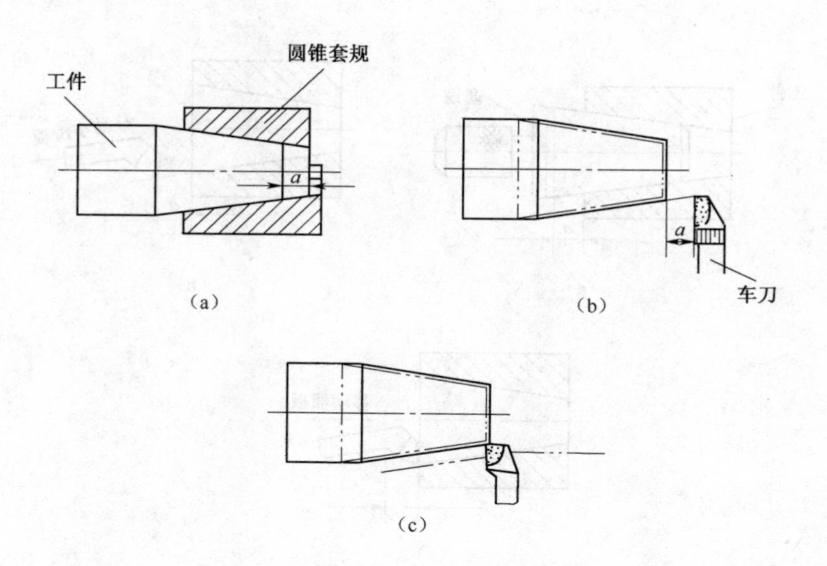

图 5-37　外圆锥面车削中的进刀控制

(a)测出余下尺寸 a　(b)使刀尖离开距离 a　(c)刀尖接触工件

复习思考题

1. 圆锥面配合具有什么特点？
2. 工具圆锥包括哪两项圆锥？莫氏圆锥有几个号码？
3. 应用偏转小滑板法怎样加工外圆锥面？
4. 采取偏移尾座法车外圆锥面应使用哪种顶尖？为什么？
5. 偏移尾座法车削外圆锥面时怎样计算尾座偏移量？怎样保证偏移量的准确性？
6. 怎样使用铰刀铰削内锥面？
7. 检测外圆锥面锥度时，常采用什么方法？
8. 怎样检测圆锥直径尺寸？
9. 车削互相配合的内外圆锥面时，怎样保证两者严密配合？

练　习　题

5.1　判断题(认为对的打√，错的打×)

1. 莫氏圆锥各个号码的圆锥角是相同的。(　　)
2. 车削圆锥半角很小、圆锥长度较长的内圆锥时，可采用偏移尾座法。(　　)
3. 对于配合精度要求较高的圆锥工件，在工厂中一般采用圆锥量规涂色检验法。(　　)
4. 用圆锥塞规涂色检验内圆锥时，如果仅小端接触，说明内圆锥的圆锥角太大。(　　)
5. 转动小滑板车圆锥面时，圆锥素线与车床主轴轴线的夹角，就是小滑板应转过的角度。(　　)

6. 加工小孔径内圆锥，常用的方法是钻孔后粗铰锥孔，然后精铰锥孔。(　　)

5.2　计算题

用前后顶尖支承车削一长度为400mm的外圆，车削后发现外圆锥度达1∶600，当不考虑刀具磨损，并且$L=L_0$时，尾座轴线对主轴轴线偏移了多少？

5.3　问答题

1. 计算锥度工件的圆锥半角$\alpha/2$角度时，需查三角函数表，在缺少三角函数表情况下，有的操作者用公式$\alpha/2=28.7°\times\dfrac{D-d}{L}$进行计算，这样是否可行？

2. 在什么情况下，车出的轴件会产生锥度？想防止轴件产生锥度应怎样解决？

3. 车削圆锥面，为什么会出现双曲线误差？

第六章　车床上加工螺纹

螺纹的种类很多，有普通螺纹、管螺纹和梯形螺纹等，如图 6-1 所示。

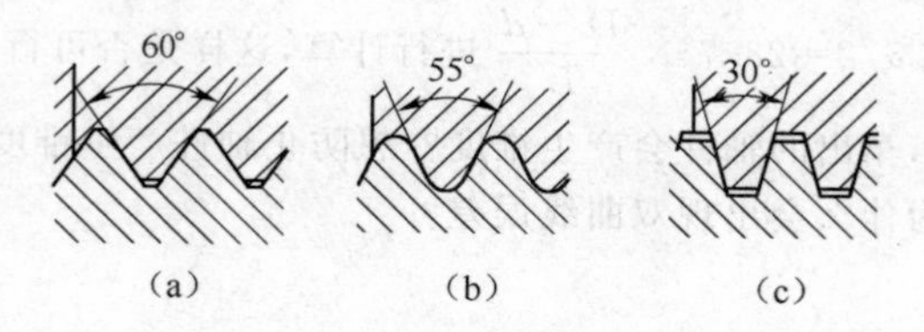

图 6-1　螺纹

(a)普通螺纹　(b)管螺纹　(c)梯形螺纹

第一节　螺纹基本知识

螺纹在加工和应用中，普通螺纹(米制螺纹)最为常见。普通螺纹分为粗牙普通螺纹和细牙普通螺纹，由于它和管螺纹的牙型都呈三角形，所以，统称为三角形螺纹。

一、螺旋线形成原理

图 6-2 中，当直径为 D 的圆柱体在直角三角形纸片 ABC 上滚动一周或者直角三角形纸片 ABC 绕圆柱体转动一周，斜边 AB 在圆柱体上的轨迹或形成的曲线称为螺旋线。β 为螺旋角，λ 为螺旋升角，$BC=P$，P 为螺旋线的螺距。边 AB 由左下方绕向右上方时，称为右螺旋线[图 6-2(a)]；由右下方绕向左上方时，称为左旋螺旋线[图 6-2(b)]。

螺纹就是在螺旋线基础上形成的。当螺旋线从左下方绕向右上方时，称为右旋螺纹(正扣)，如图 6-3(a)所示；从右下方绕向左上方，称为左旋螺纹(反扣)，如图 6-3(b)所示。在加工和应用中，最广泛的是右旋螺纹。

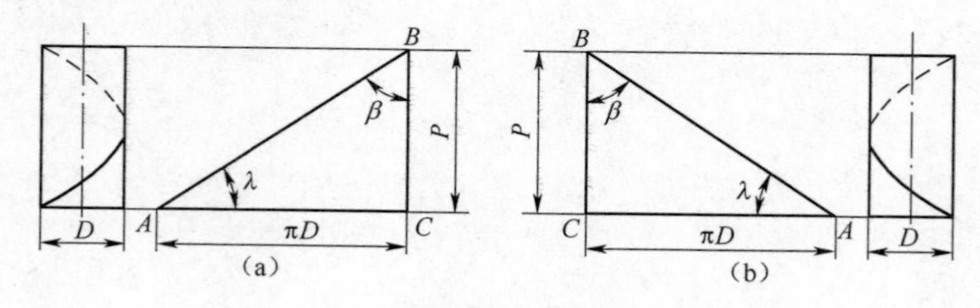

图 6-2　螺旋线的形成

(a)右螺旋线　(b)左螺旋线

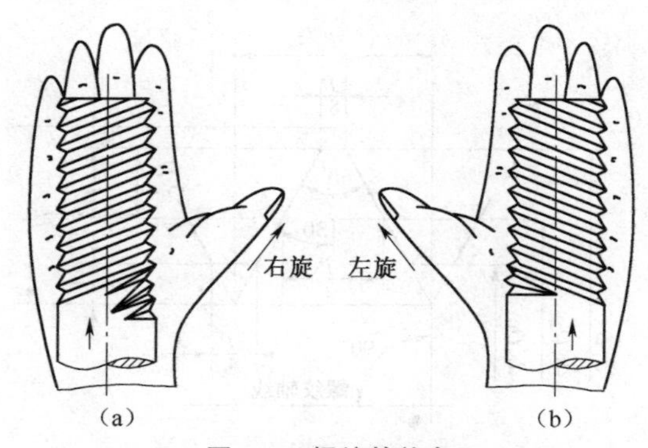

图 6-3　螺纹的旋向

(a)右旋螺纹　(b)左旋螺纹

二、螺纹各部分名称和基本尺寸计算

1. 普通螺纹

普通螺纹各部分名称如图 6-4 所示。

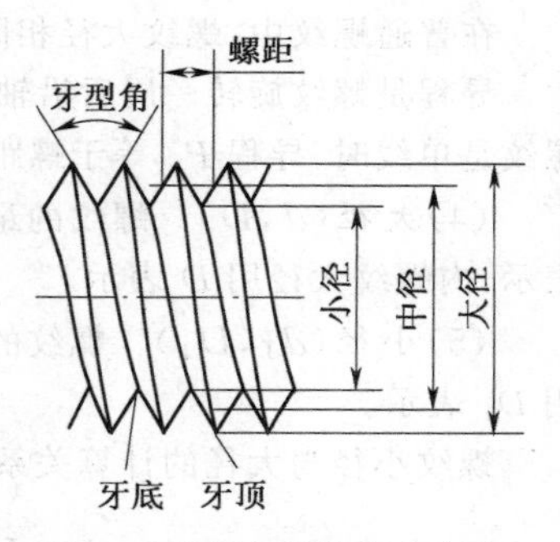

图 6-4　普通螺纹各部分名称

(1)牙型角 α　螺纹牙型在通过螺纹中心线的截面上，两相邻牙侧间的夹角称为牙型角 α。普通粗牙螺纹和普通细牙螺纹的牙型角 α 均为 60°。

(2)牙型高度 h_1　牙型高度是在垂直于螺纹轴线方向测出的螺纹牙顶至牙底间的距离，如图 6-5 所示。普通螺纹的牙型并不是一个完整的三角形，图 6-6 中，完整三角形的高度为 H，顶部“削”去 $H/8$，底部“削”去 $H/4$，剩下的部分是螺纹的牙型高度 h_1。显然，牙型高度是：$h_1=H-H/8-H/4=(5/8)H$，因普通螺纹的牙型角是 60°，由三角学知道：

$$H=\frac{\sqrt{3}}{2}P=0.866P$$

所以

$$h_1=\frac{5}{8}(0.866p)\approx 0.5413P \quad (式\ 6\text{-}1)$$

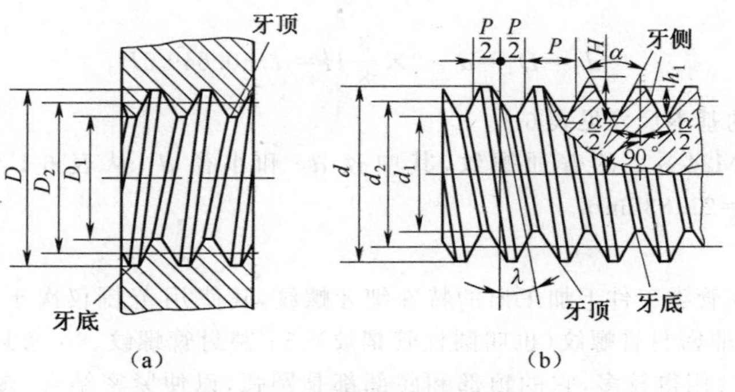

图 6-5　普通螺纹尺寸计算

(a)内螺纹　(b)外螺纹

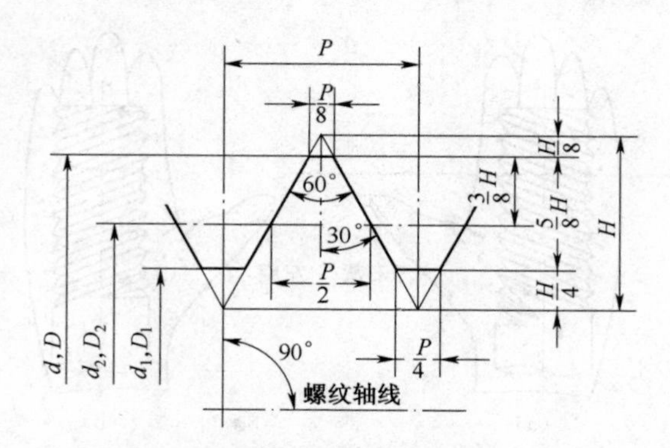

图 6-6 普通螺纹基本牙型

(3)螺距 P 和导程 P_n 螺距 P 是相邻两牙在中径线上对应两点间的轴向距离，由于 P 在中径线上不好测出，在实际工作中，测量螺纹时往往在螺纹大径的牙顶处进行。

在普通螺纹中，螺纹大径相同时，按螺距的大小分出粗牙螺纹和细牙螺纹。

导程是螺纹旋转一周后沿轴向所移动的距离。导程与螺纹工件的线数有直接关系，当螺纹是单线时，导程 P_n 等于螺距 P；当螺纹为多线时，导程等于螺纹线数 n 乘以螺距 P。

(4)大径(d,D) 螺纹的最大直径称为大径，即螺纹的公称直径。外螺纹大径用 d 表示，内螺纹大径用 D 表示。

(5)小径(d_1,D_1) 螺纹的最小直径称为小径。外螺纹小径用 d_1 表示，内螺纹小径用 D_1 表示。

螺纹小径与大径的计算关系是：

$$d_1 = D_1 = d - 2\times\frac{5}{8}H = d - 1.0825P \qquad \text{(式 6-2)}$$

(6)中径(d_2,D_2) 螺纹中径是指一个螺纹上牙槽宽与牙宽相等地方的直径。它是一个假想圆柱体的直径。外螺纹中径用 d_2 表示，内螺纹中径用 D_2 表示。

需要指出的是，螺纹中径不等于大径与小径的平均值。图 6-6 所示标准普通螺纹的齿形中，中径以外部分的齿形高度是$(3/8)H$，中径以内部分是$(2/8)H$，因此，中径不是大径与小径两者中间的直径。由于大径 $d=D$，中径 $d_2=D_2$，因此，螺纹中径与大径的计算关系是：

$$d_2 = D_2 = d - 2\times\frac{3}{8}H = d - 0.6495P \qquad \text{(式 6-3)}$$

普通螺纹的基本尺寸见表 6-1。

例如车削 M24×2 的普通螺纹，其中径 d_2 和小径 d_1 从表 6-1 中查出为：$d_2=22.701$mm；$d_1=21.835$mm。

2. 管螺纹

管螺纹是在管类工件上加工出的特殊细牙螺纹，其使用范围仅次于普通螺纹。常见的管螺纹有 55°非密封管螺纹(也叫圆柱管螺纹)、55°密封管螺纹、60°密封管螺纹等，其中 55°非密封管螺纹用得较多，它的顶部和底部都是圆弧，以便紧密结合，多用于管接头、旋塞、阀门及其附件上。

表 6-1　常用普通螺纹基本尺寸　(mm)

公称直径 D,d	螺距 P		中径 D_2 或 d_2	小径 D_1 或 d_1	公称直径 D,d	螺距 P		中径 D_2 或 d_2	小径 D_1 或 d_1
6	粗牙	1	5.350	4.917	24	粗牙	3	22.051	20.752
	细牙	0.75	5.513	5.188		细牙	2	22.701	21.835
8	粗牙	1.25	7.188	6.647			1.5	23.026	22.376
	细牙	1	7.350	6.917			1	23.350	22.917
		0.75	7.513	7.188	27	粗牙	3	25.051	23.752
10	粗牙	1.5	9.026	8.376		细牙	2	25.701	24.835
	细牙	1.25	9.188	8.647			1.5	26.026	25.376
		1	9.350	8.917			1	26.350	25.917
		0.75	9.513	9.188	30	粗牙	3.5	27.727	26.211
12	粗牙	1.75	10.863	10.106		细牙	2	28.701	27.835
	细牙	1.5	11.026	10.376			1.5	29.026	28.376
		1.25	11.188	10.647			1	29.350	28.917
		1	11.350	10.917	33	粗牙	3.5	30.727	29.211
14	粗牙	2	12.701	11.835		细牙	2	31.701	30.835
	细牙	1.5	13.026	12.376			1.5	32.026	31.376
		1	13.350	12.917	36	粗牙	4	33.402	31.670
16	粗牙	2	14.701	13.835		细牙	3	34.051	32.752
	细牙	1.5	15.026	14.376			2	34.701	33.835
		1	15.350	14.917			1.5	35.026	34.376
18	粗牙	2.5	16.376	15.294	39	粗牙	4	36.402	34.670
	细牙	2	16.701	15.835		细牙	3	37.051	35.752
		1.5	17.026	16.376			2	37.701	36.835
		1	17.350	16.917			1.5	38.026	37.376
20	粗牙	2.5	18.376	17.294	42	粗牙	4.5	39.077	37.129
	细牙	2	18.701	17.835		细牙	3	40.051	38.752
		1.5	19.026	18.376			2	40.701	39.835
		1	19.350	18.917			1.5	41.026	40.376
22	粗牙	2.5	20.376	19.294	45	粗牙	4.5	42.077	40.129
	细牙	2	20.701	19.835		细牙	3	43.051	41.752
		1.5	21.026	20.376			2	43.701	42.835
		1	21.350	20.917			1.5	44.026	43.376

55°非密封管螺纹牙型和尺寸计算见表 6-2。

表 6-2　55°非密封管螺纹牙型和尺寸计算　(mm)

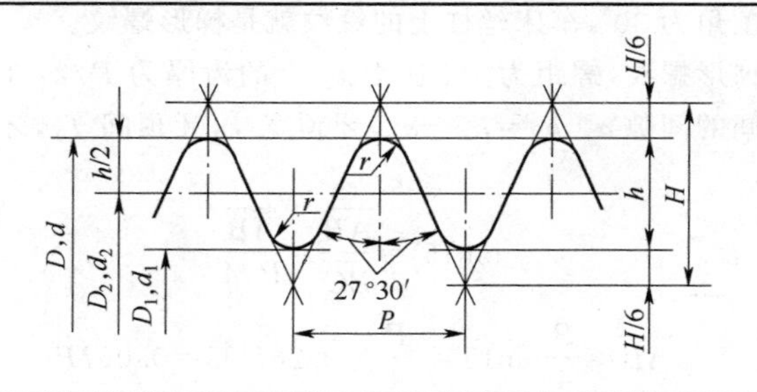

续表 6-2

名　称	符号	计算公式	说　明
螺距	P	$P=\frac{25.4}{n}$	式中： n ——每 25.4mm 内的螺纹牙数； d ——管螺纹大径
管螺纹三角形高度	H	$H=0.960\ 49P$	
牙型高度	h	$h=0.640\ 33P$	
圆弧半径	r	$r=0.137\ 33P$	
小径	d_1	$d_1=d-2h$	

这种螺纹的螺距根据每 in(英寸)内的牙数来定。按照计算关系，1in＝25.4mm，每25.4mm 内的牙数可从专门手册中查到。

帮你长知识

寸制螺纹的认识

寸制螺纹是英、美等国家采用的螺纹制度，在进口机器设备中能够遇到。寸制三角形螺纹的牙型角是 55°。

测量寸制螺纹的螺距时常使用专用螺纹样板(螺距规)，如栏图 6-1 所示。如果按照实物配制螺纹，但不知道是哪种螺纹，这时可先用钢直尺测出它的螺距，若量得的螺距是小数，而不是标准螺距数，则很可能是寸制螺纹。寸制螺纹是按照 1in(1 英寸，1in＝25.4mm)内有多少个牙数来表示的，即需要测量在 25.4mm 的长度内有多少螺纹牙，所得出的牙数称为 1in 几牙的寸制螺纹。

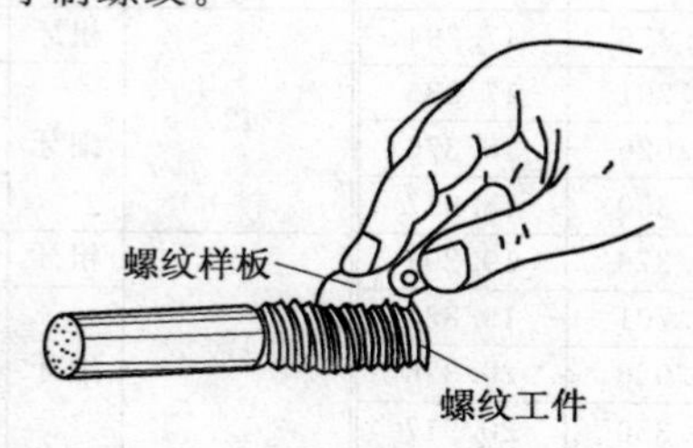

栏图 6-1　螺纹样板测量螺纹

3. 梯形螺纹

梯形螺纹的牙型角为 30°，车床丝杠上的螺纹就是梯形螺纹。

图 6-7 所示的梯形螺纹，螺距为 P，中径 d_2 上的齿厚为 $P/2$，外螺纹牙高 h_3，内螺纹牙顶与外螺纹牙底间的间隙 a_c，$h_2=h_3-a_c$，牙顶宽 f，牙顶间 f_1，牙根间 W，牙根宽 W_1。在三角形 ABC 中：

$$\tan 15^\circ=\frac{\overline{AB}}{\overline{BC}}=\frac{\overline{AB}}{P/4}$$

则
$$\overline{AB}=\frac{P}{4}\tan 15^\circ=\frac{P}{4}\times 0.267\ 95=0.067P$$

所以

$$f=\frac{P}{2}-2\overline{AB}=\frac{P}{2}-2\times0.067P=0.366P$$

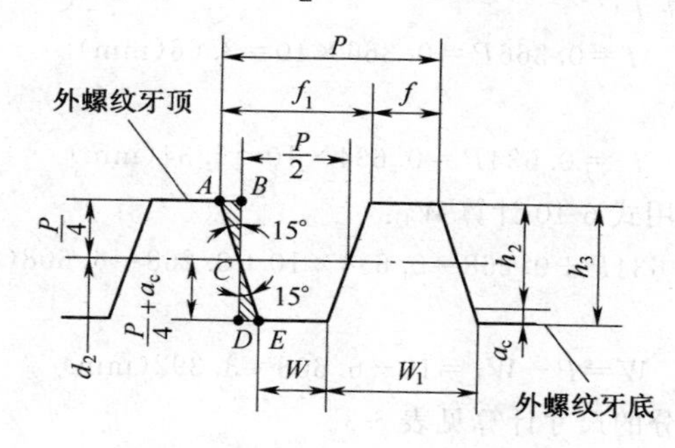

图 6-7 梯形螺纹计算

$$f_1=\frac{P}{2}+2\overline{AB}=\frac{P}{2}+2\times0.067P=0.634P$$

又在三角形 CDE 中，$\tan15^\circ=\frac{\overline{DE}}{\overline{CD}}=\frac{\overline{DE}}{\frac{P}{4}+a_c}$

则

$$\overline{DE}=\left(\frac{P}{4}+a_c\right)\tan15^\circ=\left(\frac{P}{4}+a_c\right)\times0.267\,95$$

$$=0.067P+0.267\,95a_c$$

所以

$$W=\frac{P}{2}-2\overline{DE}=\frac{P}{2}-2\times(0.067P+0.267\,95a_c)$$

$$=0.366P-0.536a_c$$

$$W_1=\frac{P}{2}+2\overline{DE}=\frac{P}{2}+2\times(0.067P+0.267\,95a_c)$$

$$=0.634P+0.536a_c$$

于是：

牙顶宽 $f=0.366P$ 或 $f=P-f_1$ （式 6-4）

牙顶槽宽（牙顶间） $f_1=0.634P$ 或 $f_1=P-f$ （式 6-5）

牙根宽 $W_1=0.634P+0.536a_c$ 或 $W_1=P-W$ （式 6-6）

牙槽底宽（牙根间） $W=0.366P-0.536a_c$ 或 $W=P-W_1$ （式 6-7）

按梯形螺纹标准确定 $P=2\sim5$ 时，$a_c=0.25$，则

$W_1=0.634P+0.134$ （式 6-8）

$W=0.366P-0.134$ （式 6-9）

$P=6\sim12$ 时，$a_c=0.5$，则

$W_1=0.634P+0.268$ （式 6-10）

$W=0.366P-0.268$ （式 6-11）

$P=14\sim44$ 时，$a_c=1$，则

$W_1=0.634P+0.536$ （式 6-12）

$W=0.366P-0.536$ （式 6-13）

【例 6-1】 标准 30°梯形螺纹，螺距 $P=10$mm，求牙顶宽和牙根宽各为多少。

【解】 用式 6-4 计算 f：

$$f=0.366P=0.366\times 10=3.66(\mathrm{mm})$$

用式 6-5 计算 f_1：

$$f_1=0.634P=0.634\times 10=6.34(\mathrm{mm})$$

因 $P=10$mm，所以用式 6-10 计算 W_1：

$$W_1=0.634P+0.268=0.634\times 10+0.268=6.608(\mathrm{mm})$$

用式 6-7 计算 W：

$$W=P-W_1=10-6.608=3.392(\mathrm{mm})$$

梯形螺纹其他各部分的尺寸计算见表 6-3。

表 6-3　梯形螺纹各部尺寸计算　　(mm)

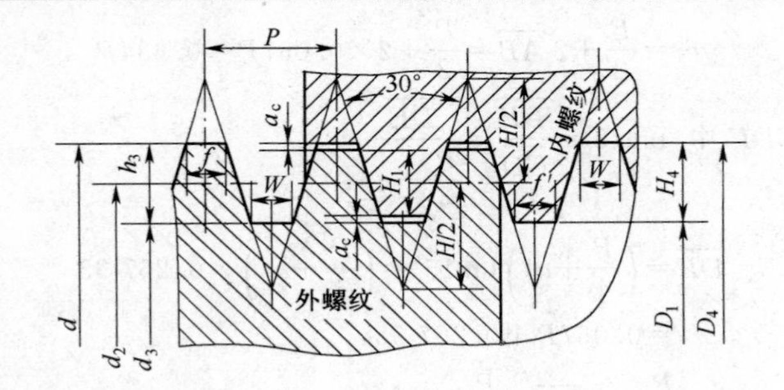

名称和符号		计算公式			
牙型角 α		$\alpha=30°$			
螺距 P		由螺纹标准确定			
牙顶与牙底间的间隙 a_c		P	2～5	6～12	14～44
		a_c	0.25	0.5	1
外螺纹牙高 h_3		$h_3=0.5P+a_c$			
外螺纹	大径 d	公称直径			
	小径 d_1	$d_1=d-2h_3$			
内螺纹	大径 D_4	$D_4=d+2a_c$			
	小径 D_1	$D_1=d-P$			
中径(D_2,d_2)		$D_2=d_2=d-0.5P$			

三、螺纹的标记

(1)*普通螺纹标记方法*　普通螺纹用符号“M”表示；粗牙普通螺纹不标注出螺距，若在螺纹公称直径的后面标注出螺距，则是细牙普通螺纹；右旋螺纹不标注旋转方向，若在螺纹代号后面标注出“LH”则是左旋螺纹；螺纹中径和顶径公差带代号相同时标注 1 个，不同时分别标注；中等旋合长度不标，其他旋合长度标注。举例如下：

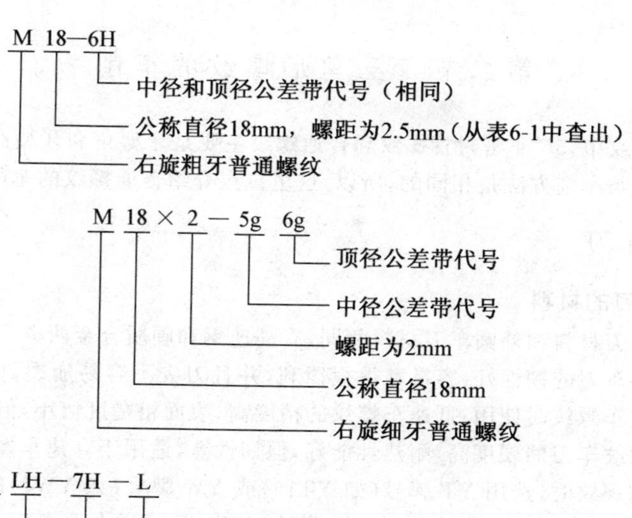

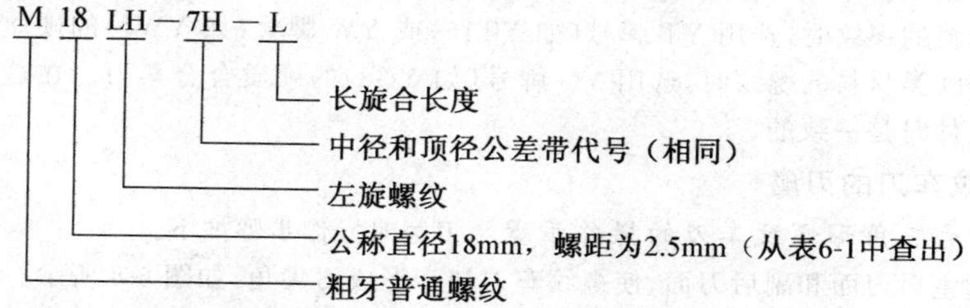

（2）*管螺纹标记方法* 55°非密封管螺纹的标记由符号、尺寸代号和公差等级代号组成。55°非密封管螺纹用符号“G”表示；尺寸代号是指管子孔径的公称直径，用in（英寸）数值表示；右旋不标注旋转方向，左旋标注出符号“LH”。螺纹公差等级代号，外螺纹分A，B两级标记，内螺纹则不标记。举例如下：

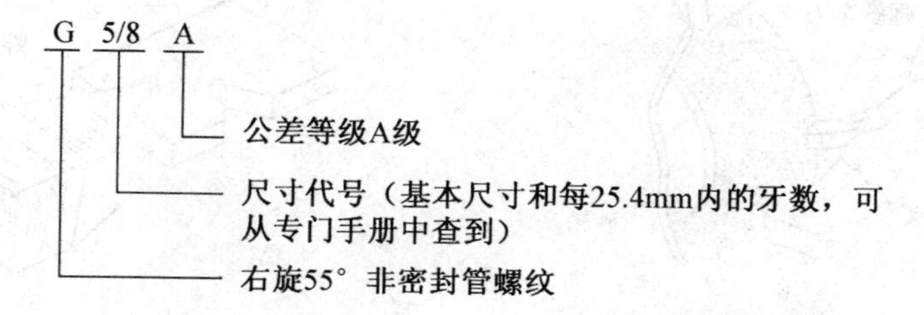

（3）*梯形螺纹标记方法* 梯形螺纹用“Tr”表示。其标记示例如下：

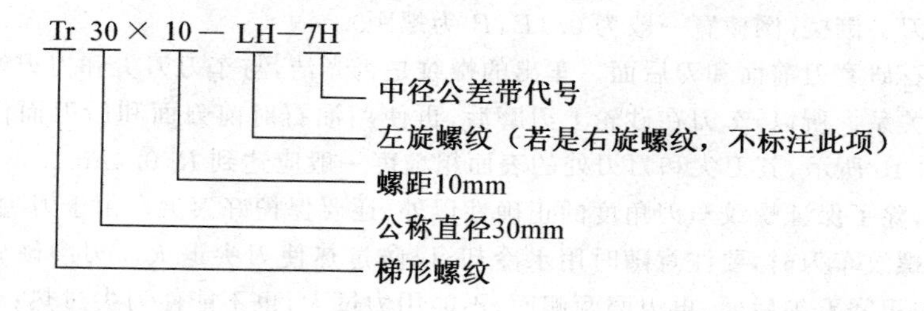

第二节 三角形螺纹的车削

在三角形螺纹中,55°非密封管螺纹和普通螺纹主要是牙型角和牙型高度方面的区别,其螺纹形成原理与车削方法是相同的,所以,这里重点介绍普通螺纹的车削。

一、螺纹车刀

1. 螺纹车刀的材料

常用螺纹车刀材料和外圆车刀材料相同,有高速钢和硬质合金两类。

高速钢材料车刀的韧性好,容易磨得很锋利,并且刀尖不容易崩裂,但由于耐热性差,所以适用于低速车螺纹时使用;低速车螺纹的精度高,表面粗糙度值小,但加工效率低。

硬质合金螺纹车刀的硬度高,耐热性能好,但韧性差,适用于高速车螺纹中使用。高速车削钢类材料的螺纹时,选用 YT 牌号(如 YT15)或 YW 牌号(如 YW1)的硬质合金车刀;高速车削铸铁类材料的螺纹时,选用 YG 牌号(如 YG8)的硬质合金车刀。在这方面,它和车削其他工件时是一致的。

2. 螺纹车刀的刃磨

(1)*刃磨三角形螺纹车刀的操作步骤* 刃磨时操作步骤如下:

①粗磨主后刀面和副后刀面,使螺纹车刀初步形成刀尖角,如图 6-8 所示。

②粗磨前刀面,紧接着精磨前刀面,使螺纹车刀形成前角。

③精磨主后刀面和副后刀面,形成主后角和副后角以及刀尖角。刀尖角使用样板进行检查,如图 6-9 所示,角度不正确时需进行修正。

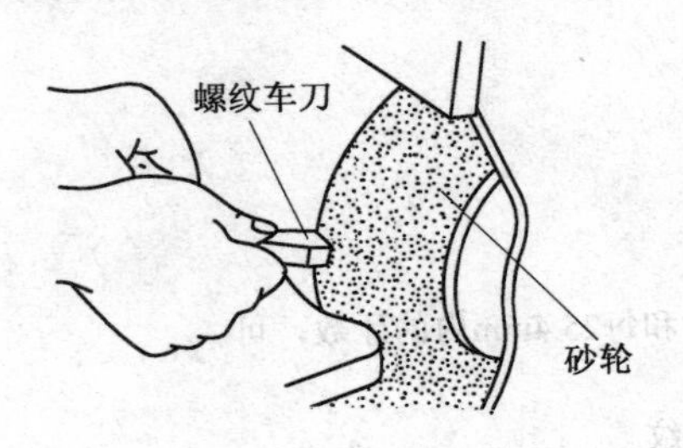

图 6-8 刃磨螺纹车刀

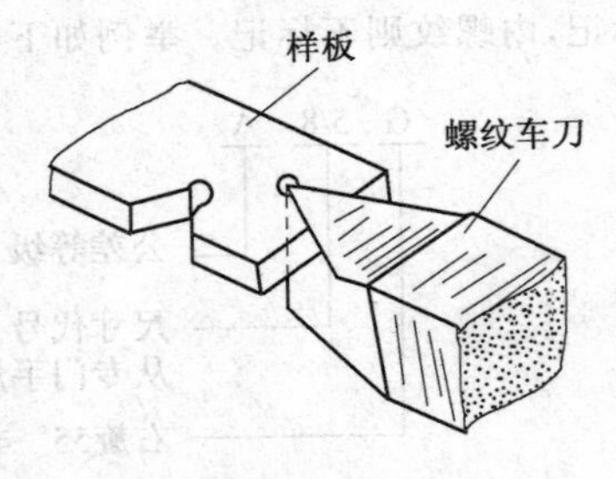

图 6-9 使用样板检查刀尖角

④刃磨刀尖倒棱(倒棱宽一般为 $0.1P$,P 为螺距)。

⑤用油石研磨刀前面和刀后面。车出的螺纹是否光洁,与车刀刀尖和刀刃处各表面粗糙度有很大关系。所以,车刀在砂轮上刃磨后,再使用油石对前刀面和后刀面仔细地进行研磨,如图 6-10 所示,其刀尖和刀刃处的表面粗糙度一般应达到 $Ra0.4\mu m$。

刃磨时,除了保证螺纹车刀角度的正确性以外,还要保护好刀尖。由于刀尖面积较小,刃磨高速钢螺纹车刀时,要注意随时用水冷却,以防过热使刀尖退火。刃磨硬质合金螺纹车刀时,应先粗磨刀尖后面,再刃磨两侧面,不能用力过大,也不能使刀尖过热;更不能用水骤冷,防止刀尖爆裂。另外在刃磨过程中,要使车刀适当移动,不要按在一处用力地磨。

(2)刃磨螺纹车刀时的角度控制　车螺纹中,螺纹车刀的前角、刀尖角和后角,在很大程度上决定着螺纹牙型角的准确性和精度,所以在磨刀过程中,除了掌握螺纹车刀角度的正确性外,还要注意螺纹车刀角度对车螺纹的影响。

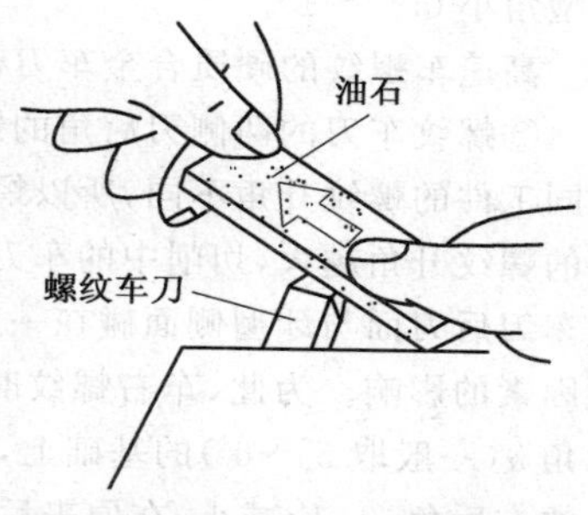

图 6-10　用油石研磨螺纹车刀

①螺纹车刀前角的影响和控制。螺纹车刀刀尖处的前角称径向前角 γ,车削普通螺纹时,当车刀的径向前角 $\gamma=0°$,如图 6-11(a)所示,车刀的刀尖角 ε 等于牙型角 α,即 $\varepsilon=\alpha=60°$,这样,车出的螺纹牙型角是正确的。

当螺纹车刀的径向前角 γ 大于 0°,如图 6-11(b)所示,这在车螺纹中螺纹车刀两侧的切削刃就不平行于工件的中心线,所以,车出的螺纹牙侧不是直线而是微曲线;同时,车削出的实际牙型角 α' 比标准的牙型角 α 要大,如图 6-12 所示;并且,车刀的径向前角越大,牙型角误差越大。在精车精度要求较高的螺纹工件时,为了保证牙型的准确,车刀的前角一般取 0°～5°。

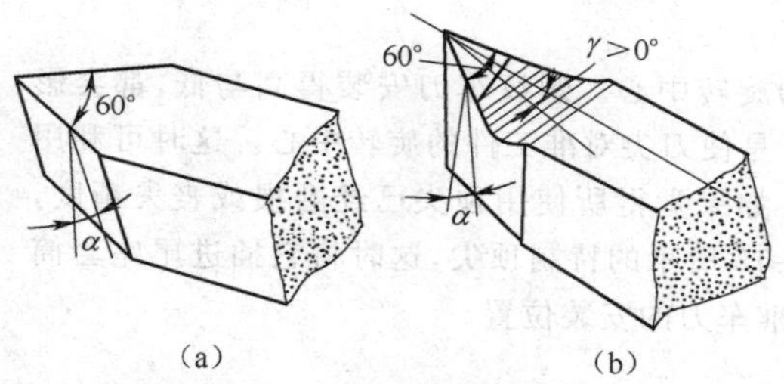

图 6-11　螺纹车刀前角 γ

(a)$\gamma=0°$　(b)$\gamma>0°$

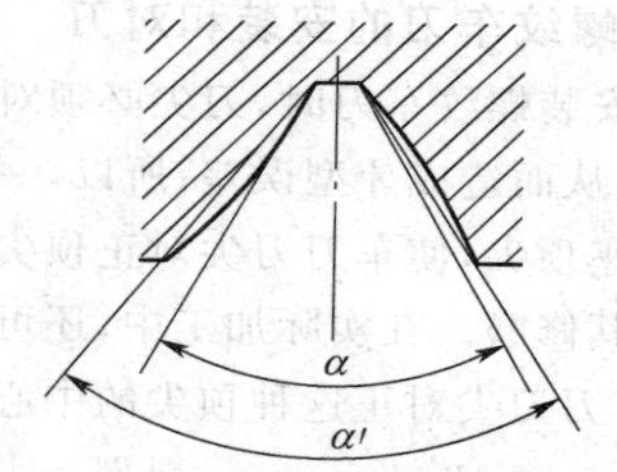

图 6-12　车出的牙型角 α' 大于标准牙型角 α

在使用高速钢螺纹车刀粗车螺纹时,为了切削顺利,常选取较大的前角,如图 6-13(a)所示;精车螺纹时,为了获得正确牙型,可选取较小前角,如图 6-13(b)所示。

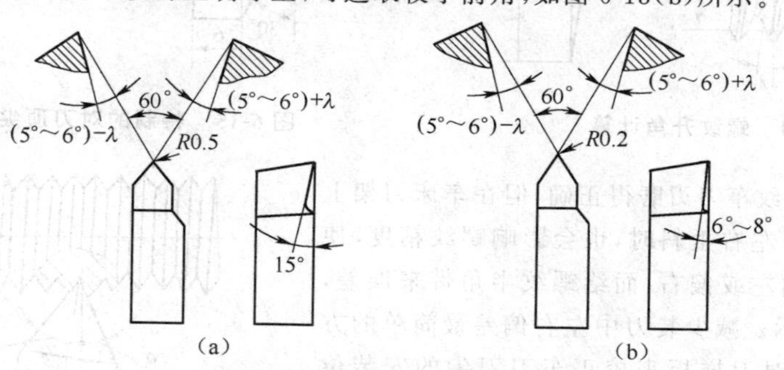

图 6-13　高速钢普通螺纹车刀

(a)粗车外螺纹车刀　(b)精车外螺纹车刀

对于精度要求不高的螺纹,为了增大车刀前角而使切削轻快,可采用适当减小刀尖角以获得比较准确的牙型角的方法。当螺纹车刀的径向前角 $\gamma=5°～12°$时,刀尖角应比螺纹牙型角小 0.5°～1°。

高速车螺纹的硬质合金车刀，径向前角一般取 0°～5°。

②螺纹车刀的两侧刃后角的影响和控制。车螺纹中，车出的沟槽是一条螺旋线，由于不同工件的螺纹升角不同，所以螺纹车刀的后角面与牙型侧面间的接触角度也不相同；工件的螺纹升角越大，切削中的车刀后角随着增大。如果不注意这个角度的变化，就可能造成车刀后刀面与牙型侧面碰在一起，甚至擦伤；尤其在加工大螺距螺纹时，更要考虑到这方面因素的影响。为此，车右螺纹时，螺纹车刀左侧切削刃处的左后角 $\alpha_{左}$ 应加大点，在原来后角 α（一般取 5°～6°）的基础上，加上一个螺纹升角 λ（图 6-14），即 $\alpha_{左}=\alpha+\lambda$；右侧切削刃处的右后角 $\alpha_{右}$ 应减小，在原来后角 α 的基础上，减去一个螺纹升角 λ，即 $\alpha_{右}=\alpha-\lambda$。

车削左螺纹时的车刀后角与以上相反，即 $\alpha_{左}=\alpha-\lambda$，$\alpha_{右}=\alpha+\lambda$。

螺纹升角 λ 用式 6-14 计算：

$$\tan\lambda=\frac{P}{\pi d_2} \quad (式\ 6\text{-}14)$$

式中　P——螺纹螺距(mm)；

d_2——螺纹中径(mm)。

3. 螺纹车刀的安装和对刀

①安装螺纹车刀时，刀尖必须对准工件的旋转中心。螺纹车刀安装得高与低，都会影响前角，从而造成牙型误差；所以，一般情况下是使刀尖对准工件的旋转中心。这时可利用车床尾座顶尖，使车刀刀尖对正顶尖的尖端。如果觉得所使用顶尖已经磨损或丧失精度，就应对其修磨。在实际加工中，还可使用图 6-15 所示的特制顶尖，这时将它插进尾座套筒内，当车刀刀尖对正这种顶尖的中心，就能校准车刀的安装位置。

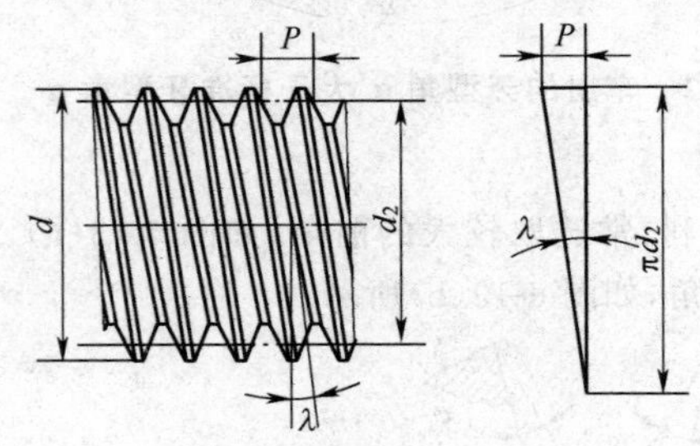

图 6-14　螺纹升角计算

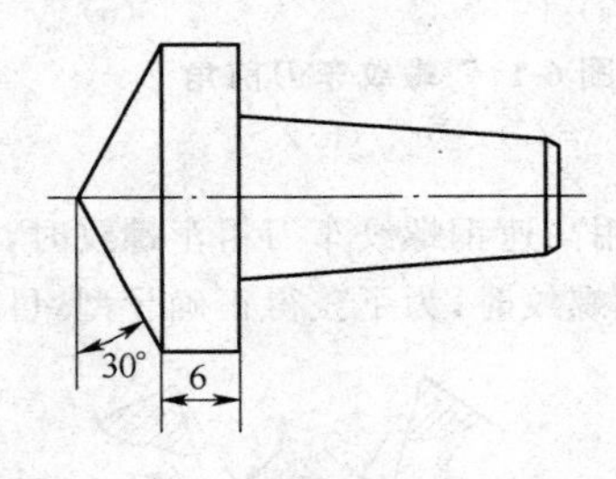

图 6-15　特制的对刀顶尖

②如果螺纹车刀刃磨得正确，但在车床刀架上安装时装夹得左右歪斜时，也会影响螺纹精度，使车出的螺纹偏左或偏右，而给螺纹半角带来误差，如图 6-16 所示。减少装刀中左右偏差最简单的方法，就是使用对刀样板来校正车刀刀尖的安装位置，如图 6-17(a)所示；在光线不好时，可将一张白纸放在车刀下面，如图 6-17(b)所示，这样，利用白纸的反光，也可观察出车刀与对刀样板间的接触情况。

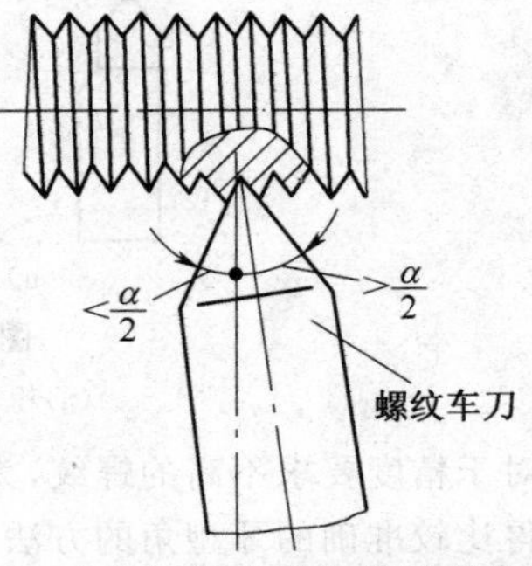

图 6-16　车刀歪斜出现的螺纹半角误差

③螺纹车刀伸出刀架不要过长，一般为刀杆厚度的 1.5 倍，以防止切削中产生振动，而影响加工质量。

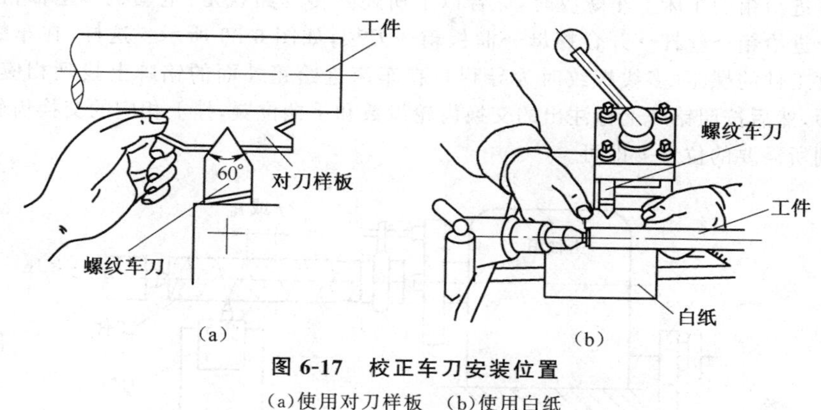

图 6-17　校正车刀安装位置

(a)使用对刀样板　(b)使用白纸

二、螺纹车削方法

1. 螺纹的形成

根据图 6-2 所示的螺旋线原理，如果把圆柱体装夹在车床上，并有个尖端在 A 点处接触，如图 6-18 所示，当圆柱体旋转一周，使尖端从 A 点等速移动到 A'点（$AA'=P$），从而在圆柱毛坯上形成螺纹线。实际车削中加工螺纹的基本方法是：将螺纹车刀安装在车床刀架上，把一个直径等于螺纹大径 d 的圆柱形毛坯装夹在车床上，如图 6-19(a)所示，校正好工件和车刀的相对位置；调整好主轴转速 n(r/min)和车刀的每转进给量（车单线螺纹时车刀的每转进给量等于螺纹的螺距）；然后开车，合上溜板箱上的开合螺母，使工件每旋转一周，车刀移动一个螺距的距离。当车完一刀后退出车刀，将溜板摇回原来位置，接着走第二刀。这样，经过工件的连续转动和车刀按螺纹螺距有规律地连续移动，就在圆柱形毛坯上车出了三角形螺纹，如图 6-19(b)所示。车螺纹时，要保证螺纹的牙型角 α 和螺距 P，牙型角靠车刀的角度来保证，螺距靠车床的传动来保证。

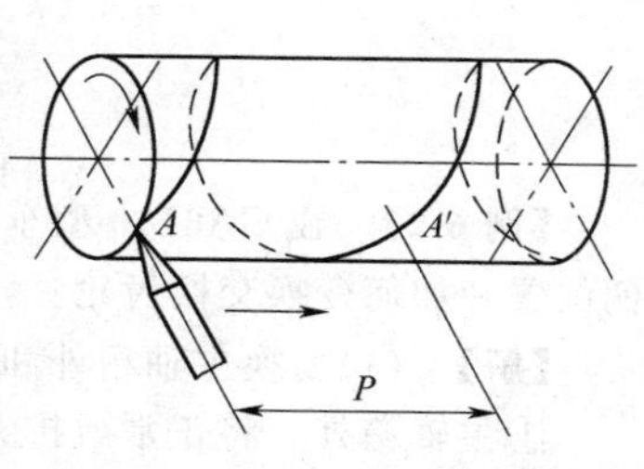

图 6-18　螺纹形成原理

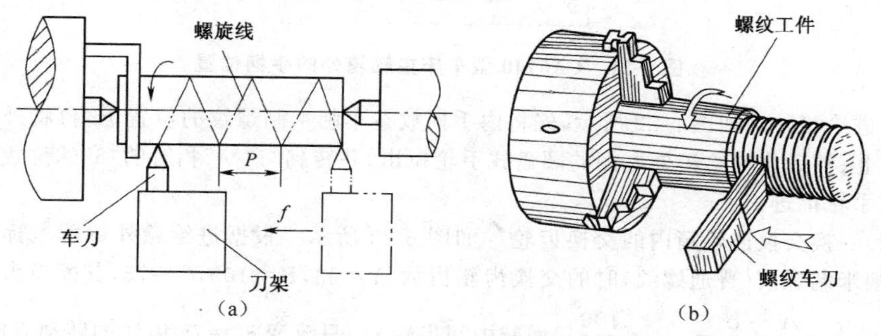

图 6-19　车床上切削螺纹

(a)车螺纹运动关系　(b)螺纹的形成

2. 车螺纹前的车床调整

在有进给箱的车床上车螺纹时，综合以上所述其传动路线是：电动机→主轴箱→交换齿轮箱→进给箱→丝杠→开合螺母→溜板箱→刀架，如图 6-20 所示。这样，在车螺纹前，根据螺纹工件的螺距（多线螺纹时为导程），在车床进给箱外面的铭牌上找到相应的螺距（或导程），然后按照铭牌上标注出的交换齿轮齿数和手柄位置，挂上相应的交换齿轮，并把手柄扳到所需要的位置上即可。

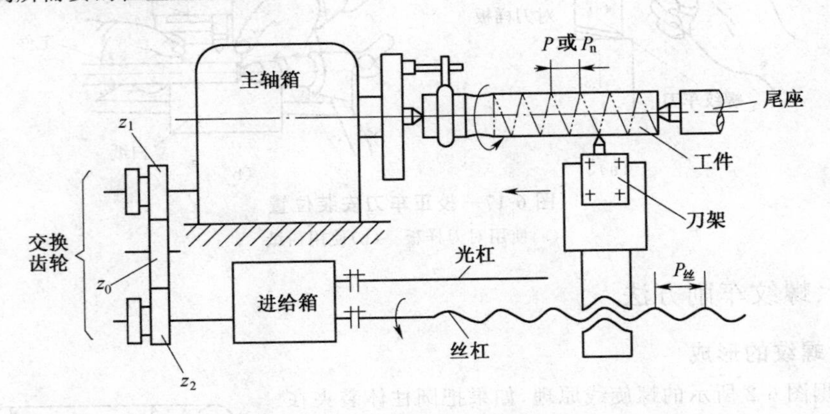

图 6-20　车螺纹传动路线

【例 6-2】　在 CA6140 型车床上车削螺距 $P=2.5$mm 的普通右旋螺纹，问怎样变换手柄位置和如何变换交换齿轮？

【解】　(1)变换主轴箱外和进给箱外的手柄位置　情况如下：

①主轴箱外。将正常或扩大螺距手柄放在“右旋正常螺距”位置 1 上，如图 6-21 所示。

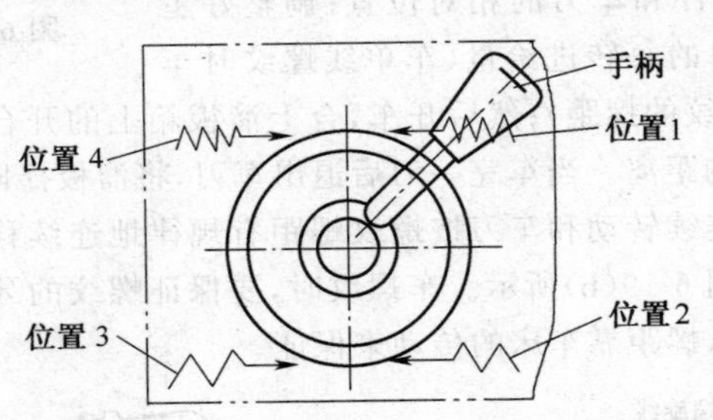

图 6-21　CA6140 型车床主轴箱外的手柄位置

②进给箱外。如图 6-22 所示，先将内手柄放在车削米制螺纹的位置 B，再将外手柄置于位置Ⅱ；然后将进给箱外左侧的圆盘式手轮拉出，并转到与“▽”相对的“6”的位置后再把圆盘式手轮推进去。

(2)变换交换齿轮箱内的交换齿轮　如图 6-23 所示。根据进给箱外铭牌上标注的数据，车削米制螺纹（普通螺纹）时的交换齿轮齿数 $A=63$，$B=100$，$C=75$，其配换齿轮位置为：$\frac{z_1}{z_0}\times\frac{z_0}{z_2}=\frac{A}{B}\times\frac{B}{C}=\frac{63}{100}\times\frac{100}{75}$。增减中间齿轮 z_0，只改变 $z_2=75$ 齿轮的转动方向，不改

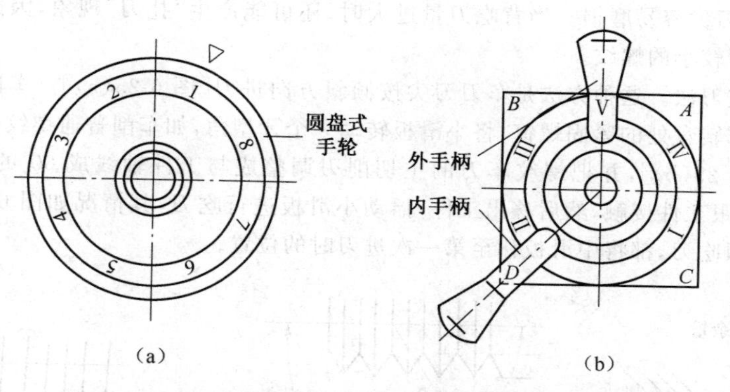

图 6-22　CA6140 型车床进给箱外圆盘式手轮和手柄位置

(a)圆盘式手轮位置图　(b)内、外手柄位置图

变其传动比。

装卸交换齿轮前，为了安全起见，需先切断车床电源，并将主轴箱变速手柄放在中间空挡位置。轴与套、齿轮内孔与轴配合表面应加润滑液或润滑脂，装有润滑脂油杯处，应经常加油，并定期把油杯盖拧紧，将润滑脂压入轴套间。组装时，齿轮间的啮合不能太紧或太松，交换齿轮的啮合间隙保持在 0.1～0.15mm（可用塞规检测）。

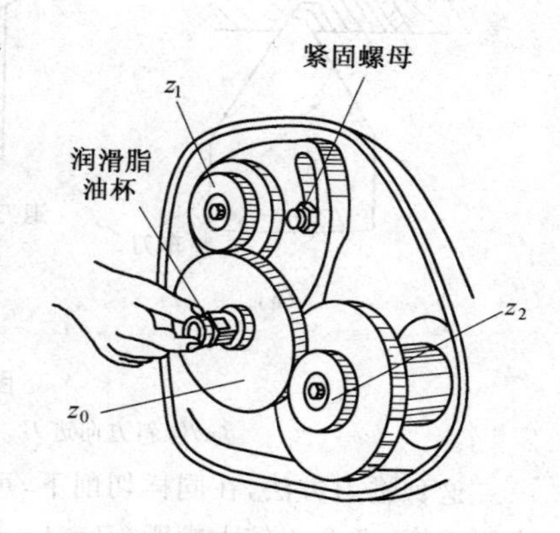

图 6-23　变换交换齿轮

3. 低速车削三角形外螺纹

（1）进刀方式　低速车螺纹时的进刀方式有垂直进刀法、斜向进刀法和左、右进刀法。

①垂直进刀法。这种方法是在车螺纹时，只进行垂直切入[图 6-24(a)]，由中滑板做横向进刀[图 6-24(b)]，车刀的进刀方向和退刀方向都与主轴中心线垂直，其切削情况如图 6-24(c)所示。

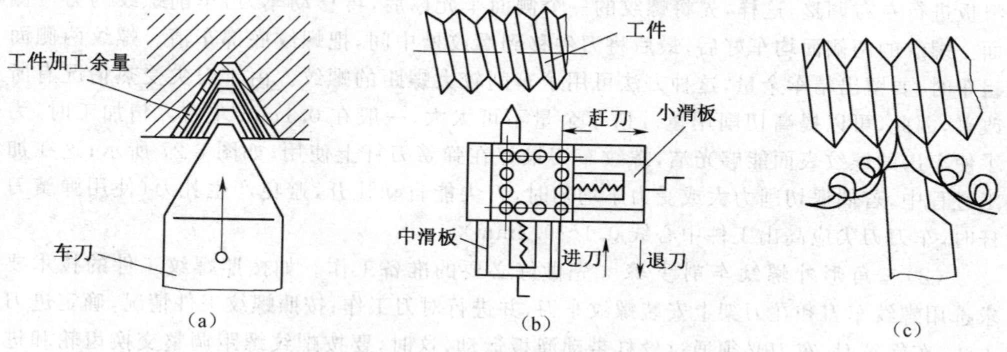

图 6-24　垂直进刀法车螺纹

(a)车刀垂直切入　(b)切入和退刀情况　(c)车螺纹情况

采用垂直进刀法车螺纹，车刀的两切削刃同时参加切削，可以获得比较正确的牙型，但

排屑困难，且刀尖容易磨损。当背吃刀量过大时，还可能产生“扎刀”现象，因此，此方法只适宜车削螺距较小的螺纹。

②斜向进刀法。这种方法是车刀刀尖按倾斜方向进刀[图 6-25(a)]。车削前，首先松开小滑板下部转盘处的紧固螺钉，将小滑板转动一个牙型角，如车削普通螺纹，就使小滑板转动 60°[图 6-25(b)]，并把螺纹车刀的主切削刃调整成与工件轴线成 60°的角度。车削时，先使刀尖跟工件接触，然后移出工件，摇动小滑板进行吃刀，其情况如图 6-25(c)所示，而每次小滑板吃刀，都将中滑板移至第一次进刀时的位置。

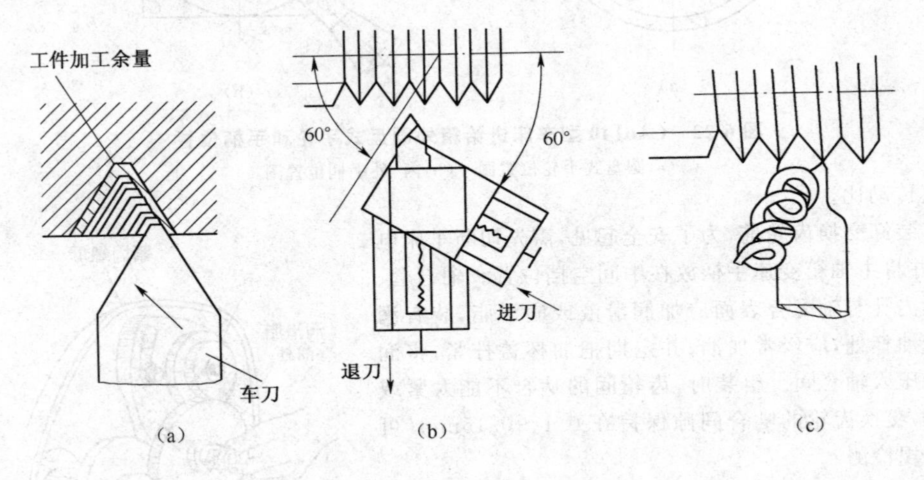

图 6-25 斜向进刀法

(a)倾斜方向进刀 (b)小滑板转过牙型角 (c)车螺纹情况

这种进刀方法，在同样切削下，可采用较大的背吃刀量，因而减少了走刀次数，提高了生产效率，适合于较大螺距(P=4mm 以上)的螺纹车削。但它的不足之处，是车出的螺纹产生一面光一面不光的现象，因此，需要最后进行精车。

③左右进刀法。它的进刀方法如图 6-26 所示，是在使用中滑板进刀的同时，还使用小滑板进行左右调整，这样，先将螺纹的一个侧面车光以后，再移动车刀，车削螺纹的另一侧面。螺纹的两侧面均车好后，最后将刀尖移到螺纹槽中间，把螺纹底部车清。螺纹两侧面粗车时，要留出精车余量，这种方法可用于车削较大螺距的螺纹。由于刀尖受热情况有所改善，因此，可以提高切削用量。精车余量不可太大，一般在 0.1mm 左右。精加工时，为了使车出的螺纹表面能够光洁，螺纹车刀最好在弹簧刀杆上使用，如图 6-27 所示；这在加工过程中，若偶遇切削力大或受力不均匀时，刀尖能自动让开，避免产生扎刀(使用弹簧刀杆时，车刀刀尖应高出工件中心线 0.1～0.2mm)。

(2)三角形外螺纹车削步骤　先做好必要的准备工作。如按照螺纹工件的技术要求选用螺纹车刀和在刀架上安装螺纹车刀，并进行对刀工作；按照螺纹工件情况，确定进刀方法；车螺纹时，车刀必须通过丝杠带动溜板运动，这时，要按螺纹螺距调整交换齿轮和进给箱手柄位置。

调整主轴转速。用高速钢车刀车削钢件一类塑性材料的螺纹时，一般选择 12～150r/min 的低速；用硬质合金车刀车削铸铁等脆性材料的螺纹时，一般选择 360r/min 的中速；

用硬质合金车刀车削钢等塑性材料的螺纹时，一般选择 480r/min 左右的高速。螺纹工件的直径小、螺距小（P＜2mm）时，宜选用较高的转速；螺纹直径大、螺距大时，应选用较低的转速。

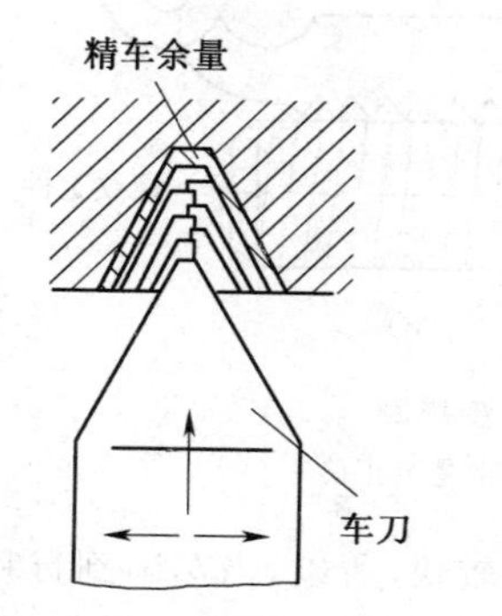

图 6-26　车螺纹时左右进刀法

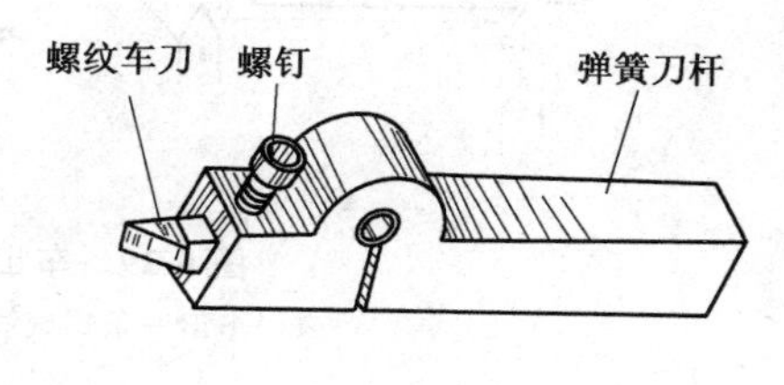

图 6-27　螺纹车刀装在弹簧刀杆上

车削前的各项准备工作完成后，可按照以下步骤车外螺纹。

①按螺纹要求车外圆。先将螺纹外径车至尺寸，然后用刀尖在工件上的螺纹终止处刻一条细微可见线，如图 6-28(a)所示；图样中有退刀槽要求时，需在退刀处车出退刀槽，如图 6-28(b)所示；以它作为车螺纹时的螺纹长度终止线和退刀标记。由于车螺纹过程中，车刀挤压作用会使外圆尺寸增大，因此，在低速车螺纹时，外圆尺寸应车得略微小些，一般取外圆尺寸等于螺纹大径的下极限偏差。

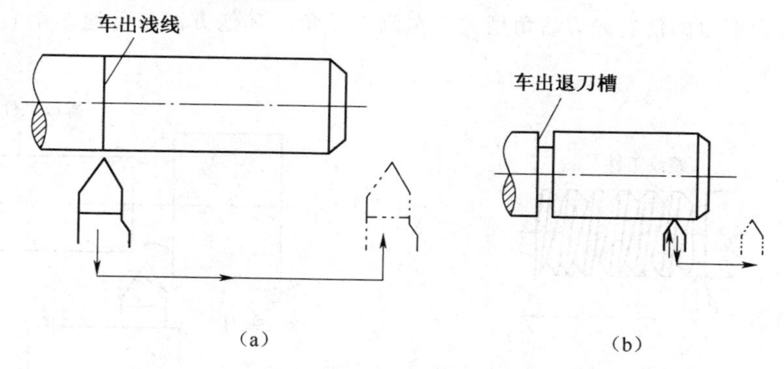

图 6-28　先加工出车螺纹退刀标记

(a)车出浅线　(b)车出退刀槽

②试切第一条螺旋线，并检查螺距。开车，使刀尖轻微接触工件表面，然后迅速将中滑板刻度调至“0”位，记下刻度盘读数。接着移动溜板，使车刀刀尖离开工件端面，并横向进刀 0.05mm 左右，合上开合螺母，在工件表面车出一条螺旋线，如图 6-29(a)所示；至螺纹终止线处横向退出车刀并停车。用螺距规或游标卡尺检查车出螺旋线的螺距是否正确，如图 6-29(b)所示。

③调整背吃刀量车削螺纹。利用刻度盘调整背吃刀量，开车进行切削(图 6-30)。对于螺距 $P=1.5\sim2$mm 的螺纹，一般走刀 2～3 次即可完成。

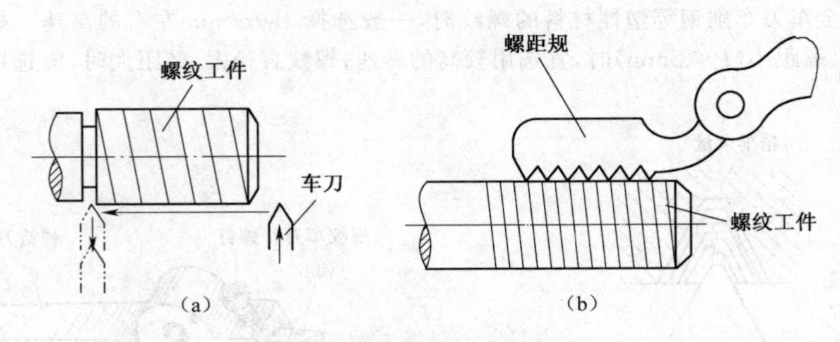

图 6-29 车出螺旋线并检查螺距

(a)车出一条螺旋线 (b)检查螺距是否正确

车螺纹中,车床主轴转动和溜板移动的速度都比较快,所以,当车削到行程终了退刀时,动作一定要迅速,否则容易造成超程车削或撞刀。操作时,一般是左手握操纵杆,右手握中滑板手柄,这样,在退刀时,右手先快速退刀,紧接着左手迅速停车,两个动作几乎同时完成。为了保证安全,操作时注意力要高度集中。

④进行螺纹牙型检查。螺纹车出后,再使用螺距规对牙型进行检查。检查时,将与螺纹工件螺距相同的螺距规的齿尖放入工件的牙槽中,通过透光法目测,若工件牙型相对于螺距规的牙型不歪斜并且两侧面间隙相等,说明工件牙型合格。精度要求较高的螺纹,按照本章第五节中的方法进行检验。

低速车削左旋三角形外螺纹时,采用车刀反向进给车削法(图 6-31)。在刃磨车刀时,应按照前面介绍过的使右侧刃后角稍大于左侧刃后角。其他方面与低速车削右螺纹时基本相同。

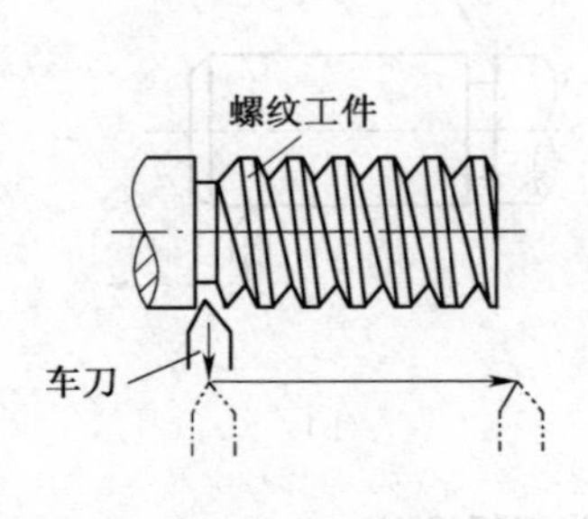

图 6-30 车螺纹操作方法

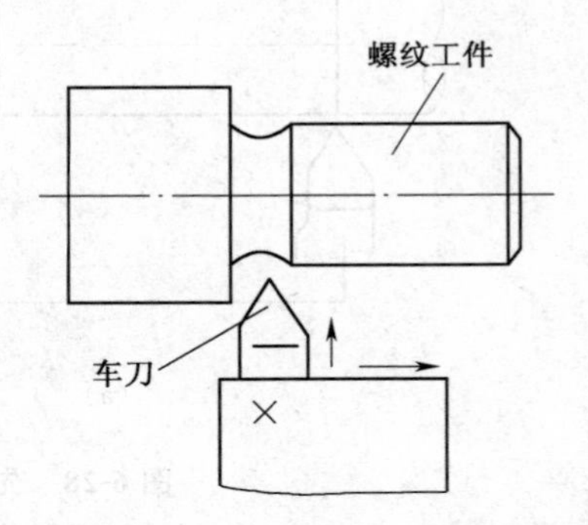

图 6-31 反向进给车削左螺纹

4. 低速车削三角形内螺纹

(1)三角形内螺纹车刀 内螺纹在工件的孔内,所以,内螺纹车刀除了切削部分具有外螺纹车刀的几何形状外,还应具有套类工件镗孔刀的特点。高速钢三角形内螺纹车刀如图 6-32 所示。

(2)车内螺纹对刀工作 车削内螺纹和外螺纹一样,都要仔细地做好对刀工作,使刀尖中心线与工件中心线相垂直,以保证螺纹牙型的正确。车内螺纹对刀时使用对刀样板,对刀情况如图 6-33 所示。

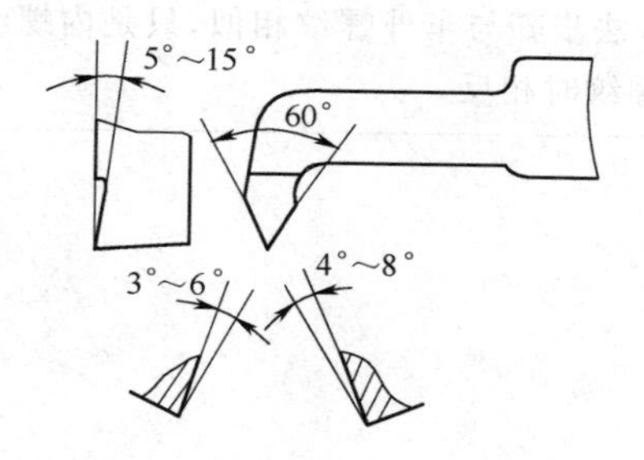

图 6-32　高速钢三角形内螺纹车刀

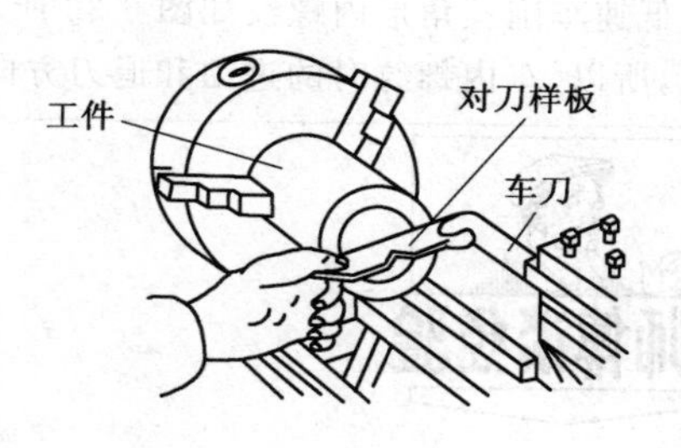

图 6-33　车内螺纹对刀方法

对刀板也有多种形状，图 6-34 所示是其中一种。该对刀板有角度槽和外角度面两个对刀处，根据加工情况选用。图 6-35(a)所示是按照角度槽对刀的情况，图 6-35(b)所示是按照外角度面对刀时的情况。对刀时，要选好基准面，角度槽前角和外角度面半角的中心线都严格地与基准面平行；对刀板的螺纹牙型半角，误差为牙型角 $\alpha \pm 2'$。对刀板基准面、角度槽和外角度面都要用油石仔细地进行研磨，其表面粗糙度不高于 $Ra0.4\mu m$。

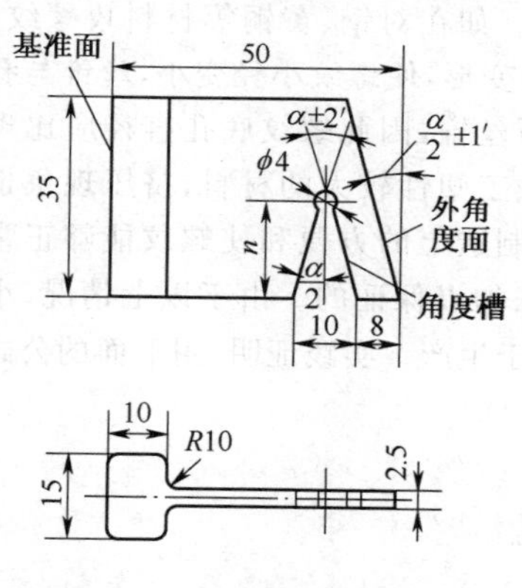

图 6-34　车内螺纹对刀样板

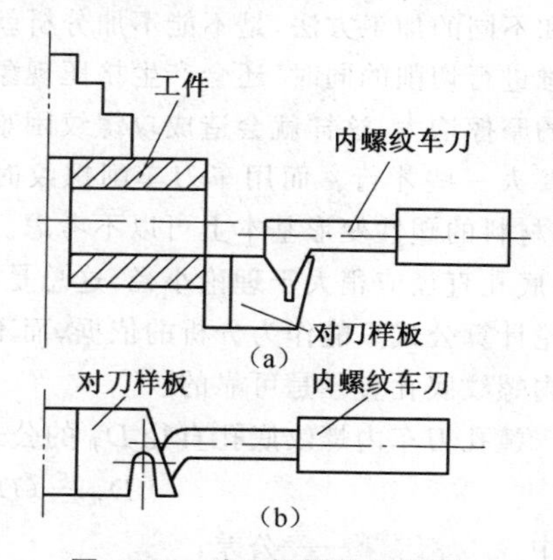

图 6-35　对刀样板使用情况
(a)用角度槽对刀　(b)用外角度面对刀

(3)车削内螺纹前孔径的确定　车削三角形内螺纹时，因切削时的刀具挤压作用，内孔直径(螺纹小径)会缩小，尤其在车削塑性金属时更为明显，所以车削内螺纹前的孔径 $D_孔$ 应比内螺纹小径 D_1 的基本尺寸略大些。车削普通内螺纹前的孔径可用下面近似公式计算。

车削塑性金属的内螺纹时：

$$D_孔 \approx D - P \quad \text{(式 6-15)}$$

车削脆性金属的内螺纹时：

$$D_孔 \approx D - 1.05P \quad \text{(式 6-16)}$$

式中　$D_孔$——车内螺纹前的孔径(mm)；

D——内螺纹的大径(mm)；

P——螺距(mm)。

低速车削三角形内螺纹如图 6-36 所示，它的方法步骤与车外螺纹相似，只是内螺纹在孔内，所以，车内螺纹时的进刀和退刀方向与车外螺纹时相反。

普通内螺纹底孔直径的计算和确定

式 6-15 和式 6-16 是车削内螺纹前孔径确定的近似公式。

在加工内螺纹时，底孔直径的大小要由操作者来确定(图样中往往不标注出内螺纹底孔直径)，虽然有手册可供查阅，但生产时不一定唾手可得。用下面介绍的经验公式既方便又准确。

前面介绍了内螺纹小径 D_1 的理论计算方式，但对于不同材料(塑性的，脆性的)的工件和不同的加工方法，是不能不加分析就来使用的。如在对钢、黄铜等材料攻螺纹时，在丝锥进行切削的同时，还会产生挤压现象，出现塑性变形，使螺纹小径变小，丝锥与孔壁之间的摩擦增大，这样就会造成攻螺纹困难，甚至折断丝锥，因此螺纹底孔直径应比理论内径要大一些才行。而用车刀车削螺纹时，即使是加工塑性较大的材料，挤压现象也不显著，材料的塑性变形基本上可以不考虑。不过为了制造上的方便和使螺纹能够正常地工作，底孔直径应稍大于理论小径，这总是用正公差来加以保证的。由于以上情况，小径的理论计算公式只能作为分析的依据，而不能直接用于生产。实践证明，用下面的公式计算车内螺纹底孔直径是可靠的。

镗孔刀车内螺纹底孔直径 $D_孔$ 的公式：

$$D_孔=(D-1.2P)^{+0.2\times(1+P)}_{+0.11P}$$

式中 ${}^{+0.2\times(1+P)}_{+0.11P}$——公差；

D——内螺纹大径；

P——螺距。

此式适用于车钢、铸铁、青铜、黄铜等材料的米制内螺纹时使用。

【例】 车制 M48×5 的内螺纹，求底孔直径。

【解】 $D_孔=(D-1.2P)^{+0.2\times(1+P)}_{+0.11P}=(48-1.2\times5)^{+0.2\times(1+5)}_{+0.11\times5}=42^{+1.2}_{+0.55}$ (mm)

5. 高速车削三角形螺纹

高速车削螺纹使用硬质合金车刀，如图 6-37 所示。这种方法具有加工效率高等特点，它的切削速度比低速车螺纹可提高 10～15 倍，而且行程次数可减少 2/3。

在进刀方式方面，高速车削螺纹不宜采用斜向进刀法和左右进刀法，而大多用垂直进刀法车削。高速切削三角形外螺纹时，同样在车刀挤压后会引起螺纹牙尖处产生“膨胀变形”，使外螺纹大径尺寸变大，因此，车削螺纹前的圆柱面的外圆直径应比螺纹大径小些。当螺距 $P=1.5\sim3.5$mm 时，车削螺纹前的外径一般减小 0.2～0.4mm。

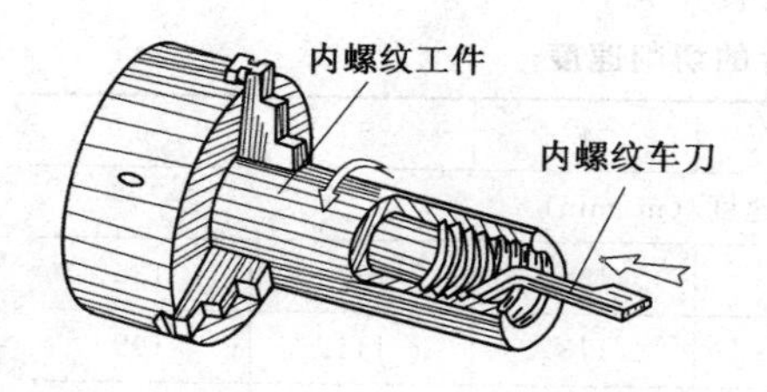

图 6-36　车削内螺纹

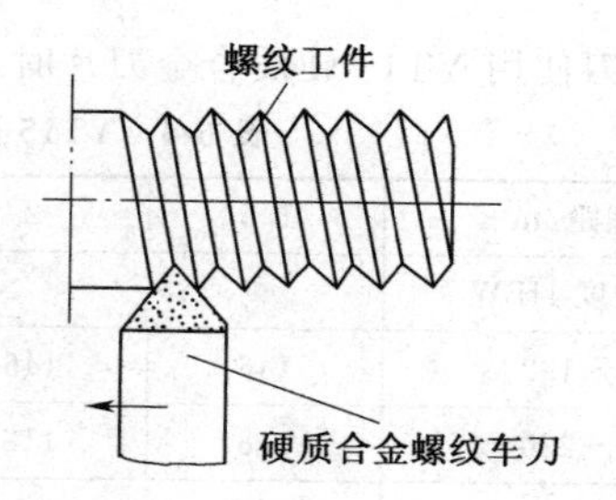

图 6-37　硬质合金车刀车三角形螺纹

(1)高速车削三角形螺纹使用的车刀

高速车削螺纹可使用焊接式硬质合金车刀或机夹式硬质合金车刀。图 6-38 所示是焊接式硬质合金车刀，它的径向前角 $\gamma=0°$，主切削刃上的后角 $\alpha=4°\sim6°$。在主切削刃上磨出 $b_r=0.2\sim0.4\text{mm}$ 的负倒棱。高速切削时，由于螺纹的牙型角要扩大，因此，刃磨出的刀尖角应该比螺纹的牙型角小 30′。

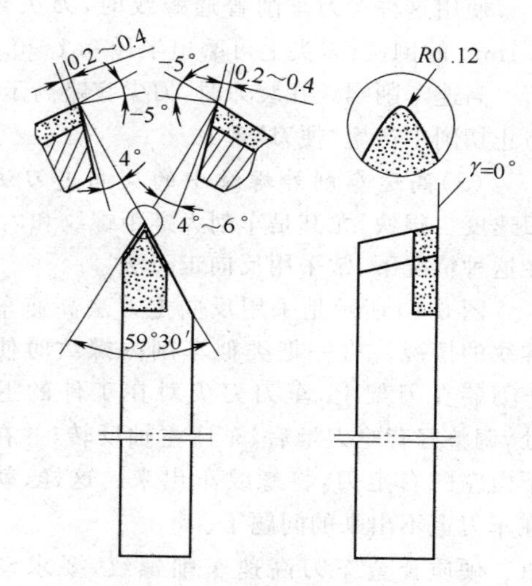

图 6-38　硬质合金螺纹车刀

图 6-39 所示是机夹式硬质合金三角形螺纹车刀，它把硬质合金刀片装夹在刀杆的槽内，调节螺钉拧在刀杆的螺纹孔中。拧动调节螺钉可以使刀片在刀杆槽内滑动，以调节刀片伸出的长度。螺栓的一端，拧紧在刀杆上。将压紧盖板盖在硬质合金刀片上，拧紧螺母，压紧盖板就将硬质合金刀片固定了。

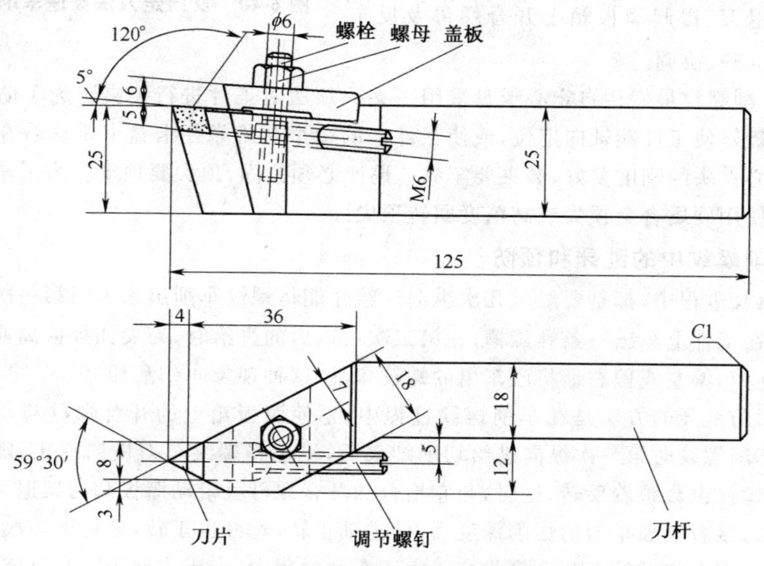

图 6-39　机夹式硬质合金螺纹车刀

该车刀使用 YT15 硬质合金刀片时，切削速度见表 6-4。

表 6-4　YT15 硬质合金刀片的切削速度

工件螺距/mm	1.5	2	3	4	5	6
工件硬度 HBW	切削速度/(m/min)					
179～192	146	146	142	139	137	135
210～220	118	118	115	113	111	109
235～250	107	107	101	98	93	93

使用这种车刀车削普通螺纹时，刀尖角磨成 59°30′，切削刃上要用油石磨出 $-5°\times$ 0.1mm 的倒棱，刀尖上可磨出半径 0.1～0.2mm 的圆弧，这样可延长车刀的使用寿命。

高速车削螺纹在装刀时，刀尖宜略高于工件中心，高出距离约为工件直径的 1/100，以防止切削中产生“梗刀”现象。

(2)高速车削外螺纹中的反向走刀法　高速车削螺纹时主轴的转速很高，并且，走刀速度也很快，尤其是车削大螺距螺纹和内螺纹时，往往因为来不及退刀而出现撞车事故。在这种情况下，常采用反向走刀法。

图 6-40 所示是采用反向走刀法高速车削外螺纹的情况。将一把类似车削内螺纹时使用的车刀装在刀架上，车刀刀尖对在工件的退刀槽处，调整好背吃刀量后，车床主轴反转，并在高速下由左向右走刀，将螺纹车出来。这样，就不存在车刀退不出来的问题了。

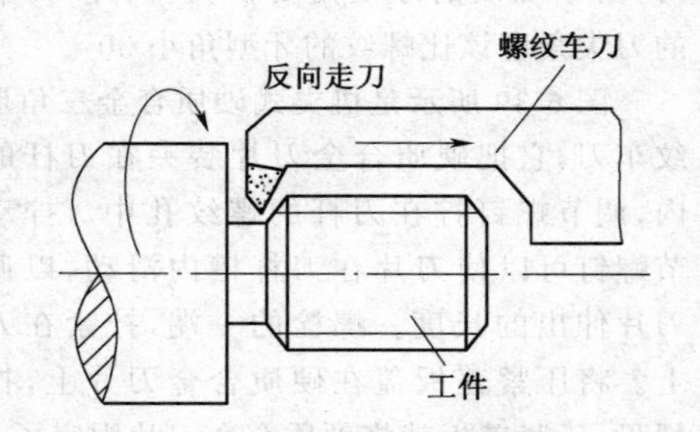

图 6-40　反向走刀法高速车削外螺纹

硬质合金车刀高速车削螺纹，要求动作熟练、迅速，车削前先做空刀练习，先中速再高速，达到进刀、退刀、提起溜板箱上开合螺母及反车动作迅速、准确、协调。

高速车削螺纹最好用自定心卡盘采用一夹一顶法对工件进行装夹。为了防止切削中工件移位，最好使工件能轴向定位，或使工件上的一个台阶靠住卡盘卡爪。若在两顶尖间装夹时，鸡心夹头的刚度要好，装夹要牢靠。尾座必须紧固，顶尖要顶牢。为了防止烧坏尾座顶尖，可使用硬质合金顶尖或高精度回转顶尖。

6. 车削螺纹中的乱牙和预防

车削螺纹过程中，都是要经过几次纵向进给才能将螺纹车削出来。当第一次纵向进给走完，这时在工件上车出一条螺旋槽，在第二次或以后的进给时，刀尖如果偏离前次进给时车出的螺旋槽，偏左或偏右地将已车出的螺纹车乱，这种现象叫作乱牙。

常用预防乱牙的方法是在车削螺纹过程中，不使溜板箱上的开合螺母与车床丝杠分离。就是车削螺纹时第一次纵向进给切削结束后，迅速将螺纹车刀横向退出，随即使车床主轴反转，丝杠也会跟着反转，这时，与它抱合的开合螺母就带动溜板和刀架退回车刀开始切削的位置；接着增加车刀的切削深度后，使主轴正转，丝杠也正转，进行下一次切削；这样重复地进行，直至将螺纹车削合格为止。由于车削过程中，车床主轴正转和反转配合动作，开合螺母与丝杠一直抱合在一起，也就避免了乱牙情况的发生，保证了螺纹螺距的准确。

第三节　车削梯形螺纹简介

梯形螺纹的螺旋线和螺纹形成原理、梯形螺纹的车刀材料和安装要点以及车削形式等方面与车削三角形螺纹是一样的。下面重点介绍梯形螺纹车刀的特点和梯形螺纹车削方法。

一、梯形螺纹车刀

低速车削时使用高速钢车刀，高速车削时使用硬质合金车刀。

1. 高速钢梯形外螺纹粗车刀

这种车刀如图 6-41 所示。粗车刀的刀尖角应小于梯形螺纹牙型角 30′，刀尖前宽度 B 应小于梯形螺纹的牙槽底宽 W。

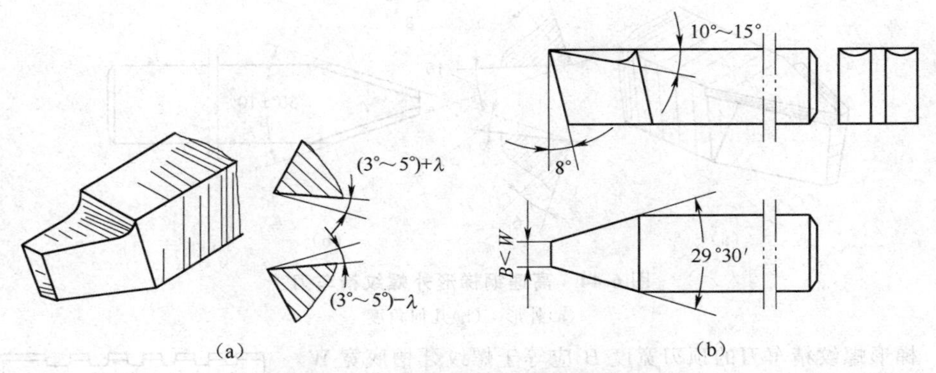

图 6-41　高速钢梯形外螺纹粗车刀

(a)外形　(b)几何角度

在前面的车削三角形螺纹中，曾介绍过由于工件螺距不同，所以螺纹升角也不一致，而出现车刀两侧刃后角对车削螺纹产生不同影响。车削梯形螺纹时，同样会出现这种情况。出于这个原因，车削梯形右旋螺纹，在确定梯形车刀的后角时，左边切削刃上的后角还要加上一个 λ 角。由于梯形螺纹车刀的后角一般为 3°～5°，这时成为(3°～5°)＋λ(图 6-42)；而右切削刃上的后角，必须减去一个 λ，成为(3°～5°)－λ。车削左旋螺纹时与此相反，其情况与前面介绍过的内容相一致。

粗车梯形螺纹时，为了改善螺纹升角对梯形车刀工作角度的影响，还可适当改变车刀与工件的相对位置，将车刀水平地转动一个工件的螺纹升角，使梯形螺纹车刀的前刀面垂直于工件螺旋线，如图 6-43 所示，有利于进刀和切削。不过，这样车出来的螺纹牙型角误差较大，只适合于在粗车中使用，精车时还应将车刀的安装位置改变过来。

2. 高速钢梯形外螺纹精车刀

精车刀主要用于车削梯形外螺纹牙槽的两侧面，它的刀尖角等于梯形螺纹牙型角。为了改善切削条件，在靠近两侧刃处磨出较大的前角 $\gamma=12°～16°$，如图 6-44 所示。该车刀同样考虑了车刀两侧刃后角对车螺纹的影响。

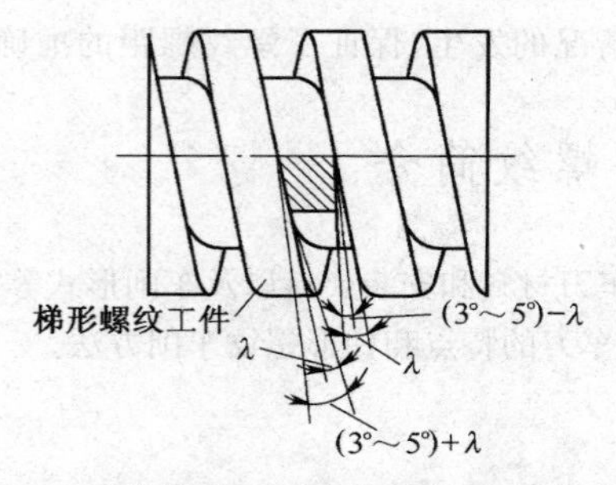

图 6-42　螺纹车刀后角与螺纹升角的关系

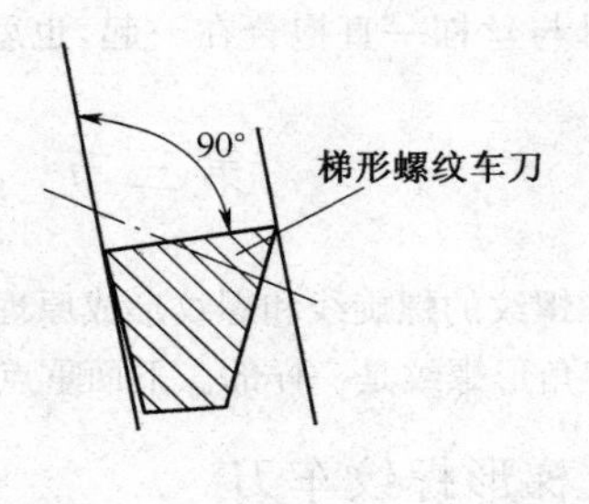

图 6-43　改变车刀与工件的切削位置

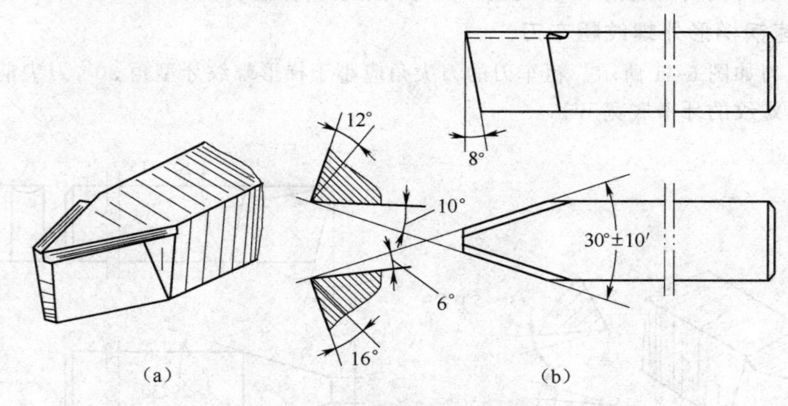

图 6-44　高速钢梯形外螺纹精车刀

(a)外形　(b)几何角度

梯形螺纹精车刀的顶刃宽度 B 应等于螺纹牙槽底宽 W，所以可使用式 6-17 进行计算，即：

$$B=W=0.366P-0.536a_c \qquad (式 6\text{-}17)$$

刃磨梯形螺纹车刀时，可按照磨刀样板（图 6-45）中的角度，采用透光法保证刀尖角角度的正确。

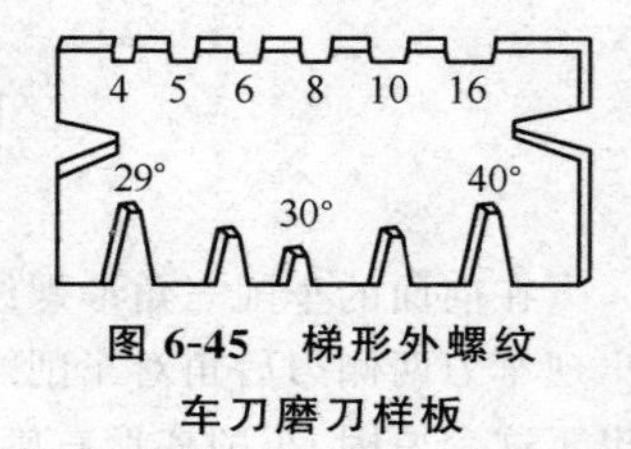

图 6-45　梯形外螺纹车刀磨刀样板

梯形螺纹底孔直径的计算和确定

根据梯形螺纹标准，螺纹高度 h_3 与螺距 P 有如下关系：

$$h_3=0.5P，即\ 2h_3=P$$

由此可知：$D_1=d-P$

式中　d——梯形外螺纹大径。

螺纹工作时，在直径方向上要有一定的间隙才能保证内外螺纹顺利结合和工作。从表面上看，上式未能反映出这种关系，不过梯形螺纹的径向间隙是通过增大内螺纹大径和减小外螺纹小径以及两者的公差来实现的。在使用时可用下面的公式计算。

$$D_{孔}=(d-P)^{+0.05P}_{0}$$

式中　0.05P——公差。

【例】　加工 Tr36×6 梯形内螺纹，求车削时底孔直径。

【解】　$D_{孔}=(D-P)^{+0.05P}_{0}=(36-6)^{+0.05\times 6}_{0}=30^{+0.3}_{0}$(mm)

二、梯形螺纹车削方法

在刀架上安装梯形螺纹车刀，对刀时使用对刀样板，如图 6-46 所示。

车削梯形螺纹，当螺距较小时，采用的进刀方式为直接径向进刀，如图 6-47(a)所示；采用不同刀尖宽度的梯形螺纹车刀，分别进行粗车和精车，如图 6-47(b)所示。对于螺距为4～6mm 的梯形螺纹，可采用左右交替进刀的方法车削，如图 6-48 所示，最后精车成形。被加工的梯形螺纹螺距较大时，一般先用矩形螺纹车刀将梯形螺纹槽的牙高车至深度[图 6-49(a)]，这时注意留出精车余量，然后使用稍宽的矩形螺纹车刀将牙槽车成阶梯形[图 6-49(b)]，最后使用梯形螺纹车刀将牙槽精车成形[图 6-49(c)]。

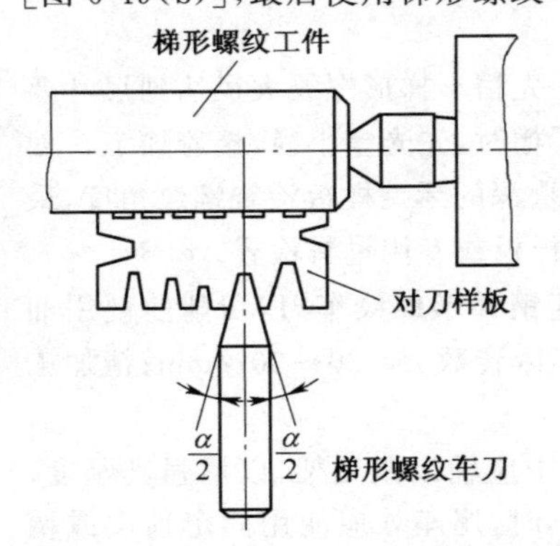

图 6-46　使用对刀样板对刀

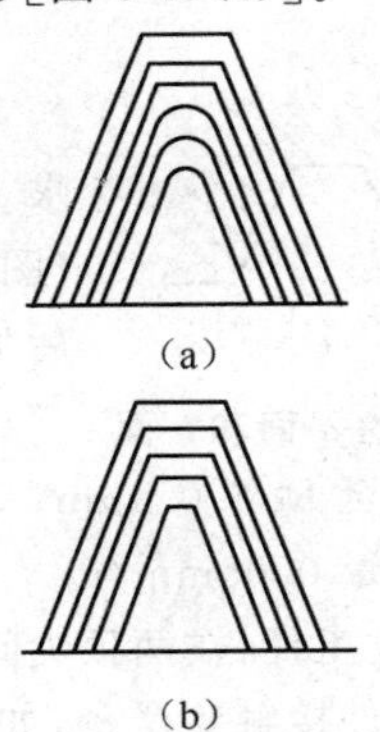

图 6-47　车削小螺距梯形螺纹进刀方式

(a)直接径向进刀　(b)不同宽度车刀分别切削

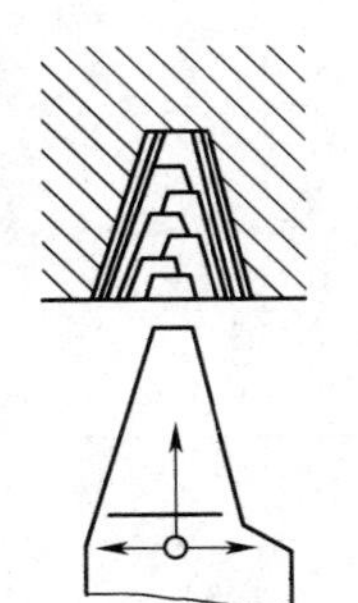

图 6-48　左右交替进刀车削梯形螺纹

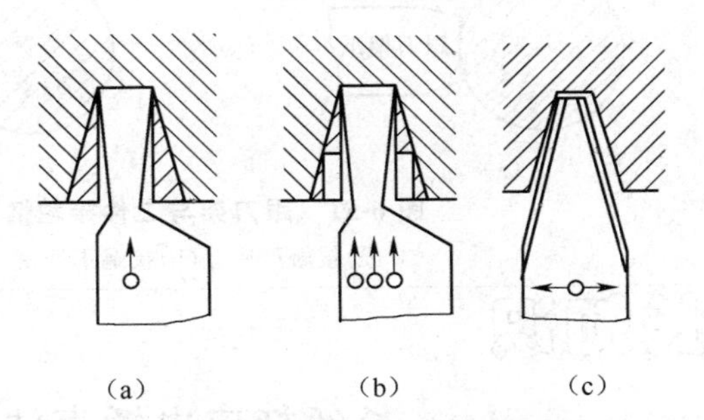

图 6-49　车削螺距较大的外梯形螺纹

(a)先车出直槽　(b)直槽车成阶梯形　(c)牙槽精车成形

使用高速钢车刀,低速车削梯形螺纹的主要操作步骤如下。

①选用和刃磨梯形螺纹车刀。刃磨后使用油石仔细研磨。

②在刀架上安装车刀。安装时,应使车刀前主切削刃与工件中心线等高,并且与工件中心线平行。梯形螺纹车刀的刀头部位应使用对刀样板校正。

③按照被加工梯形螺纹的螺距,调整交换齿轮箱内的交换齿轮齿数。

④车工件外圆。粗车时留出 0.2mm 的精车余量,并按照图样中的要求倒角。

⑤粗车梯形螺纹。较小螺距的梯形螺纹,车削时,每次背吃刀量可取 0.3mm 左右,车床转速 30~50r/min;较大螺距时,每次背吃刀量取 0.5~1mm;工件刚度差时,每次背吃刀量取 0.1~0.2mm。车削过程中,从始至终都要使用切削液。

较大螺距螺纹,应分粗车、半精车和精车来完成。粗车时在螺纹小径留出 0.15~0.25mm 的半精车余量,在螺纹两侧留出 0.4mm 的半精车余量。

⑥半精车梯形螺纹。半精车时,在螺纹小径留出 0.1mm 的精车余量,在螺纹两侧面留出 0.15~0.2mm 的精车余量。

先将梯形螺纹底部半精车,然后再半精车与走刀方向相反的 a 面(图 6-50)。因为 a 面比 b 面难车削,而且,它在车床开合螺母有间隙的一侧产生切削力,容易引起振动,影响螺纹表面的光洁。

梯形螺纹工件较长时,在半精车加工过程中,应检查其直线度。若弯曲程度超过允差,要进行调直。

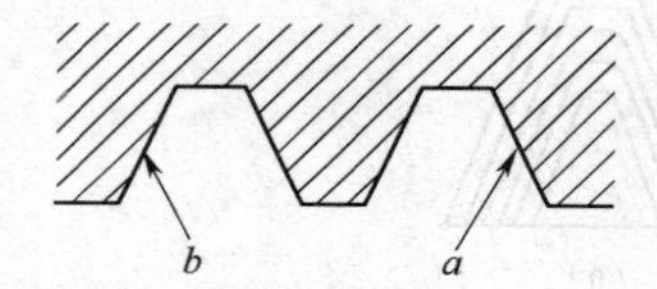

图 6-50 梯形螺纹的 a 面和 b 面

⑦精车梯形螺纹。先精车梯形螺纹大径达到尺寸要求。精车梯形螺纹的牙槽时,先光整小径,接着加工 a 面(图 6-50),再以小于牙槽深的牙型样板检查螺纹角度,最后加工 b 面,并用成品样板或专用量具检查。

精车中使用的高速钢梯形螺纹车刀,切削前使用油石将前、后刀面研磨至 $Ra \leqslant 0.4\mu m$。所选用切削用量:车床转数 $n = 20 \sim 30 r/min$;精加工两侧时,轴向背吃刀量 0.05mm/r。

较长的梯形螺纹工件,在两顶尖间装夹时,车削过程中应辅以跟刀架,以增强其刚度,并且,跟刀架爪与工件接触要严密,如图 6-51 所示。精车时,尾座处应使用固定顶尖或精度高的回转顶尖,操作中要经常检查和调整顶尖的松紧,以保证加工质量。

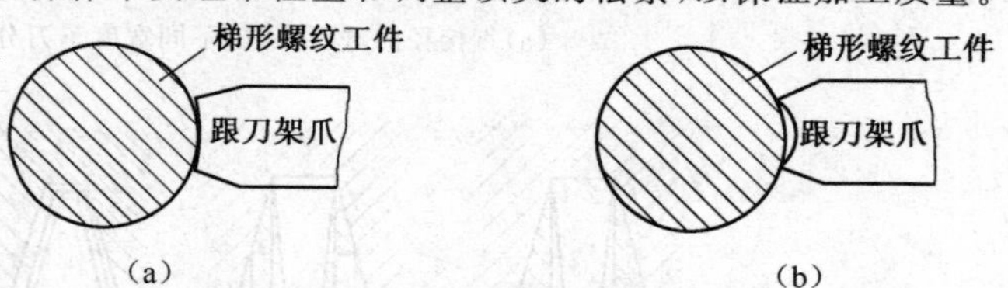

图 6-51 跟刀架与工件接触情况

(a)接触严密 (b)接触不严密

帮你长知识

长丝杠应力矫直法

利用应力引起的变形来矫直已变了形的工件,这就是应力矫直法。典型的例子是矫直弯曲了的车床丝杠。一般初始接触机械的操作者，认为丝杠弯了，应该从凸方向凹方施压或锤击，如栏图 6-2 所示，才能矫直。实际上这种方法不但矫不直，还会弄出许多小弯，把长丝杠扭成麻花形。

矫直长丝杠首先要准备好一些工具，如果车床长度足够长，可用两顶尖找出丝杠弯曲的部位；如果车床长度不够，则应在两个滚轮回转架上进行。将丝杠搁在回转架上，如栏图 6-3 所示，用手转动找出弯曲部位。为了减少摩擦阻力，滚轮最好选用轻窄型滚动轴承。两滚轮架距离应能支承被矫直的长丝杠。

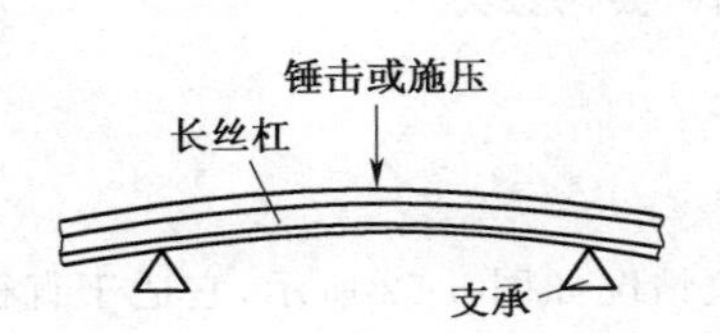

栏图 6-2　矫直长丝杠错误方法

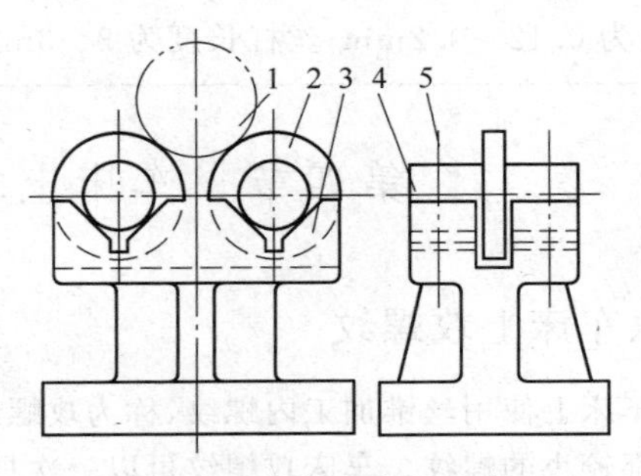

栏图 6-3　滚轮架上矫直丝杠

1. 长丝杠（$\phi30\sim\phi80$mm）　2. 滚轮（内配有滚动轴承）
3. 底座　4. 轴　5. 将轴拧紧在底座上 4 个螺孔位置

找出丝杠弯曲部位，可使用划针盘。使划针盘的针尖指向丝杠，当丝杠转动时，划针盘针尖看不准丝杠跳动的情况时，可把划针盘的针尖换成一条直尺，让直尺靠近丝杠，回转时丝杠的跳动就看得清清楚楚了。

矫直丝杠时，不能碰伤牙型的两侧面，也不能碰伤牙顶。打击的部位要在螺纹槽底面，使槽底处受到冲挤、延展。因此，要按照螺纹槽形磨一把专用斧形工具，如栏图 6-4 所示。斧形工具磨好后，放在螺纹槽中试一试，确实不妨碍牙型两侧面时，再热处理至 50HRC 左右。

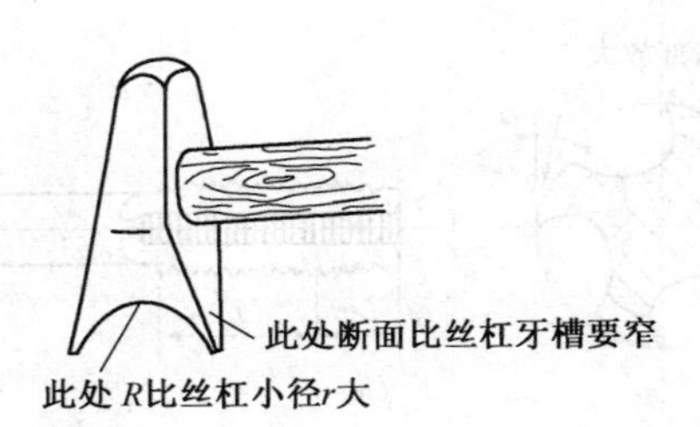

栏图 6-4　矫直长丝杠的斧形工具

矫直敲打时，必须将丝杠底部垫稳，最好是将牙型和螺距相同的旧铜螺母剖开，垫在丝杠底下。如果没有，可用硬木或铅做的 V 形块，V 形块长应不少于螺纹的 20 牙长度。

在滚轮回转架上找出丝杠弯曲部位后，用粉笔做出记号，将丝杠放到 V 形块上，凹形朝上搁稳，放入冲锤，逐一敲打凹入部分的牙底，如栏图 6-5 所示。大弯多打几扣，小弯少打几扣。开始的时候，要轻一点锤击，锤一遍以后再检验是否矫直了一些，待取得经验后方可用较重的力锤击。小弯轻锤，大弯重锤。

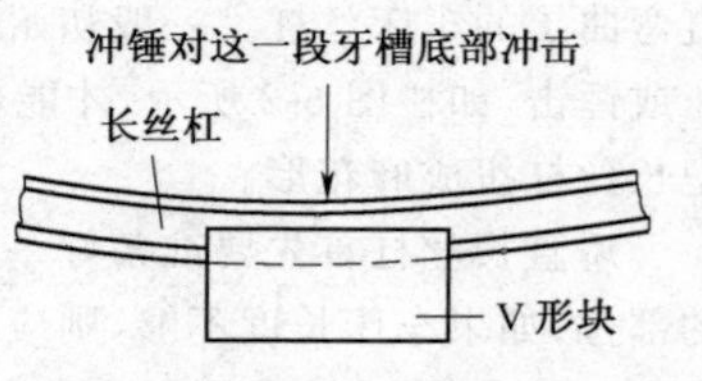

栏图 6-5 矫直长丝杠正确方法

精密丝杠不允许采用此方法进行矫直。普通级精度丝杠矫直外径时的跳动公差为：丝杠长度 1m，跳动公差为 0.12～0.2mm；丝杠长度为 2～3m 时，跳动公差为 0.2～0.3mm。

第四节 车床上攻螺纹和套螺纹

一、车床上攻螺纹

在车床上使用丝锥加工内螺纹，称为攻螺纹。攻螺纹情况如图 6-52 所示，它适于直径和螺距都较小的螺纹。车床攻螺纹可以一次把螺纹切出来，虽操作方便，但加工精度不高。

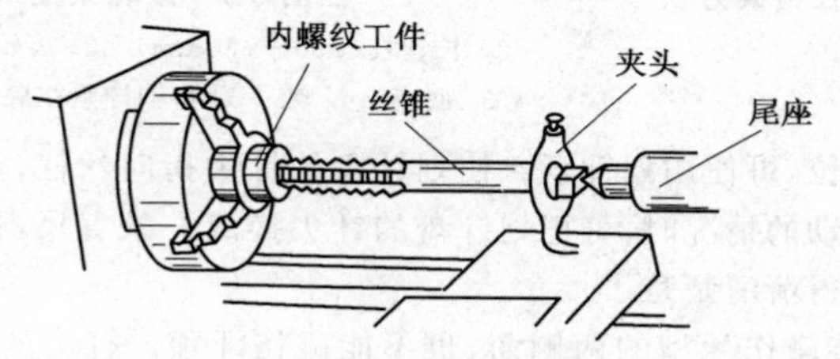

图 6-52 车床上攻内螺纹

1. 丝锥的结构

攻螺纹时以丝锥作为切削刀具，丝锥有手用丝锥和机用丝锥(图6-53)，车床上攻螺纹使用机用丝锥。

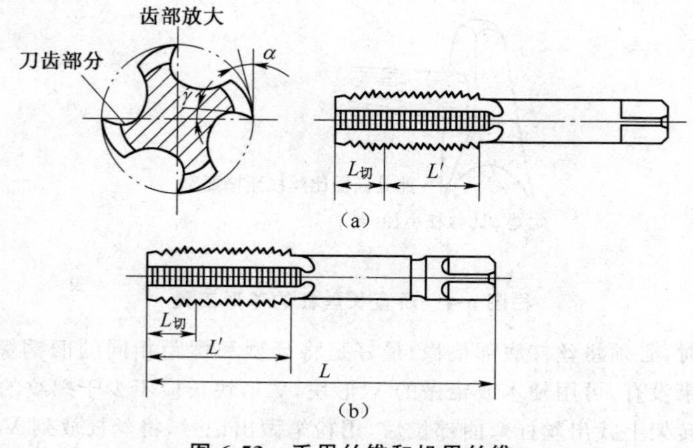

图 6-53 手用丝锥和机用丝锥

(a)手用丝锥 (b)机用丝锥

丝锥的前端 $L_{切}$ 部分是不完整刀齿，它在攻螺纹中起切削作用；后部 L' 部分的完整刀齿在攻螺纹时起校正修光作用，同时也为切削部分导向。

2. 攻螺纹前底孔直径的确定

用丝锥攻螺纹前需先在工件上钻出一个圆孔，这个孔叫作底孔。底孔的直径并不等于螺纹的小径，因为丝锥切入底孔时，同样会出现工件材料塑性变形后的“胀牙”问题，使工件的小径尺寸减小，因此，攻螺纹时孔的底径应比螺纹的小径稍大一点。普通螺纹攻螺纹前，钻底孔钻头直径 D_0，可用下面的公式计算：

螺纹螺距 $P \leqslant 1$ 时：

$$D_0 = d - P \qquad \text{(式 6-18)}$$

螺纹螺距 $P > 1$ 时：

$$D_0 \approx d - (1.04 \sim 1.08)P \qquad \text{(式 6-19)}$$

式中　d ——内螺纹公称直径(mm)；

P ——螺纹螺距(mm)。

常用钻底孔钻头直径见表 6-5。

表 6-5　丝锥攻普通螺纹前，钻底孔钻头直径　(mm)

螺纹公称直径 d	螺距 P		钻头直径 D_0
6	粗牙	1	5
	细牙	0.75	5.2
8	粗牙	1.25	6.7
	细牙	1	7
		0.75	7.2
10	粗牙	1.5	8.5
	细牙	1.25	8.7
		1	9
		0.75	9.2
12	粗牙	1.75	10.2
	细牙	1.5	10.5
		1.25	10.7
		1	11
14	粗牙	2	11.9
	细牙	1.5	12.5
		1.25	12.7
		1	13
16	粗牙	2	13.9
	细牙	1.5	14.5
		1	15
18	粗牙	2.5	15.4
	细牙	2	15.9
		1.5	16.5
		1	17

3. 车床上攻螺纹方法

图 6-54 所示是攻螺纹装置。顶销在杆体长槽内，并能沿长槽做轴向滑动，杆体长槽还

为顶销起着导向和控制作用;互换套用螺钉1固定。使用时,整个工具安装在尾座中,将丝锥放进互换套内,即可进行攻螺纹。攻螺纹过程中,摇转尾座手轮对丝锥施加轴向推力,使丝锥切入工件。当丝锥切入螺孔一定深度后,丝锥就能自动轴向进给,这时,就不用通过转动尾座手轮对丝锥施加轴向推力了,让攻螺纹工具自动跟随丝锥向前移动。但这时,要配合尾座手轮协调进给,防止丝锥脱落。若去掉互换套,又可以装上板牙进行外螺纹套削工作。使用板牙套螺纹时,用螺钉2将板牙固定好。

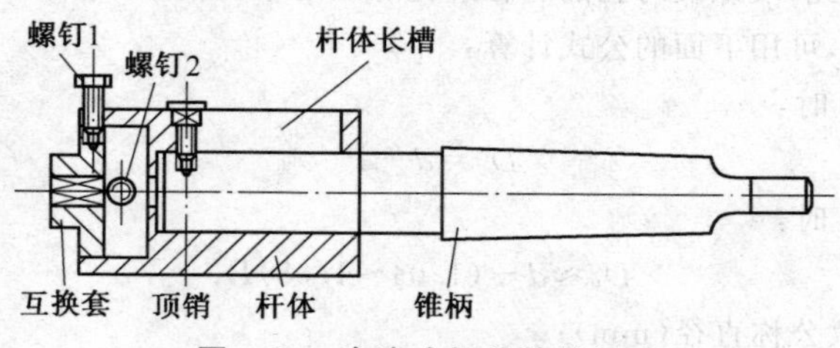

图 6-54　车床攻螺纹装置(一)

图6-55所示攻螺纹装置与图6-54所示的相似,丝锥插入内滑动体孔内,整个工具安装在尾座中。攻螺纹过程中,配合尾座手轮协调进给,即可进行攻螺纹工作。

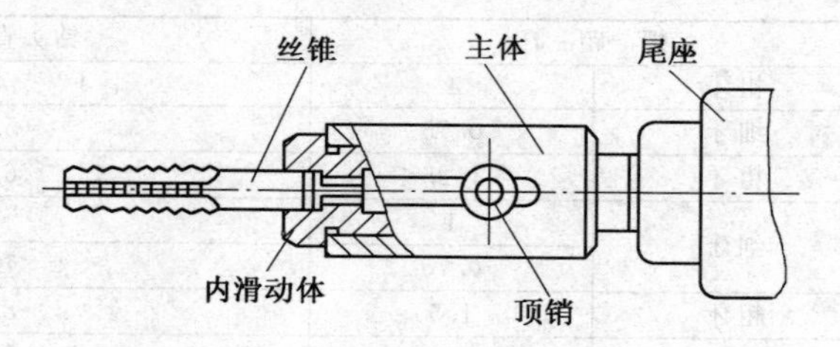

图 6-55　车床攻螺纹装置(二)

利用尾座攻螺纹时,要注意尾座轴线与主轴轴线相重合。对于较大直径和较大螺距的内螺纹,可先在车床上粗车出浅螺纹槽,然后再使用丝锥攻螺纹。

用丝锥攻螺纹,钢料工件的切削速度 u 一般为6～12m/min,铸铁和青铜工件的切削速度为8～20m/min。

攻螺纹过程中,要注意使用切削液。攻钢料螺孔时一般使用乳化液或极压切削油,攻铸铁工件上螺孔时,一般以煤油作为切削液。

4. 车床上丝锥攻内螺纹示例

本示例是螺母工件,其加工方法和步骤如下:

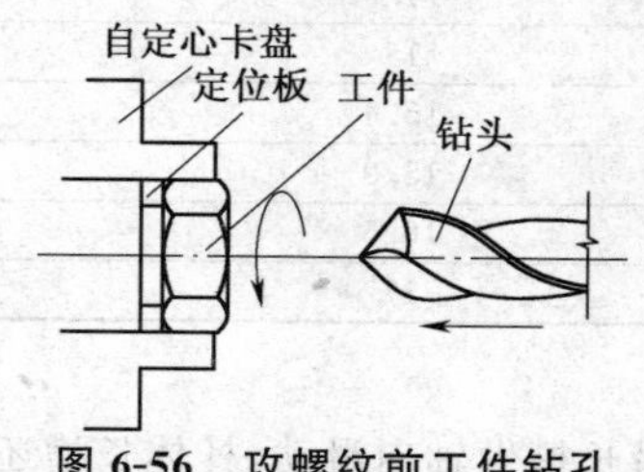

图 6-56　攻螺纹前工件钻孔

(1)钻孔和车端面　钻孔的方法如图6-56所示。用自定心卡盘夹紧工件,带孔的定位板用来控制工件的轴向位置。钻孔前先车端面,钻孔后随即进行孔口倒角。

(2)攻螺纹　攻螺纹方法如图6-57所示。丝锥4浮动放在前套5内,前套5和后套7通过圆柱销6连接在一起,使丝锥和工具间成浮动连接形式。攻螺纹时,后套7装夹在车床刀架上。

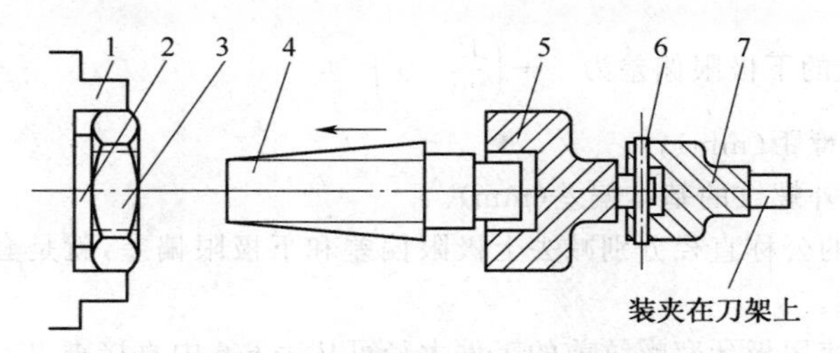

图 6-57　车床上用丝锥攻螺纹

1. 自定心卡盘　2. 定位板　3. 工件　4. 丝锥　5. 前套　6. 圆柱销　7. 后套

(3)车另一端面　工件孔内螺纹攻好后，将工件反过来装夹，车端面。将螺母工件安装在螺纹芯轴上，如图 6-58 所示，用芯轴来控制螺母工件的轴向尺寸，同时保证了工件端面与中心线的垂直度，并且装夹也容易。

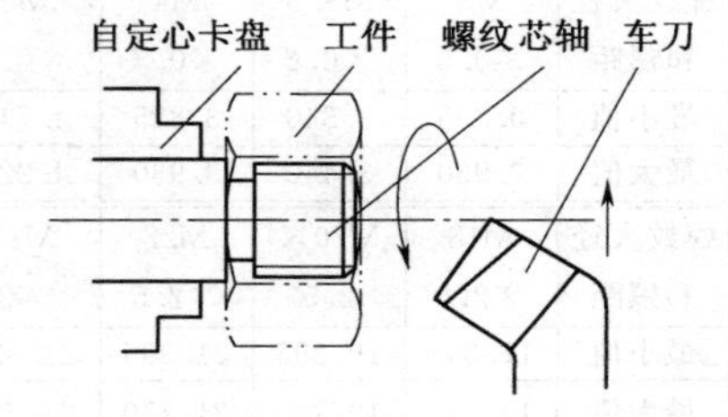

图 6-58　工件装在芯轴上车端面

二、车床上套螺纹

车床上使用板牙加工螺纹，称为套螺纹，适用于直径和螺距都不大，而精度要求不高的螺纹。

1. 板牙的结构

板牙的形状好像在一个圆螺母螺纹的周围均匀地钻出几个通孔，如图 6-59 所示。为了容易辨认，在板牙端面上标出了所套螺纹直径和能够套出的螺距。

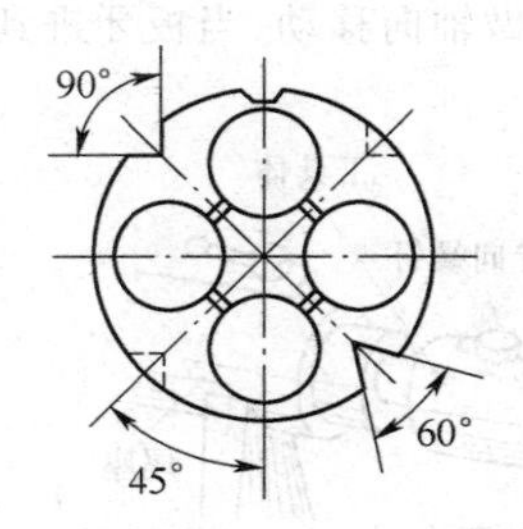

图 6-59　套螺纹使用的板牙

2. 套螺纹前工件大径尺寸的确定

使用板牙套螺纹，工件(圆杆)的外圆直径应比螺纹的大径稍小一些，这是由于套螺纹中工件材料的塑性变形会出现“胀牙”现象，也就是在工件直径处的齿顶会被挤高一些。因此，如果大径尺寸偏大，再加上齿顶挤高，就不会套出合格的螺纹，甚至会损坏板牙。

套螺纹“胀牙”的因素很多，如工件材料性质、板牙的锐利和磨损程度、板牙的种类和制造质量、切削用量和使用切削液情况等。确定套螺纹前工件大径的上、下极限偏差时可采用下面的经验公式：

螺纹工件大径的上极限偏差为　$-\left(\dfrac{P}{10}\right)$　(式 6-20)

螺纹工件大径的下极限偏差为 $-\left(\frac{P}{20}+a\right)$ （式 6-21）

式中 P——螺纹螺距(mm)；

a——普通外螺纹的基本偏差(mm)。

这样，用螺纹的公称直径分别减去上极限偏差和下极限偏差，就是套螺纹时工件大径的最小值和最大值。

实际工作中，使用板牙套螺纹前的工件大径可从表 6-6 中直接查出。

表 6-6 板牙套普通螺纹前的工件大径尺寸 (mm)

	螺纹大径和螺距	M3×0.5	M3.5×0.6	M4×0.7	M5×0.8	M6×1	M8×1.25	M10×1.5	M12×1.75	M14×2	M16×2
常用粗牙螺纹	最小值	2.855	3.340	3.825	4.740	5.700	7.637	9.575	11.532	13.940	15.490
	最大值	2.950	3.440	3.930	4.920	5.900	7.875	9.850	11.825	13.800	15.800
	螺纹大径和螺距	M18×2.5	M20×2.5	M22×2.5	M24×3	M27×3	M30×3.5	M33×3.5	M36×4	M39×4	—
	最小值	17.395	19.395	21.395	23.330	26.330	29.275	32.275	35.200	38.200	—
	最大值	17.750	19.750	21.750	23.700	26.700	29.650	32.650	35.600	38.600	—

3. 车床上套螺纹方法和应注意事项

图 6-60 所示为车床上套螺纹情况，在工具体上制有长槽，导向螺钉在工具体内，并能沿槽做轴向滑动。使用时，板牙装在工具体左端的孔内，用螺钉紧固，再将该工具装入尾座锥孔中。根据所套螺纹的长度，把尾座移动到离工件一定距离并固定。套螺纹中，转动尾座手轮，使板牙靠近工件，当板牙切入工件后停止转动手轮。这时，板牙带着滑动轴，通过导向螺钉，顺着工具体上的长槽朝着套螺纹方向做轴向移动；当板牙进到所需距离后，立即停车，然后倒车，使工件反转，退出板牙。

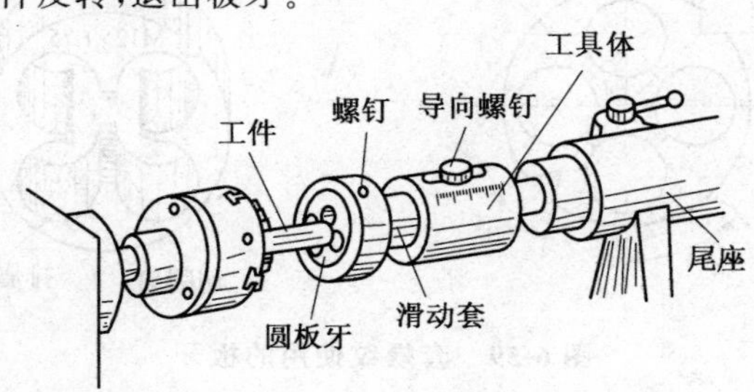

图 6-60 车床上板牙套螺纹

板牙套螺纹时采用的切削速度 u 为：套钢件，$u=3\sim4\text{m/min}$；套铸铁，$u=4\sim6\text{m/min}$；套黄铜，$u=6\sim9\text{m/min}$。

套螺纹时使用的切削液，与攻螺纹时相同。

对于较大直径和较大螺距的外螺纹，可先用螺纹车刀切出浅螺纹槽，然后再使用板牙将螺纹套出来。

车床上用板牙套螺纹应注意以下事项：

①使用板牙套螺纹时，板牙端面必须与工件旋转轴线相垂直，若板牙歪斜，套出的螺纹会出现牙型倾斜或扭曲。

②为了在套螺纹中使工件头部能顺利进入板牙内，并且使工件进入板牙后，板牙的端面与圆杆的中心线相垂直，工件套螺纹的圆杆头部要车出45°倒角，倒角后的端面直径要小于螺纹小径。

③套螺纹前，要调整好尾座套筒中心线与车床主轴中心线相一致，应保证在板牙中心线与工件旋转轴线相重合情况下，使圆杆进入板牙内；否则，套螺纹中会出现别劲现象，螺纹的牙型和宽度都会受到影响。

④套螺纹前，要检查板牙有无断齿等情况，使用断齿板牙套出的牙型会不准确或产生"烂牙"。

⑤固定板牙的螺钉一定要拧紧，要防止套螺纹中出现板牙转动的现象。

第五节　螺纹的测量和检验

螺纹工件在车削过程中和加工完毕后，都必须认真进行测量和检验，其检测内容除了螺纹的基本尺寸(如外螺纹大径和内螺纹小径)外，还包括以下几项。

1. 螺距的检测

测量螺纹的螺距时使用螺距规，如图6-61所示，螺距规的某一片如能正好全部落入被测螺纹牙槽内，说明该片上所标注的螺距即为所测螺纹的螺距。

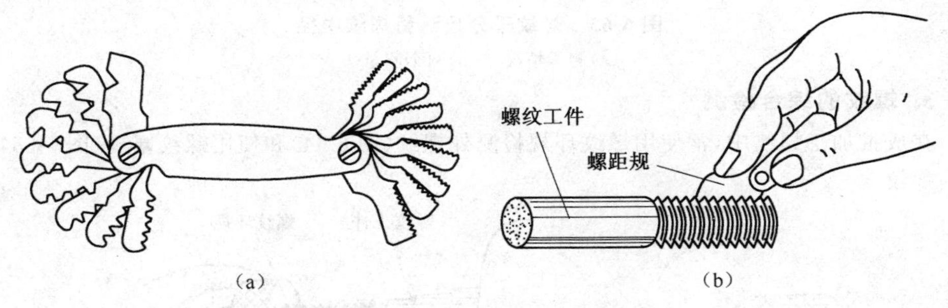

图6-61　螺距规测量工件螺距
(a)螺距规　(b)测量情况

在缺少螺距规情况下，常使用钢直尺在螺纹大径处测量，如图6-62(a)所示。测量时为了准确，一般是先量出5～10个牙的长度，然后用测出的长度除以牙数就是螺纹螺距数。图6-62(b)中测得的螺纹长度为50mm，包含着5个牙，所以，螺距$P=10$mm。车削时，为了防止差错，往往第一刀先车出一条螺纹浅印，经测量若正确，再正式切削下去。

2. 螺纹中径的检测

螺纹中径虽是螺纹工件上的一个假想圆柱体直径，但它却是影响螺纹配合松紧的主要尺寸，所以是分项测量中的一个重要测量项目。

螺纹中径的测量方法有多种，这里只介绍一种比较简单的使用螺纹千分尺进行测量的方法。螺纹千分尺的结构和使用方法，与一般千分尺相似。它有两个可换测量头，一只测量头带V形槽，另一只做成圆锥形，如图6-63(b)所示；测量时将两个测头分别卡入螺纹两边的牙型槽中，如图6-63(a)所示，根据千分尺的刻线值就可直接读出螺纹中径的数值。螺纹千分尺的测量精度为0.02～0.025mm。

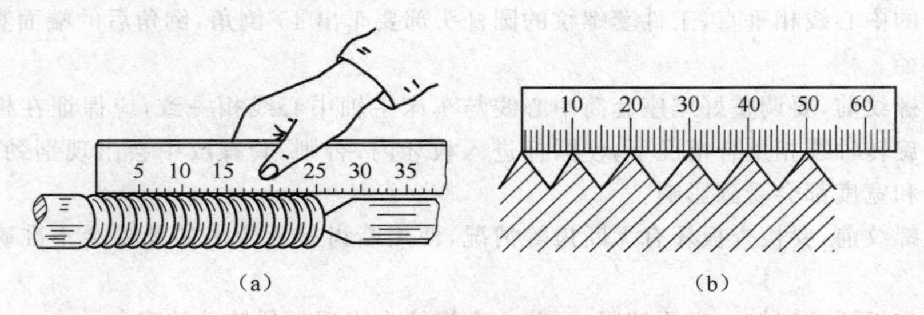

图 6-62 钢直尺测量工件螺距

(a)测量螺距情况 (b)螺纹螺距 $P=10$mm

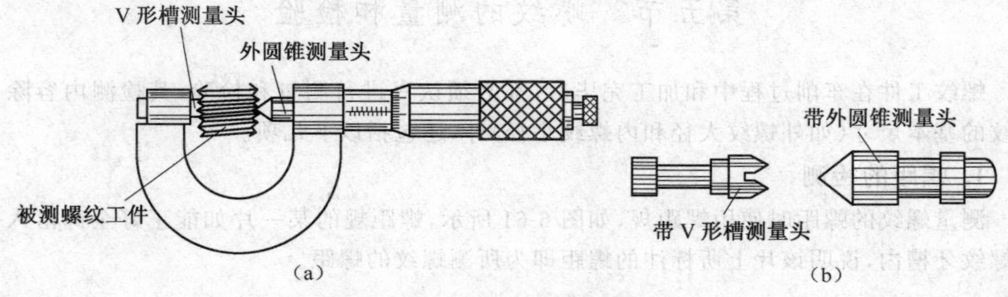

图 6-63 螺纹千分尺测量螺纹中径

(a)测量情况 (b)两个测量头

3. 螺纹的综合检测

在成批加工螺纹中，常使用螺纹环规检测外螺纹(图 6-64)和使用螺纹塞规(图 6-65)检测内螺纹。

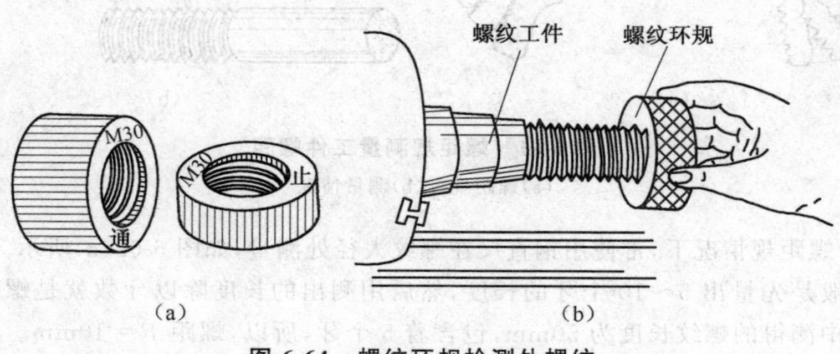

图 6-64 螺纹环规检测外螺纹

(a)螺纹环规 (b)检测外螺纹

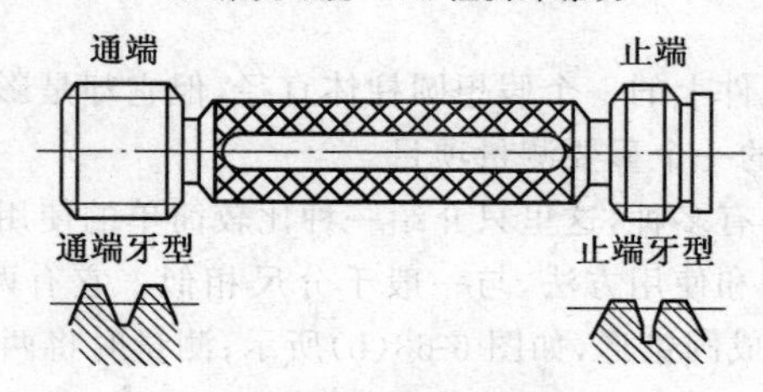

图 6-65 螺纹塞规

在螺纹环规和螺纹塞规上的两头，都分别是通端和止端。使用时，分别用通端和止端先后旋入螺纹工件，当通端能顺利通过，而止端旋不进时，则螺纹合格。当通端旋不进时，应检查螺纹的大径和小径以及螺距和牙型是否合格，如果螺距和牙型合格，说明中径过大，还有加工余量，对螺纹继续车削后再进行测量；如果通端和止端都能通过，说明被车削螺纹很可能已成为次品或废品。

帮你长知识

注意车床长丝杠轴向窜动对螺距误差的影响

被加工螺纹的螺距误差超差会影响螺纹的可旋合性。出现螺距误差超差的主要原因是车床本身的精度问题以及操作失误造成的，如车床长丝杠轴向窜动量太大等。

检验丝杠轴向窜动量的方法是：将带磁性表座的百分表固定在车床导轨面上，如栏图6-6所示，在长丝杠中心孔内粘放上一钢球，使长丝杠旋转，并在长丝杠中段处开启和闭合溜板箱内的开口螺母进行检验。百分表读数的最大差值就是长丝杠的轴向窜动误差，它的公差为0.015mm。若超差，应认真进行调整。

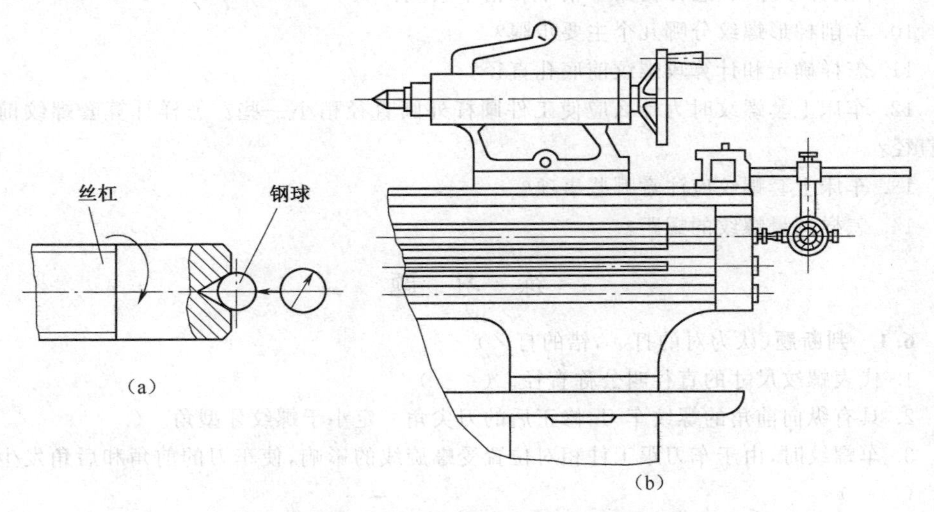

栏图6-6　检测车床长丝杠轴向窜动量

(a)长丝杠中心孔内粘放钢球　(b)检验方法

对于精度要求不高的螺纹，若螺距超差，为了不影响螺纹的可旋入性，可将工件的螺母中径适当车大一些。螺纹联接时中径处有一定间隙，这样就能够达到可旋入的要求。这个间隙一般叫补偿间隙。但是，中径补偿值不能无限增大，否则会影响联接的可靠性，所以必须限制中径补偿值的大小。限制了中径补偿值的大小也就等于限制了螺距误差的大小。

另外，车床主轴的轴向窜动，交换齿轮间的间隙不当，车床导轨对工件轴线的平行度或导轨的直线度超差等，都会对螺纹工件的螺距误差产生影响。

使用螺纹量规虽然不能测出螺纹工件的实际尺寸，但能够直观地判断被测螺纹的中径、螺距和牙型角是否合格。使用螺纹量规时，用手拧动的力量要适当，禁止强行拧进，以免损坏测量精度。

复习思考题

1. 螺纹是怎样形成的？怎样确定右旋螺纹和左旋螺纹？

2. 怎样计算普通螺纹的牙型高度、小径和中径尺寸？

3. 举例说明普通螺纹、管螺纹和梯形螺纹的标记方法。

4. 刃磨三角形螺纹车刀时，径向前角加大对车螺纹有什么影响？怎样选择螺纹车刀径向前角？

5. 安装螺纹车刀时应注意哪些事项？

6. 低速车螺纹有几种进刀方式？怎样选用？

7. 什么是高速车螺母中的反向走刀法？

8. 梯形螺纹车刀有什么特点？

9. 车削梯形螺纹，怎样留出半精车和精车余量？

10. 车削梯形螺纹分哪几个主要步骤？

11. 怎样确定和计算攻螺纹前底孔直径？

12. 车床上套螺纹时为什么应使工件圆杆外圆直径稍小一些？怎样计算套螺纹前工件直径？

13. 车床上套螺纹应注意哪些事项？

14. 怎样测量螺纹的螺距？

练 习 题

6.1 判断题（认为对的打√，错的打×）

1. 代表螺纹尺寸的直径叫公称直径。(　　)

2. 具有纵向前角的螺纹车刀，修正后的刀尖角一定小于螺纹牙型角。(　　)

3. 车螺纹时，由于车刀跟工件相对位置受螺旋线的影响，使车刀的前角和后角发生变化。(　　)

4. 刃磨车削右旋丝杠的螺纹车刀时，左侧后角应大于右侧后角。(　　)

5. 螺纹配合时，主要在螺纹两牙侧面上接触。因此，影响配合性质的主要尺寸是螺纹中径的实际尺寸。(　　)

6. 高速车螺纹时，硬质合金车刀刀尖角应等于螺纹的牙型角。(　　)

7. 在CA6140型车床上车削米制螺纹时，交换齿轮传动比应是63∶75。(　　)

6.2 问答题

1. 螺纹的“中径”等于“大径”与“小径”的平均值吗？由大径和小径的大小，是否能决定螺纹中径的大小？

*2. 有人说，寸制螺纹就是英制螺纹，这种说法对不对？

*3. 硬质合金车刀在焊接、刃磨和使用时为什么会出现裂纹(题图6-1)？怎样避免？

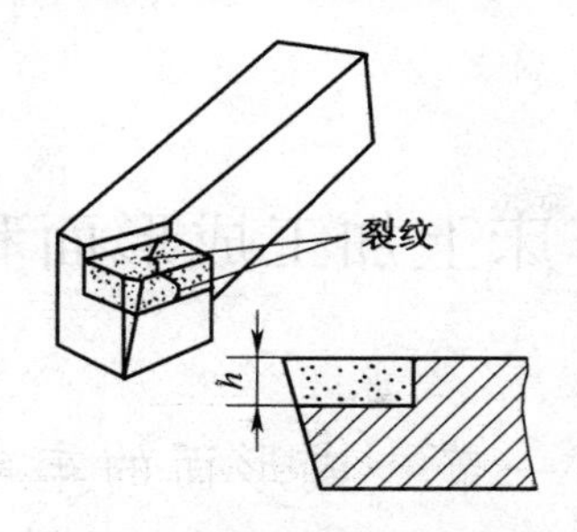

题图 6-1　硬质合金刀片出现裂纹

4. 普通车床上，长丝杠的螺距多为 6mm 或 12mm，这有什么好处？

*5. 1″的寸制 55°外螺纹的大径是不是 25.4mm？

第七章　车床上加工成形面和特种工件

第一节　成形面的车削

成形面包括多曲率弧形面、球形面等，如图 7-1 所示，这类工件的母线由曲线组合而成。

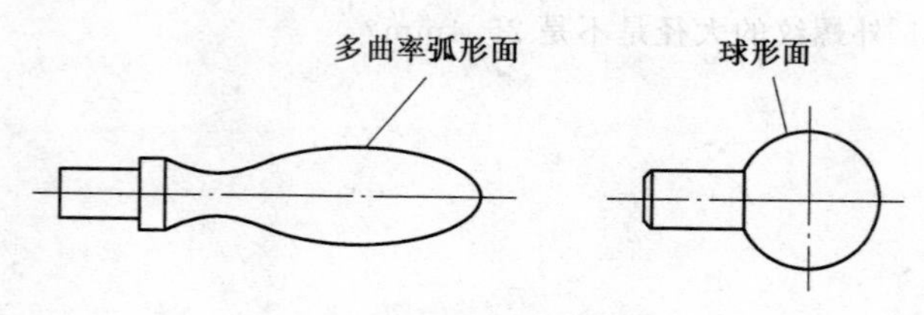

图 7-1　成形面

一、多曲率弧形面车削方法

车床上加工成形面常用中小滑板互动控制法、样板刀成形法以及靠模法等。

1. 中小滑板互动控制法

(1)车削方法　精度要求不高的弧形面可采用这种中小滑板互动控制车削方法。此法用双手分别摇动小滑板手柄和中滑板手柄，通过双手的协调动作，使车刀的运动轨迹为一定的曲线，从而车出弧形面。

图 7-2 所示是使用普通外圆车刀加工弧形面的情况。开始加工时，先用外圆车刀做几次纵向走刀，把工件车成阶梯形状，如图 7-2(a)所示；然后使用圆弧头粗车刀对圆弧面粗车和用精车刀做精车，把弧形面车成需要的形状，如图 7-2(b)所示。

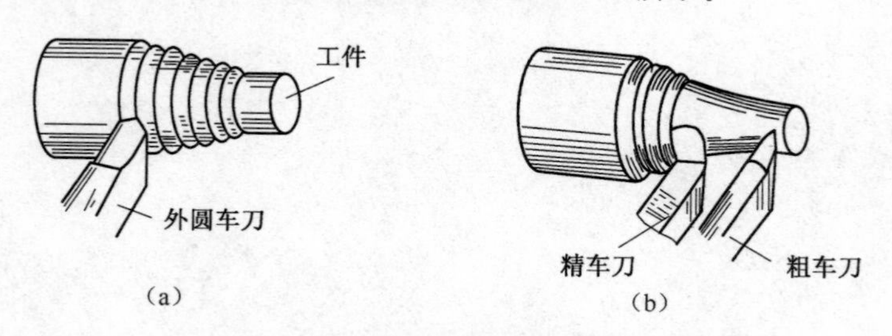

图 7-2　互动控制法车削弧形面

(a)车成阶梯形状　(b)车出弧形面

图 7-3 所示是中小滑板手动进刀互动控制方式车削手柄工件上弧形面的情况。通过纵进刀和横进刀的协调运动，把所需要的弧形面车出来。车削过程中，随时使用样板进行

检查，以对车刀的轨迹进行限制。

用双手操作中小滑板互动控制法车削弧形面时，由于手动进给不均匀，工件表面往往留下高低不平或粗糙的痕迹。所以，弧形面用车刀切削后，还应使用锉刀仔细修整，最后用砂布打光。在车床上使用锉刀时，应用左手握柄，右手扶住锉刀的前端，如图 7-4 所示，压力要均匀一致，不可用力过大，否则会把工件锉成一节节的形状或者锉不圆。

工件经过锉削以后，表面上仍会有细微条痕，这些细微条痕可以用细砂布抛光的方法去掉。用砂布抛光时，工件应选较高的转速，使砂布在工件上缓慢地来回移动。

用这种方法车削弧形面，生产效率很低，同时对操作者的技艺要求很高，所以只适合于单件或少量加工中使用。

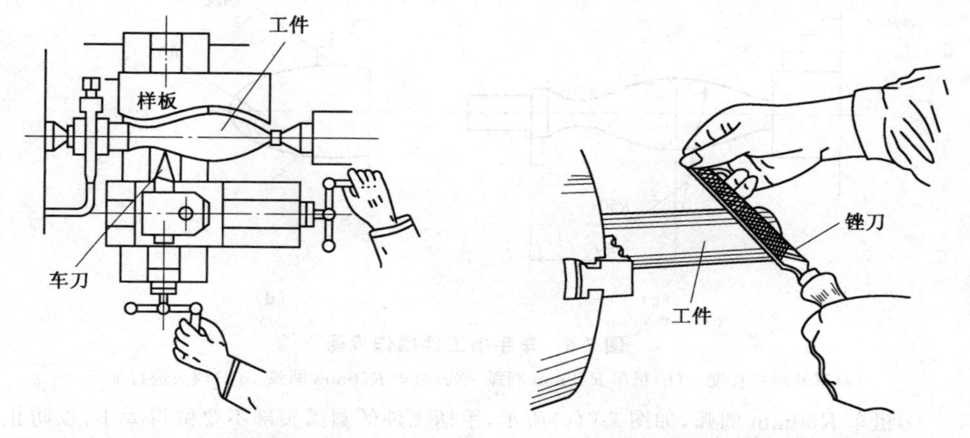

图 7-3　车削手柄弧形面　　图 7-4　车床上使用锉刀方法

(2)操作步骤　下面以车削手柄工件(图 7-5)为例，介绍其操作步骤。

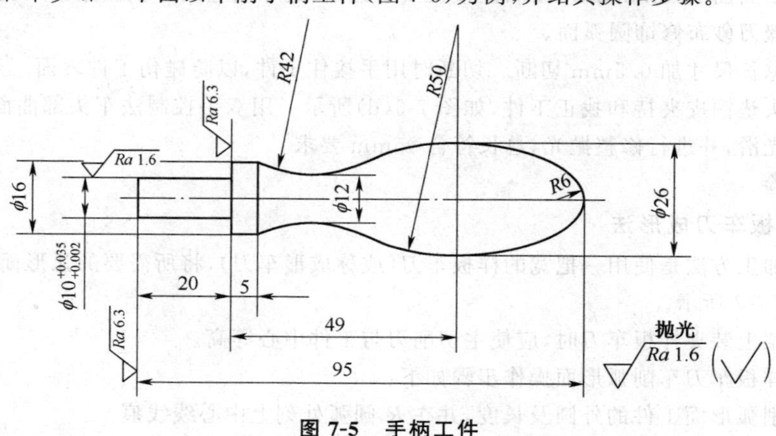

图 7-5　手柄工件

①准备工作。这项工作包括刃磨车刀、使用自定心卡盘采用一夹一顶法装夹工件等。

②车手柄工件的外圆和长度尺寸 $\phi28$mm×100mm，$\phi16$mm×45mm，$\phi10^{+0.035}_{+0.002}$mm×20mm，如图 7-6(a)所示。

③用圆头切刀从 $R42$mm 圆弧两边由高处向低处粗车 $R42$mm 圆弧，如图 7-6(b)所示。

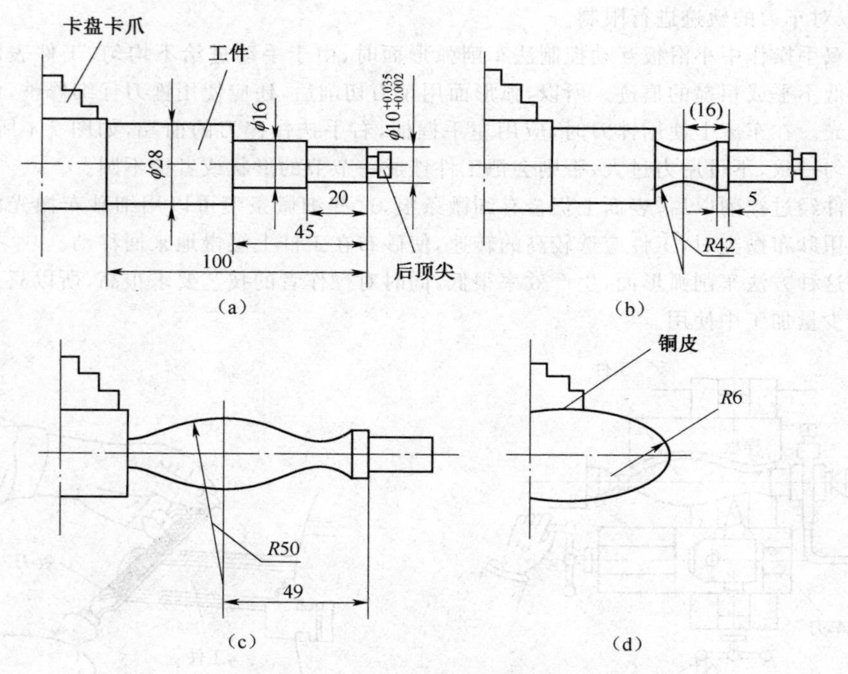

图 7-6　车手柄工件操作步骤

(a)车外圆和长度　(b)粗车 R42mm 圆弧　(c)粗车 R50mm 圆弧　(d)调头进行加工

④粗车 R50mm 圆弧，如图 7-6(c)所示，手柄工件的圆弧头部不要留得太小，以防止切断时工件自行折断。

⑤精车曲面 R42mm，R50mm，连接处要求光滑，边车削边用样板检查。

⑥用锉刀砂布修饰圆弧面。

⑦按总长尺寸加 0.5mm 切断。切断时用手接住工件，以防碰伤工件表面。

⑧调头垫铜皮夹持和找正工件，如图 7-6(d)所示。用双手控制法车头部曲面 R6mm，连接处要光滑，并进行修整抛光，总长符合 95mm 要求。

⑨检验。

2. 样板车刀成形法

这种加工方法是使用一把宽的样板车刀(或称成形车刀)，将所需要的弧形面直接车削出来，如图 7-7 所示。

在刀架上装夹样板车刀时，应使主切削刃与工件中心等高。

使用样板车刀车削弧形面操作步骤如下：

①车削弧形面工件的外圆及长度，并在 R 圆弧处刻上中心线线痕。

②车圆弧面。将样板车刀圆弧中心与工件的圆弧中心对准，当切削位置确定后，将溜板固定，并把车床主轴和溜板等各部分间隙调整得小一些，然后开动车床，移动中滑板和小滑板进行车削。

随着车削深度的增加，切削刃与形面的接触也随之增大，这时要降低主轴转速，放慢切削速度。精加工时，采用直进法少量进给的方法，切削时充分加切削液。成形车刀在切削

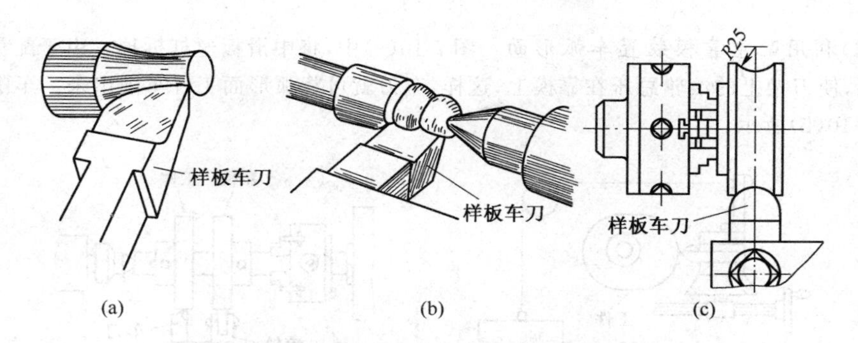

图 7-7　样板车刀车削弧形面

(a)车削形式Ⅰ　(b)车削形式Ⅱ　(c)车削形式Ⅲ

时，主切削刃与工件接触面积较大，容易产生振动，所以常使用前面介绍过的弹性刀杆，将成形车刀安装在弹性刀杆内进行切削。

3. 靠模法

靠模法车削弧形面的形式很多，下面介绍几种。

(1)利用靠模以手动纵横进刀车削弧形面　图 7-8 所示是在车床上加工小型弧形面工件用的简单靠模装置，靠模的曲面与工件的弧面形状和曲率半径相同。被加工工件紧固在卡盘上，靠模装在后尾座内。在刀架上除了夹持切削用的车刀外，还夹持一根靠杆。

加工时，同时用手做纵向进刀和横向进刀，使靠杆始终跟靠模保持着接触，由此，车刀就在工件上加工出跟靠模形状完全相同的弧形面。靠杆的尖端和车刀刀尖的高度要跟后顶尖的中心线准确地对齐，并且它们的形状应完全相同，否则加工出来的表面就会变样。

(2)使用固定靠模装置车弧形面　大批量加工弧形面时，常使用这种方法。

图 7-9 所示是使用靠模自动走刀车削葫芦状工件的情况。加工前，把中滑板的丝杠拆掉，并将小滑板转过 90°角，使中、小滑板呈同一方向。再将靠杆 4 与紧固在床身上的支架 5 相连，把靠模 2 固定在中滑板上。车削时，溜板纵向行走，靠杆 4 上的滚轮 3 在靠模 2 的曲线槽内带动中滑板做曲线移动，小滑板控制进给，如此反复纵横进给，便能车出曲线形工件。

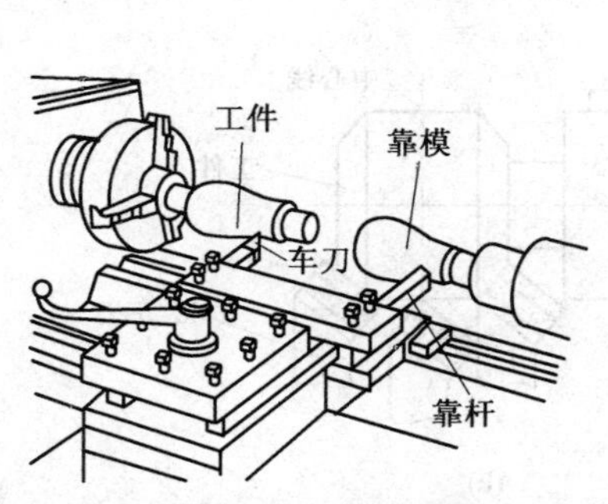

图 7-8　利用靠模手动进给车弧形面

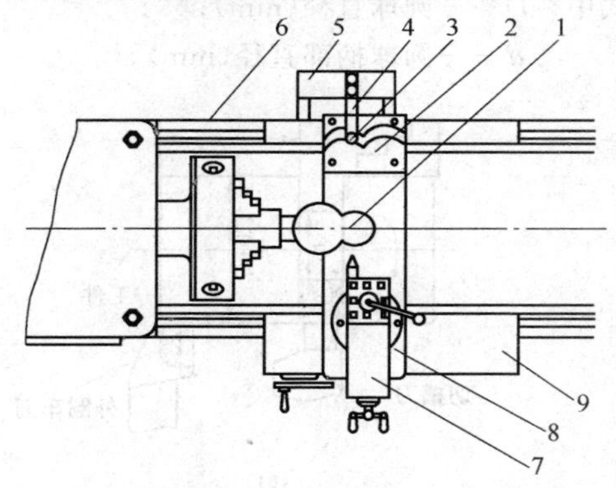

图 7-9　利用靠模机动走刀车弧形面

1. 工件　2. 靠模　3. 滚轮　4. 靠杆　5. 支架　6. 床身　7. 小滑板　8. 中滑板　9. 溜板

(3)利用配重靠模装置车弧形面　图 7-10(a)中,将中滑板丝杠拆掉。由于配重的拉动作用,使刀架上的滚轮总压在靠模上,这样,车刀就可将弧形面工件车削出来。车削情况如图 7-10(b)所示。

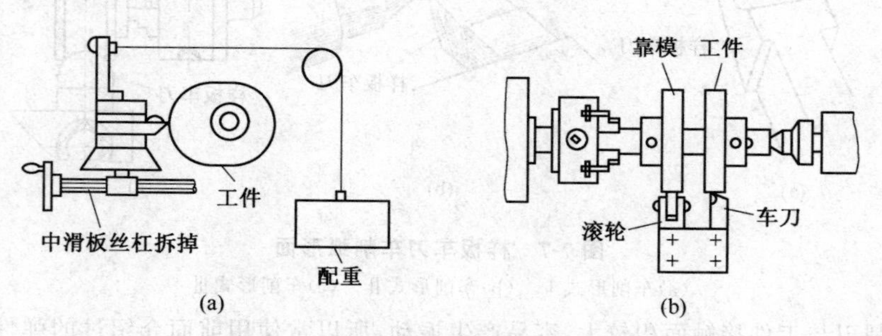

图 7-10　利用配重靠模装置车削弧形面

(a)配重装置车成形面　(b)车削情况

二、球形面车削方法

球形工件如图 7-11 所示。这类工件的曲率比较有规律,呈规则的球状。车削圆球常采用以下几种方法。

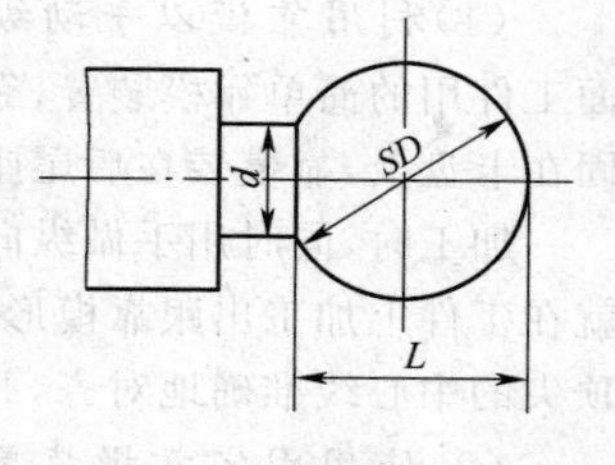

图 7-11　球形工件

1. 中小滑板互动控制法

单件车削圆球常使用这种方法。车削图 7-11 所示球形工件的操作步骤如下:

①刃磨车刀和使用自定心卡盘装夹工件。

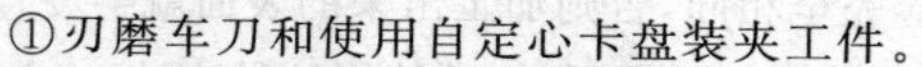

②按圆球工件的直径 D 和柄部直径 d 车好外圆,并留出精车外圆的余量 0.3mm,如图 7-12(a)所示,并车好圆球部分的长度 L,L 用式 7-1 计算:

$$L=\frac{D+\sqrt{D^2-d^2}}{2} \qquad \text{(式 7-1)}$$

式中　D——圆球直径(mm);

　　　d——圆球柄部直径(mm)。

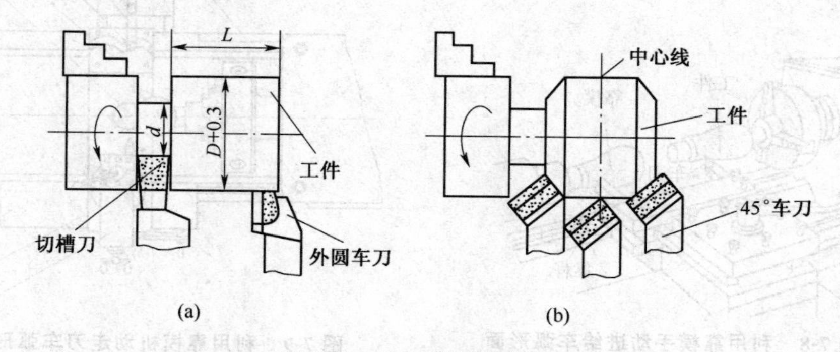

图 7-12　车圆球操作步骤

(a)车出球径圆柱和柄部　(b)确定圆球中心位置

③用钢直尺量出圆球的中心线位置，并用车刀刻出线痕。这样可以保证车出的圆球球面对称。

④用 45°车刀在圆球的两端倒角，如图 7-12(b)所示，以减少车圆球时的加工余量。

⑤粗车球面。车削时，用双手同时移动中、小滑板，如图 7-13 所示，双手动作要协调一致。

车削时，一般是从 a 点开始吃刀，切向中点 c，如图 7-14 所示；然后再从 e 点开始吃刀，也切向中点 c，最后将中点修圆整。

粗车后，应对球面的圆度和尺寸进行一次检验。粗车时留出精加工余量。

⑥精车球面。提高主轴转速，适当减慢手动进给速度进行切削。

⑦用锉刀修整球面和用细砂布抛光球面。

⑧检验。

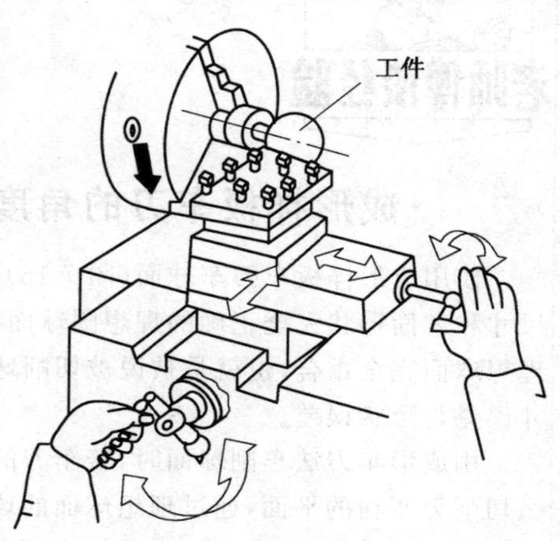

图 7-13 双手互动车圆球

2. 样板车刀法

加工时，先车出工件外圆和球面长度，然后，采用中小滑板互动控制法粗车出圆球面，最后使用样板车刀(图 7-15)精加工圆球，如图7-16 所示。装夹圆球样板车刀时，使车刀主切削刃对准工件中心。

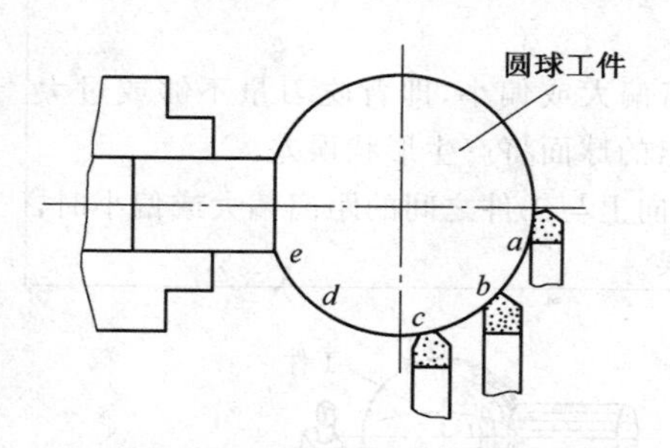

图 7-14 车圆球进刀方法

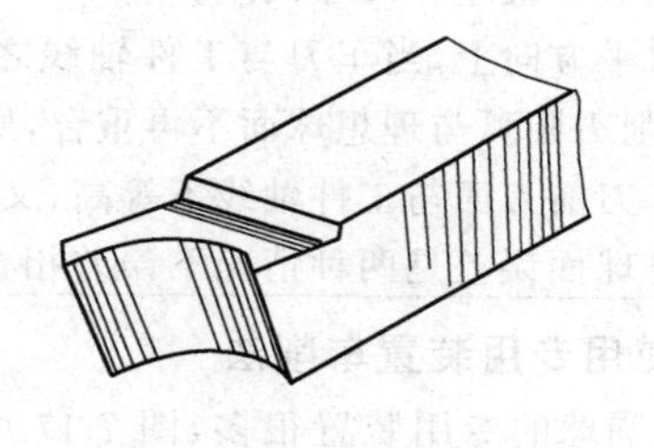

图 7-15 样板车刀

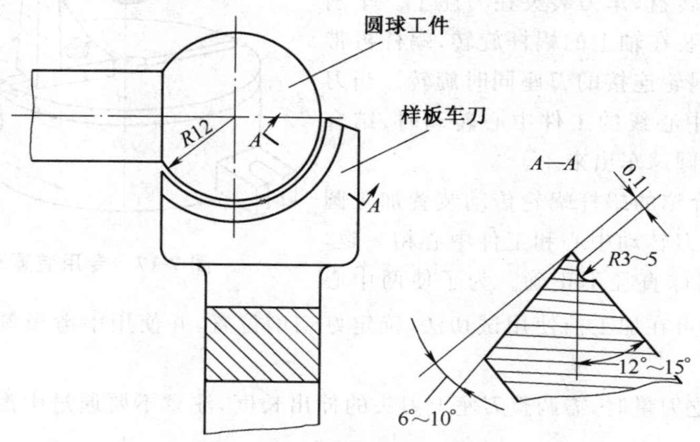

图 7-16 样板车刀加工圆球

为了防止车削中产生振动，一般都是将样板车刀安装在弹性刀杆上；另外，根据加工情况，适当降低主轴转速。

成形样板车刀的角度和安装对球面误差的影响

使用成形样板车刀车球面（图 7-16）以及利用车削装置车球面（图 7-17）时，要想得到尺寸和表面形状完全正确的理想圆球面，则应保证被切削球面所在平面内的断面圆弧与理想球面完全重合，也就是被说被切削球面在理想球面上，否则加工出的球面必将产生尺寸误差与形状误差。

用成形车刀法车削球面时，若车刀的前角 $\gamma_0=0°$，安装时，切削刃与工件轴线等高，那么切削刃所在的平面，通过理想球面的球心 O，这样，切削刃所在平面内理想球面断面圆弧的半径正是球面的半径 r。由于切削刃圆弧半径是按理想球面的半径设计和制造的，因而就等于理想球面的半径，所以在加工时只要适当控制车刀与工件轴线之间的距离，就能使切削刃圆弧与理想球面在切削刃所在平面内的断面圆弧相重合，从而加工出的球面不会产生形状误差和尺寸误差。

在水平方向上，当车刀与工件轴线之间的距离偏大或偏小，即背吃刀量不够或过大时，因切削刃圆弧与理想球面不再重合，所以加工出的球面将产生形状误差。

当车刀前刀面与工件轴线不等高，又在水平方向上与工件之间的距离偏大或偏小时，加工出的球面误差是两种情况下误差相叠加的结果。

3. 使用专用装置车削法

车削圆球的专用装置很多，图 7-17 所示是一种蜗杆传动车圆球装置。使用时，将车床小滑板拆掉，装上转盘，车刀装夹在刀座上。车削时，转动手轮使装在轴上的蜗杆旋转，蜗杆再带动蜗轮以及与蜗轮连接的刀座同时旋转。当刀座环绕着垂直中心线的工件中心转动时，结合工件旋转，便把圆球车出来。

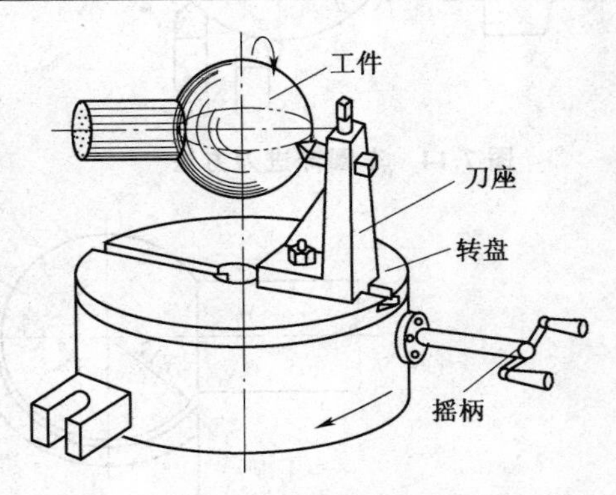

图 7-17　专用装置车圆球

利用上面介绍的蜗杆蜗轮传动装置加工圆球时，注意使车刀转动中心和工件中心相一致，否则，车出的圆球直径不正确。为了使两中心能重合在一起，可在加工前使用试切法，确定好切削位置，并使用中滑板刻度盘控制进刀距离。

在增加背吃刀量时，需调整刀座上刀头的伸出长度，注意不要通过中滑板进刀去调整背吃刀量。

三、成形面的检验

成形面车削完毕后，应按照图样中的要求，对其尺寸、表面粗糙度以及位置进行检验。检验其圆弧形状时可采用以下方法。

1. 弧形面的检验

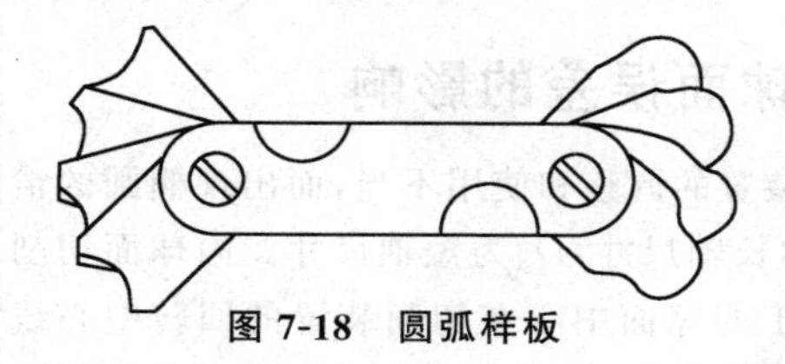

图 7-18　圆弧样板

弧形面在车削过程中和车好后，可使用样板（图 7-18）进行检验。在圆弧样板上标注出各个样板的弧面曲率半径，根据工件弧形要求，适当选用。

图 7-19 所示是使用圆弧样板测量工件上弧面形状的情况，检验时，使样板的方向与工件轴线相一致，从样板与弧形面接触时出现的缝隙情况，可判断出该弧形面是否合格。

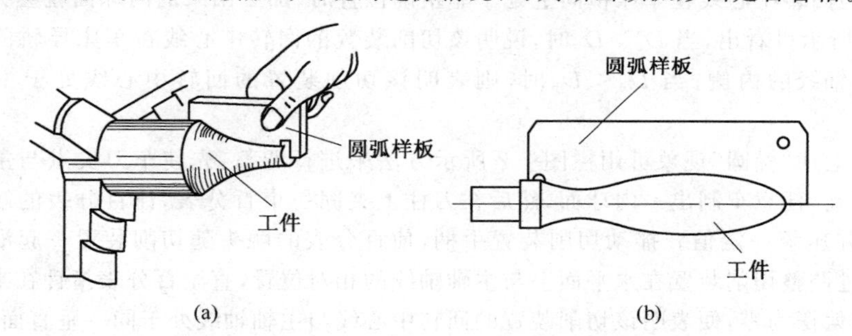

图 7-19　样板检验弧形面

(a)检验内圆弧面　(b)检验外圆弧面

2. 球面的检验

检验球面直径和圆度时，可使用千分尺，如图 7-20 所示。用千分尺检验球的圆度时，需在不同方向进行，当各处尺寸都一致时，说明该球件圆度好。

大批量加工中，可使用样板或套环进行检验，图 7-21 所示是检验外球面情况。检验时，主要根据样板与工件之间的间隙大小和接触面是否均匀，来判断球面质量。如果出现圆度误差，如图 7-22 所示，就需对其进行修整。

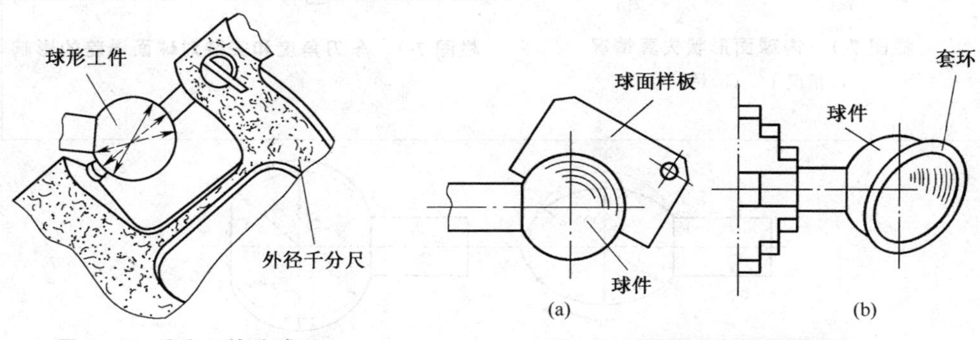

图 7-20　千分尺检验球面

图 7-21　样板或套环检验球面

(a)使用样板检验　(b)使用套环检验

切削装置回转中心对球面误差的影响

栏图 7-1 所示为加工内球面时，由于对切削装置的调整和使用不当，而出现椭圆的情况。D_b为内球面的直径尺寸，D_c为出现椭圆后的长轴尺寸，D_d为短轴尺寸。内球面切削过程中，被加工工件随车床主轴同步旋转，所加工的球面中心在切削装置的回转中心线上，且以刀尖至该切削装置的回转中心线的定长为球面半径，绕切削装置回转中心线做弧形运动，当回转中心线在车床横向上处于非正确位置时，加工出来的内球面就会失真。从栏图 7-1 所示可看出，当 $D_c > D_b$时，说明该切削装置的回转中心线在车床导轨的横向上处于主轴轴线的内侧；当 $D_d < D_b$时，则表明该切削装置的回转中心线处于主轴轴线外侧。

对于上述“椭圆”现象可用栏图 7-2 所示方法来进行调整：先使车刀尖点与主轴回转中心线等高，任意车制出一内球面，然后在刀柱上夹固一个百分表，让百分表的触头触及内球面，并压缩一定值。摇动切削装置手柄，使百分表的触头随切削装置一起沿球面摆移，再通过调整切削装置在水平面上与主轴轴线的相对位置，直至百分表指针在半球横向位置上的偏摆为零，便表明该切削装置的回转中心线与主轴轴线处于同一垂直面内。

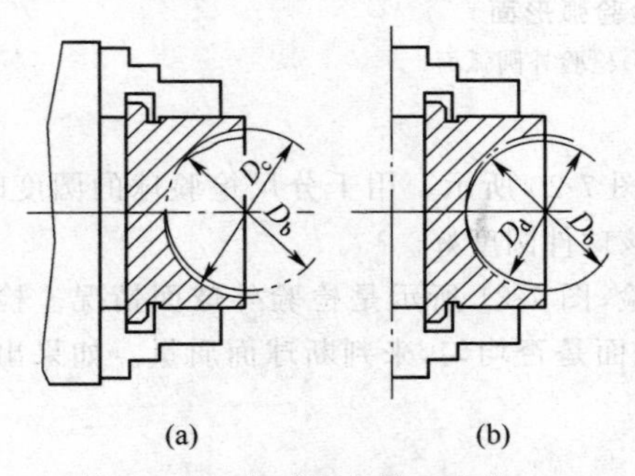

栏图 7-1 内球面形状失真情况

(a)情况Ⅰ (b)情况Ⅱ

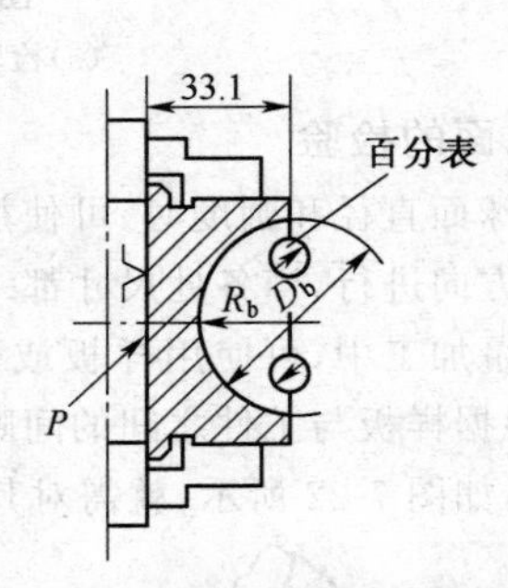

栏图 7-2 车刀角度和安装对球面误差的影响

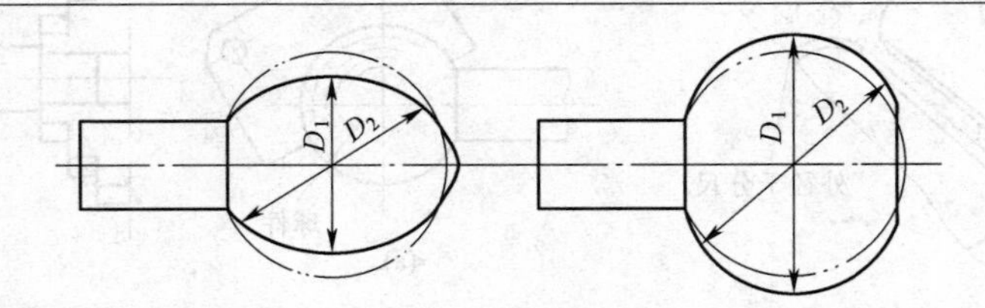

图 7-22 球面出现圆度误差

图 7-23 所示是使用球形样板检验内球面情况，图 7-23(a)所示是被检验工件的球面半径小于样板半径，图 7-23(b)所示则是被检验球面半径大于样板半径，均属于不合格产品。

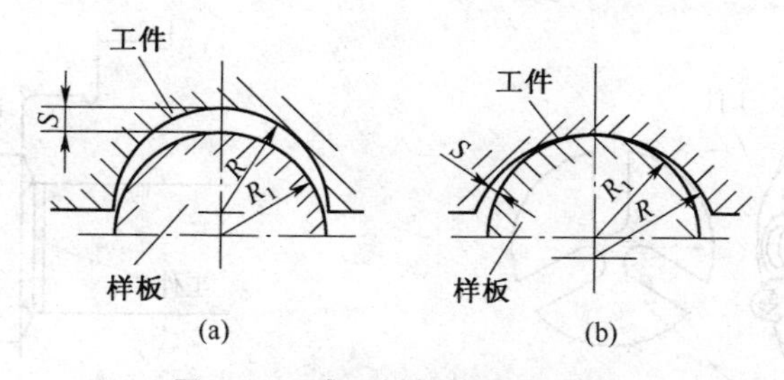

图 7-23　球形样板检验内球面

(a)圆弧面小于样板半径　(b)圆弧面大于样板半径

第二节　薄盘形工件的车削

厚度 b 与直径 d 之比超过 1∶10 时，通常称为薄盘形工件。它的加工特点是装夹和找正都比较困难，车出来的工件往往厚薄不一致，并且容易变形。

一、车削薄盘形工件装夹方法

1. 在自定心卡盘上装夹薄盘件

车削薄盘形工件的端面和内孔时，可安装在自定心卡盘上，这时可采取以下措施，防止车削后出现厚薄不一致现象。

(1)利用平行垫块保证工件厚度均匀　图 7-24 所示是工件厚度小于自定心卡盘台阶高度时的装夹情况。做三个直径 ϕ25mm 的铝垫块，用胶将其粘在卡盘平面上，然后车平。安装工件时作为定位基准面，严密贴好，这样车出工件的两端是平行的。

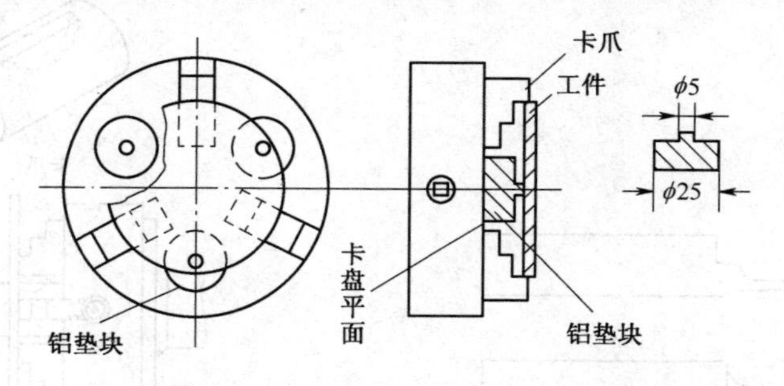

图 7-24　利用铝垫块装夹薄盘工件

图 7-25 所示做一个有三个槽的平行垫板，安装在自定心卡盘上，躲开卡爪的位置。垫板上的槽宽比卡盘卡爪宽度大 0.1～0.15mm，不影响卡爪的移动。这种方法适合于装夹小而薄的工件车端面时使用。当一块平行垫铁不够厚时，可以使用几块组合到所需要的厚度。

(2)使用磁铁保证工件厚度均匀　图 7-26 所示是用一块磁铁通过薄平板(是钢板，

可使用钢直尺）将工件吸连在一起放到卡盘上，薄平板靠在自定心卡盘卡爪平面上，当工件被夹紧后，将磁铁和薄平板拿掉。

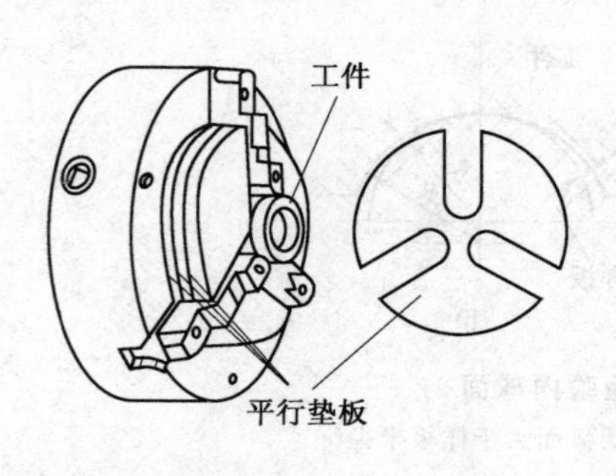

图 7-25　利用平行垫板装夹薄盘工件

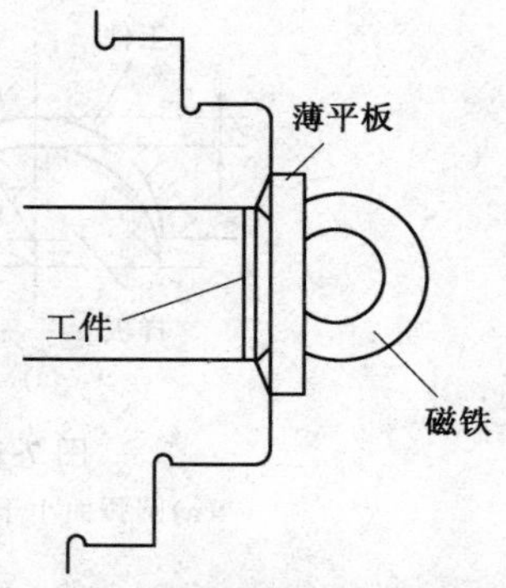

图 7-26　利用磁铁装夹薄盘工件

以上介绍的装夹方法，大多适用于批量加工中使用。单件车削时，可结合图 3-67 所示方法，把一根铜棒夹紧在刀架上，当工件旋转时，使铜棒接触工件端面，即可将端面找平。

在少量切割直径较大而厚度 b 很小（$b<0.5$mm）的垫圈时，可将薄板毛坯用小钉钉在一块木板上，木板装夹在自定心卡盘或四爪单动卡盘的反卡爪上，使用图 7-27 所示的车刀将垫圈切割下来。用这样方法加工出的薄垫圈能保证其圆度。

2. 在芯轴上装夹薄盘件

车出一个芯轴，其外径与被加工薄盘件的内径为滑动配合，在芯轴上铣出半圆形键槽（图 7-28）。将半圆键做成台阶形，使半圆键装进半圆形键槽后，被削去一端与芯轴外圆平齐。

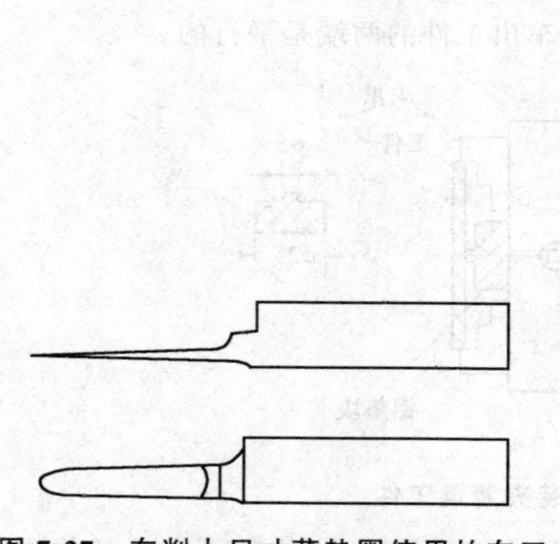

图 7-27　车削大尺寸薄垫圈使用的车刀

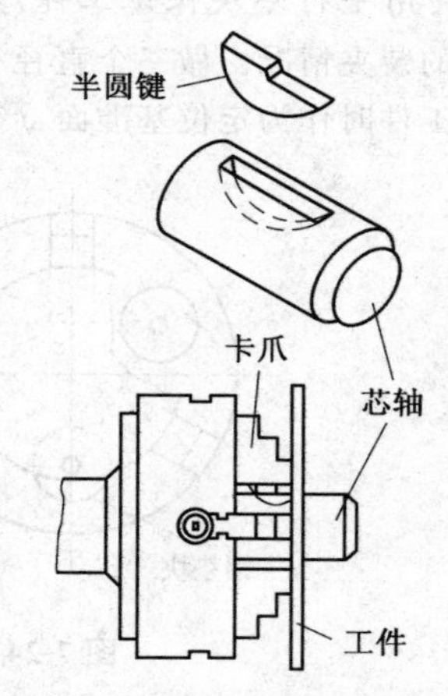

图 7-28　芯轴上装夹薄盘件

然后将芯轴安装在车床单动卡盘上，用其中的三个爪将芯轴夹紧并进行找正，使芯轴旋转时与主轴同轴。当单动卡盘上的第四个爪施加压力夹持半圆键后部的高台阶处时，可使半圆键前部在键槽中向上翘起而夹住薄盘件的内孔，将其牢牢地撑紧。加工完毕后更换工件时，只需松开第四个卡爪即可。

3. 双顶法装夹薄盘件

图 7-29 所示是薄盘件车外圆时，利用双顶法夹持工件的情况。将前顶盘插入车床主轴锥孔内，按工件孔径在前顶盘上车出台阶，并在端面上钻出中心孔。工件套在前顶盘台阶处，用尾座顶尖顶好。

二、薄盘形工件车削提示

由于薄盘形工件的厚度尺寸小，又容易变形，所以车削困难较大。在大批量加工中，为了保证质量和提高加工效率，可采用下面方法。

1. 两把车刀车端面

图 7-30(a)所示是车削带孔薄盘件两端面的情况。将工件安装在芯轴上，右面用螺母固定，然后采用两把车刀同时车端面，这样车出的端面可保证平行度。如果用车刀先车出一个端面然后再车另一个端面，加工出的两端面容易产生扭曲变形。这种方法适用于加工小直径薄盘形工件。

图 7-30(b)所示是两把车刀并装在一起及其所使用刀杆的情况。

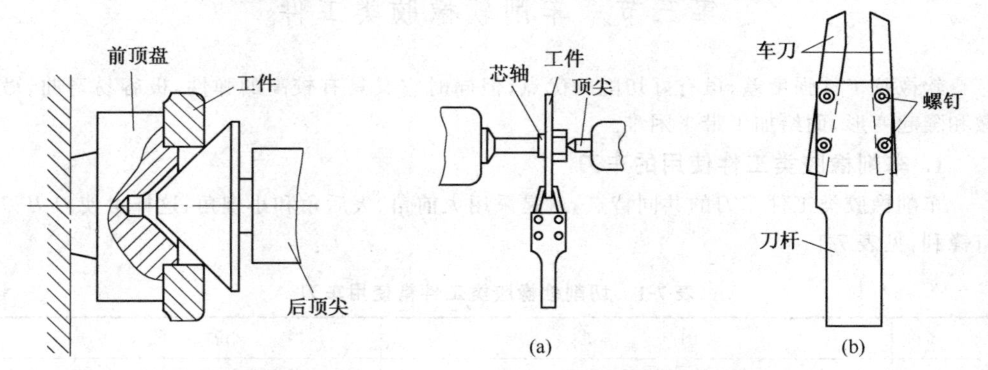

图 7-29　双顶法夹持薄盘工件

图 7-30　两把车刀车端面

(a)车削情况　(b)两把车刀并装在一起

2. 改变加工方法

在车床上批量加工要求较高的薄圆盘类工件时，第一步将工件装夹在图 7-31(a)所示

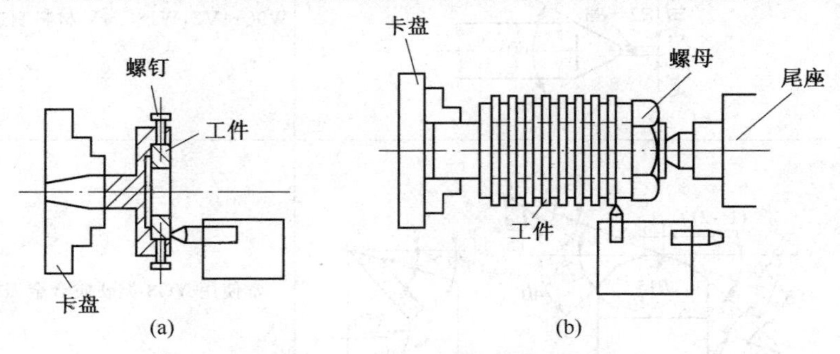

图 7-31　批量车削薄盘类工件

(a)先车端面和内孔　(b)串联装夹车外圆

的夹具中，用四只螺钉固定工件，并将工件找正，接着车端面和内孔，然后翻转工件车削另一端面；第二步采用串联装夹方法，将若干个工件安装在一根芯轴上车外圆，如图 7-31(b)所示。如果工件需要车倒角，装夹工件时，就在每个工件中间加一个小垫，外圆车好后再将倒角车出。

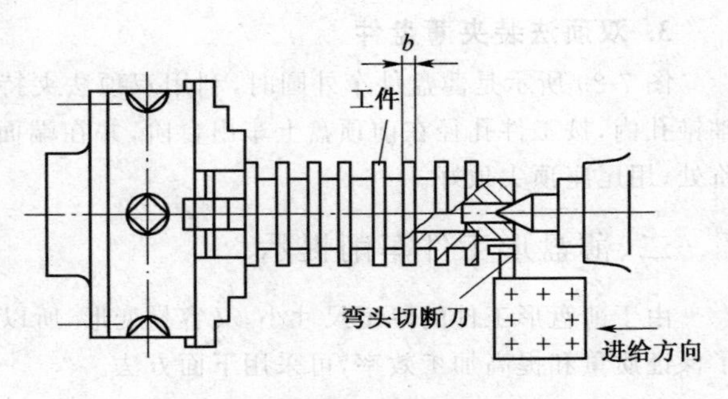

图 7-32　切割薄盘形工件

图 7-32 所示是在车床上加工薄圆盘类工件的另一种形式。将毛坯(棒料)装在自定心卡盘和尾座之间，按照工件直径先车外圆，然后车出工件厚度 b，并车出沟槽(沟槽槽底的直径应小于工件的内孔直径)，最后，根据工件的孔径尺寸要求，使用弯头切断刀将薄盘工件切割下来。

第三节　车削软橡胶类工件

软橡胶工件强度差，虽有好切削的优点，但同时它又具有较高的弹性，极容易弯曲、弓鞍和隆起变形，而给加工带来困难。

1. 车削橡胶类工件使用的车刀

车削橡胶类工件车刀的共同特点，就是采用大前角、大后角和小楔角，这样可使刀刃刃口锋利，见表 7-1。

表 7-1　切削软橡胶类工件常使用车刀

车刀名称	图　　形	说　　明
外圆车刀	60°～75° 10° a=(1～2)进给量 R2～R3 60°	用于车削外圆等加工，该车刀常使用工具钢 T8A，T10A，T12A 和高速钢 W9Cr4V2，W18Cr4V 材料制造
	(1～2)f 12° 15° 20° 20° 45° R15 40° 15° 12° 15°　12° R50 40° 25	常使用 YG3 类硬质合金刀片

续表 7-1

车刀名称	图　形	说　明
圆头车刀	B—B 40°～45° A A B A—A B 40°～45°	用于车外圆、切凹弧形槽等
切断车刀	5°～10° 15° 0.5～1.0 (a) (b) (a)尖头切断刀 (b)扁头切断刀	用于外切断等
内切车刀	15° 0.5～1.0 15° (a) (b) (a)几何形状 (b)立体形状	用于内表面切削，如车孔内台阶端面、内切断等
斜面车刀	35 γ α β 10 75 (a) 70 4 85 30° φ12 (b) (a)单斜面车刀 (b)双斜面车刀	用于车削斜面

2. 橡胶工件装夹方法

图 7-33 所示是几种不同形状的橡胶垫圈。

图 7-34 所示是加工垫圈外圆时的装夹情况。工件 2 装在芯轴 1 上，胶合板 3 用来隔开工件，压板 4 用塑料或钢质垫片制成，后顶尖 5 顶在压板 4 上，但不要和芯轴 1 接触，这

样就可以调整夹持压力，将工件压紧。

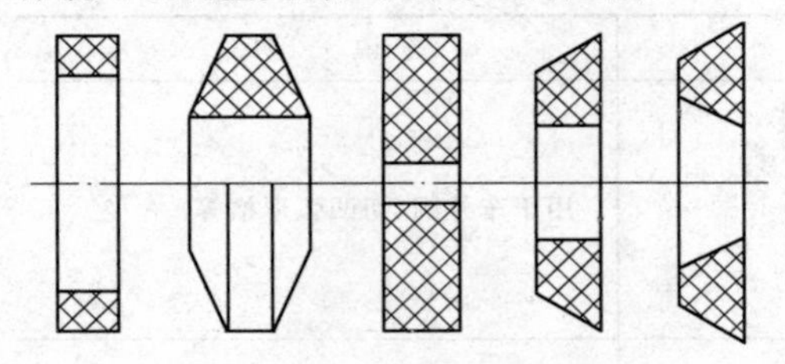

图 7-33　不同形状的橡胶工件

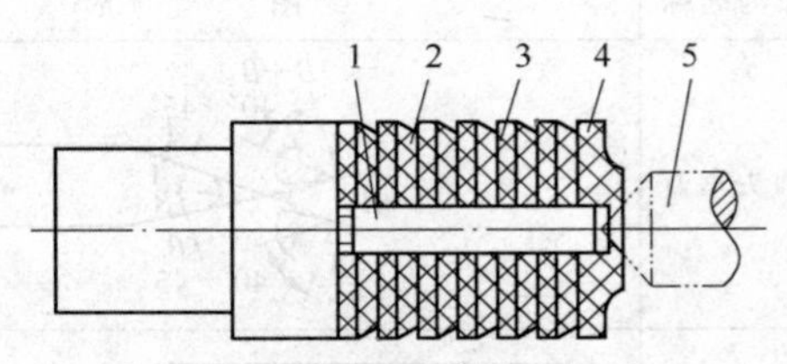

图 7-34　车橡胶件外圆时的装夹

1. 芯轴　2. 工件　3. 胶合板

4. 压板　5. 后顶尖

图 7-35 所示是加工橡胶垫圈内孔时的装夹方法，工件装在主体的孔中，通过螺母将工件压紧。

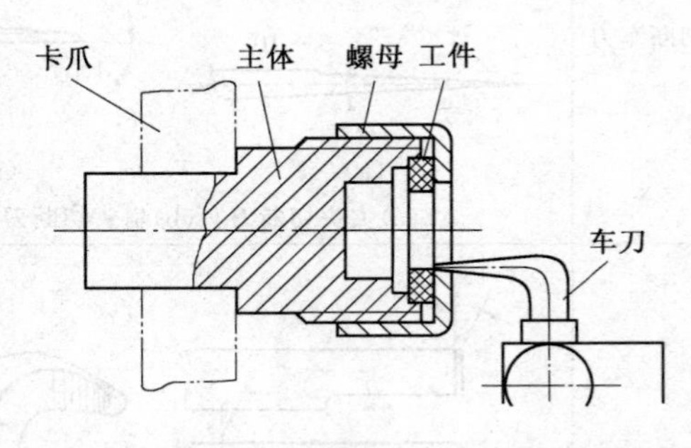

图 7-35　车削橡胶件内孔时的装夹

图 7-36 所示是使用表 7-1 中的双斜面车刀加工 V 形垫圈外形时的装夹方法。工件套在芯轴上，芯轴是用白桦之类的木材制成的。芯轴的外径应当比工件的孔径稍大一点，这样就可以使橡胶垫圈绷紧在芯轴上，不需要夹压装置。

以上介绍的都是加工较小尺寸橡胶件时的装夹方法，若工件尺寸较大，可采用图 7-37 所示方法进行装夹。在法兰盘上用螺钉固定一个圆平盘，工件套在芯轴上，然后装上压盘，使用螺母将其夹好。在制作该工具时，注意使圆平盘的定位基准面与车床主轴轴心线垂直，并且，圆平盘的外径要略小于工件的外径。

装夹前，先将橡胶工件的坯料切成近似圆形，按芯轴尺寸做出中心孔。工件装夹在芯轴上时，不要把螺母拧得太紧，以防切出的工件变形。

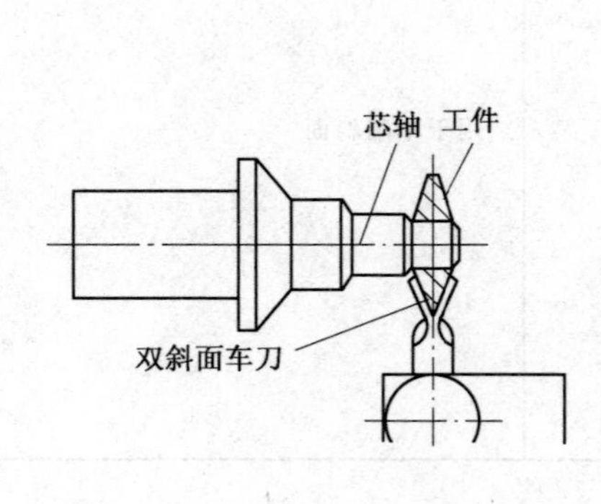

图 7-36　双斜面车刀车削 V 形垫圈

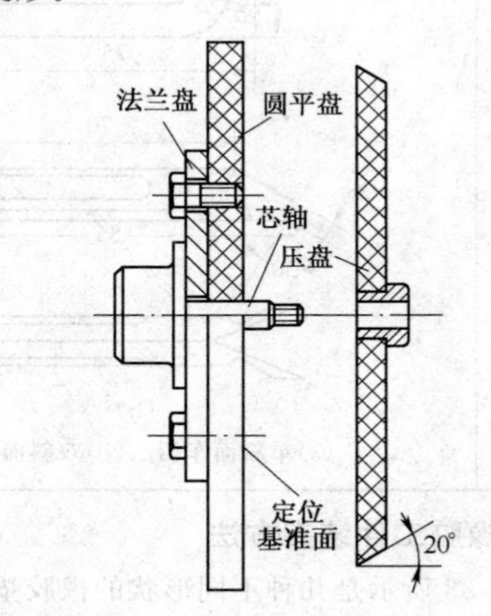

图 7-37　大尺寸橡胶工件装夹方法

帮你长知识

除去焊接在车刀刀杆上的硬质合金残留刀片

当焊接在刀杆上的硬质合金刀片断裂，或者出现一部分脱落，另有一部分还留在刀杆刀槽内，或者硬质合金刀具经使用和多次刃磨后刀片变得较小，不能继续使用时，都需要将刀杆上的硬质合金残留刀片除去，使刀片与刀杆脱离。这时，可采用下面的化学法除去硬质合金残留刀片。

①将车刀上各种废旧铜焊油垢清除，用煤油浸 1h 左右。

②除垢后，放进除铜液槽内并加热至 70～80℃，经两三天（应根据车刀大小等情况区别对待）后取出。此时，硬质合金废刀片可与刀体脱离。

③放入冷水槽内，将除铜液等冲洗干净。

④喷砂处理，将刀体用喷砂法除锈后，刀体仍可在焊接硬质合金刀片时使用。

实践证明，各种铜焊刀头均可采用此方法去除干净。回收后的刀杆既不受腐蚀又无变形，并且还可回收硬质合金材料。

除铜液的配制方法为：CrO_3（铬酐）：300～350g/L；H_3PO_4（磷酸）：70～85g/L。其余为水。

装夹套类橡胶工件时，可使用木质芯轴，如图 7-38 所示。在木质芯轴的两端面各钉上一块薄铁皮，并钻中心孔。钻完中心孔后，再车芯轴的外圆，尺寸车到比被加工工件内孔大 0.5～1mm，然后用砂布打出芯轴的斜度。木质芯轴外圆以工件轻松套入为宜，若过紧压入，会使工件外胀而影响加工尺寸。工件套入后要处在自由状态，并且要全部套入，避免悬出芯轴外面，产生加工变形。

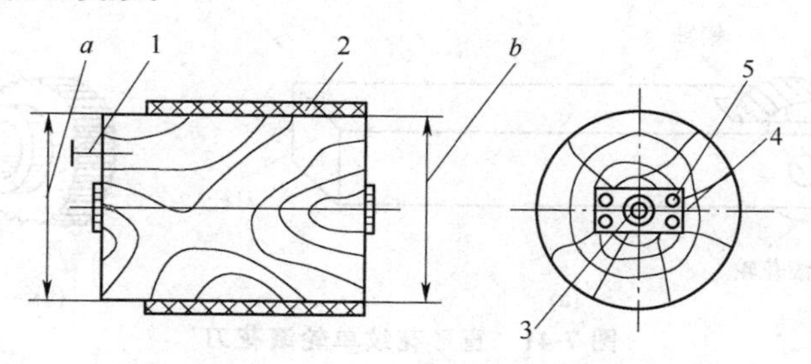

图 7-38　木质芯轴装夹套类橡胶件

1. 铁钉（与拨盘连接）　2. 橡胶工件　3. 中心孔　4. 薄铁皮　5. 木螺钉

a—工件内孔上偏差；b—工件内孔下偏差

车削软橡胶类工件的主要难点在于对工件的装夹，其切削方法与车削其他工件相似。

第四节　车床上特种加工

一、工件表面滚花

在一些工具或其他需要手动扭转的部位上，常常制作出花纹。这样不但表面美观，还增加了摩擦力而便于使用。这些花纹一般是用滚花刀(图 7-39)压出来的,在车床上可以完成这项工作。

常见花纹有直形花纹、斜形花纹和网状花纹,如图 7-40 所示。滚花时,直形花纹使用直纹滚花轮(图 7-41),斜形花纹使用斜纹滚花轮;将一个右旋滚花轮和一个左旋滚花轮组合在一起(图 7-42)可滚动出网状花纹。滚花轮直接安装在滚花刀杆上。

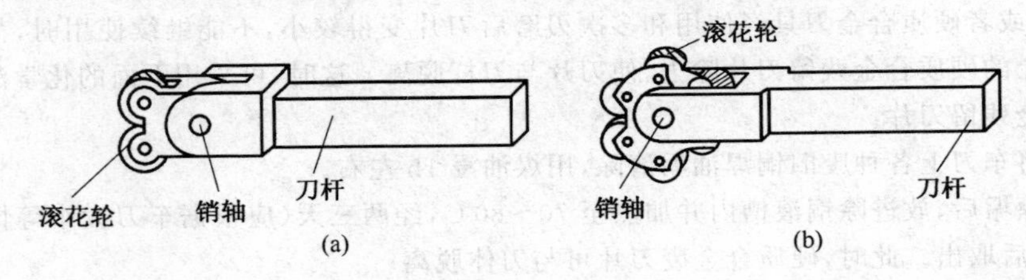

图 7-39 滚花刀

(a)双轮滚花刀 (b)多轮滚花刀

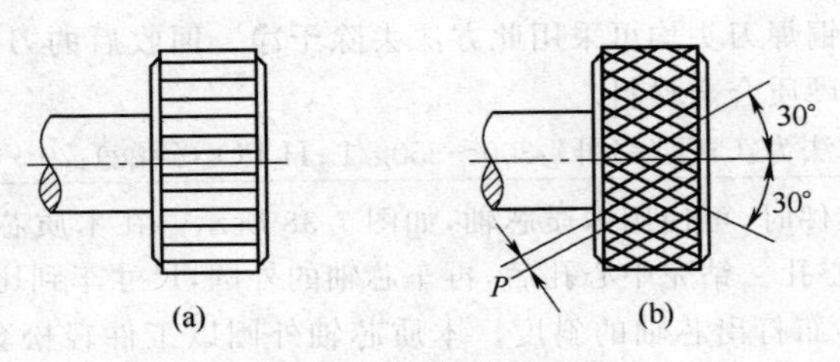

图 7-40 零件上的花纹

(a)直形花纹 (b)网状花纹

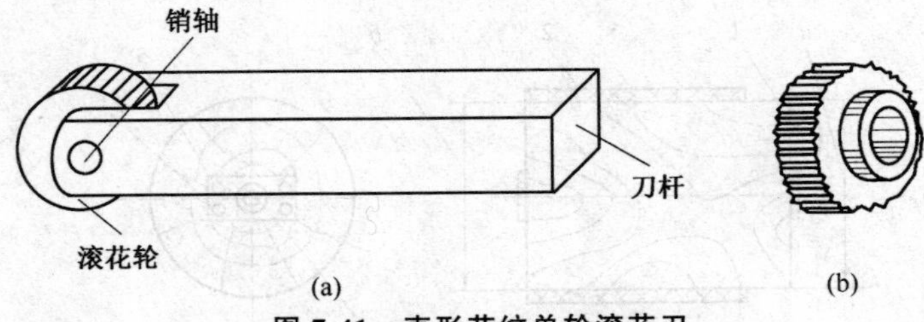

图 7-41 直形花纹单轮滚花刀

(a)单轮滚花刀 (b)滚花轮

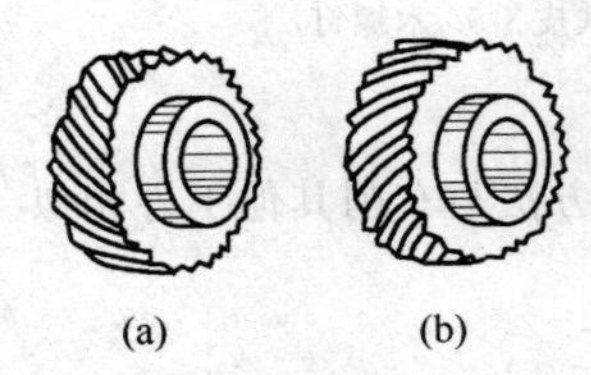

图 7-42 滚花轮

(a)右旋滚花轮 (b)左旋滚花轮

1. 滚花刀选择

滚花时,要选择节距 p 等尺寸合乎要求的滚花轮,节距大的滚花轮滚出的花纹节距相应也大。滚花轮尺寸见表 7-2。

2. 车床上滚花操作步骤

车床上滚花如图 7-43 所示,其操作步骤如下。

(1)装夹工件 由于滚花时顶力和压力都很大,所以工件一般采用一夹一顶的安装方法,以保证工件刚度。

表 7-2　滚花轮尺寸　(mm)

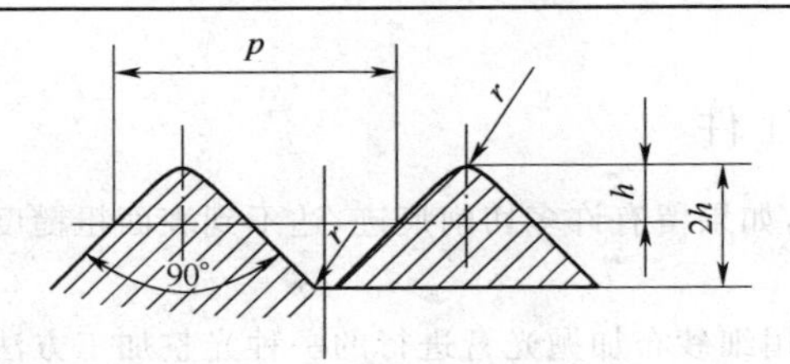

模数 m	h	r	节距 p
0.2	0.132	0.06	0.628
0.3	0.198	0.09	0.942
0.4	0.264	0.12	1.257
0.5	0.336	0.16	1.571

注：表中 $h=0.785m-0.414r$。

(2)滚花刀的选择和装夹　按照图样中对滚花的花纹形状和节距等要求选择滚花刀上的滚花轮。

在刀架上安装滚花刀时，应使滚轮刀杆上的销轴中心(图 7-39)与工件中心等高。为了使滚花刀便于切入工件中去，在刀架上装夹滚花刀时可适当扭转 1°～2°的角度，如图 7-44 所示，这样，能减少开始滚花时的径向压力。

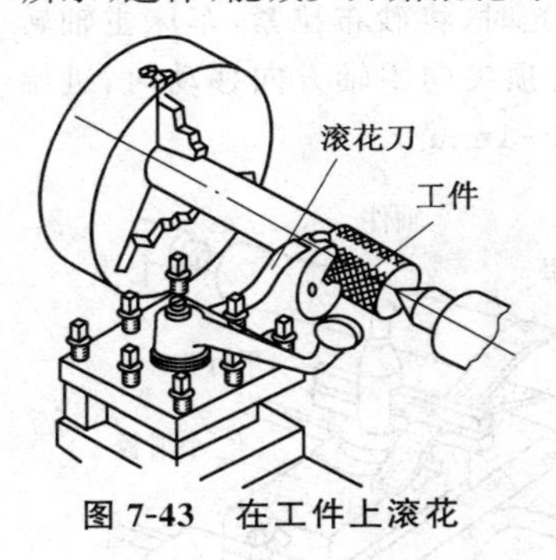

图 7-43　在工件上滚花

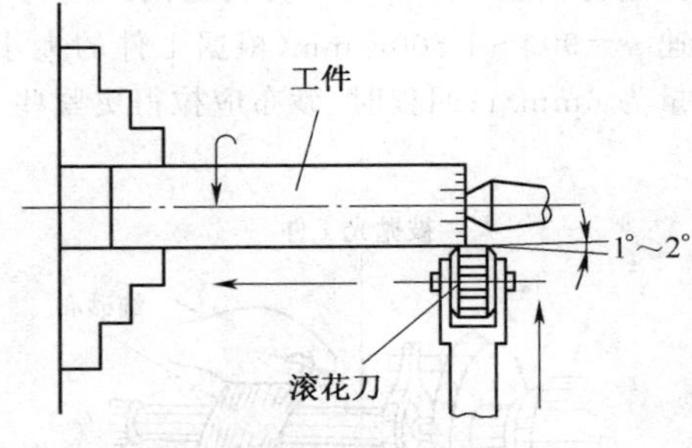

图 7-44　滚花刀的装夹

(3)车工件外圆　由于滚花过程中，工件产生塑性变形后，材料的表面会“隆起”，所以，应根据材料的韧性情况，将工件外径车小一些，小(0.2～0.5)p 就可以了。

(4)选择滚花切削速度并调整车床　滚花时一般选择较慢的转速，切削速度可按 7～15m/min 进行选择，进给量按中等选择。

(5)开车滚花　通过中滑板横向进刀。开始时，先使滚轮约 1/3 长度对准工件外圆，然后使滚花轮全部与工件接触。由于滚花轮与工件表面的接触面较宽，所以，开始滚花时，滚花轮对工件表面的挤压力宜大一些，并且动作要适当快些，以防止出现乱纹。直到吃刀较深，表面花纹较清晰后，再纵向自动进给。若第一遍滚出的纹路较浅，可来回滚压 2～3 次。

此外，在滚花中，如果出现滚轮转动不灵活、进给量太小、滚轮内孔与中间轴配合间隙太大或有细屑污物堵塞、工件材料太硬使滚花刀产生滑动、滚花刀上刀齿不锋利、没有正确地使用切削液等情况时，也都会造成滚出的花纹混乱。操作时，要注意防止这些因素影响滚花的质量。

二、车床上抛光工件

精车后的工件表面，如果留有许多切削痕迹，达不到表面粗糙度要求时，可再进行抛光加工。

抛光是在车床上利用细砂布加抛光膏进行的一种光整加工方法。抛光时，工件的转速很高，并且，细砂布要对加工面施以一定的压力，由于它们之间的剧烈摩擦，抛光膏在被抛光面上形成的氧化膜加速了磨砺作用；同时，伴随产生的高温在抛光表面上形成了极薄的熔流层，熔流层将被加工表面上的凸凹微观不平逐渐填平，从而得到光亮的表面。抛光主要用于减小工件的表面粗糙度、增加表面光亮和提高耐腐蚀能力，但不能改变工件原有的形状。

1. 车床上抛光的方法

(1)抛光外圆　车床上使用细砂布抛光工件外圆采用双顶法装夹工件，如图 7-45 所示。

长度大的轴类工件抛光时，可采用图 7-46 所示方法。将砂布夹紧在平行夹(也可将平行夹直接安装在刀架上)上，当砂布的两边与轴件接触的松紧程度不一致时，转动一下平行夹进行调整。工件与平行夹之间距离为 150～200mm。抛光时，将砂布拉紧，车床主轴转速 n=900～1 500r/min(根据工件的大小而定)。溜板由后顶尖向主轴方向移动时，进给量为 6mm/r；回程时，砂布应拉得更紧些，进给量降低到0.5～1mm/r。

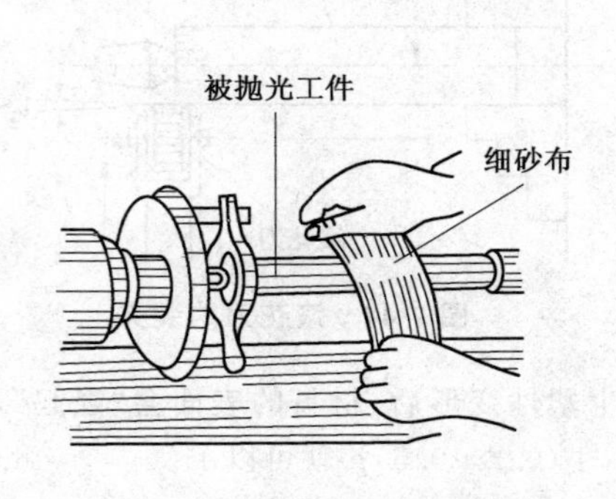

图 7-45　用细砂布抛光工件外圆

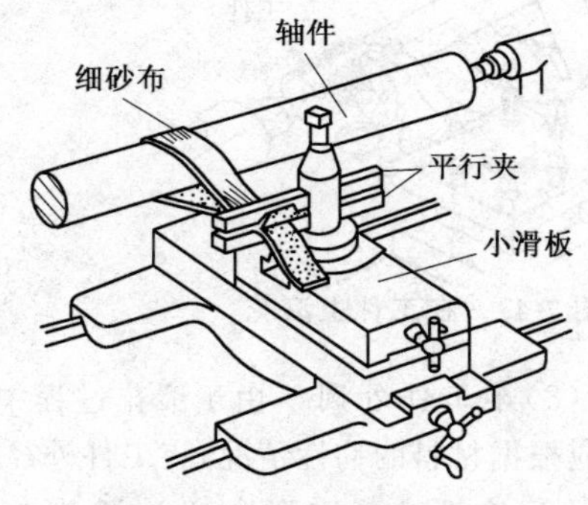

图 7-46　车床上抛光长轴件

抛光很光洁的外表面时，可将宽度为 50～100mm 的白布叠成几层，在里面涂上薄层抛光膏，把白布包在工件表面，并使用抛光夹夹持住，如图 7-47 所示；随着工件旋转，抛光夹做往复移动，移动的快慢以工件表面的抛光纹路成 45°网状时为合适。当工件抛光到原来的精车刀纹没有时，把工件表面擦净，然后在白布上铺一层柔软的丝绸，使白布上的抛光膏渗出到丝绸上，丝绸和抛光膏与被抛光表面接触，继续进行抛光，并随时观察工件的抛光纹路，随后按照同样的方法加 2～3 层丝绸进行抛光。抛光过程中工件要经常擦，以观察抛光情况和去掉已经变黑的抛光膏。较好的揩擦方法是用棉花蘸丙酮或航空汽油，揩擦时手要轻，使带有丙酮的棉花在工件上滚动，以免把工件划伤。

（2）抛光内圆　根据被抛光工件的孔径，制作几根直径不等的，并且小于工件孔径的抛光芯轴。将工件安装在三爪自定心卡盘上，如图7-48所示，抛光方法和外圆抛光相似，只是把白布和丝绸包在芯轴上（图中未画出），车床转速和溜板往复速度和外圆抛光时基本相同。

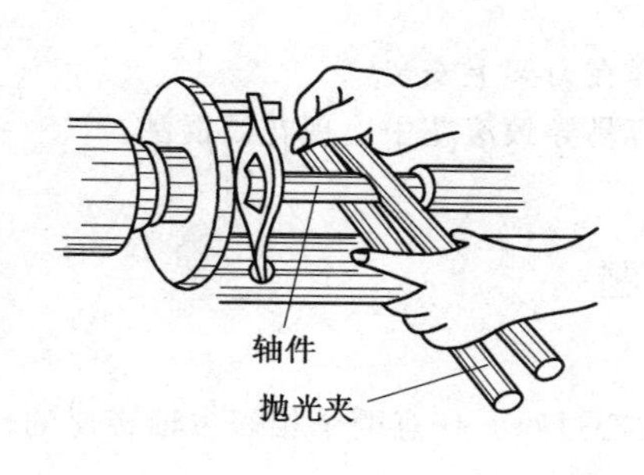

图7-47　利用抛光夹抛光

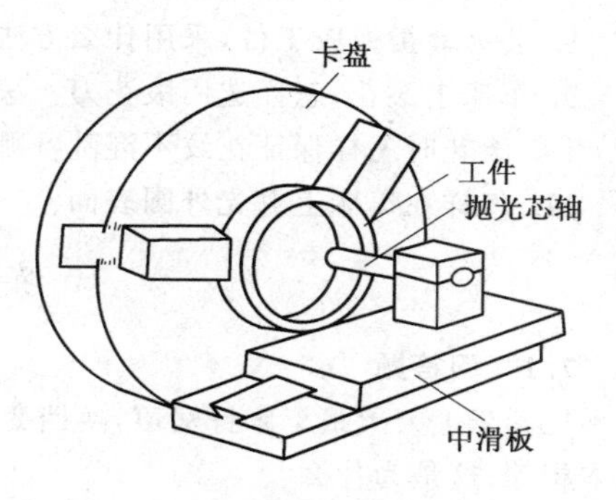

图7-48　抛光工件内圆

单件抛光内孔时，可将一端开槽的木棒先包上细砂布，然后换上白布，结合抛光膏进行抛光，如图7-49所示。其方法是用右手握紧木棒手柄的后部，左手握住木棒前部，当工件旋转时，木棒在孔内缓慢移动；在抛光过程中，木棒对被抛光表面的压力要均匀一致，以保证抛光质量。

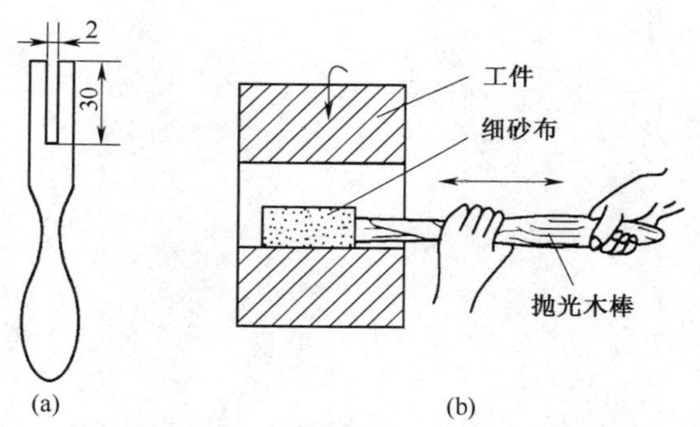

图7-49　使用木棒手动抛光内孔

(a)抛光木棒　(b)抛光情况

2. 抛光中使用的抛光膏

抛光膏可从市场上直接购买，它由磨料和油脂调制而成。磨料的种类根据工件材料而定，抛光钢件使用刚玉类磨料，抛光铸铁件使用碳化硅类磨料，抛光铜件和铝件使用氧化铬类磨料。抛光膏的油脂为硬脂酸、石蜡、煤油。

在缺少抛光膏的情况下，可使用机油代替，但抛光效果较差。

复习思考题

1. 采用中小滑板互动控制法怎样车削弧形面？
2. 车削球面常采用哪几种方法？
3. 怎样检验球形面？

4. 薄盘形工件有什么特点？

5. 大批量车削薄盘形工件时为了提高效率，可采取什么样的加工方法？

6. 车削软橡胶类工件使用的车刀有什么共同特点？

7. 装夹较小尺寸软橡胶工件，主要采用哪几种方法？

8. 装夹套类橡胶工件，采用什么方法？

9. 车床上滚花，怎样选用滚花刀？滚花刀怎样在刀架上安装？

10. 滚花时怎样保证花纹不混乱？哪些因素容易导致滚花中出现花纹混乱？

11. 怎样在车床上抛光外圆表面？

练　习　题

7.1　问答题

*1. 车工天天跟车床打交道，换挡变速时你留心过吗？任意两个相邻主轴转速的比值基本相等，这是为什么？

2. 在车削铜件时，为什么要先用水浇后才进行测量？

*3. 工件热胀冷缩是怎样进行计算的？

*4. 不锈钢材料永远不会生锈吗？为什么？

*5. 粗糙表面容易生锈，还是光洁表面容易生锈，为什么？

第八章　难车削工件的认识

第一节　细长轴车削技能和操作启示

细长轴属柔性轴，由于它的刚度差，加工中很容易出现弯曲变形、锥度、竹节、鼓形、棱形等缺陷，并且，由于细长轴对于切削力、振动和切削温度十分敏感，所以给切削加工带来效率低和难于车出所需要精度和表面粗糙度等问题。

任何事物都有它的两重性，车削细长轴虽然存着不少难点，但它的加工方法和其他工件的一样，在装夹、切削方式、车刀结构等方面都有一定的规律，所以，只要找出它的共性、个性和矛盾突出点，有的放矢地重点针对，也就变被动为主动了。

一、细长轴装夹形式

装夹细长轴一般采用前端夹、后端拉、中间支撑的方式，下面分别介绍这些方式。

1. 细长轴前端(主轴端)装夹

装夹细长轴时，细长轴前端一般使用自定心卡盘夹住，但由于卡盘的三个卡爪不可能与车床的主轴中心线绝对平行，所以，细长轴装夹在车床上后往往成为“第三章练习题 3.33.”解图 3-1 所示的较劲情况。这样的装夹后果是：若细长轴的装夹处有些弯曲，则装夹后会把弯曲部分夹直，从而产生了装夹外应力，这样，当松开卡盘的卡爪后，在近卡爪的一端仍会恢复原来的弯曲形状。为了克服这样的弊病，可在卡爪处放上一个开口的钢丝圈(直径为 3～5mm)，如图 8-1 所示，使卡爪与细长轴之间成为线接触，工件在弯曲状态下能自由地调节装夹位置，从而减少工件由于装夹不当产生的外应力。

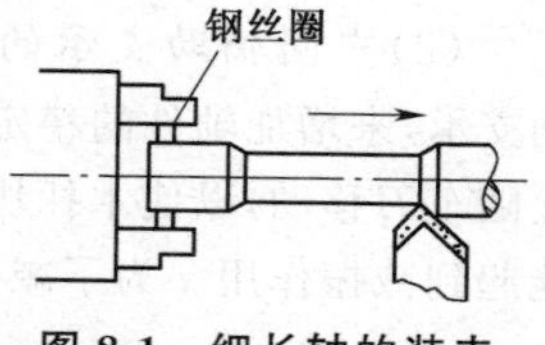

图 8-1　细长轴的装夹

对于特细的细长轴(如直径＜10mm、长径比＞25 的轴类工件)，加工中更容易出现各种变形和其他缺陷，对于这种问题，在安装中多是使用夹头类夹具，并在装夹前先将其矫直。

2. 装夹细长轴时的中部支撑

(1)跟刀架的使用　为了防止车削细长轴中工件振动，在反向进给中使用跟刀架时，先在主轴一端的轴件上车出 50～80mm 长度的缩颈(其直径可等于或略小于粗加工表面的直径)。工件在缩颈部分的直径减小后，柔性增加，还能具有自动定位作用，有助于消除弯曲的毛坯材料在卡盘强制夹持下轴线随之歪斜的影响。

在车出的缩颈处装上跟刀架，车刀刀尖与跟刀架的距离为 1～2mm，如图 8-2 所示。精车时，为防止跟刀架支柱爪在精车表面上摩擦而出现划痕，跟刀架爪部与轴类工件的接触应改在粗车后的表面上，刀尖与跟刀架之间的距离仍控制在 1～2mm。

使用跟刀架的另一种方法是在加工前先将跟刀架松开，然后开车切削，当跟刀架能架上时，迅速将跟刀架跟上，在接触跟刀架时不退刀也不停机；并且，跟刀架支柱爪与轴表面的调整力度要适当，防止过松或过紧，以不把轴件顶弯为适合。这样切削下去，可避免细长轴形成竹节形。为了减少配合中的摩擦，减少温度升高，在车削过程中应及时对轴件进行润滑和冷却，使用柴油加入10%全损耗系统用油的混合液较好。

跟刀架上支柱爪与轴件表面的接触要严密，否则在高速切削条件下会产生振动，并容易使轴件形成椭圆，而影响加工精度。图 8-3(a)所示是正确的情况，图 8-3(b)和(c)是不正确接触情况。

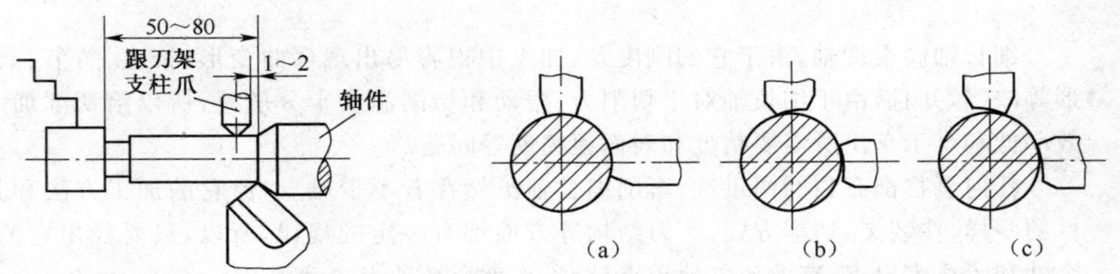

图 8-2 跟刀架安装位置

图 8-3 支柱爪与轴件接触情况

(a)正确 (b)(c)不正确

图 3-62 中曾介绍过跟刀架支柱爪与轴件接触问题，当支柱爪与轴表面接触不良时，如果是支柱爪的原因，就应该对其进行修圆和校准。跟刀架支柱爪与轴表面的接触误差若不大时，修圆可在车床上直接进行，其方法是：正式切削前，在靠近后顶尖处的工件表面上粗车一段约 40mm 长的面，以 600r/min 以上的转速使轴件转动，并将支柱爪逐渐压向轴件表面(不加切削液)，利用轴件已加工表面反复进行研磨，使轴件表面与支柱爪圆弧面全部接触(至少保证 80%以上)，然后用切削液冲掉研磨下的粉末，再轻磨 2～3min，即可使用。

(2)中间辅助支承的使用 车削细长轴时，还可使用如图 8-4 所示的木托块作为辅助支承，来增加轴件的稳定性。加工时，木托块可放在车床导轨面上或根据需要放在溜板上随车刀移动，以使木托块既能托好细长轴，又不影响轴件旋转和进给，并且在一定程度上能起到减振作用。为了减少摩擦，转动过程中，可在轴件与木托块接触处加润滑油。

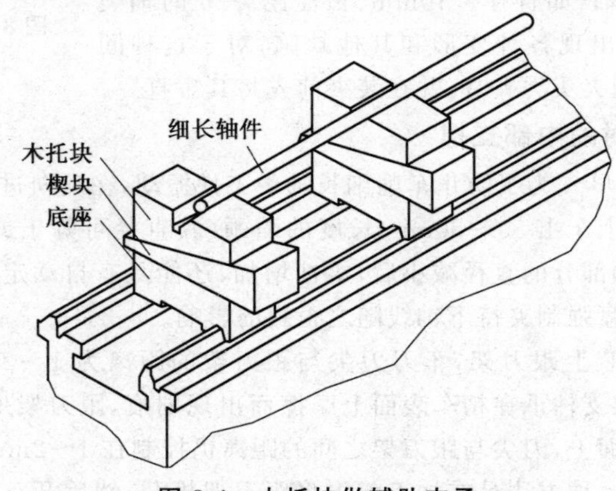

图 8-4 木托块做辅助支承

大批量车削直径为5mm以下的特细长轴，进行精细加工时，可使用图8-5所示的辅助支承，支承套6固定在支杆5上。在刀架上，装上工具架2，支杆3和5都固定在工具架上，车刀固定在支杆3上。特细长轴通过支承套6做辅助支承（支承套6与细长轴选用间隙配合），并通过注油孔7润滑，以减少支承套磨损。车削中，用弹性回转顶尖顶好，在轴件旋转的同时，支承套6随着进给移动，松开螺钉11可调整背吃刀量。

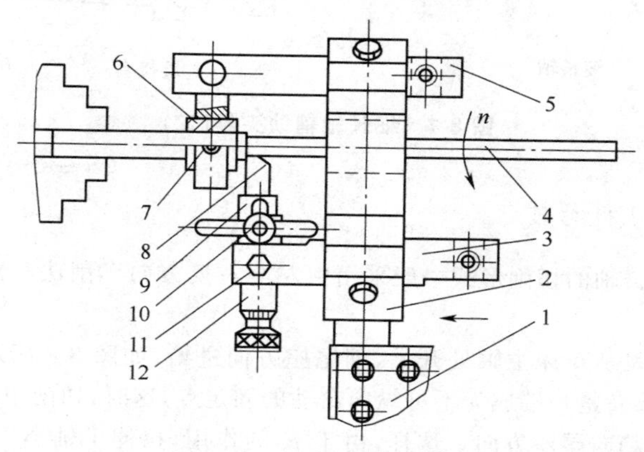

图8-5　车特细长轴辅助支承

1. 车床刀架　2. 工具架　3,5. 支杆　4. 轴件　6. 支承套　7. 注油孔　8. 车刀　9. 活动刀杆　10. 固定车刀板　11. 螺钉　12. 车刀

支承套可装在车刀前，也可装在车刀后面。小批量加工时，支承套可使用铸铁材料制造，大批量车削时，支承套应使用高碳钢或合金钢制造，并经淬火处理。

3. 细长轴后端（尾座端）装夹

实践证明，当细长轴尺寸为ϕ22mm×2 200mm时，车削第一刀后，长度约增加1.2mm，车削第二刀后又增长1mm左右。在这种情况下，如果不采取有效措施，仍然用顶尖顶持，必然会使细长轴出现弓形弯曲和影响被加工表面的质量。

为了提高工艺系统的刚度，保证产品质量，细长轴后端在车床上的安装，多采用辅助拉具的方式。辅助拉具有多种结构，最简单的形式是尾座上安装一个钻夹头，钻夹头上装个薄壁小套筒，将细长轴的一端插入薄壁小套筒中，以托住细小轴件，这样，切削中就比较稳定可靠了。若细长轴的车削精度要求较高时，可采用下面几种辅助拉具。

图8-6所示为一种结构简单的辅助拉具。将托套安装在尾座顶尖上，细长轴工件的后端伸进托套孔内，将细长轴托住并通过螺钉将其固定。加工完毕后，再将插入托套孔内的端头切掉。

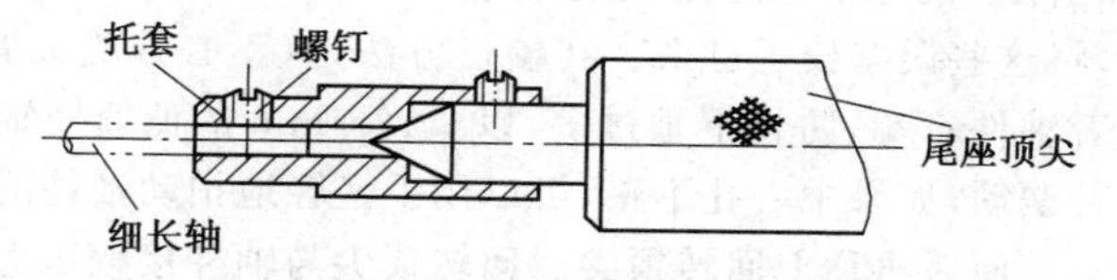

图8-6　细长轴辅助夹具（一）

图8-7所示为带锥柄主体用来插入尾座锥孔内，托套装入连接套中，细长轴插入托套内并用螺钉固定。

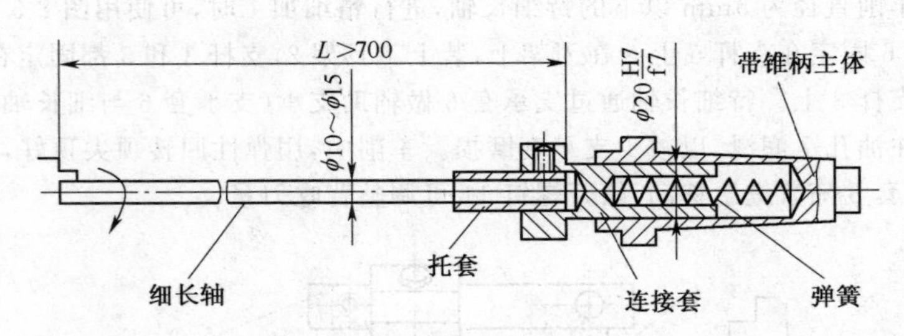

图 8-7　细长轴辅助夹具(二)

二、细长轴切削形式

车床上加工细长轴的切削形式一般采用由左至右反方向车削法和双刀架对刀车削等方法。

反方向车削就是从车床主轴处开始，朝尾座方向进给，如图 8-8 所示。将工件夹紧在自定心卡盘上，使被夹紧一端成为不可纵向窜动的固定点，这时，切削中产生的进给切削力 F_f 沿细长轴的轴线趋向尾座方向。这样，由于 F_f 的作用，拉伸了轴类工件(而不是压缩轴类工件)，这等于增加了轴类工件的实际刚度，不至于使轴类工件出现弯曲(弓形)变形，如图 8-9 所示。由左至右反方向车削法能采用较大的进给量，可减轻径向圆跳动和清除振动，保证了被加工轴类工件的表面质量。

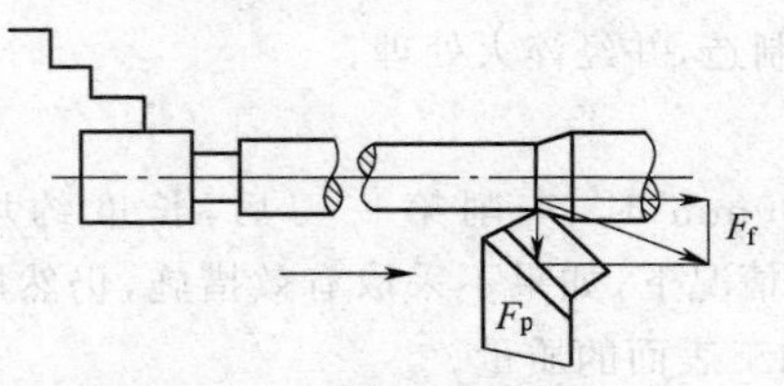

图 8-8　反方向车削细长轴

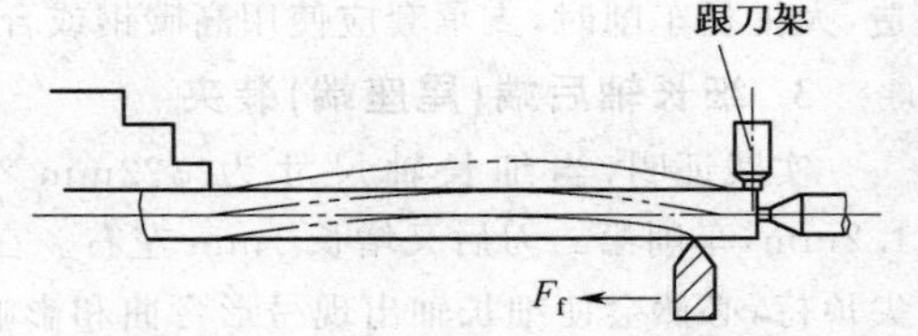

图 8-9　正方向车削法引起的轴件弯曲

使用回转顶尖顶持中心孔装夹细长轴时，为了使回转顶尖更好地起到调整支承力的作用，切削时必须使回转顶尖分两次或三次离开轴端中心孔共 0.8～1.5mm，或者在车削过程中适当放松顶尖，以减弱顶尖对细长轴的支顶力度，补偿和抵消轴类工件热变形后所引起的轴向伸长。

粗车时，由于进给量较大，再加上轴类工件细长和装夹方面的因素，以及细长轴内部产生内应力的影响，而迫使中心孔产生误差甚至位移，所以，粗车后在半精车和精车前，应对轴件再进一次校正，将这些误差校正过来。其校正方法是(不必拧松夹紧轴类工件的卡盘卡爪)：左手轻轻托着轴件右端，防止下垂过多，以≤12r/min 的低速使轴件缓慢旋转，检查轴类工件中心孔是否摆动；如果中心孔不正，可以用手轻轻地拍动轴件的摆动处，直至校正中心孔不再摆动为止。而后再顶上回转顶尖。回转顶尖与轴件接触压力的大小，以回转顶尖开始跟随轴件旋转再稍加一点力即可。压力太大容易产生轴件弯曲变形，压力太小容易引起开始吃刀时的振动和切削不稳定，而影响加工。这样通过再校正，使轴类工件车削后达到较小的直线度误差。

三、细长轴车削刀具的结构

1. 由左至右反向车削细长轴时使用的车刀

前面图 8-8 介绍了反向车削细长轴的方法，下面介绍两种该方法所使用的车刀，供选用。

(1)反向车削粗车刀　反向粗车细长轴所用的车刀如图 8-10 所示。硬质合金刀片 YT5，刀杆为 45 优质碳素钢。主切削刃前角 γ_o 和棱前角均为 25°，倒棱为 0.4～0.8mm。由于有倒棱和 $R4$ 断屑槽的作用，所以有很好的断屑性能。

车刀主后角 $\alpha_o=8°$，倒棱 0.1～0.3mm，棱后角为 −12°，这样就增加了车刀后隙面支持在工件上的接触面积，防止了由于工件材料内部组织不均而产生的啃刀现象，并可消除低频率振动(当进给量 $f>0.5$mm 时，此效果就更加显著)。

需要注意的是：倒棱和棱后角之值，不能取得太大。否则会影响正常车削和增强表面金属的变形硬化。

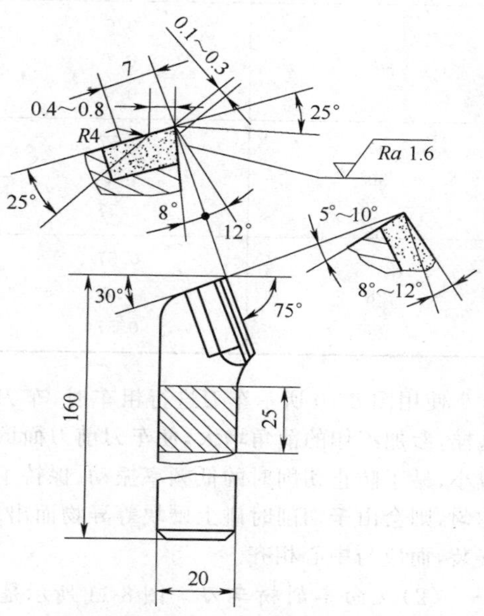

图 8-10　反向粗车细长轴车刀

反向车削细长轴时，对车削用量是有特殊要求的。要求取较大的进给量 f，以增加工件轴向拉应力，防止工件振动。但车削用量的选择受到加工表面几何误差的限制，通常选择的次序为：先取最大的进给量 f，其次取最大背吃刀量 α_p，最后取最大的切削速度 u_c。实践证明，当轴件长度与直径之比为 40～120 时，若 $u_c=40$m/min，f 最好取 0.35～0.5mm/r；若 $u_c=45$～100m/min，f 最好取 0.6～1.2mm/r 为宜。具体的切削用量选择见表 8-1。

表 8-1　粗车细长轴切削用量选择表(适用于图 8-10 所示 75°反向粗车刀)

毛坯直径 D/mm	切削用量		
	进给量 f/(mm/r)	背吃刀量 α_p/mm	切削速度 u_c/(m/min)
50	0.6 0.8 0.6	3 4 0.75	60～100
45	0.6 0.8 0.6	3 4 0.75	60～100
40	0.6 0.7 0.6	3 3 1.25	60～100

续表 8-1

毛坯直径 D/mm	切削用量		
	进给量 f/(mm/r)	背吃刀量 α_p/mm	切削速度 u_c/(m/min)
35	0.6 0.7 0.6	3 3 1.25	60～100
30	0.57 0.7 0.57	3 2 0.75	40～90
28	0.57 0.6 0.57	3 2 0.75	40～90

使用图 8-10 所示车刀进行粗车时，车刀的安装位置应高于车床主轴中心线 0.5mm，这样，参加工作的前角增大，使车刀前刀面磨损减小，便于切削；同时其工作后角则相应地减小，易于防止切削时的低频率振动，保持了工件固有的刚度。但应注意，如果工件材料不均匀，则会由于切削时碰上硬块等异物而出现让刀现象，此时则不应把车刀高于主轴中心安装，而应与中心相齐。

(2)反向车削精车刀　图 8-11 所示是反向精车细长轴时使用的车刀，它带有弹性刀杆，以适应轴件刚度差的特点。刀头上的切削刃比较宽，前角 $\gamma_o=25°\sim35°$，后角 $\alpha_o=8°\sim10°$，倒棱 1～3mm，棱后角为 0°～－4°，这样，可保持车刀和轴件有一定的接触面积，切削刃顶着轴件进行切削，可防止切削力变化时引起啃刀的弊病。该车刀刀片材料为 W18Cr4V 高速钢，刀杆材料为 50 优质碳素钢，其车削用量见表 8-2。使用它加工后的表面粗糙度一般可达到 Ra12.5～3.5μm。

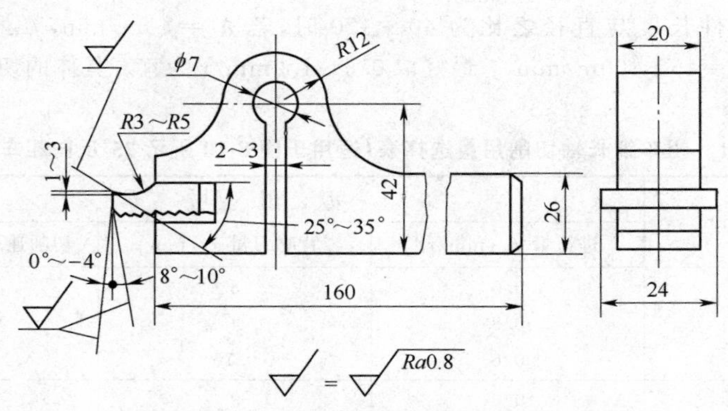

图 8-11　高速钢的反向精车刀

使用图 8-11 所示的车刀进行精车时，车刀的安装位置应低于轴件中心线 0.2～0.5mm，这样，可增大车刀实际的工作后角，减少车刀后刀面的磨损，提高加工表面的质量；同时，可防止切削中偶然遇到硬块等异物，使切削刃瞬时下降而楔入轴件。

表 8-2　精车细长轴切削用量选择表(适用于图 8-11 中高速钢材料的大前角反向精车刀)

毛坯直径 D/mm	切　削　用　量		
	进给量 f/(mm/r)	背吃刀量 a_p/mm	切削速度 v_c/(m/min)
35	1～4	0.27～1	10～15
30	1～4	0.25～1	10～15
25	1～4	0.25～1	10～15
20	1.5～6	0.25～1	10～15
18	1.5～6	0.25～1	10～15
15	1.5～6	0.25～1	10～15

图 8-11 所示的精车刀除了前角大外，还有宽切削刃的特点，这就要求切削刃不但光洁而且平直，在装刀时可使用百分表放在车床导轨面上先测一下刃口，检查切削刃是否平行于进给方向，其差值最多不应超过 0.01mm。刚进行切削时，因受力不均匀，切削刃若与轴件接触不平行，应适当进行调整。

精车时的切削液必须充分，可使用豆油、全损耗系统用油、柴油按 4∶3∶3 的体积比制成，或使用植物油。

图 8-12 所示是另一种反向精车细长轴所使用的车刀，其刀片为 YT15 的硬质合金。同样是带弹性刀杆，装刀时要使刀尖低于轴件中心 0.1mm。它的切削刃也比较宽，修光刃为 8～10mm；主偏角很小，以形成薄的变形小的切屑，有利于降低被加工表面粗糙度；前角 $\gamma_o = 30°$，使切削轻快。

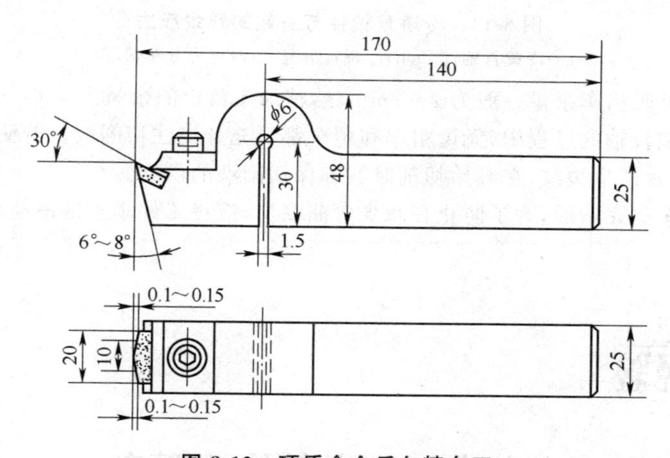

图 8-12　硬质合金反向精车刀

使用这种车刀时，开始车削就立即充分使用切削液。切削液为质量分数为 10% 的乳化液(使用切削油效果不好)。

四、车削细长轴注意事项

车削细长轴时除应注意前面已介绍过的事项以外，还有以下几个方面。

①由于细长轴本身刚度差，极易产生弯曲变形，车削前，对毛坯材料要进行调质或正火处理，这样可清除它的内应力。热处理后需要矫直时，最好在车床上进行，其方法是：将轴件采用一夹一顶法安装在车床主轴与尾座固定顶尖之间，并找一根 30～40mm 长的木棒斜搭在刀架和小滑板上，接着摇动中滑板手柄，使木棒顶在工件靠近弯曲部位的中心部分，并用柔劲向前顶，同时使轴件中速转几秒钟，再缓慢均匀退出，然后松动顶尖。在矫直过程中，顶尖不能顶得太紧。如果一次不行，可校第二次。注意不要转速过高，木棒的顶紧力要合适。

如果轴类工件弯曲度很大，需要进行人工矫直，具体方法是使用圆弧扁锤敲打，如图 8-13 所示，由弯中间向两边渐渐敲直，避免弹性恢复。矫直后，轴的总长度内的弯曲度应控制在 0.3～0.5mm。应该指出的是：细长轴在外力作用下，内部的应力会重新分布，在轴线以上的部分产生压应力（用负号表示），在轴线以下的部分产生拉引力（用正号表示），如图 8-13(c)所示。当细长轴被矫直后，轴件内部的残余应力重新分布而达到平衡，但这种平衡尚处于不稳定状态，这时，如果对轴件进行切削加工，内部的应力又会重新分布而容易使轴件产生新的弯曲，并且精车出的细长轴的最后精度也不够稳定。所以对精度要求较高的细长轴，一般不采用矫直法来减小弯曲变形，而采用加大毛坯余量，经过多次切削和时效处理的方法来消除内应力，或采用热矫直方法。

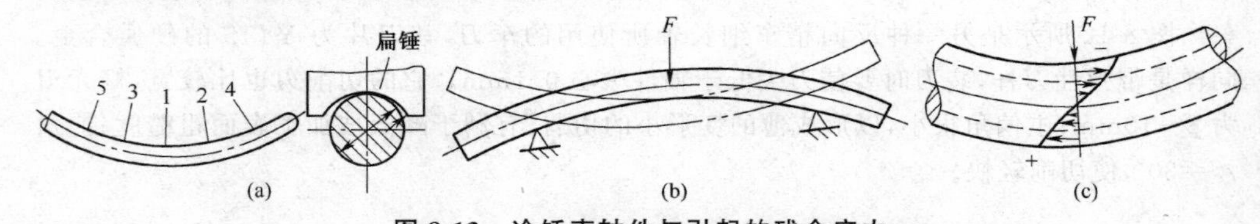

图 8-13 冷矫直轴件与引起的残余应力

(a)冷矫直轴件 (b)冷矫直情况 (c)应力分布情况

②细长轴外圆粗车余量一般为 2～3mm，给精加工留出的余量为 0.02～0.08mm。

③在车削细长轴的过程中，无论粗车和精车都要充分浇注切削液。若使用硬质合金车刀，为了防止刀片产生裂纹，在开始切削时就确保切削液的供给。

④细长轴车削完毕后，为了防止和减少弯曲变形，应将工件垂直地吊挂起来。

谈长光杠(细长轴件)的精车

俗话说“钳工怕钻又深又小的眼，车工怕车又长又细的杆”。细长轴加工确实比较困难，加工出的工件容易出现弯曲、竹节形、多棱、锥度等问题，达不到质量要求。

这里介绍一套使用硬质合金车刀车削细长轴的方法。

1. 所使用车刀

细长轴车刀的几何形状如栏图 8-1 所示，刀体材料为 45 钢，硬质合金刀片为 YT15；精加工或加工硬度较高的钢料时可采用 YT30 的刀片。该车刀的特点如下：

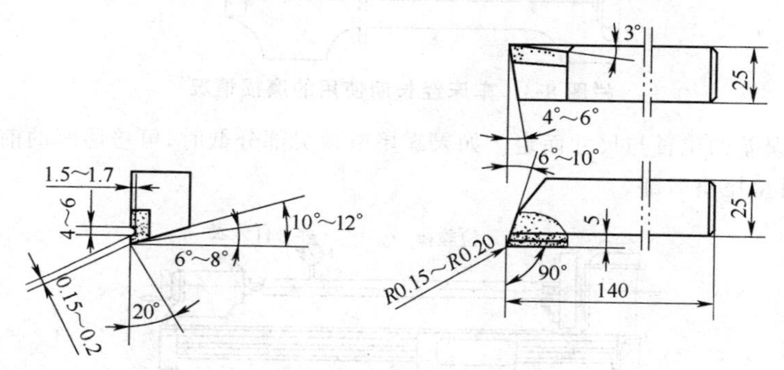

栏图 8-1　细长轴车刀

选用 90°主偏角，前刀面磨有 4～6mm 卷屑槽，切削抗力及摩擦阻力小，因而切屑排出轻快，散热性能好，切削过程中形成银白色主切屑。卷屑槽和主刀刃共同构成 $\lambda=3°$的刃倾角，不但排屑方向性好，切屑不会擦伤已加工表面，而且保证了切削过程的安全。主切削刃上磨有 0.15～0.20mm，－20°的倒棱，刀尖处磨有 $R=0.15\sim0.20$mm 的圆弧，主切削刃及刀尖强度较高。倒棱在加工过程中产生线状蓝色副切屑串在主切屑中间随主切屑同时排出，如栏图 8-2 所示，从而消除了积屑瘤停留在已加工表面上的可能，降低了表面粗糙度。这一刀具结构比较简单，手工刃磨容易掌握，适应于粗车、半精车、精车工序。一把刀可完成整个外圆加工过程，减少换刀时间。

切削用量：切削 $\phi20\sim\phi40$mm，长度 1～1.5m 的钢件时，粗车，$n=450\sim750$r/min，$\alpha_p=1.5\sim3$mm，$f=0.3\sim0.5$mm/r；半精车，$n=600\sim1\,200$r/min，$\alpha_p=1\sim1.5$mm，$f=0.3\sim0.5$mm/r；精车，$n=600\sim1\,200$r/min，$\alpha_p=0.5\sim0.7$mm，$f=0.15\sim0.20$mm/r。

主切屑（银白色）
副切屑（线状蓝色）

栏图 8-2　车削细长轴排屑情况

2. 加工前准备工作

(1)车床的选择及调整　该车削细长轴的方法，适用于在 CA6140 型或同类型车床上进行。

细长轴在加工过程中，由于轴件长度大，往往需使用车床床身导轨的全部或大部分，而普通车床加工短工件较多，使床身靠近卡盘部分(近床头部分)的导轨磨损较快，造成了车床尾座顶尖中心和床头主轴中心线与全部导轨的不平行，如栏图 8-3 所示。因此就必须调整车床，使它适用于细长轴的加工。其调整方法如下。

①使主轴中心线与导轨平行，需调整尾座。检查方法：以 CA6140 型车床为例，可采用 $\phi50$mm×1 000mm 检验棒(长度视车床长度而定)顶在两端中心上，如栏图 8-4 所示，百分表装在溜板上指向检验棒的上部，摇动溜板检查检验棒两端的误差。然后根据所检测误差情况，可使用厚度约 0.04mm 的办公纸垫起尾座与床身导轨接触面的端部，垫的位

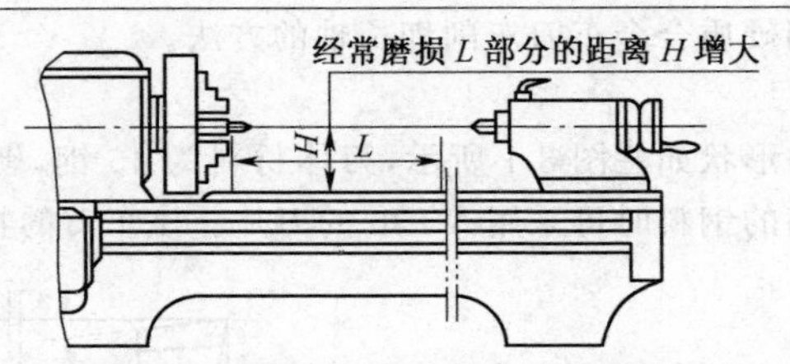

栏图 8-3 车床经长期使用的磨损情况

置与厚度按误差的位置与尺寸而定。如果靠尾座顶尖部分低时，可垫尾座的前部；靠车头部分低时，可垫尾座后部。

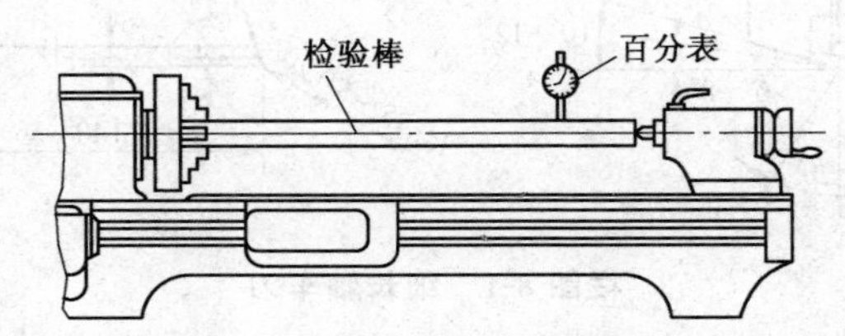

栏图 8-4 检测主轴中心线与导轨平行

②尾座顶尖中心对床头中心的同轴度是非常重要的。检查方法与检查平行度相似，百分表指向检验棒的侧面，如栏图 8-5 所示。根据测得误差尺寸，误差斜度超过 0.1mm 就应对尾座进行调整；误差＜0.1mm 难于调整时，就采用纸垫顶尖锥柄和顶尖套锥孔的接触面的两侧。如果靠顶尖部分尺寸大于床头部分，就垫在锥孔的外侧；如果靠顶尖部分小于床头部分，就垫在锥孔的内侧。以上两种检验方法如无检验棒时，可把工件装夹上，在轴件两端上车出两段直径相等的尺寸，用同样的方法检查调整车床。

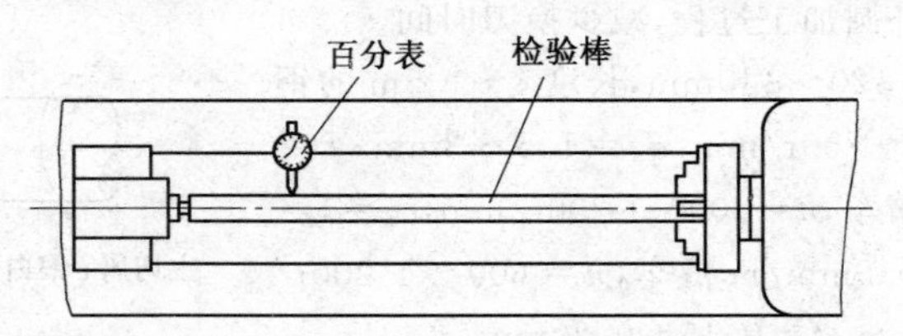

栏图 8-5 检测尾座顶尖中心对床头中心的同轴度

此外，还需将横溜板楔铁的间隙调整好，防止加工过程中扎刀，还能准确方便地控制进退刀。

(2)跟刀架的结构及调整 跟刀架是细长轴车削必不可少的附件，栏图 8-6 所示是三支柱跟刀架，三支柱互成 90°角(加工长轴外圆表面只用上、侧两个支柱，车长丝杠时同时用上、侧、下三个支柱)。

跟刀架两相邻支柱均保证互成 90°，可使每个跟刀架支柱保证向心平行运动，达到支柱与工件表面接触良好。支柱伸出长度不要过长，以 30～35mm

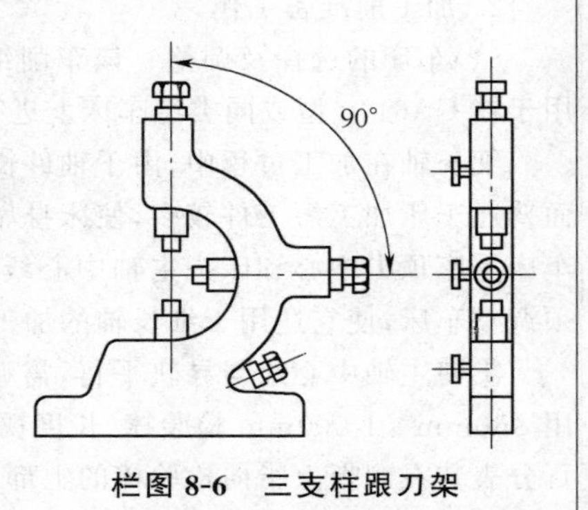

栏图 8-6 三支柱跟刀架

为宜。支柱爪材质为普通灰铸铁，不得采用铜爪，铜爪磨损太快；更不能用钢爪，因钢爪不能保证切削过程的良好状态，并会破坏已加工表面。实践证明用普通灰铸铁爪，有磨损较小，能保证加工精度，不会研伤工件表面和降低工件表面粗糙度的优点。当加工不锈钢或30以下的软钢材或铜棒时，须采用胶木爪。支柱滑槽宽度与固定螺钉顶端直径应保持间隙配合，但不得有松动现象。

跟刀架的支柱爪与轴件表面应接触良好，否则在高速切削过程中会产生振动，并使加工工件产生圆度误差。栏图 8-7 所示为跟刀架支柱爪和轴件表面接触为良好状态，栏图 8-8 所示为不良状态。

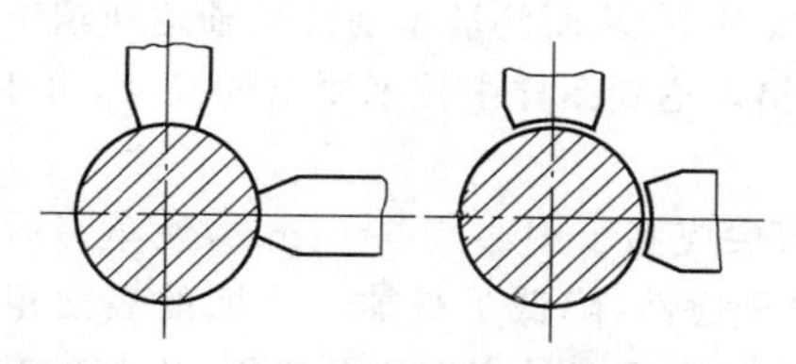

栏图 8-7　跟刀架支柱爪与轴件接触正确

栏图 8-8　跟刀架支柱爪与轴件接触不正确

3. 车削细长轴操作过程

以栏图 8-9 所示工件为例，材质为 45 钢（经正火或调质处理），加工余量为 8～10mm；选用设备为 CA6140 型车床，切削液为乳化液。

采取卡一头顶一头的方法，先车轴端面，车出准备装夹的一端，如栏图 8-10 所示，调头车轴端面、打中心孔。装卡上轴件后使用回转顶尖适力定好。最好采用栏图 8-11 所示的回转顶尖，因这种顶尖后部有碟形弹簧，回弹性好，即便轴承磨耗，在加工中也能保证同轴度。接着选择切削用量及转速开始粗车。车刀切入工件后随即调整跟刀架，在走刀过程中切入轴向长 20～30mm 时，迅速地先将外侧跟刀架支柱爪与工件表面接触，后将上支柱爪接触，最后顶上跟刀架紧固螺钉。车刀刀尖和跟刀架左端面之间的距离 δ 最好为 1.5～2.0mm，如栏图 8-12 所示。

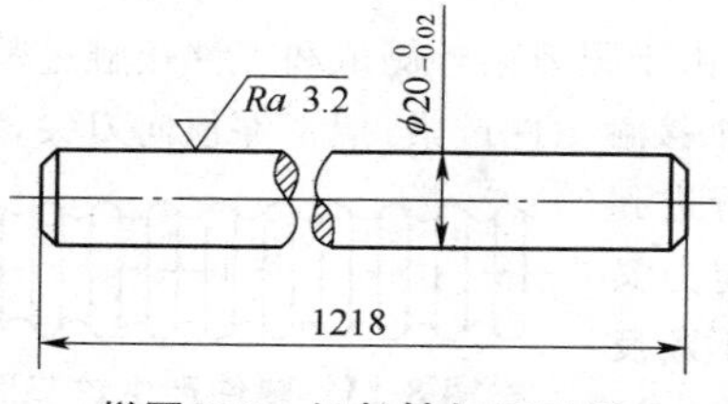

栏图 8-9　细长轴加工示例

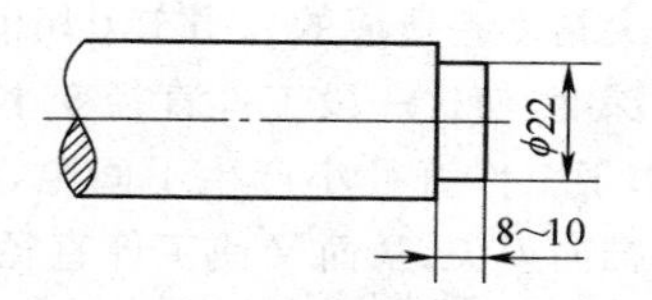

栏图 8-10　粗车出被装夹一端

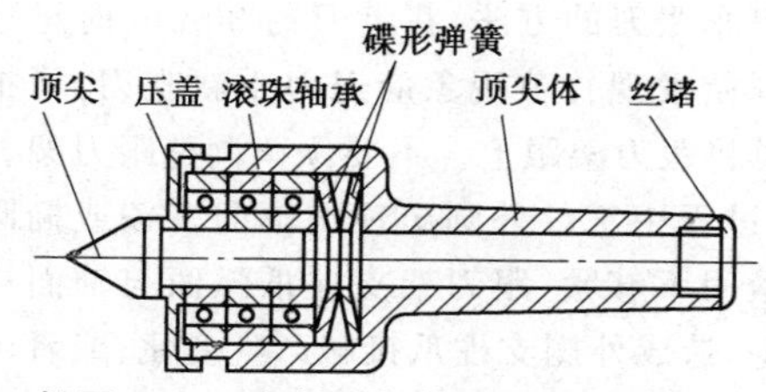

栏图 8-11　车削细长轴使用的回转顶尖

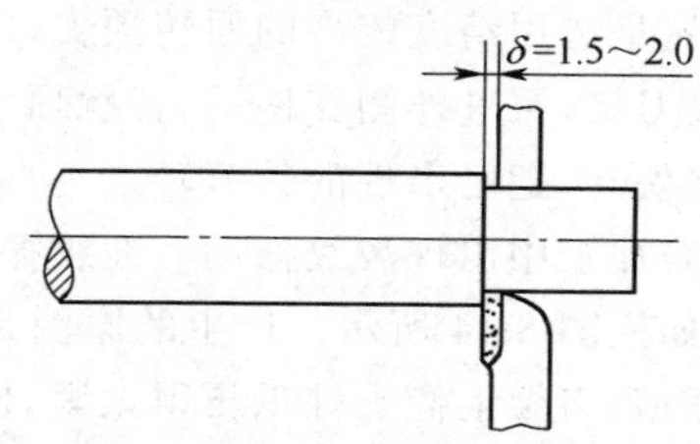

栏图 8-12　车刀刀尖与跟刀架左端距离

前面说到，因为床身导轨磨损不均，容易造成车床主轴中心和顶尖中心与床身导轨面之间的局部不平行，引起跟刀架上侧支柱爪在不同位置上的压力变化，影响轴件精度和正常行进，所以在切削过程中要及时在不同阶段调整上侧支柱爪，但不得任意调整外侧支柱爪。

(1)中心孔的检查和校正 第一刀车过轴件内应力反映出来后，接着，须进行找正轴件中心。找正方法在本章第一节“二、细长轴切削形式”中曾作过介绍。找正时，顶尖与轴件间接触压力的大小，以回转顶尖开始跟随轴件旋转再稍加一点力即可。压力太大容易使工件弯曲变形，压力太小容易引起开始吃刀时的振动或研坏顶尖表面。每车一刀后轴件都要按上述方法检查一次中心孔的准确性。如果中心孔不正，要继续进行校正，这样通过几次校正，就使工件反映出的内应力逐步消除或减少，从而使被车削细长轴达到较小的直线度误差(0.03/500mm)。通过粗车、半精车、精车达到图样中技术要求的尺寸，再用1号砂布稍稍打光，即完成了外圆的加工。

(2)车刀的装卡 高速细长轴车刀的装卡，刀尖应高于中心0.5～1mm，使车刀后刀面与轴件有轻微的面接触，增加了切削过程中的平稳性，降低了被加工表面的表面粗糙度。由于栏图8-1所示90°偏刀在轴向进刀切削力过大时容易产生扎刀现象，装夹车刀时刀尖稍向右偏约2°，实际主偏角为88°左右，这样可克服扎刀现象。

4. 易产生问题和对策

(1)轴件出现弯曲 细长轴本身由于刚度差，在加工过程中极易产生弯曲变形。材质本身有内应力，所以在切削前应进行热处理(正火或调质处理)。正火后，检查弯曲程度，若弯曲过大不能加工时，不允许采用冷调直矫正方法，需要重新进行热处理，合格后再行加工。

工件装夹不良也是造成弯曲的原因之一。两端顶住轴件进行加工时，由于卡箍的抗力使轴偏向一方而产生杠杆作用，这样在加工中迫使工件产生内应力。加工中热量的增加使工件产生轴向伸长，两顶尖顶得过紧也可使工件产生弯曲。所以装夹轴件时采用一端卡一端顶的方法较好。当有些台阶多的工件卡着加工不方便时，也可采用两端顶的方法，但要注意装夹合理和随时调整顶尖的松紧程度。

(2)轴件出现竹节形 这种现象的产生主要是由于跟刀架外侧爪和工件接触过紧、过松或顶尖精度差造成的。当车刀切削工件时支柱爪接触工件过紧，把工件顶向刀尖，增加了吃刀深度，使这一段工件直径变小。当跟刀架行进到此处，由于工件直径小产生了间隙，切削时的径向力又把工件推向刀尖，从而又使工件直径变小。这样不断反复，使工件形成竹节形，如栏图8-13所示。其解决方法是：首先是选用精度较高的回转顶尖，并采取不停车跟刀的方法，在走刀约30mm时迅速调整跟刀架，跟进外侧支柱爪，轻触顶实即可。开始发现竹节现象应退刀重新吃刀，可把跟刀架松开，把已出现的竹节轻走一小刀消除，再将跟刀架跟上。不要停车调整跟刀架。

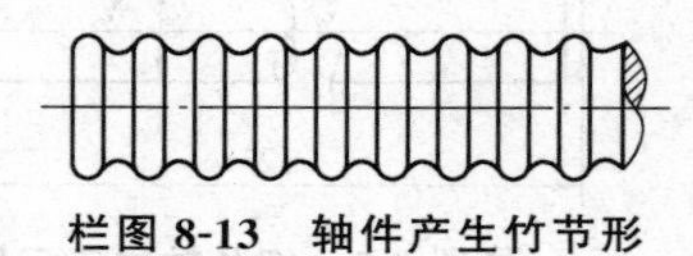

栏图8-13 轴件产生竹节形

(3)加工中出现波纹振动 波纹振动是进刀过程中工件外圆出现的轴向多棱或椭圆状态，如栏图8-14所示。产生的原因是跟刀架紧固不够紧，跟刀架支柱爪弧面与轴面接触不好；跟刀架上侧支柱爪压得太紧，使工件下垂，造成外侧支柱爪接触产生变化；或者由于回转顶尖轴承松动或有圆度误差，在开始吃刀时就有振动及椭圆。

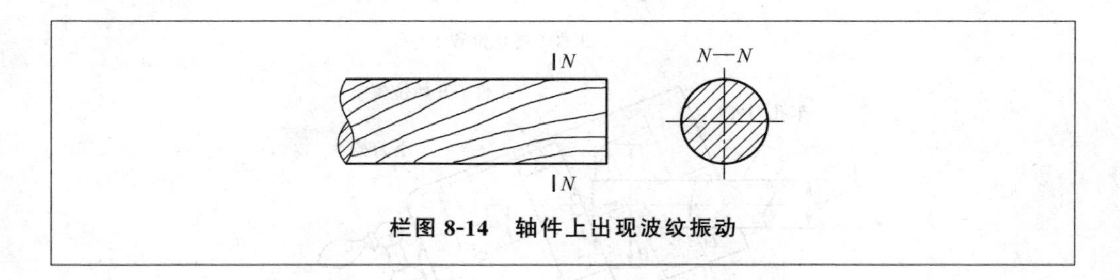

栏图 8-14 轴件上出现波纹振动

第二节 车床上加工非圆形工件

一、车削椭圆孔和外椭圆工件

在车床上,如果改变刀具切削位置或工件的安装位置,或者借助于辅助装置,都可以加工出椭圆形表面。

1. 椭圆加工原理

根据几何知识得知,如果从 A 向[图 8-14(a)]看 $C—C$ 是个圆盘,在倾斜于 $C—C$ 的 OO'轴线上的投影就是一个椭圆面,无数个相同椭圆面在同一轴线上的集合,即成为椭圆柱体,其外表面就是椭圆柱面。同理,一个圆柱孔工件,将其从垂直于孔中心线的方向切开,其断面是个圆孔[图 8-14(b)];当倾斜于孔中心线的方向($A—A$)切开,其断面却是个椭圆孔,并且,切断倾斜角 α 越小,椭圆长轴 D_1 与短轴 D_2 的长度差越大。在车床上就是根据这个原理把椭圆柱面和椭圆孔加工出来的。

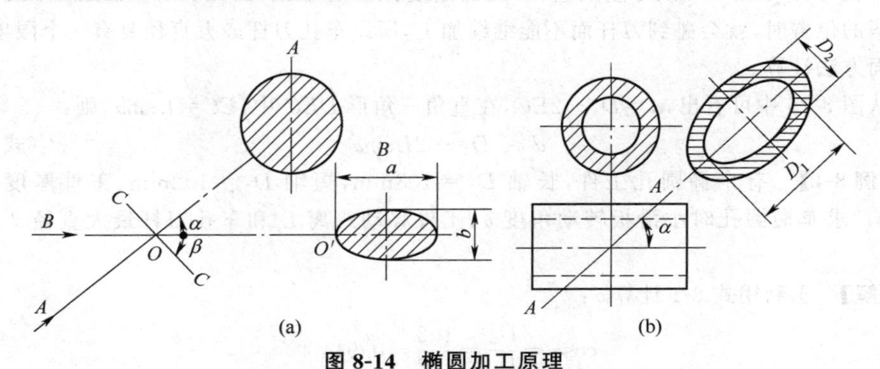

图 8-14 椭圆加工原理

(a)椭圆柱加工原理 (b)椭圆孔加工原理

2. 椭圆孔车削技术

图 8-15 所示,将刀架拆掉,车孔刀杆安装在主轴的自定心卡盘内,工件夹持在刀架上。车削时,使车孔刀刀尖的回转直径等于椭圆的长轴 D_1,小滑板的导轨方向与车孔刀杆轴线相交成 α 角。溜板固定不动,由小滑板带动工件沿 H 方向(导轨方向)移动,当工件移动 L 距离,椭圆孔就车削出来了。

小滑板转动角度 α 用式 8-1 计算:

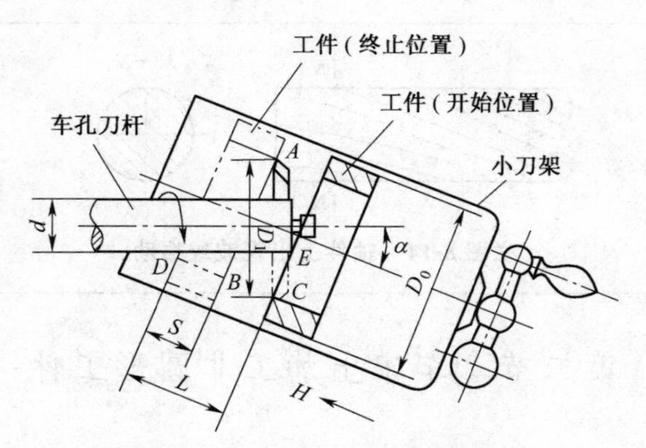

图 8-15　车床上加工椭圆孔

$$\cos\alpha = \frac{D_2}{D_1} \tag{式 8-1}$$

式中　D_2——椭圆孔短轴长度(mm)；

D_1——椭圆孔长轴长度(mm)。

工件移动距离 L 用式 8-2 计算。在直角三角形 ABC 中：

$$BC = D_1 \sin\alpha$$

则：

$$L = S + D_1 \sin\alpha \tag{式 8-2}$$

式中　S——工件厚度(mm)；

D_1——椭圆孔长轴长度(mm)。

车孔刀杆直径 d 应该尽量大些，以提高刚度。但是，如果 d 太大，工件在尚未到达加工完毕的位置时，就会碰到刀杆而不能继续加工，所以车孔刀杆最大直径要有一个限度，可按下面方法计算。

从图 8-15 中可看出，$d = D_1 - 2EC$，在直角三角形 DEC 中，$EC = L\sin\alpha$，则：

$$d \leqslant D_1 - 2L\sin\alpha \tag{式 8-3}$$

【例 8-1】　有个椭圆孔工件，长轴 $D_1 = 108$mm，短轴 $D_2 = 102$mm，工件厚度 $S = 50$mm。求车椭圆孔时小滑板转动角度 α、工件移动距离 L 和车孔刀杆最大直径 d 各为多少？

【解】　①利用式 8-1 计算 α：

$$\cos\alpha = \frac{D_2}{D_1} = \frac{102}{108} = 0.944\ 4$$

$$\alpha = 19°12'$$

②利用式 8-2 计算 L：

$$L = S + D_1 \sin\alpha = 50 + 108 \times 0.328\ 9 = 85.5(\text{mm})$$

③利用式 8-3 计算 d：

$$d \leqslant D_1 - 2L\sin\alpha = 108 - 2 \times 85.5 \times 0.328\ 9 = 52.7(\text{mm})$$

3. 车削外椭圆工件

利用图 8-14 所示椭圆形成原理，即可在车床上切削出外椭圆工件。

图 8-16 中，将车刀刀轴装夹在车床主轴的自定心卡盘内，在刀轴上安装两个车刀(一

个粗车用，一个精车用），并将车刀的安装位置调整到能车出椭圆工件长轴尺寸的距离。工件安装在小滑板上，切削时，利用小滑板进给，即可加工出所要求的外椭圆工件。

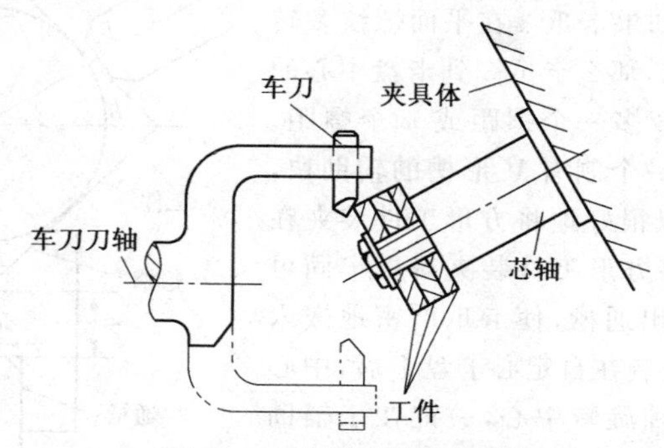

图 8-16　车削外椭圆工件

另外，车床上加工椭圆还可利用靠模车削成形等方法。

二、车削非规则工件

非规则工件一般指外形不规则或外形复杂的工件，这类工件在装夹定位中的难度都比较大，下面主要针对装夹方法进行介绍。

1. 不规则工件主要装夹形式

由于不规则工件有各种不同的形状，所以也有多种多样的装夹方法，它主要根据工件形状和加工要求具体确定。但总体来说，有以下几种装夹形式。

(1)使用自定心卡盘或单动卡盘装夹　遇到不规则方形或近似方形（或夹持处呈方形）一类工件时，若使用单动卡盘夹紧，往往需要较多的调整找正的辅助时间，影响了生产效率。这时可采用下面的方法，将方形工件安装在自定心卡盘上，如图 8-17 所示，使用带有 V 形槽的半圆垫块 A 和矩形垫块 B 将方形工件装夹在自定心卡盘上。如果使用矩形垫块 C 和 D，还可用来装夹其他形状的工件。

图 8-18 所示是将方形工件装夹在一个带有开口槽的弹性圆筒内，圆筒放进自定心卡盘的卡爪中，拧动卡爪将工件夹紧。

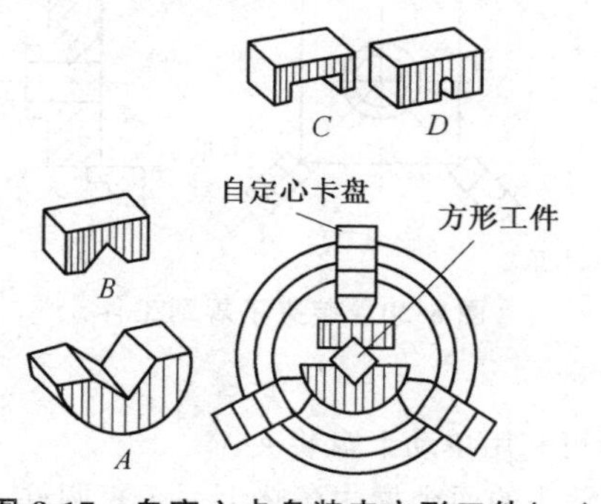

图 8-17　自定心卡盘装夹方形工件（一）

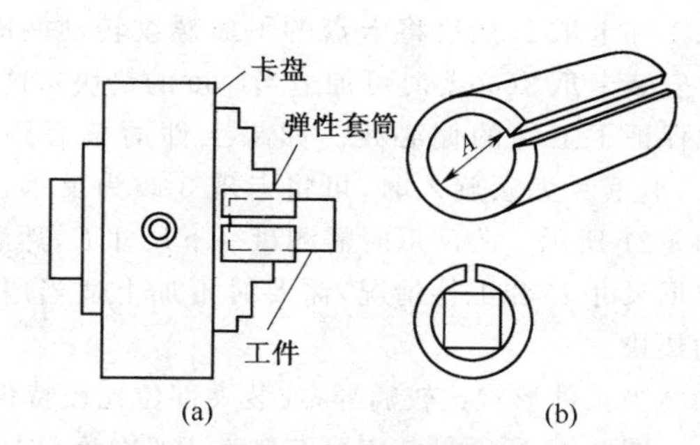

图 8-18　自定心卡盘装夹方形工件（二）
(a)方形工件装夹在卡盘上　(b)弹性套筒和装夹工件情况

自定心卡盘的三个卡爪是由卡盘内部的平面螺纹传动，使得三个卡爪同时张开或缩合。这样，按照顺序装入卡爪时，如果卡爪 3 在平面螺纹多转一圈或 n 圈之后才装入，那么卡爪 3 到卡盘中心的距离就会比卡爪 1 和 2 多一个螺距或 n 个螺距。这时，在卡爪 3 处装上一个制有 V 形槽的辅助块，如图 8-19 所示，就可以很好地将方形工件装夹在自定心卡盘上。为了将方形工件装夹得更牢固可靠一些，在辅助块上铣出通槽，使卡爪严密地嵌入通槽内。当方形工件安装在自定心卡盘上后，中心点 O 能否对正车床主轴旋转中心，关键在于辅助块上尺寸 h 是否准确。图 8-19 中，方形工件的边长为 a，卡爪端部的顶面宽度为 S；已知自定心卡盘平面螺纹的螺距为 P(单线)，装入卡爪 1 和卡爪 2 后，螺纹转动 n 圈后再装入卡爪 3，这时，尺寸 h 用式 8-4 计算(推导步骤略)：

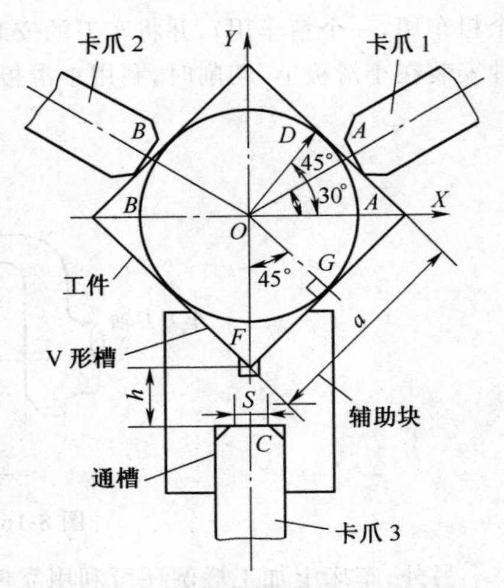

图 8-19 使用辅助块装夹方形工件

$$h=-0.18947a+0.13397S+nP \quad \text{(式 8-4)}$$

【例 8-2】 设被夹持加工的方形工件边长为 40mm×40mm，自定心卡盘平面螺纹的螺距 $P=10$mm，卡爪端部顶面宽度 $S=8$mm，先安装卡爪 1 和卡爪 2，待平面螺纹转动 2 圈($n=2$)后再装入卡爪 3，求辅助块尺寸 h 应为多少？

【解】 利用式 8-4 计算辅助块尺寸 h：

$$\begin{aligned} h &= -0.18947a+0.13397S+nP \\ &= -0.18947\times40+0.13397\times8+2\times10 \\ &\approx 13.5(\text{mm}) \end{aligned}$$

利用上面的原理还可装夹其他形状的工件。图 8-20 所示，设工件的偏心距为 20mm。这样的工件在自定心卡盘上安装，若自定心卡盘内部的平面螺纹螺距 $P=10$mm，装夹时，先顺序安装卡爪 1 和卡爪 2，然后将卡盘的平面螺纹转动两圈，再安装卡爪 3(必要时可加适当厚度的垫块)，这样也保证了工件的偏心距。如果工件的偏心距较大，卡爪 3 无法旋入时，可将卡爪 3 改为反爪，如图 8-21 所示。改反爪时需测量一下尺寸 E，然后，根据尺寸 E 和工件情况，需要时再加上适当厚度的垫块。

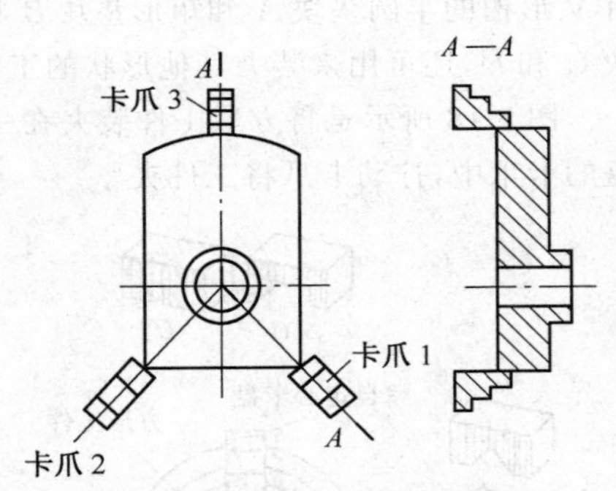

图 8-20 装夹不规则工件

当工件形状比较畸异，或装夹部位比较特殊时，可利用单动卡盘装夹。

图 8-22 所示是装夹麻花钻钻刃部分车钻柄，在钻头的两个槽内各垫上一个短圆柱，用单动卡盘上的两个对应卡爪夹住两个短圆柱，另外两个卡爪夹住钻头的两侧，这样就可将工件牢固地安装好。

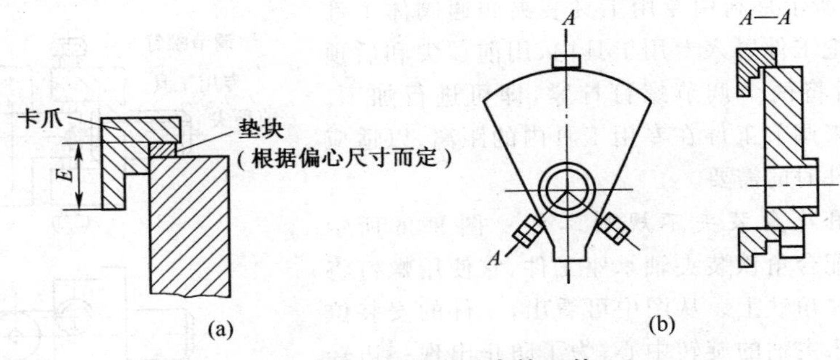

图 8-21　反装卡爪夹持工件

(a)反装卡爪加垫块　(b)反装卡爪不加垫块

(2)使用角铁装夹不规则工件　工件上的加工部位如果呈倾斜位置,或定位基准面倾斜成某种角度时,装夹工件所使用的角铁也应倾斜成相应的角度(图 8-23 所示为 45°的角铁结构),这样,就方便了工件的定位和安装。

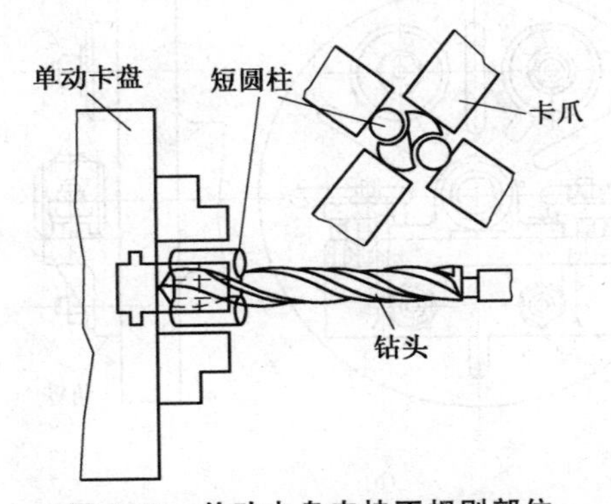

图 8-22　单动卡盘夹持不规则部位

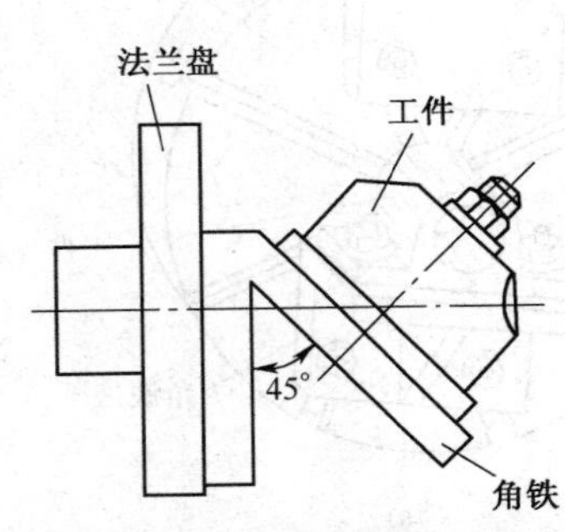

图 8-23　被加工部位呈倾斜角度时的装夹

(3)使用专用工具夹持不规则工件　车削图 8-24(a)的偏芯轴不规则工件时,可使用图 8-24(b)所示的专用胎具。按照工件的偏心距在胎具上镗出偏心孔,并做出螺钉孔。加工时,将工件放进偏心孔内,并用螺钉固定,然后用后顶尖顶好,即可进行车削。

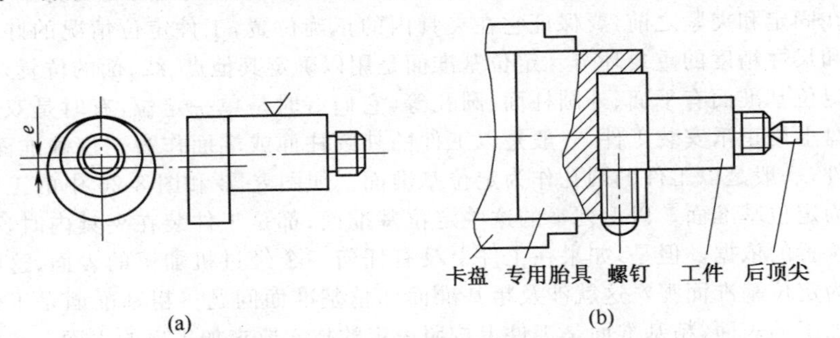

图 8-24　专用胎具装夹不规则工件

(a)不规则工件　(b)利用胎具装夹情况

图 8-25 所示是利用专用工具装夹四通阀体工件时的情况。把工件置入专用工具内，用前顶尖和后顶尖顶住，然后将两个调节螺钉拧紧，即可进行加工。调节螺钉用来调节工件在专用工具内的距离，以适应装夹不同工件时的需要。

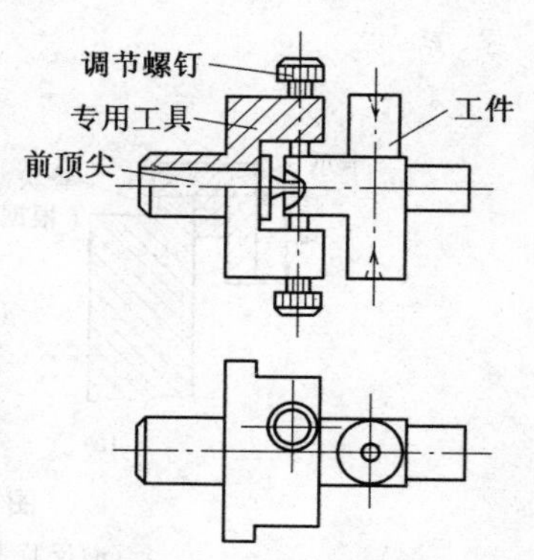

图 8-25 专用工具装夹不规则工件

(4)利用花盘装夹不规则工件 图 8-26 所示是利用花盘配合角铁装夹轴承座工件，它使用螺钉将轴承座固定在角铁上。从图中可看出，工件的安装位置偏离了车床主轴的旋转中心；为了防止出现一边轻一边重，造成回转中离心力不一致的现象，可在工件的对面处配上平衡块，这样切削中回转力均匀，有利于保证加工精度。

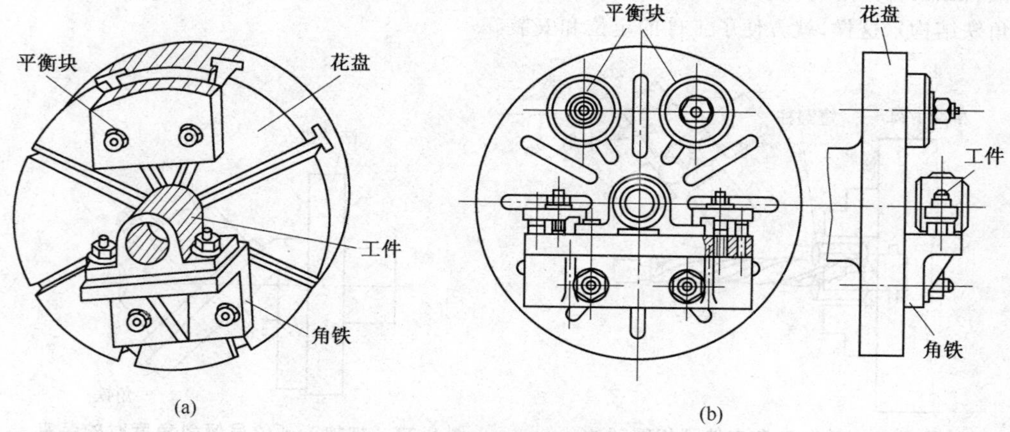

图 8-26 花盘装夹轴承座工件

(a)使用一个平衡块 (b)使用两个平衡块

2. 装夹不规则工件中的定位和基准面选择

安装工件中，定位和选择基准是不容忽视的，尤其装夹不规则工件时更为重要。

工件在固定和夹紧之前，要保证它在夹具内的正确位置，工件定位情况的好坏是决定加工质量和尺寸精度的重要环节。定位基准面是用以确定其他点、线、面的位置，作为根据的表面。定位基准面有平面、外圆柱面、圆孔等，它们有时是单一定位，有时是双定位。在自定心卡盘上用正爪安装工件，一般是以工件的外圆柱面或端面作为定位基准面；使用芯轴装夹工件，一般是以工件的圆孔作为定位基准面。如图 8-23 和图 8-26 中的工件安装是以平面作为定位基准面。以上列举的这些定位基准面，都是工件装在夹具内时，确定工件在夹具中位置的依据。但是，如果在工件上没有任何一个经过机加工的表面，这时该以哪个表面作为定位基准面呢？这就涉及粗基准面和精基准面问题。粗基准面是工件上没有经过机械加工的表面，精基准面是工件上按照一定的技术要求加工出的表面。车削一个没有任何机加工过的工件，装夹时就先选择一个粗基准面作为定位基准面。

复习思考题

1. 车削细长轴为什么应配合使用跟刀架？

2. 车削细长轴时采用由左至右反向走刀有什么作用？

3. 防止细长轴出现弯曲变形和产生竹节形应采取哪些措施？

4. 车床上车削椭圆形表面的原理是怎样的？

5. 装夹不规则工件时，怎样选择定位基准面？

6. 什么是定位基准面？粗基准面和精基准面有什么区别？

练　习　题

8.1　判断题(认为对的打√，错的打×)

1. 车细长轴时，两爪跟刀架比三爪跟刀架使用效果好。(　　)

2. 用固定顶尖安装车削细长轴时，当车削一段时间后工件发生弯曲变形，其主要原因是工件热变形伸长。(　　)

3. 粗车细长轴时，由于固定顶尖的精度比回转顶尖高，因此固定顶尖的使用效果好。(　　)

4. 车削细长轴时，因为工件长，热变形伸长量大，所以一定要考虑热变形的影响。(　　)

5. 车削细长轴时，产生“竹节形”的原因是跟刀架的卡爪压得过紧。(　　)

8.2　问答题

*1. 什么情况下需要使用高黏度润滑油？什么情况下需要使用低黏度润滑油？

*2. 为什么只能用高黏度润滑油代替低黏度润滑油，而不能相反？

附录　练习题参考答案

第一章

1.1

1.

	X家	A	B	C	D	E	F	G	H	I	J
门牌号	主视图	11	1	26	20	7	23	4	29	14	17
	俯视图	10	2	27	19	8	22	5	30	13	16
	左视图	12	3	25	21	9	24	6	28	15	18

2.

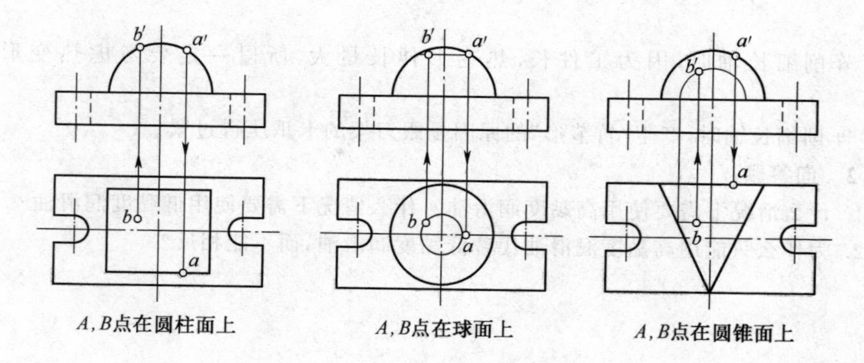

A,B点在圆柱面上　　A,B点在球面上　　A,B点在圆锥面上

题图 1-2 解

3. 正确的为图(a-2)、图(b-1)、图(c-2)、图(d-1)、图(e-1)、图(f-2)。

4. 左视图中槽深轮廓线应为圆弧，不应是直线，俯视图中因中间刨去一块，圆弧应小于半径。

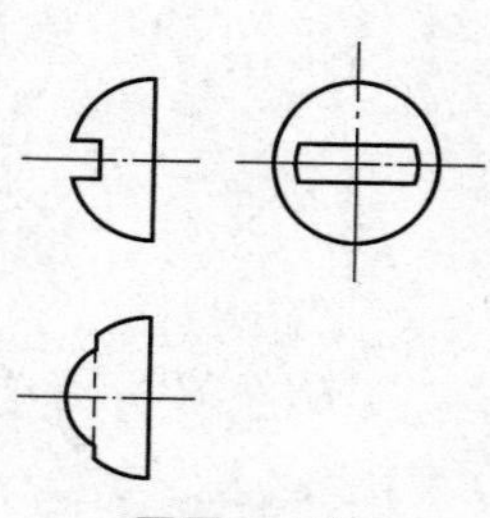

题图 1-4 解

5.

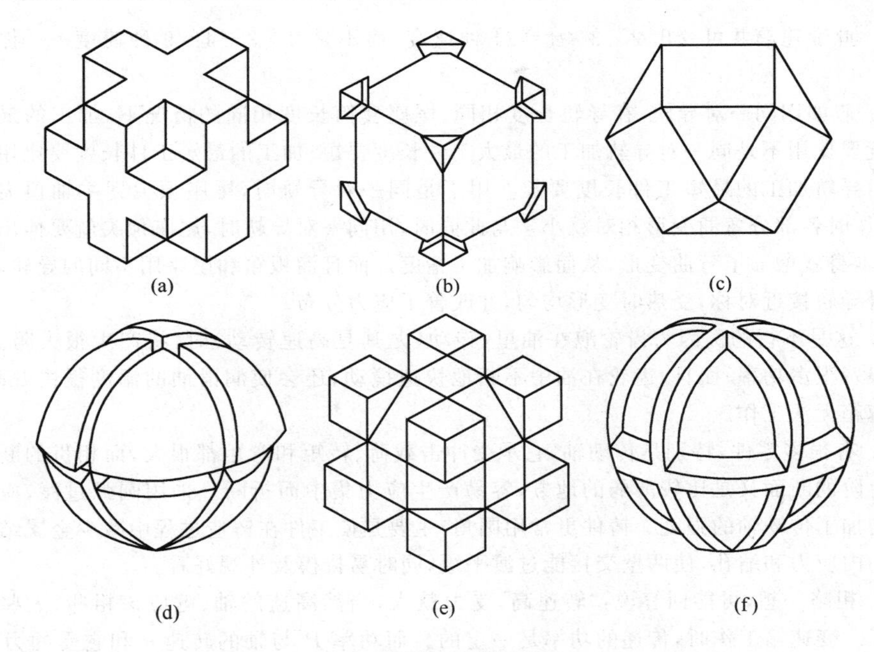

题图 1-5 解

1.2

1.(D);2.(C)。

1.3

1.(×);2.(√);3.(√);4.(√);5.(×);6.(√);7.(×);8.(×)。

1.4

上极限尺寸＝(60＋0.009)＝60.009(mm)

下极限尺寸＝(60－0.021)＝59.979(mm)

公差＝[＋0.009－(－0.021)]＝0.03(mm)

答:该轴的上极限尺寸为 60.009mm,下极限尺寸为 59.979mm,公差为 0.03mm。

1.5　零件表面粗糙,接触面积小,应力大,容易出现"应力集中"。尤其是使用刀尖角小的尖细车刀加工出的粗糙表面,在刀尖形成的"波谷"处,受交变载荷作用时,因应力集中而首先出现小裂纹,并在负载作用下不断扩大,引起了"疲劳破坏"。试验表明,对于低碳钢材料,与粗抛光工件相比,粗车工件的持久极限要降低 8%左右,粗车工件要降低 12%;对于强度较高的中碳钢材料,影响更大:精车工件降低 16%,粗车工件降低 19%。所以说,降低加工表面粗糙度,可以提高其疲劳强度。

第二章

2.1

1.(C);2.(A);3.(A);4.(C);5.(A);6.(A);7.(A);8.(C)。

2.2

1.(√);2.(√);3.(√);4.(×);5.(×);6.(×);7.(√);8.(×);9.(×);10.(√)。

2.3

1. 此变速箱共可变出 2×3×4＝24 种速度，而不是 2＋3＋4＝9 种速度——你想得通吗？

2. 假如用同一对导轨，在导轨长度相同、尾座套筒长度相同的情况下，加工的最大工件长度要比用不是同一对导轨加工的最大工件长度要短；加工的最短工件长度要比用不是同一对导轨加工的最短工件长度要长。用不是同一对导轨时，尾座顶尖到主轴顶尖跨距小，工作时各部分弯曲变形相对就小。与此同时，用同一对导轨时，尾座顶尖就要伸出长一些，这本身就增加了弯曲变形，从而影响加工精度。而且溜板箱和尾座用不同的导轨，可以使床身导轨接近对称，受热时变形均匀，并改善了应力分布。

3. 这是不行的。因为齿轮泡在油里，转动（尤其是高速转动）时，将产生很大阻力，要白白浪费很多功率；而且，齿轮在油中不断地快速搅动，还会使润滑油的温度很快升高，致使变速箱无法工作。

4. 有很多零件，特别是传动轴，它承受冲击载荷、转矩和弯矩都很大，而相贯的断面和每个台阶的断面又是比较薄弱的地方，容易产生应力集中而折断。采用圆弧过渡，应力分散而增加了传动轴的强度。铸件更常用圆角，主要是使工件在铸造过程中减少金属结晶而产生的内应力和缩孔，使两壁交接能过渡平缓，同时易拔模及外观好看。

5. 粗略一想，可能回答说："转速高，受力就大，当然高速的轴、键应该粗些、大些。"这就错了。变速箱工作时，传递的功率是一定的。而功率 P 与轴的转速 n 和它受的力矩 M 的乘积成正比，即：$P \propto n \times M$（$\propto$ 是表示"成正比"的数学符号）。恰恰是低速级的轴，因 n 小，轴、键受的力矩 M 就大。为保证轴、键有足够强度，不致破坏，低速级的轴、键应做得粗些、大些。同样道理，低速级齿轮上的模数也应该大些。——这是机械传动中一个基本的、也是重要的概念。

6. 第一处，刃倾角 λ 是在主切削平面内主切削刃与基面的夹角。因此，观察它的方向 K 始终应该是垂直于主切削刃在基面上的投影。但题图 2-6 所示的 K 向并不垂直于主切削刃在基面上的投影。而是平行于副切削刃在基面上的投影。

第二处，从刀具在基面上的投影可知，此车刀属于平前刀面型，即主、副切削刃共一个前刀面。此时，若刃倾角 λ 为正，则副前角 γ_1 必为负；反之，若副前角 γ_1 为正，则刃倾角 λ 为负。本图二者均为正，因此，其中必有一个角度的方向画反了。

7. 硬质合金车刀常用于高速车削，因为在高速车削时，车刀刀齿、被加工表面、切屑都有很高的温度，可达 600～1 000℃左右，这样高的切削热在高速车削中变成了有利因素。一方面由于切削热降低了工件的硬度，使被切削材料的局部变软些，所以便于切削加工；另一方面它还可以为性质脆的硬质合金车刀增加韧性，使其不易崩裂。从这个意义说，使用硬质合金车刀进行普通速度的低速车削是得不偿失的事情。

8. 一般来说，YG 类硬质合金经过喷砂处理后，表面光亮、平滑，呈银灰色。而 YT 类硬质合金表面没有 YG 类平滑，颜色较暗。如果把同类型同尺寸的两类硬质合金放在手里，则 YG 类感觉较重，YT 类感觉较轻。较可靠的办法，可将硬质合金放入水银（汞）中鉴别。如解图 2-1 所示，因为水银的密度是 13.6，YG 类密度比水银大，沉入底部，而

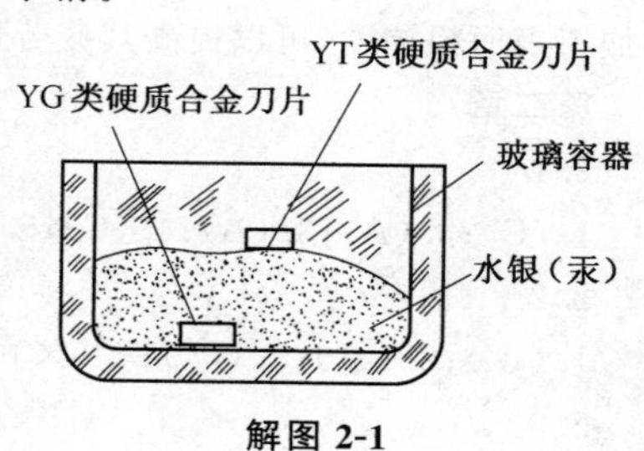

解图 2-1

YT 类密度则比水银小，浮在上面。

9. 车刀耐用度通常用 T 表示，单位为 min。耐用度还可以用切削的路程表示，或以磨损强度表示车刀的耐磨性能。在车刀和工件已经确定的前提下，T 定得太大，势必只好选用较小的切削用量，尤其只能选择较低的切削速度，这样必然会降低生产率和提高成本。反之，若 T 定得太小，尽管切削速度可以选得高一些，切削时间会短一些，但车刀的磨损也将因此而加快，磨刀、换刀、调刀等辅助时间将随之增加，因此，对提高生产率和降低成本也是不利的。一般应针对不同情况，通过实验、实践和分析，确定一个合理的车刀耐用度。

10. 切屑是怎样被车下来的呢？它和车刀耐用度、加工精度、车床维护、安全生产有什么关系呢？这些往往被人忽视。切屑的形成乍看起来好像很简单，其实不然。过去曾有人把金属切削比作斧子劈木头，是由于楔子的作用，而把金属劈下来的。后来经过实践、分析、观察，证明这种说法是错误的。

金属切削加工过程，实际上也是金属受挤压的过程，它要产生弹性变形和塑性变形，但最主要的还是塑性变形。金属通过塑性变形后，继续受力，就会挤裂，于是就变成“切屑”了。

实际上金属材料不是从工件上真正被“切”下来的，而是“挤压”下来的。在切削塑性金属材料(如钢材、合金钢等)时，切削层的金属经过挤压(弹性变形)、滑移(塑性变形)、挤裂和切离四个阶段而变为切屑，如解图 2-2 所示。在切削脆性金属材料(如铸铁等)时，切削层的金属经过挤压(弹性变形)、挤裂与切离三个阶段而变为切屑，如解图 2-3 所示。当然这些过程是在很短的时间内，连续不断地进行的，而且是很复杂的。由于金属材料受到车刀的挤压，切屑靠近车刀前刀面的那一面发生拉伸现象形成光滑表面，而反面则受到挤压而“毛松松”地裂开，如解图 2-4 所示。当然拉伸和挤压力的大小，要决定于切屑变形是否

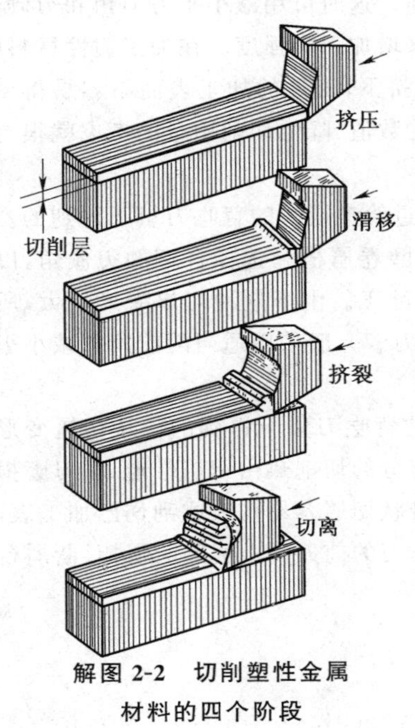

解图 2-2　切削塑性金属材料的四个阶段

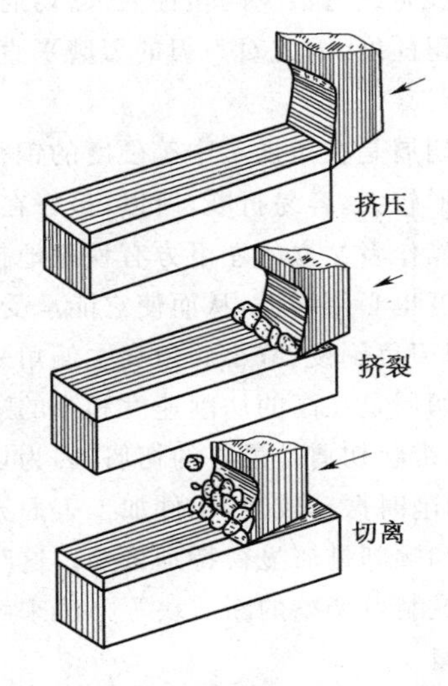

解图 2-3　切削脆性金属材料的三个阶段

剧烈，切削条件是否良好。有些车工师傅为使切削轻快和增大切削用量，往往增大车刀的前角，这是由于前角增大了，切屑变形减小，切削轻快，生产率就提高。在切削铸铁工件时，切屑发生塑性变形非常小，切屑成小粒或粉状排出，对刀尖不断地冲击，因而车刀的前刀面容易磨损。

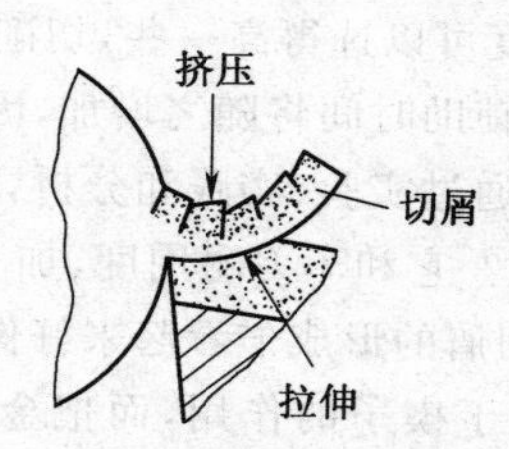

解图 2-4 金属材料受到拉伸形成切屑

11. 为了控制切屑的形状，必须先了解切屑的类型。在生产中，产生的切屑形状一般有四大类，即崩碎切屑、粒状切屑、节状切屑和带状切屑，如解图 2-5 所示。

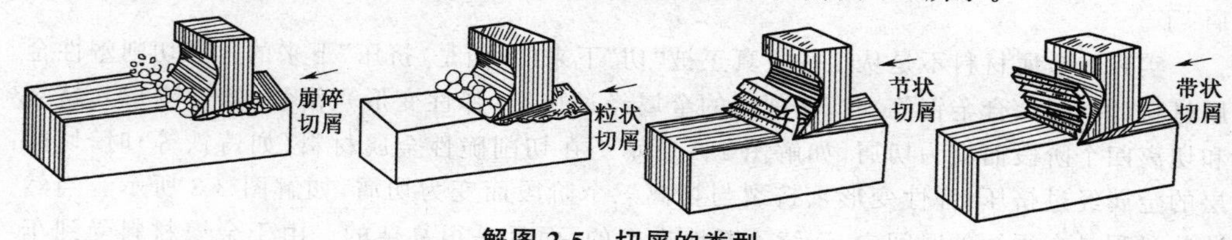

解图 2-5 切屑的类型

在加工较硬的脆性材料时大多数会出现崩碎切屑和粒状切屑。它对刀尖的冲击力较大，而且切削热多集中在刀尖附近，因而刀尖容易磨损。这时可用减小车刀前角和刃倾角、修磨刀尖过渡刃、增大刀尖角，或减小主偏角等措施来增加刀尖强度。在加工脆性材料时，由于切屑没有或有很少的塑性变形，切屑一块块地被挤下，工件的加工表面不容易得到很低的表面粗糙度，因此对刀刃的刃磨平直性、修光刃的数值、降低切削用量的考虑就很有必要了。

节状切屑是在粗加工中等硬度的钢材时，采用大进给量或大的背吃刀量下得到的。这种切屑变形较大，容易折断，所以，最好在车刀面上刃磨卷屑槽和选择合理的刃倾角，以控制切屑向操作者站立的左下方有秩序地排出，不使它乱飞。由于这种切屑变形增大，所以车刀的强度也必须增大，从而使它能承受强大的切削力。一般采用适当的前角和减小刃倾角、刃磨刀刃负倒棱、减小后角和主偏角来解决。

带状切屑是在高的切削速度和小的进给量或小的背吃刀量下得到的。从切屑变形的观点出发，带状切屑是最好的切屑，因为切削时绝大部分的切削热由切屑带走，车刀磨损较慢，同时切削时振动较轻，工件加工表面光洁；但是，带状切屑容易伤人或刮伤已加工表面，因此切屑和顺利排屑显得特别重要。这时可采用在车刀的前刀面上刃磨断屑槽、断屑台或焊断屑板或装可调整的断屑块等办法来解决。

第三章

3.1

1.（×）；2.（×）；3.（×）；4.（×）；5.（√）；6.（√）；7.（√）；8.（×）；9.（×）；10.（√）；

11.（×）；12.（√）；13.（√）；14.（×）；15.（√）。

3.2

$$a=\frac{2}{200\times1/4}=0.04(\mathrm{mm});P=\alpha n=(0.04\times200)=8(\mathrm{mm})$$

答：刻度盘每格为 0.04mm，中滑板丝杠螺距为 8mm。

3.3

1. 卡盘和卡爪上的号码 1，2，3 如果都看不清楚，可将三个卡爪并排放齐，去比较卡爪背面螺纹的齿数，齿数多的为 1，次的为 2，齿数少的为 3，这样找出顺序后再安装。

2. 这是为了尽可能地减少床身受外部载荷引起床身变形。因为床身导轨的精度要求很高，尽管床身刚度较大，但也要尽可能地保护。车床在不工作时，将床鞍等有一定质量的部件移至有床腿支承的床身尾端，这样有助于达到保护床身导轨精度的目的。

3. 使用自定心卡盘将比较细长一类轴件夹紧，夹紧部分不能过长，一般在 15mm 左右，以防止轴件夹紧后，和后顶尖构成的中心线不同轴，而给轴件增添了附加弯曲。在这种情况下，如果强制装夹，就会造成较劲扭弯现象，如解图 3-1 所示。为了使轴件的夹持面与卡盘卡爪的接触面减小，就将直径 3～5mm 粗的钢丝搣成一个圆圈套在轴端约 8mm 处，这样，轴件与卡爪的面接触就成为线接触，然后用卡爪夹紧。

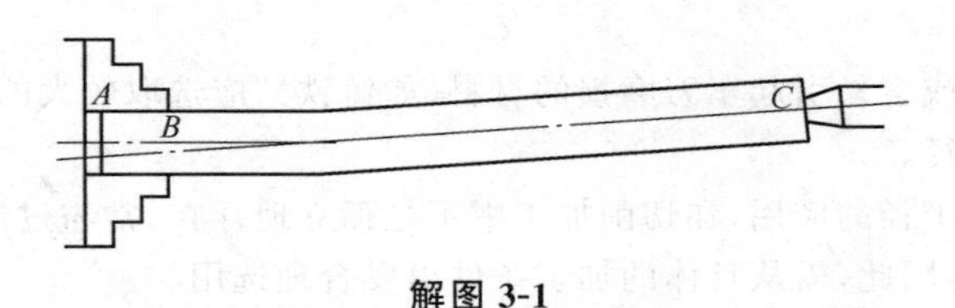

解图 3-1

4. 粗加工中，为了使车刀获得较大的工作前角，往往故意将车刀刀尖安装得高于工件中心，以使切削加工轻快顺利；相反，精加工时，为避免车刀后刀面与工件表面摩擦而影响表面粗糙度，则将刀尖装得低于工件中心，以便使车刀获得大的后角。

5. 硬质合金中，高温碳化物的含量超过高速钢，其允许的切削温度高达 800～1 000℃，许用切削速度远远超过高速钢，所以认为硬质合金车刀的切削速度比较高，但是，如果简单地说，硬质合金车刀的切削速度越高越好，是不严谨的，带有一定的片面性。

构成硬质合金的成分不同，其切削性能也大不一样，而且随着加工特点、工件材料、车刀几何参数等的不同，硬质合金车刀的切削速度的选择，也受到一定的限制。

YG 类合金与钢发生粘附的温度较低，只能采用较低的切削速度；而 YT 类合金则相反。YT 类中，YT30 要比 YT5 选用较高的切削速度；YG 类中，YG3 要比 YG8 选用较高的切削速度。

车削铸铁及其他脆性材料、高温合金、不锈钢材料，适用于 YG 类合金用较低切削速度加工；而普通碳钢、合金钢等材料，适用于 YT 类合金用较高切削速度加工；有色合金材料则采用比钢高的切削速度加工。

粗加工、断续加工应采用较低的切削速度，精加工、连续加工应采用较高的切削速度；车端面比车外圆的切削速度较高。

切削速度的选择，对硬质合金车刀的耐用度有显著的影响，直接涉及加工的经济成本和质量。切削速度越高，切削温度越高，车刀耐用度也就越低；一般来讲，切削速度增加20%，车刀耐用度降低46%。所以，切削速度必须根据加工情况合理选用。

6. 顶尖的作用是定中心，担负工件质量和承受切削力。细长一类轴件的刚度差，切削时一般采用前夹后顶法或在两顶尖间固定装夹，其轴件与顶尖和夹具接触严密，无伸缩性。加工过程中，由于切削力和切削热所产生的径向分力与线膨胀，迫使轴件有弯曲趋势及产生应力，轴件产生热变形，导致长度增加；而轴件在安装时受轴向位置的限制，又加剧了轴件弯曲变形。所以，要在加工过程中适当调节和放松后顶尖，以此来平衡轴件切削时产生的热变形和应力所引起的轴向伸长。

7. 刀尖是车刀工作条件最困难的部位，切削力和切削热集中、强度差、散热不好，最容易磨损，直接影响车刀的耐用度和工件的加工质量。因此，刀尖圆弧半径的选择十分重要。

刀尖圆弧半径对切削力影响较大。当圆弧半径增大时，车刀的圆弧刃增长，易引起工件变形和振动；但是，刀刃工作长度增加，改善了散热条件，使切削温度降低，同时，刀尖强度增大，加工表面粗糙度降低。一般来说，选择刀尖圆弧半径可依据以下几点：

①粗车时，切屑变形严重，切削力大，切削热多，应选择较大的圆弧半径；精车时，考虑加工精度和表面粗糙度，选用较小的圆弧半径。

②工艺系统（工件、车床、刀具、夹具）刚度较好，应选取较大的圆弧半径；反之，选用较小的圆弧半径。

③对较硬材料或容易引起车刀磨损的材料（如铸铁），应选取较大的圆弧半径；反之，应选用较小的圆弧半径。

由于刀尖圆弧半径的应用，在切削加工中不是孤立地存在，常与过渡刃、修光刃及刃倾角等几何角度有关，因此，需从具体的加工条件出发合理选用。

8. 多数圆柱形工件的毛坯都是不圆和不平的，在第一次车外圆或端面时，会出现吃刀深浅不一致甚至是间断切削，使切削力时大时小，这时，车刀就会承受不同的变载或冲击负荷。由于切削力与转速成反比，如果把车速放在高速上，则切削力小，惯性大，在这种情况下，便会打坏车刀或造成事故。另外，工件不圆时重心会偏移，这在高转速时会引起车床振动。

9. 将磁力百分表座吸附在车床中滑板上，百分表触头接触被加工工件端面，然后沿车削端面时的走刀方向摇动中滑板，使百分表触头自工件中心处测量至工件外侧边沿，如题图 3-4 解所示。百分表指示值变化的一倍近似为该平面度误差。

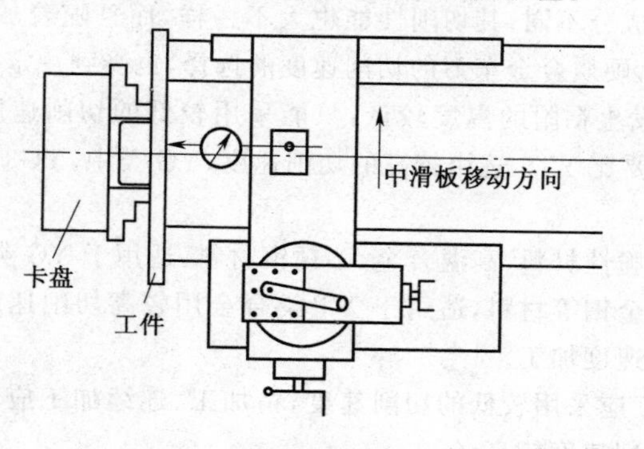

题图 3-4 解

第四章

4.1

1.（√）；2.（√）；3.（√）；4.（√）；5.（×）；6.（√）；7.（√）。

4.2

1. 麻花钻头的外圆越趋近柄部越小，呈倒锥形，它的主要作用是减少钻头的棱边与工件孔壁的接触面积，从而减少磨损，可改善钻头的工作状况。钻头的倒锥量大小根据钻头的直径而定，其情况如下：

钻头直径(mm)	每100mm长的倒锥量(mm)
1～6	0.03～0.07
6～18	0.04～0.08
18以上	0.05～0.10

钻头经过长期使用，在某一定长度内（这个长度往往与经常加工的孔深相等），外圆倒锥逐渐消失，甚至产生正锥量，这时钻头轮廓外形如同一把锥度铰刀，摩擦面积显著增大，切削阻力随着增大很多。由于钻孔进给量大，这时就容易产生高温，把钻头卡死在孔内，造成钻头扭断，工件报废。显然，这样的钻头一般不能再用。

2. 当看到钻头切削刃、横刃严重磨钝，钻头的刃带拉毛，整个切削部分呈暗蓝色时，这是钻头烧损的现象。在什么情况下钻头会出现烧损呢？

①一般高速钢钻头只能在560℃左右保持原有硬度。钻孔时如果转速过高，切削速度过大，产生了高温，超过这个温度，钻头硬度就会下降，失去了切削性能，与工件摩擦以致烧损。

②在钻头主切削刃上，越接近外圆处，切削速度越大，温度越高；钻孔过程中，如果切削液流量过小或冷却的位置不对时，也能引起钻头烧损。

③被加工工件材料硬度过高，切削刃很快被磨钝，失去切削性能，相互摩擦以致烧损。

④钻头钻心横刃过长，轴向力大大增加，切削刃后角修磨得太低，使钻头后刀面与被加工材料的接触面相互挤压，也容易使钻头烧损。

以上是造成钻头烧损的一些常见的原因。

3. 用麻花钻头钻通孔，当钻头横刃快露出工件时，钻削抗力就会减小，这时如果不随着切削抗力的减小相应地减小进给量（或反而加大进给量），常会造成钻头崩刃或折断，或钻头随同工件旋转。因此，在孔快钻透时应适当地减小进给量。

如果钻头较长，当横刃露出工件不再起顶住的作用时，而两切削刃的肩在钻削的同时，又要起支承作用，这样就会产生搅动而发出噪声，钻削表面也多出现波浪形。

4. 对于深径比（孔深与孔直径之比）小于3～10的小孔，为了获得一定的切削效率，在孔径较小和进给量不宜增大的情况下，可以提高切削速度。但是，切削速度的增加，受到加工条件的限制。首先，钻头耐用度下降，切削热的增加和散热的不便，加剧了钻头磨损。其次，直径小、强度低和刚度差的钻头在排屑不畅时很容易折断；进给量不均匀，致使钻头倾斜和弯曲，甚至损坏。最后，高速运转下的机床（包括车床和钻床等）若精度不良，会严重振动而影响钻头正常工作，造成钻头损坏或加工质量降低。所以，钻小孔的切削速度，不是越高越好，而是不宜较高。

在钻头直径较小时，为了获得一定的切削速度，必须提高工作转速。一般孔直径 $d=2\sim3$mm，$n=1\,500\sim2\,000$r/min；$d\leqslant1$mm，钻头转速 $n=2\,000\sim3\,000$r/min。

钻孔时，一般直径在35mm以下，应一次钻出；直径在35～80mm的孔最好分两次钻出。这是由于钻大孔的转矩和轴向力要比钻小孔时大，考虑到机床、工件和钻头的强度与刚度，以大钻头一次钻出，则要减少进给量和切削速度，影响生产效率。如果分两次钻出，由于第一次的钻头相当于第二次钻头直径的0.5～0.7倍，其转矩和轴向力较小，而第二次的钻头虽大，其背吃刀量减小，横刃又不参加工作，则两者都能采用较高的切削速度和进给量，既可提高生产率，又不损坏机床，并提高了钻头耐用度。所以，在大孔或阶梯孔的钻削中，一般分为两次钻出，先用小钻头钻孔，再用大钻头扩孔。

5. ①为0；②为0.01mm；③为0.02mm。

6. 采用长镗杆一次镗完两个同轴孔在加工时，应该尽量缩短两端的支承距离，否则，容易出现如题图4-3所示的孔外边直径大，里面直径小的情况。这是由于长镗杆刚度不足，镗削时受到切削力的作用产生镗杆下垂造成的。越靠近床头和尾座处镗杆下垂越少，所以外边加工的孔径大；离床头和尾座越远，镗杆下垂越多，加工孔径就越小。这种现象在用细长的镗杆镗两个距离较远的同轴孔时，更加明显。

采用题图4-3所示方法镗孔时，尾座位置要正，即尾座不要偏离零位位置，这样才能使镗刀杆回转轴线方向与纵向进给方向平行，否则，镗出的孔还会产生圆度误差。

7. 这样一方面容易识别，能提高工作效率；另外过端与工件摩擦次数大大高于止端，将过端做长些可以增加耐用度，延长使用寿命。所以极限量规的过端总是做得比止端长一些。

第五章

5.1

1.（×）；2.（×）；3.（√）；4.（√）；5.（√）；6.（√）。

5.2

根据尾座偏移量计算式5-9可知：

$$S=\frac{c}{2}L_0=\frac{1/600}{2}\times 400=0.33(\mathrm{mm})$$

答：尾座轴线对主轴轴线偏移了0.33mm。

5.3

1. $28.7°\times\frac{D-d}{L}$是计算圆锥半角$\alpha/2$的一个近似公式，只有在$\alpha/2<5°$情况下才能使用，这是因为圆锥半角超过5°时若使用该公式，会造成较大的误差值（详见图5-9）。

另外，使用该公式计算圆锥半角$\alpha/2$时，算出的单位是“度”，由于角度是以60进位的，所以，小数后面的数也必须用60来乘，例如，1.35°，需要将0.35乘以60，所以1.35°是1°21′。

2. 出现轴件产生锥度的主要原因如下。

①采用前夹后顶的方法安装轴件时，后顶尖中心线与主轴中心线不同轴，即后顶尖中心线偏离了主轴中心线。解图5-1表明尾座（后顶尖中心线）偏向操作者，这样加工时，工件在靠尾座一端切去的金属材料多，使轴件直径变小，而靠车床主轴的一端切去的金属材料少，轴件形成的直径大，因此轴件整体产生锥度。

解决措施是在车削前正确调整尾座位置，使后顶尖中心线与主轴中心线同轴。

②在两顶尖间安装轴件，车出的轴件产生锥度，其主要原因是前后尖中心线不在主轴中心线上（解图5-2）。

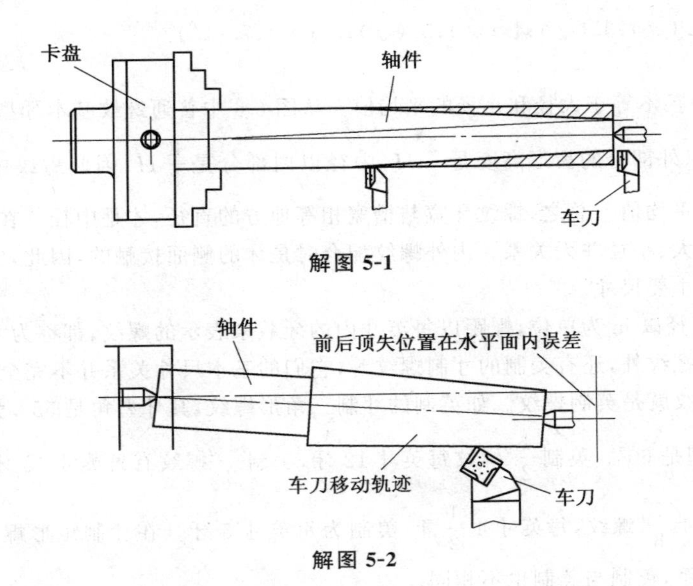

解图 5-1

解图 5-2

③利用小滑板进刀车轴件外圆若产生锥度，是因小滑板位置不正，即小滑板没对准零线；另外，轴件悬伸太长，刚度弱，车削时也产生锥度。

3. 双曲线误差如解图 5-3 所示。

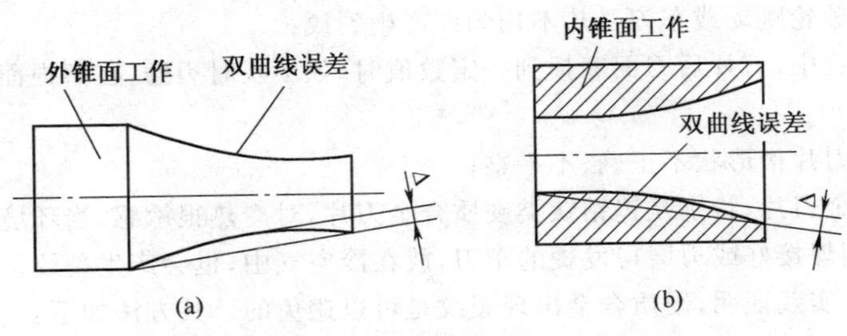

解图 5-3

在车削圆锥面时，虽然经过多次调整小滑板转动角度（或采用其他加工方法进行调整），但仍车不出合乎要求的锥度，当使用圆锥套规检测外锥面时，发现工件两端将显示剂擦去，而中间不接触；用圆锥塞规检测锥孔时发现中间显示剂擦去，两端没有接触。诸如以上情况的出现，就可以判定是在车削过程中车刀刀尖没有严格对准工件回转中心线，造成车出的圆锥母线不直，而形成了双曲线，通常称之为双曲线误差。

根据圆锥体形成原理可知道，通过圆锥体中心的圆锥母线是一条直线，如果把一个标准圆锥体偏离中心处剖开，其剖面形状就是双曲线，也就是说当车刀装得高于工件回转中心时，车刀会按双曲线轨迹移动，如果想车出圆锥母线是直线的圆锥体，当然是不可能的。因为车刀移动轨迹总是直线的，当车刀装得高于或低于工件回转中心，并且运动轨迹为直线，则车出的母线就变成了双曲线。

第六章

6.1

1.（√）；2.（√）；3.（√）；4.（√）；5.（√）；6.（×）；7.（√）。

6.2

1. 螺纹中径不等于大径和小径的平均值。从图6-6中普通螺纹基本牙型可知，在标准齿形中，中径以外部分的齿形高度是$\frac{3}{8}H$，中径以内部分是$\frac{2}{8}H$，因此螺纹中径并不等于大径与小径的平均值。总之，螺纹牙宽与槽宽相等地方的直径，才是中径。在这种意义上，可以说中径与大、小径并无关系。内外螺纹配合时是牙的侧面接触的，因此，中径是影响螺纹配合松紧的主要尺寸。

2. 公称直径以in为单位，螺距以每英寸内的牙数来表示的螺纹，都称为寸制螺纹。除了英制的寸制螺纹外，还有美制的寸制螺纹等，它们的基本尺寸关系并不完全相同。所以，不能说寸制螺纹就是英制螺纹。如英制的寸制三角形螺纹，其牙型角是55°，美制的寸制螺纹，其牙型角却是60°。英制$\frac{1}{2}''$螺纹每英寸12牙，美制$\frac{1}{2}''$螺纹有每英寸12牙及每英寸13牙两种。英制$1\frac{7}{8}''$螺纹，每英寸$4\frac{1}{2}$牙，美制为每英寸5牙。在寸制矩形螺纹中，直径与螺距的搭配关系，英制与美制也不相同。

3.（1）原因　硬质合金车刀出现裂纹的原因大致如下：

①在焊接时由于加热或冷却速度太快，刀片和刀杆两相焊者的表层与内部温差太大，使热胀冷缩不均匀，产生的内应力超过刀片本身强度，以致引起裂纹；

②刃磨时砂轮跳动或车刀受热不均匀而产生裂纹；

③切削过程中，刀片后刀面磨损到一定数值时，如不及时刃磨，在磨损面上就会有裂纹出现；

④刀体上刀片槽形状不正确、不平整；

⑤硬质合金刀片，特别是钨钴钛类硬质合金刀片，对冷热很敏感，当环境温度变化较大时，如冬季将刚焊接好或刃磨得发烫的车刀，放在冷空气中，也会产生裂纹。

（2）避免　实践证明，硬质合金出现裂纹是可以避免的。其方法如下：

①在焊接硬质合金刀具时，采用气焊应尽量避免用中心火焰直接烧刀片，而应先加热刀体，待热量慢慢传至刀片，再用外焰对已预热的刀片加热，使铜溶解渗入刀槽缝隙内。刃磨时必须注意避免刀片发生局部过热。

②刃磨过程中，用绿色碳化硅砂轮（条件许可时精磨用金刚石砂轮），粒度要适当，砂轮不得有过大跳动；手握车刀要平稳，压力不宜太大，并不断地左右或上下移动，使车刀受热均匀。

③切忌为了冷却得快，在刚焊接好和刃磨得很烫的车刀上浇冷水。应采取保温措施，来减小降温速度。最好放在石棉保温箱（在铁箱的四周蒙上石棉）或干燥草木灰中缓慢冷却。

④在切削过程中，如刀尖处冒火花，加工表面有亮点，表面粗糙度增加，车刀与工件接触处发出尖叫声，切屑颜色变深等，这都表明车刀在急剧磨损，应该刃磨车刀。

另外，线膨胀系数对硬质合金刀片焊接的影响很大，以至影响到两相焊材料在切削时的结合情况。因此在进行切削时，温度有极大的变动范围，车刀刀片和刀体（一般为45钢）

的膨胀系数不相同，就有可能发生脱焊现象。还有，刀片和刀槽的间隙超大，也容易脱焊。一般刀片和刀槽的间隙最好≤0.10mm。

4. 6mm及12mm是以下这些螺纹工件螺距的整数倍：0.5，0.6，0.75，1.0，1.5，2，3，(4)，6，(12)(长度单位：mm)。车床长丝杠是6mm或12mm，则抬按闸瓦车上列螺距的螺纹，都不会乱扣。若长丝杠螺距为5mm，10mm，或8mm，16mm，适应的范围就没有这么多。

5. 寸制55°螺纹的公称直径只代表其内螺纹的大径。由于内、外螺纹在齿顶有间隙，所以外螺纹大径小于公称直径。例如，1″的寸制55°内螺纹的大径是25.4mm，而外螺纹大径却是25.110mm。同样，$\frac{1}{4}$″，$\frac{1}{2}$″，$\frac{3}{4}$″的内螺纹的大径都与公称直径一致，分别为6.350mm，12.700mm和19.050mm；而外螺纹大径分别是6.200mm，12.500mm和18.810mm。

第七章

1. 现以CA6140型车床为例进行说明。其主轴正转转速为10r/min，12.5r/min，16r/min，20r/min，25r/min，32r/min，40r/min，50r/min，63r/min，80r/min，100r/min，125r/min，160r/min，200r/min，250r/min，320r/min，400r/min，450r/min，500r/min，560r/min，710r/min，900r/min，1 120r/min，1 400r/min，共24级。取任意两相邻转速计算比值，如$\frac{12.5}{10}$，$\frac{20}{16}$，$\frac{25}{20}$，$\frac{40}{32}$，$\frac{100}{80}$，…，比值等于或近似等于1.25。主轴转速的这种排列在数学上称为等比数列，比值1.25称为公比；也就是说，后一个转速被前一个转速除，全能得到相同的比值，即公比。那么，车床主轴转速为什么要采用等比数列呢？

从使用上考虑，其主要原因是：等比数列能保证任意两相邻转速之间切削速度的相对损失一致，从而可提高车床利用率。例如，车削某工件时，按理想切削速度算出的主轴转速是52r/min，而车床上没有此转速，考虑到安全选较低的转速50r/min。这样，实际切削速度比理想切削速度低，从而降低了生产率。相对上一级转速63r/min来说，这两个转速间的最大相对损失为$\frac{63-50}{50}\times 100\%=26\%$。选用其他转速时也会遇到同样的问题。采用等比数列的主轴转速，能保证在低转速和高转速所产生的相对损失相同。CA6140型车床上的最大相对损失基本一致，可以充分发挥车床效率。

假如主轴转速采用等差数列(相邻两转速之差相等，如50r/min，100r/min，150r/min，200r/min，…，1 200r/min)，会使较低转速间隔大，最大相对损失太大，不能满足使用要求；较高转速间隔小，最大相对损失小，没有实用价值。而且采用等差数列会造成转速级数太多，车床结构复杂。

2. 车削时，由于切屑变形及工件和车刀发生摩擦等，会产生热量。铜的膨胀系数大，工件受热膨胀后的尺寸就大于实际尺寸。因此加工后直接测量，所得的尺寸就不准确；如果用水浇在工件被测位置，使工件冷却，测量起来就会准确。

3. 工件在车床上加工时，由于切削热使加工温度增加，工件产生膨胀(孔会增大，轴会变粗，但都是微量的)。卸活后，工件逐渐冷却到常温，它的膨胀也随之恢复到常态。如果不能很好地掌握这个规律，工件就会因超差而报废。下面介绍一个简易计算的公式，可以很快地算出工件的热膨胀量。

膨胀量(μm)=直径或长度(dm)×(实际温度－常温)(℃)×材料膨胀系数

常用的金属如铸铁、钢的膨胀系数为1.17，黄铜为1.7(材料膨胀系数是由材料线膨胀系数简化而来)。

【例1】 加工铸铁件 ϕ200mm(2dm)H7的孔，粗车时温度为30℃，常温为15℃，问卸下工件冷却到常温时，此孔能缩多少？

【解】 2×(30－15)×1.17=35.1(μm)，也就是此孔能缩0.035 1mm。

【例2】 车床加工铜套，外径 ϕ100mm(1dm)R8，加工时温度是40℃，常温是18℃，冷却后外径能缩多少？

【解】 1×(40－18)×1.7=37.4(μm)，也就是冷却后外径要缩0.037 4mm。

4. 不锈钢材料中含有大量的铬、镍等合金元素。这些合金元素使钢的组织均一，还可以在表面形成一层致密的氧化膜，因此不锈钢具有耐腐蚀能力，不易生锈。

但它并不是永远不生锈。在冷热加工或热处理时如果方法不当，会引起不锈钢内部组织发生变化，产生应力或表面划伤，这样不锈钢也会生锈。

5. 粗糙表面容易生锈。因为在粗糙表面的“波谷”(已加工表面被放大后出现的微观平面度误差)处容易积聚腐蚀性气体和液体污垢，使这些地方首先腐蚀，开始生锈。随后，在电化学作用下，锈蚀不断向四周扩张，并沿波谷向金属内部发展，加速了锈蚀过程。

第八章

8.1

1.(×)；2.(√)；3.(×)；4.(√)；5.(√)。

8.2

1. 黏度高的润滑油的承载能力大，不易流失，但内摩擦也大，功率损耗多，发热严重。基本的选择原则是：重载低速，用高黏度润滑油；轻载高速，用低黏度润滑油。

此外，变载、不等速运动，经常起动、停止或反转的场合，应选用黏度较高的润滑油；配合表面间隙大或粗糙表面也应选高黏度润滑油，目的都是为了在这些条件下形成较为可靠的油膜。速度高、间隙小和表面粗糙度值小的表面，则应选用黏度低的润滑油，以利于润滑油渗入摩擦面。

2. 黏度高的润滑油的内摩擦大、发热多，用它代替低黏度油时，将引起温度上升；而温度上升，能使油的黏度降低一些，有一定程度的自动调节作用，因此问题不大。反过来，用低黏度润滑油代替高黏度润滑油时，由于承载能力不够，润滑油容易被挤出来，使金属表面的摩擦加剧，温度升高，于是润滑油的黏度将变得更低。这样，问题会越来越严重，甚至完全失去润滑作用，因此是不允许的。